O QUE É E PARA QUE SERVE A MATEMÁTICA

FUNDAÇÃO EDITORA DA UNESP

Presidente do Conselho Curador
Mário Sérgio Vasconcelos

Diretor-Presidente / Publisher
Jézio Hernani Bomfim Gutierre

Superintendente Administrativo e Financeiro
William de Souza Agostinho

Conselho Editorial Acadêmico
Danilo Rothberg
Luis Fernando Ayerbe
Marcelo Takeshi Yamashita
Maria Cristina Pereira Lima
Milton Terumitsu Sogabe
Newton La Scala Júnior
Pedro Angelo Pagni
Renata Junqueira de Souza
Sandra Aparecida Ferreira
Valéria dos Santos Guimarães

Editores-Adjuntos
Anderson Nobara
Leandro Rodrigues

JAIRO JOSÉ DA SILVA

O QUE É E PARA QUE SERVE A MATEMÁTICA

© 2022 Editora Unesp

Direitos de publicação reservados à:
Fundação Editora da UNESP (FEU)
Praça da Sé, 108
01001-900 – São Paulo – SP
Tel.: (0xx11) 3242-7171
Fax: (0xx11) 3242-7172
www.editoraunesp.com.br
www.livrariaunesp.com.br
atendimento.editora@unesp.br

Dados Internacionais de Catalogação na Publicação (CIP) de acordo com ISBD
Elaborado por Odilio Hilario Moreira Junior – CRB-8/9949

S586q Silva, Jairo José da

    O que é e para que serve a matemática / Jairo José da Silva. – São Paulo : Editora Unesp, 2022.

    Inclui bibliografia.
    ISBN: 978-65-5711-111-6

    1. Matemática. I. Título.

                       CDD 512
2022-361   CDU 51

Índice para catálogo sistemático:

1. Matemática 512
2. Matemática 51

Editora afiliada:

A
J. W., pelos primeiros vinte anos,
e em memória do
doce e valente Uri.

Sumário

Introdução   9

1 – Números: quantidade e mais além   37
2 – Espaço e Geometria   113
3 – *Intermezzo*   177
4 – A matematização do mundo empírico   187
5 – O papel heurístico da Matemática em ciência   293

Epílogo   347
Referências   421

Introdução

A Matemática é uma ciência muito antiga, talvez a mais antiga que existe, mas nem sempre foi o que é hoje. Antes, nos seus primórdios, ela era mais uma tecnologia baseada em observações e induções do que uma ciência dedutiva, mais aplicada – em agrimensura, na vida prática, na Astronomia – que pura investigação teórica. Transformá-la de ciência aplicada em ciência pura foi obra dos gregos. Antes deles, um conjunto de regras práticas para medir comprimentos, áreas e volumes, calcular impostos e dividir heranças; com eles, uma ciência de formas espaciais perfeitas – idealizações das formas reais dos objetos espaciais – e números puros, ou seja, todas as possíveis especificações da noção de quantidade, pensadas simplesmente como coleções de unidades indiferenciadas, quaisquer coisas que se pode em princípio pensar coletivamente apenas como quantidade.

A mudança, apesar de radical sob muitos aspectos, preserva o interesse da Matemática na realidade e no mundo no qual vivemos. Se a remarcação de limites territoriais depois de enchentes deixa de ser o interesse primordial de "geômetras", o espaço abstrato e ideal da Geometria grega é ainda o espaço físico, real, da experiência espacial. A Geometria grega é ainda uma ciência empírica, seu objeto é ainda um aspecto da realidade; abstrato, porém, desvestido de todo conteúdo sensorial e idealizado, não mais acessível à percepção, apenas à intuição geométrica, que nada mais é do que uma idealização da percepção espacial, a percepção dos corpos no espaço, seus movimentos e das relações entre eles. O fundamento último dos axiomas sobre os quais Euclides erigiu o seu sistema de Geometria é a percepção do comportamento de corpos rígidos no espaço físico, corpos capazes de se deslocar pelo espaço sem alterar forma ou dimensões. O fato de que a ciência da Geometria propriamente dita se reduz à derivação das consequências necessárias desses axiomas não a torna uma ciência menos empírica, a ciência de um aspecto da realidade que, para fins investigativos, isto é, metodológicos, convém pensar como uma purificada idealidade transmundana.

A mudança de caráter da Geometria, de uma teoria prática do espaço físico para uma teoria pura do espaço geométrico que representa o espaço físico, mas que pode ser pensado independentemente dele, abre as portas para o exercício especulativo da imaginação. O fato de o espaço geométrico ser tridimensional não impede que imaginemos espaços com mais dimensões, que ele tenha uma estrutura métrica determinada – extraída precisamente da nossa experiência com corpos rígidos no espaço físico –, não impede que imaginemos outras, ou que consideremos apenas o espaço geométrico que subjaz a qualquer determinação métrica etc. Uma vez liberada a imaginação criadora, uma vez posto em ação o processo de variação imaginária, a Matemática deixa de ser uma ciência de estruturas abstraídas da realidade perceptual e frequentemente idealizadas para ser uma ciência de estruturas abstratas e possivelmente também idealizadas de mundos possíveis.

Isso não significa, porém, que a Matemática tenha abandonado completamente o seu envolvimento original com a realidade, pois pode ocorrer que uma forma de mundo possível já investigada pela Matemática se revele como forma de um aspecto até então desconhecido do mundo real, o que torna uma teoria matemática puramente especulativa imediatamente numa ciência empírica, ainda que restrita a aspectos abstratos e possivelmente idealizados de uma fatia da realidade.

O QUE É E PARA QUE SERVE A MATEMÁTICA 11

Mas pode ser também que relações lógico-matemáticas puramente formais entre estruturas matemáticas instanciáveis em algum domínio de realidade e estruturas meramente possíveis imaginadas por matemáticos puros possibilitem a investigação daquelas por meio destas. Nesse caso, formas possíveis de mundos imaginários, ainda que não se realizem como formas de um mundo real, servem de instrumentos metodológicos para a investigação matemática do mundo real. De qualquer modo, a Matemática, ainda que puramente especulativa, sempre serve para alguma coisa. Se bem que a imaginação matemática possa ser posta em ação por estímulos menos "utilitários" – de natureza estética, por exemplo –, ela estará sempre teleologicamente orientada a aplicações. Por isso, não creio que se possa refletir filosoficamente sobre a Matemática ou sobre a sua história desvinculando-a completamente da preocupação com o conhecimento *empírico*. Transformá-la em Lógica aplicada, numa coleção de jogos ou numa ciência de vivências mentais, como fazem certas filosofias tradicionais da Matemática, é distorcer o seu sentido historicamente manifesto, é fazer da Matemática algo que ela não é nem jamais foi.

Uma filosofia da Matemática cujo objetivo seja a compreensão da Matemática real não pode, portanto, prescindir da sua história, nem esquecer que a Matemática aspira à aplicação, quer como investigação *a priori* das formas com as quais a realidade pode em princípio se revestir, quer como dispensadora de instrumentos de investigação da estrutura formal idealizada da realidade. E, se queremos entender o que é a Matemática, quais são os seus objetos e que tipo de conhecimento ela é capaz de prover, o melhor meio, parece-me, é perguntar o que ela *deve* ser para que possa ser aplicada. Não se pode entender a natureza da Matemática sem entender como é possível que ela seja aplicável e por que meios.

Essa será a questão norteadora neste que é um livro de filosofia da Matemática. Meu objetivo é responder a duas questões intimamente ligadas: *O que é e para que serve a Matemática?* Ou melhor, o que a Matemática *tem* que ser *para que* possa ser aplicável na vida

12 JAIRO JOSÉ DA SILVA

e na ciência? Diferentemente do meu livro anterior (Silva, 2007), que tinha por finalidade expor e discutir as tradicionais filosofias da Matemática, tanto as embutidas em sistemas filosóficos mais amplos quanto as de natureza fundacional oriundas da "crise dos fundamentos" de fins do século XIX, começo do século XX, e que era, portanto, um livro de natureza metafilosófica, *sobre* a filosofia da Matemática, este tem uma orientação menos expositiva e mais propositiva, menos desengajada e mais pessoal. As respostas que apresento aqui são as *minhas* respostas. As questões aqui tratadas dizem respeito, claro, à natureza do objeto e do conhecimento matemáticos (ontologia e epistemologia, respectivamente), que são questões clássicas de filosofia da Matemática, mas também, e *principalmente*, à aplicabilidade da Matemática na vida quotidiana e na ciência empírica (que por falta de melhor termo chamarei de *pragmática da Matemática*), às quais a tradição deu pouca atenção.

Três "escolas" tiveram especial destaque em *Filosofias da Matemática* (ibidem), o logicismo, o construtivismo e o formalismo, que juntas parecem esgotar as possibilidades de enquadramento filosófico da Matemática. Se me lanço à tarefa de percorrer um caminho já triplamente trilhado é porque, evidentemente, não acredito, primeiro, que não haja outras possibilidades de tratamento filosófico da Matemática nem, segundo, que as sendas já percorridas tenham levado a bom destino.

Os *"approaches"* tradicionais persistem porque contêm, todos, alguma verdade; nenhum se impõe porque nenhum contém toda a verdade. Por várias razões. Primeiro, porque estão ligados a projetos fundacionais mais interessados em submeter a Matemática a moldes filosóficos predeterminados do que em investigar a Matemática real sem pressupostos filosóficos norteadores. Em segundo lugar, porque cada escola promove o seu próprio recorte do campo matemático, realçando aqueles aspectos da atividade matemática que melhor servem aos seus propósitos. O logicismo tende a colocar o foco na Aritmética, cuja universalidade parece apontar na direção da Lógica; o construtivismo, em suas várias versões, a reduzir a Matemática aos seus aspectos intuitivos e o formalismo, a ignorar toda

O QUE É E PARA QUE SERVE A MATEMÁTICA   13

a Matemática pré-formal. A Matemática, porém, é muito mais do que Aritmética, seus objetos, conceitos e verdades não são sempre adequadamente intuíveis e a formalização é um estágio de refinamento de teorias matemáticas para fins metamatemáticos que não pode sequer ser erigida como ideal.[1] Em terceiro lugar, porque as escolas tradicionais ignoram a História, como se a Matemática fosse definida pela sua versão mais recente, sendo tudo o que veio antes apenas uma propedêutica sem interesse filosófico. Há exceções. Uma delas, o célebre *A lógica do descobrimento matemático: provas e refutações*, de Imre Lakatos (1978). Nesse livro, porém, a história contada é aquela consignada aos livros de História, a crônica de homens e suas descobertas cuja dinâmica impulsiona o desenvolvimento conceitual da Matemática. Mas há outra história, mais profunda e largamente ignorada, que me interessa mais, a história *transcendental* da Matemática. O termo altissonante esconde uma ideia simples, a saber, que a Matemática, seus objetos e teorias, tem uma *gênese intencional* no interior da comunidade que a produz numa sequência *necessária* de estágios que a história transcendental da Matemática tem por função desvelar.[2] Por gênese intencional entenda-se o processo pelo qual o *sujeito matemático* – nesse caso, a comunidade matemática historicamente manifesta – constitui, por uma série de *atos intencionais*, um objeto como objeto de consciência ou interesse matemático, prático ou teórico, ou, ainda, os movimentos de reposicionamento da consciência intencional – ou seja, a consciência do sujeito intencional – necessários para que o objeto de cuja gênese se trata passe a existir como objeto *para ela*. Ou, numa formulação mais sucinta, mas mais perigosa, o processo pelo qual o

---

1 O primeiro teorema de Gödel mostra que, em geral, teorias matemáticas não admitem formalização *completa*, isto é, que além de todo teorema demonstrado ser uma verdade da teoria, *toda* verdade da teoria é um teorema demonstrável.

2 O caráter de *necessidade* do processo merece explicação. Objetos matemáticos são sempre *abstratos*, ou seja, *ontologicamente dependentes* de outros objetos, reais ou abstratos, por isso não podem existir sem que esses outros objetos existam. Isso impõe uma ordem *necessária* na gênese dos objetos matemáticos.

14   JAIRO JOSÉ DA SILVA

sujeito matemático toma *consciência* (torna-se consciente) de objetos matemáticos.[3]

O sujeito matemático, por sua vez, não é um indivíduo precisamente localizável num ponto do espaço e do tempo, mas toda a *comunidade matemática* no sentido mais amplo possível, o conjunto de todos aqueles que de algum modo estiveram e estão envolvidos com a Matemática, quer como criadores, quer como usuários, todos os que falam a língua comum da Matemática e que são capazes de se comunicar uns com os outros através dela. A história transcendental da Matemática descreve o processo pelo qual o objeto matemático, com tudo o que lhe vai junto, contexto conceitual e estratégias de investigação, *aparece* ao sujeito matemático como foco de interesse prático e teórico. A crônica reportada nos livros de história da Matemática é um recorte dessa história segundo a óptica de *algum* historiador, a manifestação em eventos e sujeitos historicamente situados da história profunda da Matemática desde uma *certa* perspectiva.[4]

No que diz respeito especificamente à questão ontológica, logicismo, construtivismo e formalismo compartilham, acredito, uma inadequada concepção de existência. O platonismo, muitas vezes associado ao logicismo, o psicologismo, frequentemente companheiro do construtivismo, e o nominalismo, que muitas vezes faz dupla com o formalismo, têm todos como paradigma de existência a existência do objeto *natural*. Se o objeto matemático existe, pressupõe o *naturalismo* filosófico subjacente a essas ontologias, ele deve existir

---

3 O perigo dessa formulação reside na sua possível interpretação platonista, como se o objeto já existisse anteriormente à sua constituição intencional e o processo de constituição fosse apenas o modo pelo qual ele *se apresenta* ao sujeito. Eu não sou dessa opinião. Acredito que o objeto matemático *não existe* antes da sua constituição intencional pelo sujeito matemático como *objetivamente dado* a toda a comunidade matemática.

4 Para um tratamento mais rigoroso do conceito de história transcendental da Matemática, confira o excelente ensaio introdutório de Jacques Derrida (1962) à sua tradução de *L'Origine de la Géométrie* [A origem da Geometria], de Edmund Husserl.

O QUE É E PARA QUE SERVE A MATEMÁTICA   15

de algum modo analogamente ao objeto natural: objetivamente aí, em si e por si, ou seja, independentemente do sujeito (platonismo) ou encastelado numa mente, existindo apenas em razão da atividade mental do sujeito, como ideia imanente à mente (psicologismo). Caso contrário, ele não existe (nominalismo).

Esse naturalismo recusa ao objeto matemático formas não naturais de existência numa afronta ao fato óbvio de que há outros modos de existir além daquele da natureza. Não há dúvida de que a *Nona sinfonia* de Beethoven existe, porém não independentemente de qualquer sujeito, já que só passou a existir quando foi composta por Beethoven. Entretanto, ela não persiste em existência em nenhuma partitura impressa *em particular*, em nenhuma memória *particular* deste ou daquele músico ou ouvinte, em nenhuma gravação *específica*, que ademais difere de outras em andamento, expressão, dinâmica e outras características musicais, ela não existe apenas quando executada em sala de concerto. Em todos esses casos a *Nona sinfonia* de Beethoven se *manifesta*, e raramente, se alguma vez, de modo absolutamente idêntico em todos os detalhes; o manuscrito original de Beethoven não é o mesmo objeto que a execução dirigida por Furtwängler em 1951 em Bayreuth.

Num certo sentido, todas essas coisas são e ao mesmo tempo não são a *Nona sinfonia* de Beethoven. Ela aparece nessas manifestações, mas reside além delas. A sinfonia, ela própria, é uma entidade abstrata, omnitemporal e aespacial, uma estrutura mais ou menos bem definida que existe acima e além das suas manifestações mundanas no espaço e no tempo. Ela é um objeto ideal. O objeto matemático tem mais a ver com a sinfonia que com essa mesa e essa cadeira que estão diante de mim e que existem no espaço e no tempo reais, ou as minhas sensações e emoções, que só existem na minha mente e no meu corpo.

Colocar a Matemática fora da cultura humana, fora da História, nesse lugar nenhum do platonismo ou, contrariamente, imergi-la na temporalidade de uma mente, ainda que idealizada, é colocar preconceitos filosóficos no caminho da compreensão da sua natureza e do seu papel na vida do homem e no seu entendimento da natureza.

Eu, porém, não mantenho aqui uma disposição agônica com relação às escolas tradicionais em filosofia da Matemática. Meu objetivo não é desautorizar pontos de vista discordantes, divergentes ou simplesmente diferentes, quero apenas conduzir a reflexão por outras vias, percorrer caminhos que me parecem mais promissores e mais atentos à Matemática real, entendida como um produto da cultura humana. Assim como produzimos artefatos, martelos ou obras de arte, para nos auxiliar no trato das nossas humanas necessidades, nós também produzimos Matemática e ciência para fins práticos, ainda que as possamos fazer por outros motivos, como a busca desinteressada de conhecimento. Mas as necessidades práticas vêm em primeiro lugar e a mais urgente é a preservação da vida, nossa e da nossa espécie prioritariamente. A finalidade precípua da ciência é ordenar e dar sentido à nossa experiência do mundo e fornecer instrumentos para a previsão de experiências futuras por meios mais eficientes que a simples indução baseada na experiência já vivida. Desde o começo da Idade Moderna, logo após o Renascimento, a Matemática se impôs como a ferramenta privilegiada da ciência física e isso certamente merece explicação. Este livro fornecerá uma.

Se a ciência também vale como uma explicação do mundo *para além* da experiência, de um mundo *transcendente* pressuposto pela experiência do mundo, é outra questão, que diz respeito mais à filosofia da ciência do que à filosofia da Matemática. Ela também estará, em alguma medida, presente nas minhas reflexões, mas minha preocupação mais básica é explicar como a Matemática, sendo o produto cultural que é, não uma dádiva dos deuses, pode desempenhar tão bem o papel que tem nas práticas e no conhecimento humanos, principalmente na ciência *empírica*. Para que minha resposta possa ser bem entendida, é importante deixar claro desde já que tomo como fato inconteste *apenas* que o objeto da ciência empírica é o *mundo empírico*, e que esse é o mundo da experiência *perceptual* vivida ou passível de ser vivida.

Apesar de não estar primariamente interessado em medir forças com perspectivas que considero mal orientadas, parciais e mais ou

O QUE É E PARA QUE SERVE A MATEMÁTICA   17

menos artificiais, irei, sempre que me parecer relevante, enfatizar as vantagens do meu *approach vis-à-vis* aqueles outros, logicista, construtivista e formalista, e as ontologias que os acompanham, realismo, nominalismo e psicologismo.

O que foi dito até agora sugere uma resposta a uma questão frequentemente levantada: afinal, a Matemática é descoberta ou inventada? A resposta curta é que a Matemática é, no plano pré--matemático, descoberta, mas no plano propriamente matemático, quase sempre inventada. A resposta longa admite mais nuances. Nossos sentidos e nossa mente trabalham juntos na feitura da Matemática, ainda quando se trata de meramente descobri-la, pois a descoberta de estruturas matemáticas e as verdades que lhe são próprias não é nunca uma experiência *passiva*. Objetos podem nos ser dados na *experiência* que não são eles próprios objetos matemáticos, mas que são *sugestivos* de objetos matemáticos; para que eles sejam transformados em objetos matemáticos propriamente ditos, a *consciência* deve ser convocada. Um objeto da experiência espacial, por exemplo, não tem *nunca* a forma da esfera ou do cilindro da Geometria. Os dados da experiência imediata precisam em geral ser burilados, aperfeiçoados num certo sentido, idealizados por *ação intencional da consciência* para tornarem-se objetos matemáticos de pleno direito, não mais suscetíveis de experiência perceptual. Dado um objeto no espaço da percepção, por exemplo, podemos *abstrair* dele a sua *forma* espacial, isto é, considerar essa forma *particular*, que é ela também um objeto *real*, ainda que *abstrato*, com a *mesma* localização espacial do objeto cuja forma ela é, como um objeto à parte. Essa forma não é ainda propriamente geométrica; para tanto, ela deve ser *idealizada*, isto é, *exatificada*. Por ação da *ideação*, podemos subsequentemente ascender ao *conceito* geométrico que corresponde à forma idealizada, exprimível este numa definição. Abstração, idealização, ideação são experiências *intencionais*, não meramente mentais. Seus objetos vivem no espaço *público* da comunidade matemática, não na interioridade da mente de sujeitos concretos. Referimo-nos a eles numa linguagem *pública*, cuja sintaxe e semântica são de domínio *público*, ainda que público signifique nesse contexto apenas a comunidade matemática, o sujeito matemático.

Os objetos da Geometria *física* (isto é, a representação geométrica do espaço físico da percepção) não existem *sub specie aeternitatis* num espaço geométrico descolado do espaço físico real, mas num espaço ideal *intencionalmente constituído* a partir do espaço real da experiência. Por isso, o espaço da Geometria física contém sempre *mais* do que a percepção é capaz de fornecer e, portanto, sempre cabe perguntar se a representação matemática do espaço real é uma representação *adequada*, considerando-se não apenas a experiência efetivamente vivida do espaço, mas toda a experiência (perceptual) espacial *possível*, capaz em princípio de ser vivida, ou ainda as conveniências da ciência física. Trataremos dessas questões quando abordarmos a constituição do espaço geométrico e da ciência da Geometria e o seu uso científico como exemplos tanto da gênese intencional da Matemática a partir da experiência perceptual quanto do uso da Matemática como contexto de representação e investigação de aspectos formais da realidade perceptual idealizada.

As tradicionais filosofias da Matemática, com poucas e limitadas exceções, ignoram, porém, o problema que considero central em qualquer investigação filosófica séria sobre ela, o da sua aplicabilidade, tanto na vida prática quanto nas ciências.

Posto em termos simples, o problema é este: como é possível que a Matemática, em grande parte uma criação de homens encerrados em gabinetes acadêmicos, seja tão relevante em nossas ciência e tecnologia a ponto de ser frequentemente impossível formular teorias sobre a natureza empírica sem ela? Para ficarmos num exemplo trivial, a Aritmética é a ciência dos números, e, sejam o que forem, números não são objetos reais do mundo físico. Como então é possível, e por que meios, usar a Aritmética no trato de problemas práticos e teóricos atinentes a esse mundo? O que têm os números e a ciência dos números a ver com o mundo real?

Números expressam quantidade – a quantidade discreta, expressa em números inteiros positivos, também ditos números

O QUE É E PARA QUE SERVE A MATEMÁTICA   19

naturais, 0, 1, 2 etc., ou a quantidade contínua, como distância, tempo ou massa, expressa por números reais, tanto racionais, $1/2$, $3/5$ etc., quanto irracionais, ou seja, aqueles que não podem ser escritos como uma razão entre inteiros, como, por exemplo, $\sqrt{2}$.[5] Por definição, a raiz quadrada de um número real a é o número real x tal que $1/x = x/a$. É imediatamente óbvio que essa definição só faz sentido se a for positivo; se a for negativo, teremos uma inconsistência de sinais, seja x positivo ou negativo. Assim, só números positivos admitem raízes quadradas. Entretanto, por razões que esclarecerei mais tarde, algebristas italianos do século XVI introduziram por *fiat* o conceito de número imaginário, alargando de modo arbitrário e temerário o domínio numérico simplesmente postulando a existência de um número, denotado hoje pela letra i, tal que $i^2 = -1$, ou seja, $i = \sqrt{-1}$.[6] De resto, opera-se com i como se fosse um número real ordinário; por exemplo, $(1 + i)(2 + i) = 2 + 3i + i^2 = 2 + 3i + (-1) = 1 + 3i$.

Interessante e surpreendentemente, a invenção dos números imaginários se revelou extremamente útil. Primeiro para os algebristas que os criaram, tornando possível a resolução de equações algébricas do terceiro grau por radicais, ou seja, usando-se apenas as operações aritméticas usuais mais a extração de raízes. E depois para toda a Matemática e, ainda mais surpreendentemente, a Física. A equação de Schrödinger, por exemplo, que descreve a evolução temporal de sistemas quânticos, e mesmo as descrições de estados quânticos envolvem explicitamente números imaginários.

A questão então se põe: como uma invenção ousada que desafiava a lógica e o bom senso pôde ser capaz de fornecer o contexto ideal para uma das mais fundamentais teorias científicas?

Filósofos da Matemática tendem a achar que não lhes compete responder a essa pergunta, que seria da alçada dos filósofos

---

5 Uma demonstração bastante conhecida de que $\sqrt{2}$ é um número irracional, que veremos mais adiante, é atribuída a Euclides, no século III a. C.

6 Mais de dois séculos depois, Kant ainda afirmava, com pouca antevisão matemática, que essa postulação era um absurdo inaceitável (ver carta a A. W. Rehberg de 25 set. 1790 in Kant, 1986).

20   JAIRO JOSÉ DA SILVA

da ciência. Entretanto, respostas filosóficas sobre a natureza dos objetos matemáticos podem dificultar muito, ou, contrariamente, facilitar bastante a compreensão do aparente milagre que é a utilização de invenções matemáticas em ciência empírica. A resposta à questão sobre o que têm os números imaginários a ver com o mundo real depende, obviamente, da compreensão do que é um número imaginário, mas também de em que consiste, exatamente, o mundo real para a ciência. Como veremos, o mundo físico objeto da ciência moderna não é nem o mundo transcendente nem o mundo cru da percepção, mas uma elaboração *intencional* deste último *precipuamente orientada* a transformá-lo num domínio propriamente *matemático*.

É minha opinião também que a compreensão da utilidade e aplicabilidade da Matemática em ciências naturais vai de mãos dadas com a compreensão da aplicabilidade da Matemática na própria Matemática. Ao entender por que números imaginários podem nos ajudar a compreender melhor os números reais, nós entendemos também como eles podem nos auxiliar na compreensão da natureza. Isso porque, como dito há pouco, da perspectiva da ciência, a natureza é *já* um *constructo matemático*.

Crê-se de modo mais ou menos tácito que a Matemática nos auxilia na compreensão do mundo porque de algum modo o mundo é matemático. A afirmação de Galileu de que o livro da natureza está escrito em caracteres matemáticos e quem não conhece essa língua não o pode ler é exaustivamente repetida como uma verdade incontestável que mais ou menos "explica" por que nossa ciência é matemática.

Mas há aqui vários problemas. Se a Matemática fosse toda ela extraída da natureza, seria natural que ela tivesse aplicação na descrição matemática da natureza. Mas não é o que ocorre. Como no caso dos números imaginários, a Matemática é quase sempre feita prestando muito pouca atenção ao mundo real.

Claro que muitas vezes problemas científicos induzem o desenvolvimento da Matemática, mas nem sempre. Outras vezes, até mais frequentemente, são questões internas à Matemática que produzem mais Matemática. Os números imaginários, por exemplo, foram

O QUE É E PARA QUE SERVE A MATEMÁTICA **21**

inventados para resolver equações, não para descrever o mundo real. Muita Matemática foi criada por razões que nada tinham a ver com a ciência; às vezes, só porque parecia interessante. Como então se explica que a Matemática das teorias científicas – que é, supostamente, intrínseca à realidade que essas teorias descrevem e explicam – apareça primeiramente a indivíduos que não estão sequer olhando para o mundo lá fora, preocupados com outras questões? Como a natureza impinge a sua Matemática aos criadores de Matemática? Harmonia preestabelecida ou o quê?

A Matemática que se revelou ideal para a formulação da Mecânica matricial, uma versão da Mecânica quântica, por exemplo, foi desenvolvida muito antes no contexto de sistemas de equações lineares. Como se explica que uma mesma teoria seja aplicável a contextos tão distintos? Não se responde a essa questão sem uma investigação aprofundada da natureza das teorias matemáticas, e essa é uma tarefa filosófica. Ela será encarada seriamente aqui.

As filosofias tradicionais da Matemática não fazem boa figura nesse quesito. Com algumas raras exceções, mas muito localizadas para terem validade universal. Para Frege, o logicista, por exemplo, números são propriedades de conceitos. Como conceitos se aplicam a qualquer coisa, números se aplicam às coisas por intermediação dos conceitos. Essa explicação, devidamente detalhada, é, acredito, essencialmente verdadeira, mas não se aplica, por exemplo, a números imaginários, que não são propriedades de conceitos. A unidade imaginária i não expressa uma ideia de quantidade; números imaginários são números só impropriamente, apenas porque podem ser operados como números. O que eles estão, então, fazendo em nossas melhores teorias científicas e por que são tão úteis na compreensão matemática dos números propriamente ditos?

Se os objetos matemáticos são apenas peças de um jogo formal, como querem alguns formalistas, ou ideias no interior da mente de um matemático idealizado, como afirmam alguns construtivistas, fica difícil entender por que eles são essenciais à nossa compreensão dos objetos do mundo real. O quão uma ontologia da Matemática dificulta a resolução do problema pragmático, isto é, da aplicabilidade

22 JAIRO JOSÉ DA SILVA

da Matemática, deve, acredito, valer como um argumento contra essa ontologia.[7]

A compreensão da função *heurística* da Matemática em ciência, ou seja, como um instrumento de *descoberta científica*, revela-se particularmente difícil. Como veremos, a Matemática tem muitas funções em ciência: ela serve como meio de *representação*, como quando expressamos leis naturais por fórmulas matemáticas; ela nos permite, ao disponibilizar meios de inferência, fazer *predições* e, o que é particularmente interessante, ela nos permite fazer *descobertas científicas*. Nós podemos, aparentemente, investigar o mundo empírico e descobrir coisas sobre ele apenas manipulando símbolos matemáticos. Há exemplos eloquentes disso, que examinaremos oportunamente.

Ao chamar a atenção para esse papel da Matemática, o cientista Eugene Wigner (1960) não encontrou palavras mais adequadas para descrevê-lo que "milagre que não entendemos nem merecemos". Convenhamos que reduzir a eficiência de uma metodologia científica a um milagre tem pouco de científico e nada de esclarecedor. Como não acredito em milagres, pressuponho que a dificuldade em explicar um fenômeno exibe mais as limitações do contexto explicativo que a opacidade do fenômeno ele mesmo. Para que a efetividade heurística da Matemática em ciência empírica possa ser adequadamente entendida, é necessário que entendamos a natureza tanto das teorias matemáticas quanto das teorias da ciência matemática da natureza, além da concepção mesma de natureza empírica da perspectiva da moderna ciência empírica. Para que respondamos para que serve a Matemática, é preciso que saibamos o que é a Matemática. Dedicaremos uma parte substancial da nossa exposição a essas

---

7 Alguns filósofos da Matemática acreditam que a utilidade ou mesmo a indispensabilidade da Matemática em ciência conta como uma evidência da *realidade* dos objetos matemáticos. Mostrarei aqui que essa crença não se sustenta, que estruturas matemáticas simplesmente inventadas podem contribuir para a investigação *formal* de estruturas do mundo real e que da aplicabilidade não se pode inferir a verdade.

O QUE É E PARA QUE SERVE A MATEMÁTICA   23

questões, oferecendo uma explicação "naturalista" do papel heurístico da Matemática em ciência empírica, sem apelar para milagres.

A Matemática, como dissemos, é um produto do homem, ainda que lhe possa ser *sugerida* pelo mundo. Nosso aparato perceptual foi desenvolvido ao longo da longa história evolutiva da espécie com a finalidade de nos *apresentar* (não *representar*) o mundo que existe lá fora. O mundo percebido, entretanto, não é necessariamente uma cópia fiel do mundo transcendente, o mundo *em si*, mas esse mundo (cuja existência é um pressuposto) como nós o percebemos, o mundo *para nós*. A função da percepção não é revelar a verdade do mundo transcendente, mas nos manter vivos o tempo suficiente para que procriemos e preservemos a espécie. Do ponto de vista da natureza, esta é a finalidade da vida: persistir (a inércia do ser, em jargão metafísico). A percepção é um instrumento de *sobrevivência*, não de compreensão. A *realidade perceptual* é um *constructo* erigido por sistemas psicofísicos *inatos* sobre a base dos estímulos sensoriais para finalidades exclusivamente *práticas*; sua fidelidade à realidade transcendente é um problema que é usualmente resolvido por postulação.

Os objetos nos aparecem no espaço mantendo com outros objetos espaciais diferentes relações de separação e ordenação, como distância, proximidade ou posição relativa, por exemplo (pode-se inclusive entender o espaço como nada mais que o sistema de relações espaciais *possíveis em princípio*). Distâncias podem ser perceptualmente avaliadas e comparadas, mas não expressas numericamente de modo *exato*, pelo menos não perceptualmente; para tanto há que abandonar o campo da simples percepção, há que *idealizar*. Os objetos espaciais também se apresentam com alguma forma espacial, às vezes invariantes, às vezes variantes no tempo. Eles podem ser esféricos ou romboides, abaulados ou achatados, ou possuir formas muito diferentes daquelas com as quais nos habituou a Geometria. Essas formas, porém, quaisquer que sejam, não são ainda formas *geométricas perfeitas*; para que o sejam, há que idealizar. Objetos espaciais se apresentam em diferentes tamanhos e esses tamanhos

24   JAIRO JOSÉ DA SILVA

podem ser comparados, mas ainda não de modo exato, matemático. Isso também requer idealização.

Coleções de objetos espaciais, quer objetos de percepção, como o Sol e a mesa diante de mim, quer objetos de mera representação, como todos os corpos celestes existentes, sejam essas coleções conceitualmente caracterizadas, como a coleção de todos os corpos celestes, ou constituídas por *ação coletiva* da consciência intencional, como a coleção do Sol e da minha mesa, são elas também objetos espaciais. Coleções espaciais são corpos formados por outros corpos, corpos ontologicamente dependentes dos outros corpos que as constituem. Sem o Sol ou sem a minha mesa a coleção formada por eles não existiria. Esses corpos não são coleções em sentido matemático, apenas a sua forma o é, a *forma coletiva* que faz que a coleção do Sol e da minha mesa seja *algo mais* que simplesmente o Sol e a minha mesa, os elementos da coleção. Para que formas coletivas se transformem nos conjuntos da Matemática, há um caminho a percorrer e ações *intencionais* a executar, ideação e generalização, para citar duas. Conjuntos são ideias matemáticas *em princípio* materializáveis em formas coletivas. Enquanto objetos de percepção em princípio possível, ainda que não *efetivamente* possível, coleções espaciais têm uma cardinalidade em princípio, ainda que não efetivamente determinável. Toda coleção bem determinada (não vaga) de objetos, e não só as coleções espaciais, tem uma quantidade em princípio determinável de elementos.[8] Os números, entretanto, essas entidades

---

8 Seria interessante refletir sobre como chegamos a essa conclusão. Como sabemos que a coleção, por exemplo, de todos os corpos celestes, pelo menos num dado momento do tempo e admitindo que a noção de corpo celeste seja não ambígua, tem uma quantidade em princípio determinável de elementos? Isso não é um fato verificado ou mesmo efetivamente verificável ou uma hipótese sujeita a testes, mas um *pressuposto a priori*. O campo da percepção não é apenas o que percebemos, mas principalmente o que determinamos *a priori*, antes de qualquer percepção, como em princípio perceptível. Predeterminando *a priori* o campo da percepção possível, nós agimos como sujeitos transcendentais. A determinação transcendental do campo da percepção (atual ou possível) é a predeterminação do que é *em princípio* perceptível. Assim, o domínio da percepção possível não é apenas uma generalização indutiva da percepção

O QUE É E PARA QUE SERVE A MATEMÁTICA   25

que inventamos para refinar nossa noção inata de quantidade e que não existem no mundo físico, não entraram ainda no jogo. Dizer que a coleção do Sol e da minha mesa é quantitativamente menor que a coleção dos dedos da minha mão direita, um fato diretamente acessível à percepção, não é *ainda* dizer que 2 é menor que 5, que ademais não é um fato passível de percepção.

Em suma, o mundo se apresenta a nós na percepção, pelo menos em seus aspectos formais, segundo categorias *protomatemáticas*. Não precisamos do conceito de número para *perceber* coleções reais de objetos sob o conceito de quantidade ou para avaliar que uma bola ocupa *mais* espaço que outra. Para isso não precisamos sequer ser adultos ou mesmo humanos, neonatos e animais têm em certa medida a capacidade de discriminação quantitativa. Essa capacidade é inata e está embutida na estrutura da percepção.[9]

Se o mundo lá fora, que existe independentemente de nós, é ou não ele próprio estruturado segundo formas e categorias protomatemáticas, se há nele corpos ou se esses corpos são esferoidais, cúbicos, helicoidais, grandes, pequenos, maiores ou menores uns que os outros, se estão perto ou longe, contíguos ou afastados uns dos outros, é uma questão absurda que não admite resposta, já que não há como percebermos o mundo sem a intervenção do sistema perceptual e os seus modos de perceber. *Nós estamos confinados ao mundo da percepção.*[10]

As formas e categorias protomatemáticas da percepção imediata são o começo da Matemática, mas só o começo. O resto é obra da consciência intencional, que vai criar por ação da abstração, idealização, ideação e outras operações intencionais objetos e noções propriamente matemáticas, geométricas, aritméticas, topológicas e outras, refinando os dados da percepção, e por ação propriamente intelectual as ciências desses objetos e noções. Mas ela não para aí;

---

realmente vivida; ele é também fruto de uma ação constitutiva *a priori* de caráter transcendental.

9 Cf. Lakoff; Núñez, 2000.

10 "Nós não vemos as coisas como elas são, nós as vemos como nós somos", Anaïs Nin (1961, p.145).

26   JAIRO JOSÉ DA SILVA

por uma dinâmica própria, a Matemática gera mais Matemática. A Geometria euclidiana, por exemplo, um refinamento intencional da protogeometria da percepção, gera por *variação imaginativa*, esse também um processo intencional, outras possiblidades geométricas. A Matemática tem uma gênese e uma história intencional.

Mas não é essa a imagem que comumente se tem da Matemática. Lakoff e Núñez (2000) mencionam uma mitologia, um sistema de crenças profundamente arraigadas no imaginário popular, científico e filosófico que dificulta bastante a compreensão da *produção* da Matemática.

Segundo essa mitologia:

1. A Matemática é abstrata, mas ainda assim real.
2. A Matemática existe independentemente dos seres humanos, estruturando este e qualquer universo que possa existir.
3. A Matemática que os seres humanos fazem é só uma parte dessa Matemática transcendente.
4. A Matemática dá aos homens acesso a verdades transcendentes do Universo.
5. A Matemática é parte do universo físico, estruturando-o.
6. A Matemática estrutura até a razão humana.
7. Todos os seres racionais, deste ou de qualquer outro mundo, compartilham a mesma Matemática.

Quando não francamente falsas, essas asserções são meias verdades que mais obscurecem que esclarecem. Os objetos *propriamente* matemáticos são, evidentemente, abstratos, ou seja, a sua existência depende da existência de outros objetos, mas não são objetos reais, ou seja, não estão imersos no fluxo do tempo como certos objetos protomatemáticos. A Matemática é, sem dúvida, objetiva, ou seja, ela existe no espaço *intersubjetivo*, é a mesma para todos, mas não é independente da existência e da consciência humanas e seus atos. Evidentemente, a Matemática estrutura o universo físico, mas o universo físico não é simplesmente o que está lá fora, e sim nossa *percepção* do que está lá fora, que é o encontro do que está efetivamente lá fora com o nosso modo de percebê-lo e concebê-lo (que não é uma

O QUE É E PARA QUE SERVE A MATEMÁTICA   27

escolha nossa, mas expressão do modo como somos constituídos, física e intelectualmente).

Nós temos motivos para acreditar que deve haver no Universo outros seres inteligentes, e ficamos atentos a sinais que possam indicar a sua presença. Achamos que esses sinais terão necessariamente um caráter matemático, que exibirão padrões matemáticos. Isso porque acreditamos, subscrevendo a mitologia da Matemática, que a inteligência se expressa matematicamente e que só existe *uma* Matemática. Penso, porém, que essas tentativas estão fadadas ao fracasso. Seres racionais outros além de nós, se existem, devem existir em condições naturais tão diversas da nossa que o sistema perceptual-cognitivo deles – e, portanto, as categorias com as quais eles estruturam e racionalizam a sua experiência do mundo – é tão diferente do nosso a ponto de sua ciência e a "Matemática" que porventura faça parte dela serem incompreensíveis para nós (e vice-versa). Uma regularidade matematicamente interessante para nós pode ser apenas ruído para eles, e vice-versa. O universo físico é um caleidoscópio que apresenta múltiplas configurações, dependendo de como os espelhos são colocados e de como as peças se dispõem com relação a eles. Esperar que um alienígena aprecie a série de Fibonacci (supondo que ele tem o conceito de número, o que não é óbvio) é como esperar que ele se emocione com o *Réquiem* de Fauré.

A Matemática é um instrumento extremamente eficiente para a ordenação da nossa experiência do mundo, mas não devemos nos esquecer de que esse é o *nosso* mundo, não todo o mundo. Essa ideia não é nova, ela está presente, por exemplo, em Kant, que distinguia entre uma realidade noumenal, que está efetivamente lá fora, e uma realidade fenomênica, que nossos sentidos filtram do que está lá fora (segundo as formas imanentes do espaço e do tempo), estruturada segundo categorias que nosso entendimento lhe impõe, da causalidade, da quantidade etc. Para Kant, a Matemática não está no mundo transcendente lá fora, mas no mundo filtrado pelo *nosso* modo de percebê-lo e compreendê-lo.

A filosofia transcendental kantiana foi bastante aperfeiçoada pela fenomenologia de Husserl, voltada essencialmente à análise da

28   JAIRO JOSÉ DA SILVA

estrutura da consciência intencional e do sujeito transcendental e as operações pelas quais ela se torna consciente de algo e o predetermina em alguma medida. Mas há que ter cuidado aqui, não entender por "consciência" estados mentais de sujeitos individuais, mas uma relação de direcionalidade cujo polo *ad quem* é o objeto intencional, ou seja, aquilo para o qual a consciência está dirigida, e cujo polo *a quo*, ou seja, aquele que "experiencia" o objeto, o sujeito intencional, pode ser outra coisa que não necessariamente o indivíduo. Ao predeterminar em certa medida o objeto intencional, qualquer que seja ele, a experiência perceptual ou o espaço geométrico, o sujeito intencional exerce função transcendental.

Essas palavras altissonantes escondem uma realidade quase banal. Vejamos um exemplo.

Houve uma época em que a Geometria não existia e as pessoas estavam interessadas apenas em medir terrenos. Técnicas foram desenvolvidas para esse fim que envolviam mensuração com instrumentos reais, construções reais e relações empiricamente verificadas entre medidas. E houve uma época em que a Geometria estava plenamente constituída, em que construções geométricas ideais com instrumentos ideais são levadas a cabo na imaginação e relações precisas e necessárias entre grandezas, demonstradas. Em alguma época intermediária a Geometria deve ter aparecido de alguma forma originada das práticas que a antecederam.

Em algum momento nós aprendemos a olhar para uma bola e ver nela apenas a sua forma idealizada, a esfera. Como se deu isso? Não saberemos a resposta buscando apenas conhecer as condições concretas, histórico-sociais, de origem da Geometria, mas as experiências intencionais que o sujeito matemático *precisa* vivenciar para que esse objeto ideal exista. Esse sujeito não foi, evidentemente, Tales, Eudoxo ou Euclides, nem, certamente, um indivíduo historicamente bem determinado, mas toda uma comunidade que gradualmente se deu conta da existência da esfera geométrica, para a qual a esfera geometricamente perfeita *existe* como objeto de interesse prático e teórico.

Em algum momento da História, não necessariamente consignado aos livros, o protogeômetra, esse sujeito ideal, não real, comunal, não individual, espalhado no tempo e no espaço, olhou para uma bola e viu, num ato de *abstração formal*, desprezando a matéria da qual a bola era feita, apenas a sua forma esferoidal. Mas além da forma real, apenas aproximadamente esférica, ele "viu" *também* a forma esférica ideal, ou seja, que todas as posições em princípio assinaláveis sobre a superfície da bola idealizada, idealizadas elas próprias como pontos sem extensão, estavam à *mesma* distância de um ponto central, também ele uma posição idealizada no espaço, que se movimenta no espaço ideal à medida que a bola se desloca no espaço real. Além de abstrair a *forma* do *conteúdo*, o protogeômetra *idealizou* a forma real abstrata, isto é, tornou-a *exata*.

Uma forma *real*, a forma espacial de uma bola real do mundo físico, por exemplo, está de certo modo "colada" ao objeto real como um *aspecto* dele, um aspecto *abstrato*, porém, que não pode existir sem o seu suporte material. Essa forma não é ainda, a rigor, uma forma geométrica. Para tanto, o protogeômetra terá, primeiro, que abstrair essa forma, "separando-a" do seu suporte real, não por um processo real, físico ou mental, mas *intencional*; a forma da bola, a sua forma *real*, será para ele um novo *objeto real*, ainda que abstrato. Mas esse não é, ainda, um objeto matemático. Apenas idealizando-o como uma forma esférica perfeita, atemporal, apenas transformando-o num objeto *ideal*, o sujeito transmuta um aspecto abstrato do mundo físico num objeto propriamente *matemático*. Mas esse é ainda um objeto geométrico particular, uma esfera com suas particulares determinações matemáticas, como área superficial, volume etc. A *ideia* da esfera matemática como o lugar geométrico de pontos do espaço (eles próprios objetos ideais) equidistantes de um ponto dado é obtida por *ideação* a partir de um exemplar, variando-se arbitrariamente as propriedades geométricas não essenciais desse exemplar, isto é, aquelas propriedades que não pertencem por necessidade a *toda* esfera.

Abstração, idealização, ideação são vivências ou experiências intencionais em razão das quais o sujeito intencional, o protogeômetra, constitui intencionalmente os objetos intencionais "esta esfera" e "uma esfera qualquer". São vivências desses tipos que "criam" objetos matemáticos.

As vivências do protogeômetra podem, ademais, ser comunalizadas, tornar-se possessão de um sujeito matemático mais amplo, não mais um indivíduo, mas uma comunidade espalhada no tempo e no espaço cujas vivências são em princípio sempre renováveis, o que garante a omnitemporalidade dos objetos nelas constituídos, e cujas conquistas na exploração das ideais das quais ela se tornou guardiã são consignáveis em livros e outros documentos e assim comunalizadas. O sujeito intencional é agora toda uma comunidade, e os objetos intencionais que ele constitui, aí incluídos ideias, conceitos, sua ciência e seus métodos, vivem no espaço dessa comunidade. Objetos geométricos e a ciência da Geometria aparecem assim na cultura humana.[11]

Se bem que originárias de práticas do mundo real, as construções do mundo ideal da Geometria são construções ideais, com régua e compasso ideais. Urge, assim, que o sujeito intencional predetermine que construções são possíveis. Pode-se, por exemplo, usando-se um compasso ideal, construir com centro num ponto *qualquer* dado do espaço um círculo ideal perfeito passando por outro ponto *qualquer* predeterminado do espaço? É óbvio que não se pode responder a essa pergunta *geral* considerando-se apenas construções reais. Ao responder sim a essa questão, o sujeito intencional predetermina, antes de qualquer construção, o campo das construções geométricas *possíveis*, e assim exerce uma função transcendental. Uma predeterminação transcendental é uma predeterminação do que se pode esperar. Essas predeterminações formam um sistema de *verdades a priori*, os *axiomas* da Geometria, que delimitam um espaço e as construções que são *a priori* possíveis nele. Esse espaço nasce do espaço perceptual como idealização dele, mas contém predeterminações que transcendem o dado da percepção. Por isso, repito, a questão pode ser sempre colocada: quão bem *esse* espaço geométrico serve aos propósitos da ciência, que pode em princípio

---

11 O texto clássico de exposição e análise da gênese intencional da Geometria é *Der Ursprung der Geometrie* [A origem da Geometria], de Edmund Husserl (1954), apêndice III.

O QUE É E PARA QUE SERVE A MATEMÁTICA   31

lançar mão de qualquer representação espacial, desde que nos limites da percepção ela funcione como uma representação matemática adequada dos dados da percepção? Por exemplo, a experiência sensorial nos diz que o espaço é "plano", e essa "informação" é consistente com a representação euclidiana do espaço físico. Mas nossa percepção é local e incapaz de distinguir um espaço suavemente "curvo" de um espaço "plano". Ela não pode, portanto, decidir pela *veracidade* da representação euclidiana do espaço perceptual global como um horizonte aberto de possibilidades. Todas essas coisas serão examinadas com mais detalhes oportunamente.

Diz-se frequentemente que a Matemática é simbólica e formal. Verdade, a Matemática é de fato simbólica e formal, mas há que entender bem o que isso significa, e nada esclarece melhor que um exemplo.

Suponhamos que queremos saber quantas frutas possui quem tem 478 laranjas e 8.723 maçãs. Qualquer criança em idade escolar daria a resposta facilmente "fazendo as contas": 478 + 8.723 = 9.201 frutas. Primeira constatação, a criança não precisou colocar diante de si as laranjas e as maçãs para contá-las. As frutas foram substituídas por símbolos, que preservaram delas *apenas* aquilo que interessava para o problema em questão. A saber, que cada fruta, laranja ou maçã, é, para efeitos de cálculo *quantitativo, apenas* uma *unidade*, um 1. O símbolo 478 representa as laranjas, mas apenas como *quantidade*. Idem para 8.723 e as maçãs. Todo o resto que diz respeito a laranjas e maçãs foi colocado a escanteio.

Segunda constatação, a criança não contou nada, ela apenas calculou, ela "fez as contas" usando um esquema puramente simbólico que ela e todos nós aprendemos na escola, o *algoritmo* da soma (supondo que não usou uma calculadora). Os *símbolos* 478 e 8.723 foram *manipulados segundo regras* e o resultado, o *símbolo* 9.201, foi obtido, *representando* a quantidade de frutas, laranjas e maçãs (todas as palavras grifadas são sumamente importantes).

Primeira grande questão: como sabemos, sem contar, que o resultado está correto? Porque, claro, sabemos usar o algoritmo da

32 JAIRO JOSÉ DA SILVA

soma. Mas como sabemos que esse algoritmo sempre oferece, se usado *corretamente*, o resultado correto? Esse fato pode ser e frequentemente é demonstrado em cursos um pouco mais avançados de Aritmética. Mostra-se que, se o símbolo (o numeral) *n* representa a quantidade de coisas na coleção *A* (por exemplo, laranjas) e o numeral *m* a quantidade de elementos em *B*, então *n* + *m* calculado segundo o algoritmo da soma representa a quantidade de coisas que estão em *A ou* em *B*. Ou seja, *calcular* com símbolos dá o mesmo resultado que *contar* as coisas, quaisquer que sejam essas coisas.

Levando a discussão para um patamar um pouco mais elevado. Consideremos, de um lado, o domínio das coleções finitas de coisas sem levar em conta que coisas sejam essas, tendo em mente essas coleções *apenas* em razão da *quantidade* de coisas que elas contêm ou, em termos técnicos, apenas a *cardinalidade* das ditas coleções (cada coisa é só uma *unidade* – essa é uma operação de *abstração*, que nada mais é que uma forma de recategorização, *pensar* a coisa apenas como *algo*, uma instância da categoria ontológica mais geral), e a operação de *unir* coleções preservando a quantidade de cada uma delas. E consideremos, de outro, numerais, que representam quantidades, e a operação de soma de numerais dada pelo *algoritmo* da soma. Esses são dois distintos *domínios operacionais*, coleções e uniões, de um lado, e numerais e manipulações simbólicas, de outro. Daquele lado, *contar*, desse, *calcular*.

Enquanto domínios operacionais, esses dois domínios devem ter algo em comum que faz que se possa operar em um operando em outro; podemos saber o resultado de uma contagem sem contar, só manipulando símbolos segundo regras específicas. Esses domínios são bem diferentes quanto aos *objetos* que eles contêm – coleções de um lado, numerais do outro – e às operações a que esses objetos são submetidos – uniões de um lado, manipulações algorítmicas do outro: eles diferem, dizemos, quanto aos seus *conteúdos*.

Mas o que, então, eles têm em comum? Se não conteúdo, o quê? Resposta: a *forma*. E porque ambos os domínios têm a mesma forma, pode-se operar em um operando no outro. Unir coleções

O QUE É E PARA QUE SERVE A MATEMÁTICA **33**

considerando *apenas* a cardinalidade dessas coleções é *formalmente idêntico* a manipular numerais por algoritmos adequados. O algoritmo da soma funciona porque, da perspectiva em questão, usá-lo *não é distinguível* da operação de contagem. Em jargão matemático, dizemos que o domínio operacional das coleções e uniões é *isomorfo*, ou seja, tem a mesma forma que o domínio dos numerais e operações algorítmicas.

Contar coisas reunidas em coleções é considerar essas coleções apenas pelo aspecto da sua cardinalidade ou quantidade, ou seja, considerá-las apenas da perspectiva da sua *forma quantitativa*. Justifiquemos essa terminologia. Assim como uma dada bola de futebol e uma dada bola de voleibol têm a *mesma* forma espacial esférica ideal, duas coleções que têm a mesma quantidade de elementos têm a mesma *forma quantitativa*. Formas matemáticas são entidades ideais que podem ser *instanciadas* como aspectos abstratos de objetos materialmente diferentes, bolas ou coleções. Como veremos mais adiante, números são formas quantitativas e numerais são os símbolos que os representam; operar com números é algo que podemos transferir para os numerais que os representam porque ambos os domínios são formalmente idênticos e *apenas as propriedades formais dos números são de interesse matemático*.

Como contar diz respeito apenas à forma quantitativa das coleções, contar é uma operação formal e pode, assim, ser transferida para outro domínio que não o das coleções e contagens, domínios que têm uma identidade formal com o domínio da contagem, em particular, o domínio operacional dos símbolos. Esse é um fato muito importante e não pode ser minimizado se se quer entender a natureza da Matemática e seu imenso *range* de aplicabilidade: pode-se instanciar formas em domínios simbólicos e, portanto, investigá-las apenas manipulando símbolos. Ou seja, a Matemática é simbólica apenas porque é formal.

Na medida em que a especificidade material do domínio de interesse prático ou teórico é irrelevante – e veremos que *em princípio* sempre é –, pode-se transferir pela ponte do isomorfismo o interesse para outro domínio formalmente idêntico a ele. O domínio substituto pode ser um domínio preexistente ou criado especialmente para servir de "avatar" do domínio original. Ele pode ter um conteúdo particular dado ou ser um domínio puramente formal, ou seja, meramente simbólico e cujos símbolos não têm uma denotação predeterminada. Pode até ser um domínio que *não existe* no mesmo sentido que aquele que ele representa. Domínios matemáticos são por excelência domínios onde se pode instanciar as propriedades formais de outros domínios quaisquer e assim investigá-las.

Por exemplo, quando reduzimos o movimento de corpos no espaço *apenas* a distâncias e tempos e relações entre eles, independentemente da natureza dos corpos e das causas do movimento, e distâncias e tempos a números que expressam *relações* entre distâncias e tempos a unidades de distância e tempo, o domínio *físico* de corpos reais em movimento no espaço real pode ser *substituído* pelo domínio dos números e relações numéricas (fórmulas). A Cinemática é a ciência do movimento assim considerado e pode, portanto, ser plenamente matematizada.

Se, como disse anteriormente, é *sempre* em princípio possível transferir nosso interesse de um domínio para outro, e a Matemática fornece uma quantidade imensa e variada de domínios substitutos, a questão se coloca naturalmente: por que algumas ciências são mais facilmente ou frutiferamente matematizáveis que outras? Essa questão será examinada mais adiante e veremos em que precisamente reside a diferença entre ciências exatas ou formais (matematizáveis) e ciências não exatas ou materiais (não ou apenas superficialmente matematizáveis)

O filósofo e matemático Leibniz entendeu perfeitamente a natureza *sub-rogatória* (ou *surrogatória*) do símbolo em Matemática e no pensamento em geral: o símbolo substitui. Mas substitui o quê? Para quê? E em que essa relação de substituição está fundada? A resposta que se imporá é a seguinte: o símbolo substitui conteúdo para fins de instanciação de forma. Para que a forma seja adequadamente representada, porém, é necessário que os símbolos mantenham com as coisas que representam, ou substituem, uma relação adequada. Não poderíamos calcular simplesmente "fazendo as

O QUE É E PARA QUE SERVE A MATEMÁTICA   35

contas" algoritmicamente se as operações simbólicas com numerais não espelhassem de algum modo as operações com coleções. Por esse motivo, Leibniz era um cuidadoso inventor de notação matemática. Quando a simbologia é bem escolhida, ela pensa por nós.

Até aqui a única relação relevante entre domínios mencionada foi o isomorfismo, a *identidade* formal. Seria essa a única relação cientificamente interessante? Mostraremos mais adiante que a resposta é negativa; relações de semelhança formal mais fracas que a completa identidade são às vezes até mais úteis.

Voltaremos a esse assunto muitas vezes no correr do texto, em contextos outros que não apenas o operacional, em casos concretos que, esperamos, tornarão bem mais claras as ideias apenas superficialmente expostas aqui. Como vimos, a distinção entre *forma* e *conteúdo* é essencial em nossas considerações e merecerá uma mais bem cuidada apresentação quando a necessidade se apresentar.

A Matemática nos interessa principalmente porque é útil. Muitos matemáticos torcerão o nariz para essa afirmação, pois gostam de enfatizar o caráter puro, quase imaculado, da Matemática. Mas a verdade é que, se a Matemática fosse apenas uma refinada, mas inútil, atividade intelectual, ela teria bem menos espaço em nossa cultura e seria bem menos interessante como objeto de reflexão filosófica.

Mencionava-se frequentemente a Aritmética como exemplo de ciência matemática com limitado campo de aplicação prática. Qual é o interesse prático em saber como os números primos se distribuem? Ironicamente, com a criação da Ciência da Computação o conhecimento aritmético se revelou bastante útil. Isso contém um ensinamento: nunca se sabe se, quando e onde uma área de investigação matemática se revelará útil em nossas atividades práticas ou em ciência. Por isso, o bom senso manda que nenhuma seja posta de lado.

Mas a Matemática também se aplica a ela própria. Pode-se, por exemplo, fazer Geometria só escrevendo e resolvendo equações algébricas, pois construções geométricas podem ser *formalmente* substituídas por operações algébricas (e a esta altura já temos uma

36   JAIRO JOSÉ DA SILVA

boa ideia do porquê – porque o domínio das construções geométricas e aquele das operações algébricas são *formalmente equivalentes*). A investigação aritmética exige muitas vezes Matemática bastante sofisticada, Álgebra, Análise Real, Análise Complexa etc., e isso abre oportunidades para o desenvolvimento de métodos, ideias e conceitos nessas áreas da Matemática que podem, eventualmente, encontrar aplicabilidade em outros contextos matemáticos, científicos ou mesmo práticos.

Assim, na Matemática, tudo se cria e nada se perde e no fim a aplicabilidade é o critério máximo de relevância. O que torna ainda mais incompreensível o quase total descaso dos filósofos da Matemática por esse seu aspecto, digamos, utilitário. Em face dos fatos, é surpreendente que se possa crer que fazer Matemática é manipular símbolos sem significado, derivar consequências lógicas de pressupostos arbitrários ou reportar eventos da vida mental de um matemático ideal.

É a Matemática real, com uma origem e uma dinâmica de evolução, que nos interessa como objeto de investigação filosófica, não uma Matemática *a priori* domesticada por preconceitos filosóficos e recortada sob medida para se ajustar a eles. A Matemática é um refinado instrumento de conhecimento. O que é isso, precisamente, que ela conhece, e que tipo de conhecimento é esse? E, ademais, como o conhecimento matemático pode ser útil como instrumento de investigação da natureza? Essas são a principais questões com as quais nos ocuparemos a seguir.

1
NÚMEROS:
QUANTIDADE E MAIS ALÉM

Estamos tão habituados aos números e a usá-los que parece que eles sempre estiveram aí, à nossa disposição. Mas, claro, como tudo em Matemática, quer como objetos de uso, quer como objetos de estudo, os números tiveram uma origem e, portanto, uma gênese e uma história transcendentais, uma vez que nessa história a consciência humana é o ator principal.

Em sua forma mais original, números são particularizações da noção de quantidade, respostas, como dizia Husserl, à questão "quantos?", mas também marcadores de posição em sequências ordenadas, primeiro, segundo etc. Aqueles são os números cardinais, estes, os ordinais. Quantidade e ordem são duas categorias fundamentais para a estruturação da nossa experiência do mundo. Não surpreende, portanto, que sejam também duas das mais básicas noções matemáticas.

Tudo indica que viemos ao mundo já munidos de uma noção de quantidade, grosseira, é verdade, mas ainda assim útil para a nossa sobrevivência. Números cardinais foram inventados como refinamento dessa noção. Estudos mostram que crianças muito pequenas e mesmo várias espécies animais têm a capacidade de distinguir entre diferentes quantidades, evidentemente dentro de certos limites e com diferentes graus de competência. Isso não

38 JAIRO JOSÉ DA SILVA

é de admirar, uma vez que essa capacidade dá a quem a possui uma clara vantagem evolutiva.[1]

Lakoff e Núñez (ibidem, p.15) mencionam os seguintes fatos, empiricamente verificados: com dois ou três dias de vida, bebês conseguem discriminar entre coleções de dois e três objetos; entre quatro e cinco meses, eles "sabem" que um objeto mais um objeto são dois objetos (não um) e que dois objetos menos um objeto é um objeto (não dois); um pouco mais tarde, eles também "sabem" que dois mais um é três e que três menos um é dois. Coloquei a palavra "sabem" entre aspas porque o saber aqui não é expresso em palavras, mas em reações verificáveis por psicólogos sob condições adequadas de observação e, portanto, com validade científica. As crianças não estão manipulando conceitos aprendidos, mas reagindo instintivamente.

Há também evidências de que aos sete meses bebês conseguem reconhecer a equivalência quantitativa entre duas sequências equinuméricas, objetos, de um lado, e batidas de tambor, do outro. Esse fato é bastante relevante porque, como veremos, chega-se ao número *identificando-se* coleções com a "mesma quantidade", coleções equinuméricas. O número é aquilo que coleções com a "mesma quantidade" têm em comum. Como a noção de "mesma quantidade" não depende da noção de número, pois é definida em termos da noção de *correspondência biunívoca*, evita-se circularidade na concepção de número. Mais sobre isso logo mais.

Experiências também mostram que animais, e não apenas primatas e outros mamíferos, têm uma inata capacidade de avaliação quantitativa, ainda mais desenvolvida que a de bebês humanos. A conclusão, então, se impõe: a noção de quantidade e uma certa e evidentemente limitada capacidade de distinguir quantidades são aquisições inatas, impressas em homens e algumas espécies de animais por ação da evolução natural. Mas se essa é uma dádiva da natureza,

---

1 Cf. o estudo clássico sobre números em diferentes culturas de Georges Ifrah (2000).

O QUE É E PARA QUE SERVE A MATEMÁTICA 39

números não são. A natureza nos legou o polegar anteposto, mas não a machadinha; esta, como os números, é produto da cultura. A noção de ordem é também, certamente, inata. Homens e animais, ou pelo menos alguns deles, conseguem distinguir entre ações realizadas numa ordem e na ordem inversa, assim como sabem que certas ações têm que ser realizadas numa ordem determinada para que um determinado fim seja obtido. Provavelmente, ainda bem cedo na evolução da cultura humana, nós aprendemos a dar nomes diferentes a diferentes posições numa ordenação particularmente relevante, por exemplo, um ritual religioso. Mas isso tem ainda tão pouco a ver com números ordinais quanto a capacidade de discriminação quantitativa com os cardinais. Mas já é um começo.

Como dissemos, o número cardinal expressa aquele "algo" comum às coleções equinuméricas ou, em outras palavras, a *quantidade* comum a todas as coleções que têm a *mesma quantidade*. Duas coleções têm a *mesma quantidade* de elementos quando os elementos de ambas as coleções estão numa correspondência de um para um, ou seja, a cada elemento de uma corresponde um e apenas um elemento da outra, e vice-versa. Já uma determinada posição numa ordenação de elementos, que é uma coleção *mais* alguma coisa, uma ordem, pode ser identificada pela quantidade de posições na ordenação que vem *antes* dela. Em princípio, um animal poderia, por exemplo, discriminar entre o terceiro e o quarto elementos de uma ordenação avaliando *quantos* elementos antecedem cada um deles.

Se o número cardinal expressa simplesmente a quantidade, o ordinal expressa a quantidade ordenada.[2] A cada número cardinal *finito* corresponde um único número ordinal finito e vice-versa, basta fazer corresponder a cada um desses ordinais o número cardinal que mede a quantidade de elementos que vêm *antes* dele na ordenação.

Podemos ordenar os números cardinais de modo bastante natural. Se n é o número que expressa a quantidade de elementos de uma certa coleção A e m é o número de B, então n é menor do que m (em

---

2 Ou melhor, *bem-ordenada*, ou seja, uma ordenação em que há um primeiro elemento, um segundo, e assim por diante.

símbolos $n < m$) se para cada elemento de A se pode fazer correspon-der um único elemento de B de modo que elementos diferentes de A estejam associados a elementos diferentes de B, mas não vice-versa, ou seja, se há "mais" elementos em B do que em A. Note que essa definição não depende de *quais* conjuntos com n e m elementos esco-lhemos; se A tem "menos" elementos do que B, então isso é verdade para qualquer outras coleções A' e B' que sejam equinuméricas a A e B respectivamente. Ou seja, a definição de ordem entre números depende *apenas* de *quantos*, não de *quais* elementos possuem as co-leções A e B em termos das quais a definição se expressa. Ou seja, as coleções entram na definição *apenas* no seu *aspecto quantitativo*, aquele que *instancia* o número, precisamente.

Nessa ordem os números cardinais se sucedem como estamos habituados: 1, 2, 3 etc. Se quisermos, podemos considerar 0 como ele também um número que antecede todos os outros, já que *qualquer* correspondência que associa elementos de uma coleção vazia de ob-jetos a elementos de outra coleção *qualquer* sempre deixa elementos dessa outra coleção sem nenhuma correspondência simplesmente porque não há objetos na coleção vazia com que corresponder. Em geral, denota-se por ω a coleção assim ordenada de cardinais: $\omega = \{0, 1, 2, 3$ etc.$\}$. Note que ω é um conjunto *infinito*.

Como ω é um conjunto totalmente ordenado, podemos ver cada um dos seus elementos como representando uma posição determi-nada numa ordenação, ou seja, um ordinal (o 0 representaria uma hipotética posição imediatamente anterior à primeira, representada pelo 1). Desse modo, podemos também representar cada ordinal pelo conjunto ordenado dos ordinais que o antecedem: primeiro = $\{0\}$, segundo = $\{0, 1\}$ etc. Assim ω representa o primeiro ordinal *infinito*, que tem infinitos ordinais antes dele $(0, 1, 2, ...)$. O segundo ordinal infinito, $\omega + 1$, sucessor de ω, é então representado por $\{0, 1, 2, 3, ..., \omega\}$, e assim por diante.

O interessante é que tanto ω quanto $\omega + 1$ têm exatamente a *mesma* quantidade de antecessores, já que é possível estabelecer uma correspondência um a um entre eles (essa correspondência não precisa respeitar a ordem, uma vez que se trata apenas de estabelecer

O QUE É E PARA QUE SERVE A MATEMÁTICA 41

equinumerosidade). De fato, associe ω em ω + 1 a 0 em ω, 0 em ω + 1 a 1 em ω, 1 a 2, e assim por diante. Isso mostra que números ordinais diferentes podem ter a *mesma* quantidade de antecessores, mas *apenas* se são infinitos. No caso finito isso não ocorre. Mas deixemos os números infinitos e os ordinais de lado, eles não nos ocuparão aqui.

AS ORIGENS Voltemos aos primórdios da humanidade, aos homens que a natureza dotou do poder de discriminar quantitativamente pequenas coleções. Felizmente, esses homens foram também dotados de capacidade abstrativa e linguística, e será pelo exercício dessas faculdades que serão capazes de perceber e nomear *quantidades*. Na medida em que diferentes quantidades recebem diferentes *nomes*, surge uma protonotação numérica que, ao se tornar *sistemática*, permite que números sejam *concebidos* sem que sejam necessariamente *percebidos* como quantidades efetivamente dadas. De presentes ou efetivamente apresentáveis à consciência, números passam a existir em ausência como meras *possibilidades* quantitativas.

Mas nomes de quantidades nem sempre são nomes de números, ontem ou hoje. Barrow (1993, p.39) menciona tribos da Colúmbia Britânica, no Canadá, que usam *diferentes* nomes para a *mesma* quantidade, dependendo de que coisas são contadas. Por exemplo, dizem *guant* para três coisas quando estas são contadas oralmente, *gutle* quando essas coisas são redondas e *gulal* quando são homens. Se bem que isso nos possa parecer curioso, há resquícios desse fenômeno em algumas das nossas línguas modernas. Em português, dizemos *um, dois* e *uma, duas* para as mesmas quantidades de coisas de gêneros diferentes. Algo semelhante acontece em outras línguas com flexão de gênero.

O que, exatamente, está sendo nomeado? Não a quantidade de coisas, simplesmente, mas a quantidade de coisas de um *certo* tipo. Cabe aqui uma distinção importante. Já dissemos que coleções de coisas têm um aspecto quantitativo entre os seus muitos aspectos. Claro, desde que elas sejam quantitativamente bem determinadas, ou seja, que possam ser pensadas sob a noção de quantidade. Ainda que não possamos contar todas as estrelas do Universo, há

42 JAIRO JOSÉ DA SILVA

objetivamente uma determinada, se bem que não efetivamente determinável, quantidade de estrelas nele, supondo que nosso conceito de estrela é bem definido.[3] Podemos, então, falar do *aspecto quantitativo* das coleções de coisas do mundo.

Se se trata de coleções reais, com elementos reais, que existem no espaço ou no tempo, como as estrelas do Universo, o aspecto quantitativo da coleção é também algo *real*. A coleção de estrelas do Universo, incluindo o seu aspecto quantitativo, muda quando estrelas nascem ou morrem. O aspecto quantitativo de uma coleção pertence a ela como qualquer outro aspecto seu, e é tão dependente dela quanto a cor de um objeto físico é dependente dele. Um *aspecto* é como uma parte, com a diferença de que *partes* existem independentemente do todo (meu braço pode existir separado de mim), mas aspectos, não (a cor de um objeto, enquanto um aspecto *dele*, enquanto uma coisa *real*, *não pode existir* sem ele – cores, como objetos de percepção, não flutuam incorpóreas no espaço).

Pense no aspecto quantitativo de uma coleção qualquer como essa coleção *ela própria*, mas abstraindo-se a natureza dos seus elementos. *Abstrair* a natureza de qualquer coisa significa simplesmente considerá-la apenas como *uma coisa*, como um *algo*, como *um*, assim como se considera cada cidadão apenas como *um cidadão*, não como José ou João, para efeito de um censo, por exemplo. Essa é uma operação lógica de recategorização: em vez de considerar *uma laranja* como uma *laranja*, consideramo-la apenas como *um* não importa o quê. Assim considerada, a coisa é simplesmente uma unidade. O aspecto quantitativo de uma coleção de objetos é essa mesma coleção em que cada objeto é *categorizado* apenas como algo. *Nada* muda na coleção, nem na minha representação mental dela, a imagem dessa coleção de algum modo impressa em minha

---

3 O fato de que existe uma determinada quantidade de qualquer coleção quantitativamente bem definida de quaisquer coisas do Universo é uma *predeterminação a priori* do próprio *conceito* de Universo. *É assim que o concebemos*; o *fato* em questão não é uma hipótese *empírica* ou um pressuposto *metafísico*, mas uma predeterminação *intencional*: é assim que *concebemos* o Universo, inclusive para efeito de tratamento científico.

O QUE É E PARA QUE SERVE A MATEMÁTICA **43**

mente, a única coisa que muda é o modo como ela é considerada (vista, percebida, mirada). Para que esse novo objeto seja percebido, nenhuma ação *real*, física ou mental, é requerida, apenas uma mudança de *foco intencional*. Ao abstrairmos a natureza dos elementos da coleção, pensando-os apenas como as unidades que são, independentemente do que são, tomamos consciência (intencional) do aspecto quantitativo dessa coleção.

Ora, é obvio que os aspectos quantitativos de uma coleção de três homens e de três coisas redondas só são diferentes porque estão "colados" às suas respectivas coleções, de resto são iguais. Isso sugere uma identificação, ela também uma ação intencional. Fazemos surgir por ação intencional da consciência um *novo* objeto, a saber, *aquilo* que todos os aspectos quantitativos equivalentes têm em comum. Chamemo-lo uma *forma quantitativa*. Dois aspectos quantitativos são equivalentes quando suas respectivas coleções estão numa relação de equinumerosidade, ou seja, numa relação um a um: a cada objeto de uma corresponde um único objeto da outra, de tal modo que objetos diferentes daquela estão associados a objetos diferentes desta, e vice-versa.

Uma forma quantitativa é um objeto *ideal*, não mais "colado" a essa ou aquela coleção como o seu aspecto quantitativo, não mais um objeto *real*, mas uma *forma ideal* que se pode instanciar *como* aspecto quantitativo de uma coleção qualquer, assim como o círculo ideal é um objeto aespacial que se pode instanciar como forma real de qualquer objeto espacial circular (o *espaço ideal* da Geometria *não* é o *espaço real* da percepção, mas um *constructo* ideal fundado nele). Números são formas, formas quantitativas, análogas às formas geométricas; enquanto estas são ideias instanciáveis como formas geométricas em possíveis objetos espaciais, aquelas são ideias instanciáveis como aspectos quantitativos em possíveis coleções de não importa que coisas.[4]

---

4 A palavra "ideia" aqui não se refere a objetos *mentais*, mas a entidades *objetivas* ideais, isto é, não reais, não imersas no fluxo do tempo, incapazes de percepção sensorial. Objetos ideais só existem como correlatos de operações intencionais como as que estamos descrevendo (*contra* o idealismo platonista).

44   JAIRO JOSÉ DA SILVA

Ao dar nomes diferentes para coleções com a mesma quantidade de elementos de naturezas distintas, os indígenas canadenses estão, aparentemente, nomeando formas quantitativas, sem se dar conta, porém, de que aspectos quantitativos de coleções equinuméricas são equivalentes no sentido definido há pouco. O processo de *abstração* que o tornou consciente do aspecto quantitativo das coleções não foi ainda acompanhado do processo *identificatório-ideativo* que o levaria às formas quantitativas ideais, ou seja, os números propriamente ditos.

Vejamos em mais detalhes como ocorre esse processo intencional, de reorientação do foco da consciência, ou seja, o processo de *gênese intencional* dos números individualmente e, por *reflexão*, do *conceito* de número.

Nossa experiência – e por esse termo não entendo agora apenas a experiência sensorial, mas também a *imaginação* e outras formas de *doação* de objetos – não nos fornece apenas indivíduos, mas coleções ou classes de indivíduos e relações entre indivíduos, além de outros objetos que chamaremos de *categoriais*. O que difere objetos categoriais de objetos simplesmente é que, enquanto estes são dados diretamente na experiência, aqueles exigem algum tipo de ação intencional.

Um exemplo pode esclarecer melhor isso. Suponha que diante de você há um livro e uma caneta sobre uma mesa. Se alguém perguntar *o que* você está vendo, você pode responder simplesmente: um livro, uma caneta, uma mesa. Mas você pode também responder: um livro *e* uma caneta *e* uma mesa. Ou, então, um livro *à direita* de uma caneta, ambos *sobre* uma mesa. Qual das respostas é uma descrição *fiel* da sua experiência visual? Evidentemente, isso depende de qual das três *diferentes* experiências você esteja vivenciando.

Na primeira, você vê três objetos simplesmente; na segunda, a união mereológica desses três objetos; na terceira, um estado-de--coisas, um arranjo espacial envolvendo esses mesmos três objetos. Supondo que o livro, a caneta e a mesa são objetos simplesmente, sem nenhum componente categorial (o que é uma simplificação, porque, com exceção dos dados mais elementares da sensação, todos os objetos da percepção admitem, em algum grau, componentes categoriais), o que difere nessas três experiências? A *diferença* entre ver três objetos simplesmente e a *união* deles não está nos objetos eles próprios, mas na *maneira* de vê-los. Nada muda no conteúdo material da experiência, *aquilo* que está ali, um livro, uma caneta, uma mesa, mas apenas em *como* você os vê. Esse "como" não é uma contribuição dos sentidos, mas do *modo* como você organiza os dados dos sentidos, uma contribuição da *sua* consciência. *Aquilo* que se vê, união ou estado-de-coisas, além do que é simplesmente dado, os objetos, depende de *como* se vê.

Essa contribuição nem sempre é completamente consciente; ela pode se dar de modo mais ou menos inconsciente em termos mesmo da percepção – o que nos obriga a fazer uma distinção entre experiência *sensorial passiva* e experiência *perceptual* já em algum grau *ativa*, envolvendo já elementos categoriais, ou seja, contribuições do sujeito à experiência perceptiva, ainda que não de modo plenamente consciente. *Nossa* percepção é o modo como *nós* organizamos os dados imediatos da sensação, vindos dos cinco sentidos. Não porque assim queiramos – nós não temos domínio sobre o que percebemos –, mas porque assim somos feitos.

Mas há também elementos categoriais plenamente conscientes na percepção. Se você me diz que está vendo um livro, uma caneta, uma mesa, posso decidir que você não está vendo tudo o que está ali que *eu* estou vendo, e forçá-lo a afinar a sua percepção. Eu posso então perguntar: mas *como* essas coisas estão dispostas no espaço? Essa pergunta pode induzi-lo a ver esses mesmos objetos de modo diferente, induzi-lo a fornecer os elementos categoriais da experiência do estado-de-coisas espacial, um livro à direita de uma caneta, ambos sobre uma mesa.

Objetos categoriais são tão objetivos e reais quanto objetos simplesmente, objetos sem componentes categoriais, simplesmente dados, sem a contribuição do sujeito e que no limite se reduzem aos dados imediatos dos sentidos. Isso porque eles são em princípio acessíveis a todos os indivíduos "normais", com essencialmente o mesmo sistema perceptual. Se você me diz que só consegue ver um livro, uma caneta, uma mesa e nada mais, minha conclusão não é que a sua realidade é diferente, mas tão legítima quanto a minha, mas que você tem uma percepção imperfeita da realidade, que você não é normal, uma espécie de cego categorial que não consegue ver o que está objetivamente lá, o estado-de-coisas um livro *à direita* de uma caneta *sobre* a mesa (os termos grifados denotam precisamente os elementos categoriais da experiência).

Como os estados-de-coisas, as coleções são objetos categoriais. No objeto um livro *e* uma caneta *e* uma mesa está presente o elemento categorial que fornece a ligação dos objetos numa coleção, denotado pela conjunção "*e*". A ligação é essencialmente uma contribuição intencional da consciência, um *modo de ver*. Podemos expressar esse elemento através de conceitos, a coleção dos objetos à minha frente, por exemplo, mas nem todo ato coletivo é exprimível num conceito, que é um elemento de *compreensão*, não de percepção. Nós não vemos através de conceitos; ver é perceber, conceitualizar já é entender (ainda que a compreensão possa educar a percepção).

Coleções de objetos de percepção são elas próprias objetos de percepção, que contêm, porém, um componente categorial. Mas não só objetos de percepção podem ser coletados. A coleção formada pelos objetos sobre minha mesa e minha falecida avó é também uma legítima coleção.[5] Em minha consciência apresentam-se, coletados, objetos de percepção e um objeto de memória, ele também um objeto do mundo real numa certa época, mas não presente à percepção no momento da experiência coletiva. Quaisquer objetos, não importa como se apresentam à consciência, como percepção, memória, imaginação, mera representação conceitual, por intermédio de nomes e outras formas de denotação simbólica, podem ser coletados, sendo a coleção ela própria um novo objeto de consciência (um novo objeto intencional) com componentes perceptuais, de memória, imaginação etc.

---

5 Há uma diferença sutil, que desconsideraremos aqui, entre a mera união mereológica, A *e* B *e* C, por exemplo, e a *coleção* {A, B, C}, que envolve um elemento de agregação ausente na união.

Coleções fazem parte do nosso mundo e sem elas não haveria números, pois, em sua origem, números são apenas ideias sob as quais se podem considerar coleções tomadas em um aspecto particular, o quantitativo.

Suponha que Hablum, um pobre pastor na Mesopotâmia, tem três ovelhas, Babati, Neti e Heana. Ele pode pensar nelas como "as minhas ovelhas", ou seja, através de um conceito, mas também coletivamente como Babati e Neti e Heana. Às vezes, por exemplo, quando as leva a pastorar, Hablum está interessado apenas em que elas não se percam, ou seja, o seu interesse em Babati, Neti e Heana consiste apenas em *quantas* elas são. Ele as considera de modo *abstrato* simplesmente como uma e uma e uma, "esquecendo", por enquanto e por conveniência, que cada "uma" se refere a uma ovelha diferente. Ele não "apaga" as especificidades de Babati, Neti e Heana da consciência, ele as considera, num ato de recategorização, apenas como indivíduos. Desse modo, um novo objeto lhe vem à consciência, uma e uma e uma, o aspecto quantitativo da coleção Babati e Neti e Heana.

Suponha que esse pobre pastor, Hablum, é casado com Aruru e tem um filho, Zimudar. Ao pensar em sua família coletivamente, ele pensa em Hablum e Aruru e Zimudar, mas, ao pensar nela quantitativamente, ele pensa apenas em um e um e um. Não se requer de Hablum um grande esforço para ele se dar conta de que as coleções formadas pelas suas ovelhas e pelos membros da sua família têm *algo* em comum, que uma e uma e uma é essencialmente a mesma coisa que um e um e um. Ele pode também, alternativamente, se dar conta de que, se distribuir suas ovelhas pelos membros da família, cada um deles fica com *uma* ovelha *só sua* e não sobra ovelha alguma. De um modo ou de outro, ele se dá conta de que ambas as coleções têm o *mesmo* aspecto quantitativo.

Mas dizer o mesmo não é dizer o único.[6] Aspectos quantitativos pertencem de alguma forma às coleções cujos aspectos eles são.

---

6 Uma analogia. Dois corpos vermelhos de mesmo tom, intensidade e brilho têm a *mesma* cor; a cor do corpo é um aspecto dele e cada um tem a sua, que ocupa

48 JAIRO JOSÉ DA SILVA

Mas num esforço de *ideação* Hablum pode conceber a ideia de *algo* que existe fora desse mundo e que se manifesta nele como aspectos quantitativos iguais. O aspecto quantitativo da coleção de ovelhas ou, simplesmente, a *quantidade* de ovelhas e a quantidade de membros da sua família são iguais, vale dizer, ambos instanciam a mesma *ideia* de quantidade ou o mesmo *número*, que ele pode ter a óbvia ideia de representar por três pequenas cunhas.[7] Assim, junto com o número, a ideia, nasce o seu *numeral*, ou seja, o símbolo perceptível que o denota.

Hablum talvez pense no número como uma forma ideal, uma *forma quantitativa*, digamos, que se *manifesta* como aspectos quantitativos iguais, ou seja, aspectos quantitativos de coleções equinuméricas, que estão entre si numa relação de um para um. Ou como uma *ideia* da qual *participam* todos os aspectos quantitativos iguais. Tudo isso são maneiras diferentes de dizer mais ou menos a mesma coisa.

Se, como o filósofo alemão Gottlob Frege, Hablum pensasse em coleções apenas através de conceitos, como as *extensões* deles, ou seja, coleções de tudo aquilo que cai sob o conceito, ele poderia, como Frege, pensar o número como *aquilo* que todos os conceitos equinuméricos têm em comum, dois conceitos sendo equinuméricos quando as suas extensões são equinuméricas. Se ele estivesse, como estava Frege, obcecado em reduzir o conceito de número a um conceito lógico, o que é difícil de imaginar no caso de Hablum, ele poderia identificar esse "algo" a um conceito: equinumérico a *C*, onde *C* é um particular conceito da coleção de conceitos equinuméricos.

Suponha agora, de modo ainda mais fantasioso, que Hablum quer pensar no número como ele próprio uma coleção. Bastaria então pensá-los como supercoleções de coleções equinuméricas. Mas, como Hablum não é um filósofo reducionista interessado em reduzir números a objetos de um certo tipo fundamental, números, para ele,

---

um certo lugar no espaço. Assim, apesar de serem a mesma, as cores, enquanto *aspectos*, são coisas distintas, que podem, porém, ser *identificadas* numa *ideia*.

7 Assim pensava Platão, para quem havia *ideias* de números, os *arithmoi eidetikoi*, e *coleções* de mônadas indiferenciadas, os *aritmoi monadikoi*.

são apenas formas ideais, ou melhor, idealizadas, que aspectos quantitativos iguais compartilham, e isso lhe basta.

Mas essas formas ideais existem de fato? E, se sim, que tipo de existência elas têm?

Depois de descobrir que todos os aspectos quantitativos equinuméricos têm *algo* em comum e pensar esse algo como uma forma quantitativa ideal, ou seja, depois de inventar o conceito de número, Hablum está impaciente para comunicar essa sua invenção à tribo. Ele intui que ela lhe pode ser útil. Afinal, ao descobrir que suas ovelhas e os dedos internos da sua mão têm a mesma quantidade, ele pode usar esses dedos ou quaisquer coisas que sejam em número de três para *contar* as ovelhas e dar-se conta da falta de alguma, se isso acontecer. Essa tecnologia, que não lhe pareceu tão impressionante a princípio, quando ele tinha só três ovelhas, mostrou-se bastante eficaz quando seu rebanho aumentou substancialmente.

Nosso personagem pode, então, induzir seus companheiros de tribo a repetir os atos pelos quais ele se tornou consciente de números como ideias: coletar, abstrair o aspecto quantitativo das coleções e idealizá-los. Cada um desses atos se sustenta sobre o anterior, os elementos da coleção são a matéria que, vista coletivamente, adquire um componente categorial que não está na matéria original, mas na forma como é vista. A coleção, por sua vez, por um refinamento do foco intencional, isto é, por abstração, passa a ser vista *apenas* no seu aspecto quantitativo. Este, por sua vez, por um ato de ideação, passa a ser visto como um espécime de uma espécie ideal, o número que expressa a quantidade de elementos da coleção.

Na medida em que esses atos se tornam uma possessão comum, na medida, isto é, em que eles estão à disposição de qualquer membro da tribo, o conceito de número e todos os particulares números que caem sob ele tornam-se uma possessão comunitária. Claro que esses atos não precisam ser, a todo instante, reencenados; uma vez que os números entraram na cultura, que práticas relacionadas a eles se tornaram práticas comuns, que uma tecnologia de uso desses conceitos foi desenvolvida, dominada e transmitida de uma geração a outra, os momentos da sua gênese intencional caem no esquecimento. Os membros da tribo podem inclusive passar a acreditar que números sempre existiram, que são objetos atemporais, divinos, dos quais temos um vislumbre, como do Sol entre nuvens, quando consideramos coleções em termos da quantidade dos seus elementos. Mas, a despeito da capacidade de usar de modo adequado as técnicas de manipulação de conceitos numéricos, através da manipulação dos símbolos que os denotam, os numerais, por exemplo, um membro qualquer da comunidade tribal só pode perceber números ou, mais bem dito, *intuí-los*, que é uma forma não sensível de percepção, reencenando todos os passos da sua gênese intencional. Se Hablum tem diante de si as suas três ovelhas, ele *intui* o número 3 *se, e apenas se*, primeiro, ele vê as suas ovelhas como uma coleção, depois, por abstração, vê apenas o aspecto quantitativo dessa coleção e, finalmente, por ideação, ascende do espécime à espécie e se *torna consciente* da ideia numérica. Intuir o *número 3* numa coleção qualquer de três objetos é um processo *intencional* de relocação do foco da consciência ou, dito de outra forma, de *mudança do modo de ver*.

Ao poder, em princípio ao menos, direcionar desse modo a sua visada, qualquer membro da tribo tem à sua disposição os meios para intuir, ou seja, perceber números. Ao serem capazes de intuição numérica, ao dominarem o uso da tecnologia numérica, ainda que cegamente, sem intuição, quer dizer, sem a compreensão de *como* ela funciona, e *por que*, ou, ainda, ao serem simplesmente proficientes no uso de uma linguagem em que há termos ou símbolos que denotam números, os membros da tribo criam o contexto cultural em que números *existem objetivamente*, tão "reais" quanto as suas ovelhas.

Vale então repetir a pergunta: que tipo de existência é essa?

Na verdade, os números não existem todos do mesmo modo. Alguns existem porque podem ser realmente percebidos, os números relativamente pequenos que se pode trazer diretamente à consciência pelo processo intencional descrito antes. Outros, talvez apenas indistintamente, além do horizonte, por assim dizer, se não existe uma linguagem ou um sistema simbólico para se referir a eles.

Tal sistema poderia ser a notação em barras, ou seja, para cada unidade indiferenciada da forma numérica escreve-se uma barra: I.

O QUE É E PARA QUE SERVE A MATEMÁTICA   51

Assim, o número de ovelhas de Hablum seria denotado por III. Esse sistema é extremamente ineficiente, embora haja evidências de que tenha sido usado. Enquanto se lida apenas com números pequenos, entretanto, sua ineficiência não é tão manifesta. Mas a partir de um certo número ele precisa ser aperfeiçoado. Barrow (ibidem, p.28-33) menciona um osso de lobo de cerca de 30000 a. C. no qual há uma série de incisões, certamente uma forma de notação de barras, que apresenta, porém, um padrão que denota um aperfeiçoamento da notação. Há barras para denotar unidades, mas também sinais para denotar *grupos* de barras; a quantidade de unidades desses grupos revela a *base* da numeração. Alguns historiadores concluíram, admitidamente não com fundamentos muito sólidos, já que um único osso não é evidência suficiente, que o povo que fez essas incisões contava em base 10 e 20.

Uma notação em barra em base 10 (base decimal) poderia funcionar assim: faz-se uma pequena incisão (I) em um osso para cada unidade contada e uma incisão um pouco maior (|) para grupos de dez unidades. Desse modo, se se contam treze unidades, pode-se anotar o resultado assim: | III. Ou algo análogo.

Os romanos, por exemplo, tinham uma notação desse tipo, usando base 10. O número 1.347, por exemplo, era escrito como MCCCXLVII. Essa notação merece comentário. M para mil e C para cem são óbvios, mas XL para quarenta o é menos; poderiam escrever, como às vezes faziam, XXXX, mas ao denotar quarenta por 50 − 10, que é o que XL denota, procuravam a concisão e, consequentemente, a legibilidade. Isso vale para sete, em vez de IIIIIII, que é ilegível, é melhor escrever 5 + 2, ou seja, VII.

O uso de operações aritméticas − soma, subtração etc. − na notação numérica foi bastante explorado. Barrow (ibidem) menciona o uso de sistemas de notação vocabular, não simbólica, de base 2 na Austrália e na Nova Guiné em que números maiores que 2 recebem nomes por composição: 1 = urapon, 2 = ukasar, 3 = ukasar-urapon (ou seja, 3 = 2 + 1), 4 = ukasar-ukasar (4 = 2 + 2), 5 = ukasar-ukasar-urapon (5 = 2 + 2 + 1), e assim por diante. Felizmente, quem usa tal sistema não precisa contar grandes quantidades.

52   JAIRO JOSÉ DA SILVA

Há evidências de que para povos primitivos três já era muito; as palavras francesas *trois* (três), *très* (muito) e *trop* (bastante) são da mesma família semântica, como a semelhança de denominação indica. O francês *quatre-vingt-dix-neuf* para 99 também denota, claramente, composição por operações: 99 = 4 . 20 + 10 + 9.

Uma notação muito melhor, inventada na Antiguidade (sumérios, 3000 ou 2000 a. C.), mas muito aperfeiçoada mais tarde com a invenção do zero (que aparece primeiramente entre os babilônios por volta de 300 a. C., mas que se firma só quando ele é finalmente reconhecido como um número pelos indianos no século V d. C.) é a notação posicional. Vejamos um exemplo:

Suponha que queremos denotar a quantidade que os romanos denotavam por MCCCXLVII. A notação por barras está fora de questão. Comecemos selecionando símbolos para quantidade de nenhuma a nove unidades: 0, 1, 2, ..., 9 e agrupando a coleção em grupos de dez unidades (base 10). Isso dá uma grande coleção de dezenas, ou seja, agrupamentos de dez unidades, mais sete unidades. Reagrupemos as dezenas em centenas, isto é, coleções de dez dezenas. Isso dá muitas centenas e sobram quatro dezenas. Lembremos: várias centenas, quatro dezenas, sete unidades. Agrupemos agora as centenas em milhares, ou seja, coleções de dez centenas. Isso dá um milhar e sobram três centenas. Agora é só escrever isso: um milhar, três centenas, quatro dezenas e sete unidades, ou seja, na notação posicional, 1.347. Quando nesse processo não sobram unidades, dezenas, centenas, milhares etc., basta colocar o zero no lugar onde elas faltam. Note que essa notação exige que o zero seja reconhecido como um *número*, não apenas um sinal para marcar a ausência de algo; ou seja, que *nenhuma* quantidade é uma quantidade. Esse foi um processo lento e difícil.

A grande vantagem da notação posicional foi permitir a invenção de algoritmos para calcular.

Suponhamos que queremos saber a quantidade de unidades que resulta da *reunião* das unidades de 1.347 e 428, ou seja, a *soma* 1.347 + 428 de 1.347 e 428.

Fazemos assim: somamos primeiro as unidades: 7 + 8, que dá uma dezena e cinco unidades. Juntemos agora as dezenas, 4, 2 e

O QUE É E PARA QUE SERVE A MATEMÁTICA **53**

a dezena que veio da soma das unidades, 4 + 2 + 1, que dá sete dezenas. Juntemos agora as centenas: 3 + 4, que dá sete centenas. Finalmente, coletemos os milhares, apenas um. O resultado é então: um milhar, sete centenas, sete dezenas e cinco unidades, ou seja, em notação, 1.775. Todos reconhecerão no processo o usual algoritmo da soma que usamos habitualmente.

Algo realmente maravilhoso se produziu: podemos esquecer completamente os números, suas unidades e a operação de juntar unidades, pois podemos operar com *números* operando com os *símbolos* que os denotam, os *numerais*. Se queremos somar dois números basta, primeiro, escrever os símbolos que os denotam na notação decimal, depois, usando o algoritmo, obter um terceiro símbolo decimal que denota a soma dos números em questão. O algoritmo "faz as contas" por nós. Essa foi, talvez, uma das maiores invenções humanas.[8]

Vale perguntar: como podemos *ter certeza* de que o algoritmo da soma de numerais no sistema decimal nos fornecerá *sempre* a resposta *correta*?

De um lado temos a operação de soma de *números*, ou seja, a reunião de unidades indiferenciadas de duas coleções numa única coleção; do outro, a "soma" algorítmica de *numerais* num sistema denotacional. Por que operações do lado de cá podem *substituir* operações do lado de lá?

Pode-se *demonstrar* o seguinte fato: se n e m são, respectivamente, os numerais que denotam n e m no sistema decimal, então a soma algorítmica de n e m é o numeral que denota a soma $n + m$ dos números n e m, e reciprocamente. Em palavras mais técnicas, há um *isomorfismo* entre o sistema de numerais e a operação algorítmica de soma de numerais e o sistema de números e a operação de soma de números, isto é, reunião de coleções de unidades.

---

8 Essa tecnologia, levada do Oriente para a Europa no final da Idade Média, não foi adotada imediatamente, pois competia, e perdia, em termos de velocidade e eficiência, para o tradicional ábaco, a primeira máquina de calcular da humanidade.

Isso quer dizer, em particular, que toda identidade *verdadeira* envolvendo apenas numerais e somas de numerais, ou seja, obtida com a aplicação *correta* do algoritmo, denota uma identidade *verdadeira* sobre os números ali representados com a soma de números e, mais geralmente, que, se uma expressão envolvendo apenas numerais e soma algorítmica de numerais é *verdadeira* no sistema dos numerais, então a asserção numérica que ela denota é também *verdadeira* no sistema dos números, e vice-versa. Em particular, podemos investigar o domínio dos números e das relações entre eles induzidas pela operação de soma investigando o domínio dos numerais e das relações entre eles induzidas pela correspondente operação de soma de numerais.

Esse é um dos fatos mais importantes de toda a Matemática: se dois domínios são isomorfos, então eles podem ser descritos numa mesma linguagem e tudo o que se expressa nessa linguagem que é verdadeiro num domínio também o será no outro. Esse fato contém a chave para se compreender por que a Matemática tem o imenso *range* de aplicabilidade que tem, inclusive nas ciências empíricas, e será motivo de futuras considerações.

Na medida em que existe uma maneira *sistemática* de gerar numerais, por exemplo, a notação decimal, que só precisa de dez símbolos primitivos, tem-se um gerador de uma sequência potencialmente *infinita* de numerais. Ainda que não efetivamente percebido, cada numeral dessa sequência é um *possível* objeto de percepção e, portanto, um sinal em algum sentido *existente*. Mas esses numerais não são meros signos sem significado; o sistema que os produz está imbuído de uma intencionalidade derivativa a ele concedida por *nós*, que concebemos cada numeral em princípio produtível como *símbolo* de um número. Portanto, a cada numeral em princípio capaz de ser gerado pelo sistema denotacional corresponde um número em princípio intuível e que, portanto, também *existe*.

Numerais são nomes de números, e, mesmo que esses números sejam efetivamente inacessíveis à nossa intuição, pois não seríamos capazes de discriminar todas as unidades de um número muito grande, eles são, *em princípio*, capazes de se apresentar a

O QUE É E PARA QUE SERVE A MATEMÁTICA **55**

nós diretamente na intuição. Esse "em princípio", como de resto qualquer "em princípio", denota uma *idealização* e uma predeterminação *a priori* do domínio da intuição. Essa predeterminação não é uma *hipótese* sobre o que poderíamos fazer caso nossas capacidades intuitivas fossem melhores, a saber, intuir *efetivamente* qualquer número, por maior que fosse, mas um momento da *constituição intencional* do domínio da intuição numérica. *Antes* de intuirmos um número qualquer nós *já sabemos* que podemos, *em princípio*, intuir *qualquer* número.

Números *existem* como correlatos objetivos dos numerais que o sistema denotacional é capaz de produzir e são *em princípio* capazes, todos, de serem intuídos. A produção de numerais (nomes de números) pelo sistema denotacional – por exemplo, o posicional em base decimal – indefinidamente vai *pari passu* com a *produção indefinida* dos números que eles denotam. Esse é, também, um processo intencional e envolve uma idealização, a saber, que é sempre possível repetir uma operação que já foi realizada uma vez, que é sempre possível juntar a um número qualquer uma unidade a mais.

Assim, alguns números são capazes de ser efetivamente intuídos, outros são apenas em princípio intuíveis; todos os números têm um nome no sistema decimal que são, eles também, em princípio capazes de se manifestar intuitivamente – *perceptivelmente*, no caso – em signos escritos. Números também podem ser nomeados por expressões denotativas; por exemplo, o menor número primo maior que 12, que denota, evidentemente, o número 13.

Em suma, faz parte do *sentido* intencionalmente atribuído ao domínio numérico, ou seja, do modo *como* o concebemos, que todos os números que o habitam existem *objetivamente*, isto é, para todos que se ocupam deles, quer praticamente, para contar, quer teoricamente, como objetos de investigação científica.[9] A coletividade que usa nú-

---

9 Ao investigar um *conceito* como o de número como o objeto ideal correspondente à forma quantitativa de alguma *possível* coleção finita bem determinada de objetos quaisquer, a Matemática tem que levar em consideração a *completa* extensão desse conceito – no caso, todos os números que *existem*, ainda que não como objetos *efetivamente* intuíveis – para poder revelar o que é *a priori*

meros ou de algum modo se ocupa deles, pensa neles, os escreve, se refere a eles, estuda as suas propriedades e as propriedades das operações com eles, ou simplesmente utiliza uma linguagem em que há nomes ou símbolos para eles e na qual todos concordam *tacitamente*, *pela mera adoção dessa linguagem pública*, que estão se referindo às *mesmas* coisas quando se referem a eles, é garantidora da existência dos números. Eles não existem como os objetos reais, no espaço, como esta mesa, ou na mente, como minhas memórias; números são objetos abstratos e ideais, exatamente como a *Nona sinfonia* de Beethoven. Assim como a sinfonia se manifesta neste mundo em cada uma das suas execuções e é denotada por cada uma de suas partituras, o número se manifesta em coleções de objetos reais como o aspecto quantitativo delas e é denotado pelos seus nomes. Como a sinfonia, números tiveram uma origem e podem ter um fim se forem "esquecidos", isto é, se não mais houver uma consciência *para a qual* eles existem; assim como a sinfonia, números podem desaparecer.

Ao se tornarem possessão de toda uma coletividade de agentes corresponsáveis pela sua existência, os números tornam-se *objetos para* uma consciência estendida, não mais a consciência do seu protocriador, nosso mítico Hablum, mas toda a tribo e, posteriormente, toda a humanidade.

O *platonismo* é uma interpretação incorreta desses fatos, pois confunde objetividade, ou seja, disponibilidade para todos, com independência ontológica. Algo pode estar disponível para todos preservado em sua identidade e individualidade, sem por isso ser independente de todos. O número 3, por exemplo, é um objeto único, *o* número 3, capaz, porém, de se instanciar em qualquer coleção de três objetos. Cada pessoa que de algum modo de refere ao número 3 se refere a *esse* objeto. Quando dizemos que 3 não é divisível por 2, ou seja, que *nenhuma* coleção com três objetos pode se repartir

---

verdadeiro nesse domínio e, portanto, do *conceito* de número. Ou seja, para que uma investigação conceitual possa ser levada a cabo *extensionalmente*, a extensão do conceito em questão deve ser *maximizada* consistentemente com a *intensão* do conceito.

O QUE É E PARA QUE SERVE A MATEMÁTICA   **57**

em duas coleções quantitativamente iguais, por necessidade, não mera circunstância, enunciamos uma propriedade *necessária* do número 3, daquele objeto ideal único. Mas o 3, como qualquer outro número, só existe porque foi um dia concebido por abstração e ideação, porque, por assim dizer, caiu em domínio público, porque nos ocupamos dele, e com ele, e porque podemos enunciar propriedades *verdadeiras* sobre ele, como essa que acabamos de enunciar. Números existem objetivamente *para nós*, mas não independentemente de nós. Objetivo é tudo aquilo que está *posto diante* de nós e frequentemente algo está posto diante de nós porque foi posto ali por nós.

Os *intuicionistas* incorrem no erro oposto. Ao confinar os números à mente, eles reconhecem a sua dependência ontológica com respeito à consciência, mas erram ao confinar a consciência intencional que cria números a uma mente individual. A consciência que cria e mantém números em existência é a consciência coletiva de uma comunidade estendida no espaço e no tempo, a *comunidade matemática* em sentido mais amplo possível. Ao identificar números, que são objetos ideais, não reais, a ideias no sentido psicológico do termo, ou seja, objetos mentais, os intuicionistas os tornam, *a fortiori*, objetos reais, incorrendo no erro do psicologismo.

Esse tipo particular de existência, característico de números e outros objetos ideais, em particular *todos* os objetos matemáticos, merece uma designação especial, chamá-la-emos *existência intencional*, entendendo por isso a existência que depende da consciência, a existência daquilo que *só* existe como objeto de pensamento, embora *não* como conteúdo imanente do pensamento, ou seja, como ideia *na mente*. A consciência que garante existência (intencional) aos números é a consciência da comunidade matemática como um todo, isto é, todos os que usam, investigam, denotam, se referem a números ou enunciam propriedades verdadeiras de números.

Nosso Hablum, ou qualquer outro que possa ter sido o primeiro a conceber números como formas sob as quais consideramos quantitativamente coleções arbitrárias de objetos, em outras palavras, como refinamentos ou, segundo Kant, esquemas da categoria da quantidade, provavelmente nunca existiu. Esse protomatemático é uma fantasia, a personificação de um processo cultural certamente mais longo e menos localizável geográfica e historicamente.

De qualquer forma, números foram inventados e passaram a existir de um modo peculiar, diferentemente dos objetos da realidade empírica sensorial. Enquanto estes estão sujeitos às vicissitudes do tempo, aqueles existem fora do tempo, se bem que, como os objetos ontologicamente dependentes que são, eles podem deixar de existir se seu suporte ontológico, a consciência intencional da comunidade matemática, for por algum motivo extinto. O mundo empírico *como percebido por nós*, o mundo *para nós*, também depende em alguma medida de ser percebido por nós, embora não seja um mundo totalmente constituído por nós. Nós contribuímos com a forma categorial do mundo empírico, mas não com seu conteúdo material, dado pela *sensação* que remete a um mundo transcendente "lá fora". Assim, enquanto o mundo perceptual depende do sujeito que percebe, o mundo transcendente tem uma existência independente, em si, e não se pode confundir ambos os modos de existência. Entre as formas categoriais pelas quais percebemos o mundo estão as formas coletiva e quantitativa: nós percebemos não apenas objetos, mas objetos em coleções, nas quais podemos perceber formas quantitativas por um processo intencional de abstração e os números por um ulterior processo de ideação. Ou seja, enquanto objetos do mundo empírico são dados à consciência pela sensação-percepção, números, na medida em que são *intuídos*, o são por um processo mais complexo *baseado* na sensação-percepção, mas indo além dela.

Assim como o mundo empírico se estende muito além da percepção possível, o mundo dos números também se estende para além da intuição efetiva; porém, assim como se supõe que aquele seja em princípio perceptível, pressupõe-se que este seja em princípio intuível. *Ambas* as pressuposições são *determinações a priori* da realidade, ou seja, são constitutivas do modo como a realidade, empírica ou numérica, é *concebida*. Antes de conhecer como um mundo é, seja ele o mundo empírico ou o mundo matemático, temos que decidir *a priori*, antes de tudo, como ele *tem que ser*. Nisso consiste a predeterminação intencional de um mundo. Supõe-se, por exemplo, que tanto o mundo empírico quanto os mundos matemáticos são *onto-logicamente determinados*, ou seja, que qualquer situação *concebível* é determinadamente um fato ou um não fato, que não há situações em princípio possíveis em si objetivamente indeterminadas. Se suponho que cavando a superfície de Marte por exatos mil metros descobre-se água, seja essa operação factível ou não, eu tenho *certeza* (um sinal seguro de que estamos diante de uma pressuposição *constitutiva* da noção mesma de mundo empírico) de que essa suposição é verdadeira ou falsa, e que se cavássemos efetivamente, supondo que isso fosse possível, teríamos uma resposta. Identicamente, se levanto a hipótese de que todos os números maiores que 2 são somas de dois números primos (conjectura de Goldbach, indemonstrada até hoje),[10] tenha eu ou não uma demonstração de que isso é verdadeiro, uma demonstração de que é falso, ou ainda uma demonstração de que isso não se pode decidir na Matemática conhecida, eu tenho *certeza* de que essa conjectura só pode ser ou verdadeira, ou falsa; a situação está *em si* predeterminada, independentemente de sabermos que determinação é essa. Ambas as certezas têm a mesma origem intencional: é *assim* que concebemos tanto o mundo empírico quanto o universo dos números. Nós nunca nos lançamos na investigação de uma realidade sem saber o que podemos *em princípio* esperar encontrar, essa é a fonte do nosso conhecimento *a priori* da realidade, qualquer realidade.

Um exemplo particularmente notável da predeterminação intencional do mundo empírico é o princípio de causalidade (em geral, o conhecimento *a priori* se expressa em princípios): todo evento tem uma causa anterior a ele no tempo. Se algum dia tivermos, diante de evidências empíricas, que abrir mão dessa predeterminação, o que ainda não precisamos fazer, em que pese a ciência contemporânea, em que o princípio de causalidade foi, digamos, amenizado, é

---

10 $4 = 2 + 2$, $6 = 3 + 3$, $8 = 5 + 3$, $10 = 5 + 5$, $12 = 7 + 5$, $14 = 7 + 7$, $16 = 13 + 3$, e assim por diante. Até onde se pode verificar, com auxílio de potentes computadores, sempre se pode decompor um número par em soma de dois números primos, mas, como há infinitos números pares, isso não basta. É preciso uma *demonstração* de que isso é *sempre* possível, o que até o momento não existe.

porque os fatos nos obrigaram a alterar nossa concepção de mundo empírico, o que já ocorreu mais de uma vez na história da ciência. Nós temos, às vezes, que reformular nosso modo de conceber a realidade. O conhecimento *a priori* é relativo a *uma* concepção e, portanto, reformulável com ela. Conhecimento *a priori não* é conhecimento indubitável e imutável.

Em suma, o que os platonistas dizem a respeito dos números – a saber, que eles existem objetivamente num domínio ontologicamente bem determinado e que toda questão significativa que se coloca sobre eles tem uma resposta pelo sim ou pelo não – é verdadeiro. Não porque os números sejam objetos ontologicamente independentes habitando um domínio de realidade que se parece em tudo com a realidade empírica sem o ser, mas porque, uma vez criados por nós e postos diante de nós como uma possessão coletiva, *nós* pressupomos, não como uma *hipótese*, mas como um traço *constitutivo* do domínio numérico, que tudo o que se pode perguntar sobre eles tem uma resposta determinada. Disso depende nossa disposição de investigar esse domínio teoricamente, isto é, desenvolver, no caso, a teoria matemática dos números.

A boa determinação ontológica de qualquer domínio objetivamente dado é uma precondição para que possa haver uma ciência desse domínio sob a égide da Lógica tradicional, dita clássica. O traço distintivo dessa lógica é a validade do *princípio do terceiro excluído*, *tertium non datur* ou, ainda, *princípio de bivalência*. Segundo esse princípio – e, lembre-se, princípios são verdades *a priori* e, portanto, expressões de pressupostos com caráter constitutivo –, uma asserção qualquer sobre números, desde que significativa, é determinadamente ou verdadeira ou falsa, não havendo uma terceira possibilidade.

Asserções são significativas se, primeiro, obedecem às regras da gramática da linguagem com a qual nos referimos a números; "2 se primo não" é um amontoado de palavras sem sentido, portanto não constitui uma asserção significativa com valor de verdade determinado. Além disso, para que asserções sejam significativas, é necessário que os conceitos nelas envolvidos sejam efetivamente conceitos numéricos legítimos; a asserção "2 é um número feliz"

O QUE É E PARA QUE SERVE A MATEMÁTICA   **61**

não é uma asserção aritmética significativa porque a felicidade não é um conceito atinente a números e, portanto, a asserção não é nem verdadeira nem falsa. Se uma asserção é significativa, por exemplo, "o maior número que existe é par", ela tem um valor determinado de verdade, o falso, no caso. Isso vale inclusive para asserções cujo valor de verdade é desconhecido, como "todo número par maior que 2 pode ser escrito como soma de dois números primos". A conjectura de Goldbach é ou verdadeira ou falsa, *tertium non datur*.

Essa *certeza* não é um ato de fé, mas a consequência de como o domínio dos números é *concebido*: toda situação *possível*, ou seja, toda situação expressa por uma asserção *significativa*, é determinadamente um *fato*, ou não é, em cujo caso a situação expressa pela *negação* da asserção que a expressa é, ela então, um *fato*. Dizer isso é dizer que o domínio é ontologicamente bem determinado. Portanto, um domínio é ontologicamente bem determinado quando, e apenas quando, toda asserção significativa que se refere a ele tem um valor de verdade intrínseco, o verdadeiro ou o falso, independentemente de sabermos ou podermos saber qual seja ele. Nesse caso, e só nele, podemos raciocinar sobre o domínio em questão usando o princípio lógico de bivalência ou terceiro excluído.

Disso decorre o *princípio epistemológico do otimismo*: toda pergunta bem-feita (isto é, expressa por uma asserção significativa) tem uma resposta. Esse otimismo foi exemplarmente expresso pelo grande matemático David Hilbert em conferência durante o Encontro Internacional de Matemáticos, em Paris, 1930: "*wir müssen wissen, wir werden wissen*" [nós precisamos saber, nós vamos saber]. Para os matemáticos, esse princípio funciona como a cenoura adiante dos burros (sem ironia).[11]

Nossa história tem alguns saltos vertiginosos; porém, minha intenção não foi fazer história factual, mas ilustrar as ações intencionais

---

11 "*Da ist das Problem, suche die Lösung. Du kannst sie durch reines Denken finden; denn in der Mathematik gibt es kein Ignorabimus!*" [Aqui está o problema, busque a solução. Você pode encontrá-la pelo pensamento puro; pois, em Matemática, não há Não Saberemos!].

que constituem números como ideias com as quais refinamos nossa noção inata de quantidade, ideias que podem às vezes ser intuídas diretamente por abstração e ideação a partir da experiência direta de coleções de objetos, mas que são, em geral, concebidas meramente como referentes de símbolos de um sistema denotacional ou termos de uma linguagem, e o domínio desses objetos como um campo de interesse *teórico*, um desenvolvimento evidentemente muito posterior à invenção dos números como instrumentos práticos.

DO MATERIAL AO FORMAL O domínio dos números não contém apenas números, mas números *em relação*, e as propriedades numéricas que nos interessam são exclusivamente as propriedades que eles têm por estarem entre si nessas relações. Dizer, por exemplo, que 7 é um número primo é dizer que ele é apenas divisível por si próprio e pela unidade, uma propriedade definida em termos da relação de divisibilidade.

Ao *refletir* sobre números como arbitrárias coleções de unidades indiferenciadas, ou seja, sobre o *conceito* de número, percebemos ou, dito de outra forma, intuímos – e isso vale como uma *intuição conceitual*, uma intuição sobre o conceito de número – que números podem ser obtidos uns dos outros por acréscimo e retirada de unidades.[12] Supomos de agora em diante que 0 seja um número, uma decisão, como já mencionamos, relativamente bastante

---

12 Intuir um conceito é trazê-lo à consciência de modo imediato, sem a intermediação do raciocínio lógico, e, consequentemente, também as verdades que cabem a ele e aos objetos que caem sob ele apenas por caírem sob ele. A intuição conceitual se sustenta sobre a *variação imaginária*, que é a experiência intencional na qual exploramos as possibilidades de variação às quais qualquer objeto exemplar que cai sob o conceito pode ser submetido sem deixar de cair sob o conceito. Dessa forma, mapeia-se a extensão do conceito e todas as verdades pertinentes ao exemplar que resistem à variação são, em realidade, afeitas ao conceito. A variação imaginária é a forma como *trazemos à consciência* as propriedades essenciais de conceitos. Se em algum momento ficarmos na dúvida se uma determinada via de variação é possível ou não, então estamos diante de um conceito que nos é ainda obscuro e, portanto, não pode ser adequadamente intuído ou, o que é a mesma coisa, *clarificado*.

tardia na História. Vê-se então, claramente, que qualquer número pode ser obtido de 0 por acréscimo de unidades. Acrescentando--as uma a uma, nós os obtemos todos em sequência crescente de magnitude.

Dizemos que um número m é sucessor de n quando m é obtido de n pelo acréscimo de uma *única* unidade e escrevemos $m = Sn$ (m é o *sucessor* de n). A *operação* de sucessão tem as seguintes propriedades óbvias:

1. 0 não é sucessor de nenhum número. Pois não pode ser obtido de nenhum número pelo *acréscimo* de uma unidade o número que não tem *nenhuma* unidade.

2. Se $Sm = Sn$, então $m = n$. Ou seja, se dois números têm o mesmo sucessor, então eles são o mesmo número; se ao juntarmos uma única unidade a n e a m obtemos o mesmo número, evidentemente n e m são o mesmo número. Outra forma de dizer a mesma coisa é que números diferentes têm sucessores diferentes. Claro que a recíproca dessa asserção, ou seja, que números iguais têm sucessores iguais ou, equivalentemente, que um número tem apenas um sucessor, é também óbvia.

3. O sucessor de um número é ele também um número. Ao juntarmos uma unidade a uma coleção de unidades, ainda temos uma coleção de unidades, ou seja, um número.

Como poderíamos expressar o fato intuitivo de que *qualquer* número pode ser obtido de 0 pelo acréscimo sucessivo de uma unidade, ou seja, que qualquer número pode ser obtido de 0 pela iteração da operação de sucessão? Se denotarmos a iteração da sucessão consigo mesma n vezes por S^n, então o que acabamos de dizer pode ser expresso assim:

4. Para todo número n, $n = S^n 0$.

Essa forma de expressão causa desconforto porque n aparece como objeto, o *número* n, e como *índice* em S^n, e não está claro o que significa usar números como índices.

64   JAIRO JOSÉ DA SILVA

Podemos tentar definir o símbolo S^n do seguinte modo (definições desse tipo são chamadas de definição por *recursão*):

$S^0(m) = m$ e $S^{Sn}(m) = S(S^n(m))$, ou seja, definimos S^n para $n = 0$ e, depois, para o sucessor de n, supondo S^n já definido. Para que isso valha como uma definição de S^n *para todo n*, é preciso que *qualquer* n possa ser obtido de 0 por iteração da operação de sucessão, que era o que queríamos dizer desde o início. Estamos andando em círculos e devemos encontrar outro modo de expressar essa intuição básica.

Diremos que um conjunto de números é *hereditário* se for fechado por sucessão, ou seja, se ele contiver o sucessor de todo número que ele contém; por exemplo, o conjunto de todos os números maiores que 3. Ora, evidentemente o conjunto de todos os números é hereditário. Para que um conjunto de números seja o conjunto de *todos* os números e *apenas* os números, basta que seja hereditário e contenha o 0, desde que *todo* número e *apenas* os números sejam obteníveis de 0 por uma iteração *finita* da operação de sucessão.[13]

Portanto, podemos dizer o que queríamos dizer em (4) simplesmente dizendo: (princípio de indução, notação: ind.) se A é um conjunto hereditário de números que contém 0, então A é o conjunto de *todos* os números e apenas os números.

Logramos então expressar em asserções as propriedades intuitivas características da operação de sucessão. Podemos recolher tudo o que a intuição nos fornece sobre números e a operação de sucessão nas seguintes asserções básicas, que chamaremos de *axiomas*:

i) 0 é um número.

ii) 0 não é sucessor de nenhum número.

iii) Todo número tem um único sucessor, que é ele próprio um número.

iv) Números diferentes têm sucessores diferentes.

---

13 Não há, em princípio, nada que impeça que haja conjuntos hereditários que contenham 0, mas que contenham *mais* números dos que todos os números em que estamos interessados, os números cardinais *finitos*. Porém, como todo conjunto hereditário de números que contém 0 precisa conter todos os números cardinais finitos (gerados a partir de 0 pela iteração *finita* da operação de sucessão), podemos caracterizar o conjunto desses números como o *menor* conjunto hereditário que contém 0.

(ind.) Se uma coleção hereditária de números contém 0 então ela contém *todos* os números (e *apenas* os números).

Esse sistema de axiomas, na acepção tradicional do termo, ou seja, um conjunto de verdades intuitivas, é conhecido como sistema de Peano, ou Dedekind-Peano.

Cabem alguns comentários.

(i) nos diz apenas que *há* um número, que denotamos por 0; ou seja, o conceito de número não é um conceito vazio. (ii) que 0 não é sucessor de nenhum número. (iii) que a operação de sucessão é uma operação *bem definida* entre números. (iv) que essa operação é *unívoca*. (ind.) que os números formam a *menor* coleção hereditária de números que contém 0; ou então que *qualquer* número é eventualmente atingido partindo do 0 e aplicando sucessivamente a operação de sucessão.

Examinando esses axiomas com mais cuidado, vê-se que em nenhum lugar está dito *o que* são os números, a saber, coleções de unidades indiferenciadas, nem *o que* é a operação de sucessão, a saber, a operação que produz um novo número pela adjunção de uma única unidade a um número dado, nem *o que* é o 0, a saber, a coleção vazia de unidades, mas apenas que 0 é um número, sem dizer o que é um número, que todo número tem um sucessor, sem dizer o que é um número ou o que é um sucessor, e assim por diante. Os axiomas de Peano ignoram o "o que" em favor do "como", ou seja, enunciam as propriedades *formais* (operatórias) dos números em detrimento das suas propriedades *materiais*, que *tipo de objetos* eles são. Pode haver, portanto, objetos que não são números que satisfazem os axiomas de Peano por terem as mesmas propriedades formais deles, objetos que *se comportam* como números *vis-à-vis* uma operação que *se comporta* como a operação propriamente numérica da sucessão.

Se pudermos associar às palavras "zero", "número" e "sucessor", respectivamente, *quaisquer* outros objetos e *qualquer* operação entre esses objetos de modo que as asserções do sistema de Peano permaneçam, com essa nova leitura, verdadeiras, então teremos encontrado um domínio de objetos e uma operação entre eles que, não sendo os números e a sucessão, têm as mesmas propriedades formais que eles. Esse novo domínio e o domínio numérico são duas *interpretações* do sistema de Peano, idênticos quanto à *forma*, mas diferentes quanto à *matéria*.

Se "esquecermos" o significado dos termos "0", "número" e "sucessor" no sistema de Peano ou, como diremos, se abstrairmos o *conteúdo material* dessas asserções, o que sobra é o seu *conteúdo formal*. Abstraído do seu conteúdo material original, o sistema de Peano reduz-se a um sistema de asserções que expressam apenas propriedades formais de qualquer uma de suas interpretações, asserções que descrevem a *forma* comum a qualquer domínio de objetos com uma operação entre eles em que são satisfeitas, ou seja, verificadas, as asserções do sistema puramente formal de Peano. Esse processo de "esquecimento" se chama *abstração formal*; ele ignora conteúdo e preserva forma. Reinterpretando os termos "0", "número" e "sucessor" de outra maneira qualquer, mas de modo que as asserções do sistema permaneçam verdadeiras – ainda que não mais expressem propriedades intuitivas desses novos objetos –, tem-se uma *reinterpretação*, uma *diferente materialização* do sistema formal que é formalmente, mas não materialmente, idêntica ao domínio numérico original. O fato de que domínios materialmente diferentes possam ser formalmente idênticos é extremamente relevante, como veremos.

A distinção entre matéria e forma é fundamentalmente uma distinção entre o "que" e o "como", aquilo que uma coisa é, a sua natureza característica que a distingue de todas as outras coisas, e como essas coisas se relacionam umas com as outras. Números, por exemplo, são ideias de um tipo especial, formas quantitativas que se manifestam como coleções de unidades indiferenciadas, aspectos abstratos de coleções de objetos quaisquer, é isso o que eles *são*. Mas, do ponto de vista do sistema de Peano, números são apenas objetos sobre os quais se pode operar, gerados a partir de um objeto, *chamado* de 0, por uma operação unívoca. Não importa o que os números são, apenas como eles se relacionam pela operação de sucessão. O *quid* material dá lugar ao *quo modo* formal.

Mas não poderíamos imaginar uma linguagem na qual se pudesse expressar o *quid* dos números tão bem quanto o *quo modo* e que, portanto, expressasse *completamente* nossa intuição numérica? Ora, assim como no sistema de Peano, o *quo modo* se expressa em função de um *quid* vazio, os conceitos de "0", "número" e "sucessão", que não são eles próprios definidos ou caracterizados, nesse sistema hipotético haveria também, por necessidade, algum termo vazio de conteúdo em razão do qual, ou dos quais, se tentaria precisar o que é o 0, o que é um número e o que é uma operação de sucessão. Mas não se pode *tudo* definir ou bem caracterizar. Reinterpretando-se esses termos por quaisquer outras coisas que tornassem verdadeiras as asserções que tentam expressar o *quid* do número, teríamos a caracterização de um outro objeto que não é o número. Ou seja, teríamos novamente falhado na tentativa de expressar *todo* o conteúdo da experiência intuitiva em asserções.

O *fato* é que, não importa quão refinada seja a linguagem escolhida para expressar o conteúdo das nossas intuições e quão bem as descrevamos nessa linguagem, o sistema de asserções axiomáticas que as expressam *sempre* admite reinterpretações *salva veritate*. Ou seja, há *sempre* um *quid* de uma particular intuição que *sempre* escapa à *completa* expressão linguística.

O que não cabe na descrição é aquilo que faz do objeto intuitivo o particular objeto que ele é, esse é o elemento, digamos, inefável da experiência intuitiva, que elude a linguagem, o material que não cabe nela. O que cabe é o formal. Assim, a distinção entre o material e o formal de uma vivência intuitiva é *relativa* à linguagem usada na descrição dessa experiência. Os termos *primitivos* da linguagem, sempre reinterpretáveis, remetem ao material, as asserções expressas em função desses termos descrevem o formal. O formal é o que cabe na linguagem, o material, o que escapa dela.

Podemos usar os axiomas de Peano para definir uma série de operações numéricas e demonstrar as suas propriedades. Para *provar* que *todo* número tem uma certa propriedade ou, respectivamente, para definir uma certa operação sobre *todos* os números, basta (i) mostrar que 0 tem essa propriedade (resp., como a operação age sobre 0) e (ii) mostrar que a propriedade é preservada por sucessão (resp., como a operação se estende ao sucessor). Isso se chama uma *demonstração por indução finita* (resp., *definição por recursão*), que são, ambas, essencialmente justificadas pelo axioma de indução (ind.).

Como ilustração, definiremos a operação de *soma* de dois números. Para todos os números n e m:

(i) $n + 0 = n$.

(ii) $n + Sm = S(n + m)$.

Por exemplo, $3 + 2 = 3 + S1 = S(3 + 1) = S(3 + S0) = S(S(3 + 0)) = S(S3) = S4 = 5$. Note que $4 = S3$ e $5 = S4$ são as *definições* de 4 e 5.

Agora demonstraremos por indução (finita) que a soma é uma operação *associativa*: para quaisquer números n, m e k: $(n + m) + k = n + (m + k)$. Ou seja, a ordem das operações não altera a soma final.

(i) Para quaisquer n e m, isso vale para $k = 0$, pois $(n + m) + 0 = n + m$ pela (i) da definição de soma e $n + m = n + (m + 0)$ pela mesma razão. Logo, $(n + m) + 0 = n + (m + 0)$.

(ii) Supomos agora que a propriedade seja verdadeira para um k *determinado, porém não especificado*, mostraremos que vale então para o seu sucessor: $(n + m) + Sk = S((n + m) + k) = S(n + (m + k)) = n + S(m + k) = n + (m + Sk)$. Ou seja, usando apenas a definição da operação de soma, mostramos que a associatividade é *preservada* quando se passa ao sucessor (valendo para k, vale também para Sk).

Ora, mostramos então que o conjunto dos k's para os quais se tem que $(n + m) + k = n + (m + k)$, quaisquer que sejam n e m, inclui 0 e é hereditário; logo, ele é o conjunto de todos os números. Portanto, para *quaisquer* números n, m e k: $(n + m) + k = n + (m + k)$, que é o que queríamos demonstrar.

Mostremos agora a propriedade de cancelamento da adição, ou seja, para quaisquer números n, m e k: se $n + k = m + k$, então, $n = m$.

(i) Óbvio se $k = 0$.

(ii) Suponha que $n + Sk = m + Sk$. Logo, $S(n + k) = S(m + k)$ pela definição de soma. Logo, $n + k = m + k$ pela propriedade de que sucessores iguais implicam números iguais. Portanto, como a propriedade vale, por hipótese indutiva, para k, $n = m$.

De modo análogo, mas um pouco mais complicado, podemos demonstrar outras propriedades elementares da soma, como a *comutatividade*: para quaisquer números n e m, $n + m = m + n$, definir outras operações, como o produto, e demonstrar as suas propriedades elementares. E tudo isso sem dizer *o que* são os números, *o que* são essas operações e *o que* é 0, apenas que 0 é um *número* e como números e operações se comportam com relação à sucessão, sem dizer nada sobre a sucessão senão que é uma operação sobre números *bem definida* e *unívoca*. Tudo o que definimos e demonstramos no domínio numérico usando *apenas* os axiomas do sistema de Peano tem uma interpretação e vale em qualquer outra reinterpretação do sistema. Isso porque dependem apenas das propriedades formais dos números, expressas pelos axiomas do sistema.

Desenvolver a teoria dos números no contexto do sistema de Peano é desenvolver a teoria formal dos números, a *Aritmética formal*, que leva em conta apenas a *estrutura formal* do domínio numérico como expressa no sistema de Peano. Essa teoria se torna a *teoria material* dos números apenas quando se interpretam os termos primitivos, "0", "número" e "sucessor" pelos 0, número e sucessor habituais. Uma teoria é material ou formal se os termos primitivos da teoria são ou não interpretados, ou seja, se se fala, respectivamente, *in concreto* ou *in abstracto*. O domínio da Aritmética formal é uma multiplicidade não vazia de elementos cuja natureza está fora de questão, onde estão definidas operações cuja natureza também está fora de questão e das quais só se sabe o comportamento, isto é, como agem sobre os números entendidos apenas como objetos sobre os quais se opera. A natureza desses "números" – se eles são números de fato, especificações da noção de quantidade, respostas à pergunta "quantos?" ou não – é irrelevante.

Um fato essencial para explicar o imenso *range* de aplicabilidade da Matemática, dentro e fora dela, é que cópias isomorfas de uma interpretação válida de um sistema de axiomas são também sempre reinterpretações válidas desse mesmo sistema. Uma interpretação *válida* é simplesmente uma interpretação dos termos primitivos do sistema que tornam as asserções do sistema verdadeiras. Definirei melhor a noção de isomorfismo mais adiante, mas logo a seguir darei um exemplo de isomorfismo ilustrando esse fato.

O sistema de Peano contém tudo o que a intuição do conceito de número nos fornece se entendermos que os termos "0", "número" e "sucessor" se referem, realmente, a 0, número e à operação de sucessão entre números. Se estivermos realmente convencidos desse fato, como de fato estamos, já que nosso mergulho intuitivo no domínio numérico nos mostrou que todos os números, e somente eles, são gerados a partir de 0 pela operação de sucessão, que é o que o sistema de Peano expressa, então podemos deixar a intuição de lado e passar a explorar o conceito de número logicamente, derivando as consequências das asserções do sistema de Peano.

A lógica não se importa com o conteúdo material das asserções e, por isso, depois de expressar tudo o que descobrimos intuitivamente sobre os números nos axiomas, a intuição pode se aposentar. As consequências lógicas dos axiomas de Peano *independem* do *que* estamos efetivamente falando, do que se entende por "0", "número" e "sucessor", desde que *isso* de que falamos *in abstracto*, seja lá o que for, tenha as propriedades formais expressas pelos axiomas.

Quais são as vantagens epistêmicas desse esforço de tentar captar intuitivamente propriedades de um conceito e expressá-las axiomaticamente? Uma delas, evidentemente, é que se podem derivar verdades sobre o conceito de modo não intuitivo, por pura lógica, uma vez que consequências lógicas de asserções verdadeiras são elas também verdadeiras. Se pudéssemos saber que *qualquer* afirmação significativa sobre o conceito em questão, *na linguagem em questão*, portadora, portanto, de um valor de verdade, pode ser decidida no sistema axiomático, ou seja, que se pode derivá-la ou à sua negação logicamente dos axiomas, então estaríamos seguros de que a intuição fez um bom trabalho. Nesse caso, o sistema de axiomas se diz (sintaticamente) *completo*. Há, em tal situação, uma clara divisão do trabalho, à intuição cabe descobrir os axiomas, à lógica, derivar todas as suas consequências, que no caso de sistemas completos incluem *todas* as verdades referentes ao domínio em questão exprimíveis na mesma linguagem em que se expressam os axiomas.

Entretanto, não é fácil ganhar essa certeza, isto é, *demonstrar* que um dado sistema axiomático é completo. O sistema de Peano,

O QUE É E PARA QUE SERVE A MATEMÁTICA **71**

por exemplo, é *demonstravelmente* incompleto, ou seja, sabemos seguramente que há asserções *verdadeiras* sobre números que *não* são consequências dos axiomas do sistema. Para se mostrar isso, em geral, toma-se o sistema como ele próprio um objeto matemático, sua completude como um problema matemático e se o ataca matematicamente, ou metamatematicamente, como se convencionou chamar, pois aqui se trata de Matemática da Matemática. Assim, axiomatiza-se também para levar a cabo investigações metamatemáticas, e não só sobre completude, há outras igualmente importantes das quais falaremos logo mais.

Porém, quando não se pode demonstrar nem que um sistema axiomático é completo, nem que é incompleto, é possível que a intuição ainda não tenha concluído o seu trabalho, que ela ainda não tenha revelado tudo o que é intuitivamente acessível sobre o conceito em questão ou, por extensão, o domínio de objetos que caem sob ele. Ou, pior, pode ser que o próprio conceito seja vago e não completamente determinado. É possível que nós consigamos formular questões sobre um conceito a que nossa compreensão dele não seja capaz de responder. Quando ficou claro que o sistema de axiomas da teoria matemática de conjuntos, por exemplo, não era completo e que havia importantes questões não decididas sobre conjuntos (por exemplo, qual é o tamanho do conjunto dos números reais?), o grande lógico Kurt Gödel (1906-1978) optou por acreditar que essa indecidibilidade, pelo menos com respeito a particulares questões não decididas, se podia resolver com uma melhor apreensão intuitiva do conceito de conjunto.

Infelizmente, por mais que inquiramos a nossa intuição de conjunto, ela não fornece mais conhecimento do que já temos. O que isso sugere? Que o conceito é ele próprio *intrinsecamente* vago? Mas, se fosse isso, nem toda asserção sobre conjuntos que se pode significativamente formular na linguagem da teoria teria um valor de verdade em si determinado, pondo a pique tanto o princípio lógico de bivalência quanto o de otimismo epistemológico que depende dele.

Mas há outra saída. Podemos supor o conceito *em si* completamente determinado, mas não completamente acessível à intuição imediata.

72 JAIRO JOSÉ DA SILVA

Não foram poucos os matemáticos que, como Weyl, mostraram dúvidas quanto ao poder da intuição conceitual. Mas se não pela intuição nem pela lógica, como apreender as verdades próprias ao conceito?

Pelas consequências, respondem alguns filósofos. Segundo eles, podem-se acatar como verdades axiomáticas asserções que não têm elas próprias, nem as suas negações, o suporte da intuição se as suas consequências são de algum modo desejáveis, quer porque são essenciais ao desenvolvimento da Matemática, quer porque são, de algum modo, "razoáveis". Pelo fruto se reconhece a árvore. Outra "regra prática" frequentemente utilizada para a aceitação de uma asserção não avalizada intuitivamente como uma verdade axiomática é o quanto ela expande a extensão do conceito. Como já dissemos, em Matemática existe tudo o que pode existir, e assim não é desejável restringir a extensão de um conceito por axiomas que não estejam solidamente ancorados na compreensão desse conceito. Assim, se um pressuposto logicamente independente da compreensão intuitiva de um conceito estende o seu domínio, talvez seja razoável assumi-lo como uma verdade axiomática.

A axiomatização de uma teoria matemática também permite a investigação indireta do seu domínio por outros meios que não a derivação das consequências lógicas dos axiomas da teoria. Vejamos um exemplo.

Conjuntos são, por definição, coleções de objetos que são, elas próprias, objetos e, portanto, passíveis também de serem coletadas. Nem toda coleção é um conjunto. Por exemplo, a coleção de todos os conjuntos que *não* são membros de si próprios. Essa coleção não pode ser um conjunto, porque, se fosse, poderíamos perguntar se ela é ou não um membro de si própria. Se fosse, não seria, e se não fosse, seria. Um paradoxo.

Há uma teoria *standard* de conjuntos – a teoria ZFC, de Zermelo-Fraenkel com o axioma da escolha – que supõe, por exemplo, que existe um conjunto *vazio*, um conjunto que não tem elementos. Outro axioma dessa teoria, o axioma de extensionalidade, garante que o conjunto vazio é único. Denotemo-lo pelo símbolo $\emptyset$. Portanto, para todo conjunto x, x não é membro de $\emptyset$, em símbolos, $x \notin \emptyset$.

O QUE É E PARA QUE SERVE A MATEMÁTICA **73**

Definamos a seguinte operação entre conjuntos, denotada por N: para todo x, $N(x) = x \cup \{x\}$, onde $\cup$ denota a união de conjuntos e $\{x\}$ o conjunto cujo único membro é o conjunto x.

Seja W o *menor* conjunto que contém $\emptyset$ e é fechado por N, ou seja, se W contém x, então ele contém também $N(x)$. Tem-se então que W = $\{\emptyset, \{\emptyset\}, \{\emptyset, \{\emptyset\}\}, \{\emptyset, \{\emptyset\}, \{\emptyset, \{\emptyset\}\}\}$ etc.$\}$.

Suponhamos agora que por "número" e "sucessor" entendemos os membros de W e a operação N respectivamente, e por "0" o conjunto vazio $\emptyset$. Os membros de W *não* são números, mas particulares conjuntos, e $N(x)$ *não* é a operação de sucessão usual, mas a extensão de um conjunto x pela adjunção do próprio x.

Pode-se, entretanto, *demonstrar* na teoria ZFC que essa interpretação satisfaz todos os axiomas de Peano. Ou seja, o domínio W com a operação N é uma interpretação válida do sistema de Peano. *Formalmente*, os elementos de W são números, mas *materialmente*, não. O sistema de Peano não consegue distinguir entre números e elementos de W. $\emptyset$, $\{\emptyset\}$, $\{\emptyset, \{\emptyset\}\}$, $\{\emptyset, \{\emptyset\}, \{\emptyset, \{\emptyset\}\}\}$ etc. são, respectivamente, o 0, o 1, o 2, o 3 etc. de W (que poderíamos, inclusive, denotar assim: 0_w, 1_w, 2_w, 3_w etc.). Portanto, tudo o que se pode definir e demonstrar com os axiomas de Peano vale também para os "números" de W. Há, por exemplo, uma "soma" de membros de W que é associativa, em que vale a propriedade de cancelamento etc.

Mas a relação entre números e elementos de W é ainda mais estreita. Considere a correspondência que associa 0 a $\emptyset$ e Sn a $N(x)$ sempre que n está na correspondência com x. Essa correspondência, definida por recursão, estabelece um *isomorfismo* entre os dois domínios. De fato, para todos os números n e m, $m = Sn$ no domínio numérico se, e somente se, os conjuntos x e y que correspondem a n e m na correspondência acima verificam $y = N(x)$.

De modo geral, um *isomorfismo* entre dois domínios A e B onde estão definidas operações e relações é uma correspondência i entre esses dois domínios que a *cada* elemento a de A faz corresponder um *único* elemento $i(a)$ de B, e vice-versa (ou seja, para *todo* elemento b de B, há um *único* elemento a de A tal que $b = i(a)$), e a cada operação (ou relação) de A faz corresponder uma *única* operação (ou relação) de B, e vice-versa, de modo que a é o resultado de alguma operação agindo sobre os elementos $a_1, ..., a_n$ em A se, e só se, $i(a)$ é o resultado da operação correspondente a ela por i em B agindo sobre $i(a_1), ..., i(a_n)$, e $a_1, ..., a_n$ estão numa certa relação em A se, e só se, $i(a_1), ..., i(a_n)$ estão na relação correspondente a ela por i em B.

Se há um isomorfismo entre A e B, *qualquer* asserção que envolve *apenas* os termos que denotam as operações e relações de A e de B que se correspondem pelo isomorfismo verdadeira em A será também verdadeira em B, e vice-versa. Em particular, qualquer asserção que envolva apenas os termos "0", "número" e "sucessor" verdadeira sobre números com a operação de sucessão, *seja ou não derivada dos axiomas de Peano*, será também verdadeira em W, e vice-versa.

De modo geral, se T é um sistema de axiomas, ou seja, um conjunto de verdades básicas (intuitivas) de um domínio de objetos ou do conceito que o delimita, chamada a *teoria do domínio* (ou do conceito), e A é uma interpretação válida de T, então:

(i) Se B é um domínio isomorfo a, então B é também uma interpretação válida do sistema.

(ii) *Sempre* é possível encontrar um tal B. Ou seja, uma teoria T *sempre* tem mais que uma interpretação válida; nenhuma teoria descreve apenas um domínio de objetos; nenhuma teoria é capaz de determinar *materialmente* o seu domínio, sendo, portanto, nesse sentido, uma teoria *formal*, capaz apenas de expressar propriedades formais do seu domínio.

Seja L a *linguagem* de T, ou seja, a linguagem em que se pode expressar tudo o que a intuição revela sobre o domínio de T. L contém, evidentemente, símbolos para todas as relações e operações intuíveis no domínio de T. A teoria de Peano contém, por exemplo, o símbolo S para a operação de sucessão.

(iii) Qualquer asserção da linguagem L de T que é uma consequência lógica dos axiomas de T (em outras palavras, todo *teorema* de T) é verdadeira em toda interpretação válida de T, ou seja, a verdade dos axiomas é transmitida aos teoremas.

(iv) Se uma asserção de L é verdadeira numa interpretação válida A de T, mas não é um teorema de T, então pode ser que essa asserção

O QUE É E PARA QUE SERVE A MATEMÁTICA **75**

não seja verdadeira numa outra interpretação válida B de T. A não ser, claro, que T seja completo. Nesse caso, toda asserção verdadeira em A será teorema de T, e assim verdadeira em B também.[14]

(v) Toda asserção da linguagem L verdadeira num domínio A qualquer será também verdadeira em todo domínio B isomorfo a A, ainda que A (e portanto também B) não seja uma interpretação válida de T.

Por exemplo, a linguagem do sistema de Peano tem apenas um símbolo, que denota indiferentemente tanto a operação de sucessão usual no domínio dos números quanto a operação N em W. Toda asserção que contenha apenas esse símbolo de operação que seja verdadeira no domínio dos números (para a sucessão) será também verdadeira em W (para a operação N), e vice-versa. Mas há asserções que expressam verdades em W, por exemplo, que *não* têm correspondentes verdadeiras sobre números. Por exemplo, $\emptyset \in \{\emptyset\}$ é verdadeira em W, mas não há nenhuma verdade correspondente a ela no domínio dos números envolvendo 0, o correspondente de $\emptyset$, e $1 = S0$, o correspondente de $\{\emptyset\} = N(\emptyset)$. Certamente não $0 \in 1$, que sequer faz sentido no domínio dos números.

Suponha agora que φ é uma asserção numérica significativa na linguagem da teoria de Peano. Há mais de uma estratégia para se demonstrar a veracidade (resp., a falsidade) de φ:

(i) Demonstrar φ a partir dos axiomas de Peano, ou seja, que φ é um teorema da teoria (resp., demonstrar a negação de φ).

(ii) Mostrar que φ é verdadeira (resp., falsa) em *alguma* interpretação válida do sistema. Isso porque *toda* interpretação válida do sistema de Peano é *isomorfa* ao domínio numérico. De fato, seja L a linguagem em questão, ela tem um símbolo que denota um objeto particular (0 no domínio numérico), interpretado em B por um objeto que denotaremos por 0_B, o zero em B, e um símbolo que denota

---

14 Suponha que a asserção φ seja verdadeira em A. Como T é completo, φ ou não-φ, a negação de φ, é um teorema de T (mas não ambos, se T for *consistente*). Ora, não-φ não pode ser um teorema de T, porque, se fosse, seria verdadeira em A e não pode ocorrer que φ e não-φ sejam ambas verdadeiras em A. Logo, φ é teorema de T.

76 JAIRO JOSÉ DA SILVA

uma operação (a sucessão no domínio numérico), interpretada em B por uma operação que denotaremos S_B, a sucessão em B. Faça 0_B em B corresponder ao número 0 e S_B em B corresponder ao sucessor S usual. Agora, se x em B corresponde ao número n, faça $S_B(x)$ corresponder a Sn. Como B é uma interpretação válida dos axiomas de Peano, então $B = \{0_B, S_B(0_B), S_B(S_B(0_B)), ...\}$, que é, evidentemente, com a correspondência acima, isomorfo a $\{0, 1 = S0, 2 = SS0, ...\}$.

Quando uma teoria tem a propriedade de que todas as suas interpretações válidas são isomorfas, ela se diz *categórica*. Apesar de não ser completa, a teoria de Peano é categórica. O que justifica a estratégia (ii) no parágrafo anterior.

Suponha agora que, mesmo não sendo necessariamente categórica, uma dada teoria T é *completa*. Então, se podemos mostrar que φ, uma asserção qualquer da linguagem de T, é verdadeira (resp., falsa) numa interpretação válida *qualquer* de T, então, como vimos, ela será verdadeira (resp., falsa) em *todas* as interpretações válidas de T. Isso porque, nesse caso, φ (resp., a negação de φ) será teorema de T.

Em suma, a estratégia (ii) funciona seja a teoria completa, ainda que não categórica, seja categórica, ainda que não completa (como a teoria de Peano). Por isso, para enriquecermos nosso arsenal de estratégias de investigação de um domínio qualquer, vale explicitar a sua teoria axiomaticamente, isto é, elencar as verdades intuitivas do domínio na esperança de que o sistema resultante se revele completo ou categórico. Porém, infelizmente, categoricidade e completude quase nunca são ideais realizáveis, ainda mais quando o contexto lógico em que se dá a axiomatização só admite variáveis sobre objetos, não conjuntos ou propriedades de objetos ou relações entre eles.[15]

Porém, mesmo sem axiomatizar a teoria de um domínio de objetos (ou do conceito sob o qual eles caem), pode-se investigá-lo examinando qualquer domínio que lhe seja isomorfo, desde que as questões investigadas sejam todas expressas na linguagem em

---

15 Ou seja, quando se trata de uma axiomatização de *primeira ordem*.

termos da qual se estabelece o isomorfismo.[16] Veremos em breve exemplos da estratégia de investigação indireta de um domínio qualquer pela investigação de outro que lhe é isomorfo.

NÚMEROS NEGATIVOS Nossa intenção agora é *estender* o domínio dos números, que doravante chamaremos de *naturais* para distingui-los dos que estão por vir. A eles serão juntados os chamados números *negativos*, e ambos os tipos de números serão chamados indiferentemente de números *inteiros*, ou simplesmente inteiros.

Mas antes temos que explicar o que significa "estender" o domínio dos naturais. Esse domínio de números, também chamados de inteiros *positivos*, contém todos os objetos que caem sob o conceito de número como especificação da noção de *quantidade*, respostas à pergunta "quantos?". Apesar dos esforços de muitos pensadores para associar aos números negativos uma noção de quantidade – quantidade negativa, precisamente – e, portanto, dar-lhes um conteúdo material, do ponto de vista estritamente formal, que é, como vimos, aquele da Matemática, para quem o conteúdo material ou intuitivo dos conceitos não importa, mais vale tomar o conceito de número natural apenas formalmente delimitado pelos axiomas de Peano e simplesmente estender esse sistema pela adjunção de novos axiomas que delimitarão, também apenas formalmente, o novo domínio dos números inteiros.

Em outras palavras, "esqueçamos" o que número natural ou positivo significa, retiremos-lhes o conteúdo material, tomemos o sistema formalmente purificado dos axiomas de Peano e estendamo-lo de modo a delimitar um novo conceito formal, o de número inteiro, positivo ou negativo. Qualquer interpretação válida desse novo sistema conterá, como veremos, uma interpretação válida do sistema de Peano, assim como uma interpretação da noção de número negativo. Mas, não custa insistir, a Aritmética dos inteiros, na medida em que é uma teoria puramente formal, não descreve

---

16 Ou seja, a linguagem tem que conter apenas símbolos para as relações e operações que se correspondem pelo isomorfismo como definido anteriormente.

nenhum particular domínio materialmente determinado de objetos. Nós não precisamos saber de *que* falamos para determinar como esses objetos dos quais falamos se comportam *vis-à-vis* as operações explicitamente mencionadas nos axiomas do sistema ou defiíveis a partir deles, independentemente de como queiramos interpretar essas operações; desde que, claro, elas tenham as propriedades formais impostas pelos axiomas. Não nos interessa o *que* números negativos são e *que* relação eles têm com a noção de quantidade, apenas que podemos juntá-los aos números naturais num único domínio – que denotaremos por Z – onde podemos operar.

Para caracterizar axiomaticamente o domínio dos inteiros, introduzimos, além do sucessor S, uma nova operação, o *antecessor*, denotado por A, tal que:

(1) 0 é um inteiro e, se n é inteiro, então Sn e An são também inteiros;

(2) para todo inteiro n, $ASn = SAn = n$. Ou seja, antecessor e sucessor são operações inversas uma da outra;

(3) *todo* número inteiro tem um *único* antecessor e um *único* sucessor;

(4) se $Sn = Sm$, então $n = m$; se $An = Am$, então $n = m$;

(5) se um conjunto de inteiros é não vazio, isto é, se ele contém algum elemento, e é fechado com relação a S e a A, ou seja, se ele contém o antecessor e o sucessor de todo elemento que ele contém, então esse conjunto contém *todos* os inteiros e *apenas* os inteiros.

O conjunto de inteiros que contém 0 e é fechado pelo *sucessor* é o conjunto P de inteiros *positivos*. O conjunto de inteiros que contém 0 e é fechado pelo antecessor é o conjunto N de inteiros *negativos*.

(6) $Z = P \cup N$ e $P \cap N = \{0\}$, ou seja, *todo* número natural é ou positivo, ou negativo e o *único* número que é simultaneamente positivo e negativo é o 0.

Definamos agora a operação de adição de *inteiros*. Para tanto, definiremos o que significa somar, respectivamente, um número positivo e um número negativo a um inteiro qualquer.

Para todo inteiro m:

(i) $m + 0 = m$.

(ii) $m + Sn = S(m + n)$.

(iii) $m + An = A(m + n)$.

Definamos agora uma função que associa a um número natural n qualquer o seu inverso $-n$:

(i) $-0 = 0$

(ii) Se $-n$ é o inverso de n, então $-Sn = A(-n)$ e $-An = S(-n)$.

Por exemplo, $-1 = -S(0) = A(-0) = A(0)$; $-2 = -S(1) = A(-1) = AA(0)$; $-3 = -S2 = A(-2) = A(-S1) = AA(-1) = AA(-S0) = AAA(-0) = AAA0$. De modo geral, se n é positivo, $-n = A^n0$.

$-(-2) = -A(-1) = S(-(-1)) = S(-A0) = S(S(-0)) = SS0 = 2$. Em geral, se n é negativo, então $-n$ é positivo e igual a S^n0.

Ou seja, $P = \{0, 1, 2, 3, ...\}$ e $N = \{..., -3, -2, -1, 0\}$.

As definições satisfazem o que sabemos sobre operações com inteiros, por exemplo: $7 + (-1) = 7 + A0 = A(7 + 0) = A7 = AS6 = 6$; $-8 + (-2) = -8 + A(-1) = A(-8 + (-1)) = A(-8 + A0) = AA(-8 + 0) = AA(-8) = A(-9) = -10$.

Podemos agora introduzir uma nova operação, a de *subtração*:

Para todos os inteiros n e m: $n - m = n + (-m)$.

Por exemplo, $4 - 2 = 4 + (-2) = 4 + A(-1) = A(4 + (-1)) = A(4 + A0) = AA(4 + 0) = AA4 = A3 = 2$.

$-3 - 1 = -3 + (-1) = -3 + A0 = A(-3 + 0) = A(-3) = -4$.

$-2 - (-1) = -2 + -(-1) = -2 + -(-S0) = -2 + -(A0) = -2 + S0 = -2 + 1 = -2 + S0 = S(-2 + 0) = S(-2) = -1$.

Mostraremos agora que, para todos os *inteiros n, m e k*: $(m + n) + k = m + (n + k)$. Ou seja, a soma de inteiros também é associativa.

Mostraremos isso mostrando que, dados m e n inteiros *quaisquer*, a propriedade vale seja k *positivo*, seja k *negativo*.

O fato é obvio se $k = 0$.

Suponha que a propriedade vale para *algum k* positivo. Daí, $(m + n) + Sk = S((m + n) + k) = S(m + (n + k)) = m + S(n + k) = m + (n + Sk)$. Ou seja, ela vale também para o sucessor de k. Desse modo, o conjunto dos inteiros para os quais vale a propriedade associativa contém 0 e é fechado por sucessão; logo, ele contém todos os inteiros *positivos*.

Suponha agora que a propriedade vale para algum k *negativo*. Daí, $(m + n) + Ak = A((m + n) + k) = A(m + (n + k)) = m + A(n + k)$

$= m + (n + \mathrm{A}k)$. Ou seja, a propriedade vale também para o antecessor de k. Assim, o conjunto dos inteiros para os quais a propriedade associativa vale contém 0 e é fechado pelo antecessor; logo, ele contém todos os inteiros *negativos*. Como ele também contém todos os positivos, a propriedade vale em geral para todos os inteiros.

De modo análogo, pode-se demonstrar que a operação de adição de inteiros também é *comutativa*: para quaisquer números inteiros, n e m, $n + m = m + n$.

Podemos agora mostrar por indução que $n + (-n) = 0$.

De fato, isso é óbvio para $n = 0$. Suponha que isso é verdadeiro para *algum* inteiro n. $\mathrm{S}n + (-\mathrm{S}n) = \mathrm{S}n + \mathrm{A}(-n) = \mathrm{A}(\mathrm{S}n + (-n)) = \mathrm{A}((-n) + \mathrm{S}n) = \mathrm{A}\mathrm{S}((-n) + n) = n + (-n) = 0$ (note que usamos a propriedade de comutatividade). Analogamente, $\mathrm{A}n + (-\mathrm{A}n) = \mathrm{A}n + \mathrm{S}(-n) = \mathrm{S}(\mathrm{A}n + (-n)) = \mathrm{S}((-n) + \mathrm{A}n) = \mathrm{S}\mathrm{A}((-n) + n) = 0$. Logo, para *todo* inteiro n: $n + (-n) = 0$.

Suponha agora que queremos, como fizemos para a soma de números naturais, mostrar que vale, para a soma de inteiros, a propriedade de *cancelamento*: para todos os inteiros, se $n + k = m + k$, então, $n = m$.

Poderíamos, como acabamos de fazer, mostrar essa propriedade por indução para k positivo e para k negativo. Mas temos agora uma forma mais econômica de mostrar o que queremos.

Antes mostraremos a recíproca do cancelamento, ou seja, se $n = m$, então, $n + k = m + k$, para todo inteiro k.

Isso é óbvio para $k = 0$. Seja k um inteiro positivo para o qual vale essa propriedade. Então, $n + \mathrm{S}k = \mathrm{S}(n + k)$ e $m + \mathrm{S}k = \mathrm{S}(m + k)$, como $n + k = m + k$, então $\mathrm{S}(n + k) = \mathrm{S}(m + k)$. Idem se k for um *negativo* qualquer, se a propriedade vale para k, valerá também para $\mathrm{A}k$. Logo, vale para todo *inteiro k*.

Agora, suponha que $n + k = m + k$. Pela propriedade acima: $(n + k) + (-k) = (m + k) + (-k)$. Pela associatividade, $n + (k + (-k)) = m + (k + (-k))$; daí, como $k + (-k) = 0$, $n = m$.

As páginas anteriores contêm uma lição que vale a pena realçar. Suponhamos que estivéssemos interessados apenas nos números naturais como formas quantitativas e suas propriedades. Os axiomas de Dedekind-Peano, como vimos, impõem-se a nós como verdades do conceito de número natural e tudo o que segue logicamente deles vale como propriedade desse conceito. Em particular, a propriedade de cancelamento da adição, que se pode demonstrar facilmente por indução. A demonstração que demos anteriormente, porém, envolvendo números negativos, não estaria disponível, uma vez que números negativos não são formas quantitativas e não podem ser juntados a elas em um domínio mais amplo coerente com a noção de forma quantitativa. No entanto, como a propriedade de cancelamento é uma propriedade puramente operatória, podemos "esquecer" que números são formas quantitativas (abstração formal), tomá-los apenas como objetos com os quais se opera e estender o domínio operatório com a adjunção dos "números" negativos. Agora, nesse domínio estendido, pode-se demonstrar a propriedade de cancelamento lançando-se mão de números negativos. Valendo para todos os números inteiros, essa propriedade valerá também, necessariamente, em particular, para os números naturais entendidos como formas quantitativas, isto é, revestidos do seu significado original.

Essa é uma estratégia metodológica recorrente em Matemática e nas aplicações da Matemática, como veremos. Na medida em que nos restringimos aos aspectos puramente formais de um domínio qualquer de objetos (por exemplo, as propriedades operacionais dos números), podemos estendê-lo pela adjunção de novos objetos apenas formalmente caracterizados a um domínio mais amplo, no qual podemos, talvez de modo mais simples e direto que se estivéssemos limitados ao contexto original, demonstrar propriedades do contexto mais restrito. Em outras palavras, quando o sentido *material* de um domínio de interesse teórico não é o foco da investigação, como, exemplarmente, na Matemática e na ciência matemática da natureza, quando apenas as suas propriedades *formais* estão sob consideração e análise, pode-se estender *livremente* esse domínio pelo acréscimo de novos objetos, novas operações e novas relações apenas formalmente definidos cuja *natureza* não está especificada – apenas as suas categorias ontológicas, isto é, as categorias de objeto, operação e relação, estão –, mas cujas propriedades estão de tal modo

82 JAIRO JOSÉ DA SILVA

logicamente relacionadas a propriedades das entidades originais que se pode inferir estas daquelas.

Um importante problema de *lógica e metodologia da Matemática* que se coloca, então, é determinar *em que circunstâncias* problemas de um contexto restrito podem ser mais eficientemente abordados num contexto mais amplo, e em que condições a solução de algum problema num domínio mais amplo de alguma forma relacionado ao problema do domínio restrito contém a solução desse problema.

A solução de um problema matemático geralmente começa com a identificação do contexto formal mais adequado para a busca de uma solução. Esse novo contexto deve estar de tal modo formalmente relacionado ao contexto original que o problema original pode ser "traduzido" em um problema mais geral, cuja solução, entretanto, pode ser "traduzida" numa solução do problema original.

Ao estender o domínio dos números propriamente ditos, números que expressam *quantidade* (lembre-se, números propriamente ditos são, *materialmente*, formas quantitativas) juntando a ele "números" cuja natureza é deixada na obscuridade, mas que se deixam operar como aqueles, nós obtemos um contexto em que se pode, talvez de modo mais fácil, investigar propriedades operacionais e outras a elas relacionadas do domínio original.

Mas atenção: o domínio numérico só pode ser estendido se se *abstrai a natureza* dos seus elementos, considerados agora meramente como objetos com os quais se opera desta e daquela forma. Assim reduzido à sua casca formal, por assim dizer, como um domínio operacional de objetos e operações cuja natureza não mais importa, mas que obedece aos axiomas do sistema, o domínio dos números pode ser arbitrariamente estendido, desde que as propriedades operacionais dos novos objetos, eles também puramente formais, sejam coerentes com as propriedades operacionais dos objetos originais.

Suponha que A é uma interpretação válida dos axiomas que caracterizam os números inteiros ou, como se convencionou chamar, uma *sequência-Z*; algo assim: $A = \{..., a_{-3}, a_{-2}, a_{-1}, a_0, a_1, a_2, a_3, ...\}$, onde a_n é o n de A. Se tomarmos apenas o conjunto dos números inteiros *positivos* com a operação de sucessor restrita a ele – algo

O QUE É E PARA QUE SERVE A MATEMÁTICA **83**

assim: $A_+ = \{a_0, a_1, a_2, a_3, ...\}$, onde $a_{i+1} = Sa_i$, para $i = 0, 1, 2, ...$ –
teremos uma interpretação válida dos axiomas de Peano – ou, como
se convenciona chamar, uma *sequência-ω*.[17] Qualquer asserção que
envolva apenas o sucessor e as operações definidas indutivamente a
partir dele, como a soma, e que seja verdadeira para *todos os inteiros*,
como a propriedade de cancelamento, por exemplo, será verdadeira
em particular para *todos* os inteiros *positivos*, não importa como in-
terpretemos essas noções. Logo, verdadeira também para os *números
propriamente ditos, mesmo que a sua demonstração, como visto, envolva números negativos*, alheios ao domínio numérico propriamente
dito. Se uma propriedade vale para quaisquer "números" apenas
formalmente definidos, então por mais forte razão valerá para os
verdadeiros números.

Como veremos mais adiante, essa estratégia de demonstrar fatos
de um domínio em domínios que contêm elementos que são *inexistentes*, elementos *imaginários* da perspectiva do domínio original, é
extensivamente usada em Matemática e na ciência matemática da
natureza. Entretanto, isso só é possível quando o que se está a demonstrar não diz respeito ao conteúdo do domínio original, não leva
em consideração *o que* são os elementos desse domínio, mas apenas
como eles se comportam, e se o comportamento dos elementos imaginários não interfere no comportamento dos elementos originais,
a extensão não destrói de maneira relevante a estrutura formal do
domínio de partida.

Às vezes ocorre que o domínio estendido nos permite resolver
problemas que carregam em si a solução de problemas insolúveis
ou de difícil solução no domínio original. Um caso particularmente
simples dessa metodologia acontece quando se pode demonstrar no
domínio estendido uma asserção geral (ou universal) que se pode,
então, particularizar para um subdomínio que ocorre ser o domínio
original ou uma cópia isomorfa dele.

---

17 Note que as operações de antecessão, inversão e subtração não se deixam restringir a a_+. Por exemplo, a_0 não tem antecessor em A_+ nem o inverso $-a_1$ de a_1
está em A_+.

FRAÇÕES E NÚMEROS RACIONAIS Os números naturais, ou inteiros positivos, como vimos, respondem à pergunta "quantos?", são medidas de quantidade, enquanto os inteiros negativos constituem uma extensão formal do domínio numérico que o torna fechado não apenas com relação à operação de soma, mas também às de inversão e subtração. Ou seja, a soma e a diferença de dois números inteiros e o inverso aditivo de um número inteiro (o número que somado a ele resulta em 0) são sempre números inteiros. Essa extensão constitui um enriquecimento formal do domínio numérico entendido agora como um domínio de objetos cuja natureza não está determinada, mas com os quais se pode operar. Com a operação de adição o domínio dos números inteiros tem a estrutura de um *grupo comutativo*, ou seja, a adição é associativa, comutativa, há um elemento neutro da adição e todo elemento tem um inverso aditivo. Grupos são estruturas matemáticas particularmente adequadas para o tratamento de certos problemas matemáticos e científicos, como veremos mais adiante.

Com alguma boa vontade pode-se pensar nos números negativos como medidas de "quantidade negativa", que associamos a noções usuais do quotidiano como débito, prejuízo, falta ou inversão de direção. Assim interpretados, eles têm uma série de aplicações práticas e científicas, como nas noções de voltagem ou temperatura negativas.

Mas, além de expressar precisamente quantos elementos tem uma coleção de objetos, também queremos expressar a *relação quantitativa* entre duas coleções quaisquer de objetos. Para isso existem os *números racionais*.

Suponha, então, que n e m denotam dois números *naturais* quaisquer $(m \neq 0)$, e que queremos com o símbolo n/m expressar a relação quantitativa entre esses números. De modo mais preciso, a questão é esta: se tomarmos o número m como uma *nova unidade*, ou seja, se contarmos subcoleções de n com m elementos apenas como 1, em termos dessa nova unidade, quantos elementos tem agora a coleção que na unidade antiga tinha n elementos?

Obviamente, se $n = 6$, por exemplo, e $m = 2$, então a resposta será 3, mas se $n = 5$ e $m = 2$, a relação quantitativa entre n e m não

O QUE É E PARA QUE SERVE A MATEMÁTICA **85**

pode ser expressa por um número natural. Os números racionais são introduzidos para que essa relação *sempre* exista, quaisquer que sejam n e m.

Evidentemente, m não pode ser nulo, pois nada não é uma unidade em termos da qual se pode contar; *qualquer* número n é uma quantidade indeterminada de nadas e, portanto, a relação $n/0$ não está bem definida. Por outro lado, se uma coleção tem uma quantidade *nula* de unidades, não importa que nova unidade seja usada, ela continuará a ter uma quantidade nula dessa nova unidade, ou seja, $0/m = 0$ para qualquer m.

Agora, dados os números naturais n, m, r e s, com m e s diferentes de 0, quando n/m será *igual* a r/s? Ou seja, em que condições n/m e r/s expressam a *mesma* relação quantitativa ideal? A resposta é clara: suponha que existe um número natural k tal que, tomando-se subcoleções com k elementos em r e s (ou n e m) como nova unidade, então r e s (ou n e m) têm, respectivamente, n e m (ou r e s) *novas* unidades.

Ou seja, $n/m = r/s$ se, e somente se, existe k diferente de zero tal que $r = kn$ e $s = km$ (ou $n = kr$ e m = ks).

Se existe tal k, então $ns = kmn$ (ou $ns = krs$) e $mr = knm$ (ou $mr = krs$). De qualquer forma, $ns = mr$.

Reciprocamente, se $ns = mr$, então, $ns/ms = mr/ms$, pois comparamos quantidades iguais com quantidades iguais, mas $ns/ms = n/m$ e $mr/ms = r/s$, redefinindo novas unidades. Logo, $n/m = r/s$.

Portanto, $n/m = r/s$ se, e só se, $ns = mr$.

Dados dois números naturais n e m, a *fração* denotada por n/m expressa a relação quantitativa entre n e m. Introduz-se, por *ideação*, os *números racionais* como os objetos *ideais identicamente* instanciados em *frações iguais*. Assim, a expressão n/m ($m \neq 0$) expressa, ambiguamente, quer uma *fração*, quer o *número racional* (positivo) que se manifesta *identicamente* em *todas* as frações $r/s = n/m$.

Note que podemos *identificar* o número *natural* n com o *racional* $n/1$, que expressa, por assim dizer, a relação quantitativa da coleção com n unidades, o número natural n, com a unidade, ou melhor, com a coleção unitária cujo único elemento é a unidade. Desse modo, a coleção de números racionais contém a coleção de números naturais.

86 JAIRO JOSÉ DA SILVA

Podemos, novamente de modo puramente formal, fazer entrar em cena os números racionais *negativos* n/m, onde $m \neq 0$ é *positivo* e n é um inteiro *negativo*, que, com os racionais positivos, formam a coleção dos números racionais simplesmente, denotada por Q. Pode-se definir em Q a soma e o produto usuais, dando consequentemente ao domínio a estrutura de um *corpo*. Não me interessa aqui apresentar os detalhes desse desenvolvimento, mas apenas enfatizar que a noção de número racional *positivo*, assim como a de número inteiro *positivo*, está relacionada à noção de *quantidade*. Este é uma forma quantitativa idealizada; aquele, uma relação quantitativa idealizada. A noção de número negativo, por outro lado, quer inteiro, quer racional, é uma extensão formal da noção de número positivo, entendido agora formalmente apenas como algo com o qual se opera. Assim estendidos, os domínios numéricos apresentam-se como domínios formais passíveis de diferentes interpretações, ou seja, diferentes atribuições de conteúdo material.

NÚMEROS REAIS Não se avalia *quantidade* apenas *contando*, mas também *medindo*. Há a quantidade *discreta – quantitas –*, mas também a quantidade *contínua – quanta*. Grandezas contínuas, como o tempo, a distância, a temperatura, a rapidez, entre inúmeras outras, não são formadas por unidades discretas e, portanto, não podem ser contadas, apesar de poderem ser quantitativamente avaliadas. Um móvel pode ser mais ou menos rápido que outro, um evento pode tomar mais ou menos tempo que outro, uma região do espaço pode ser maior ou menor que outra. *Medir* uma dada extensão contínua, como um intervalo de tempo, é expressar a *relação quantitativa* que essa extensão mantém com uma dada extensão prefixada de *mesma natureza* – no caso, um intervalo de tempo fixo predeterminado –, a unidade de medida *daquela grandeza*. Os números reais foram criados para expressar relações quantitativas entre grandezas *contínuas* de *mesma espécie*, qualquer que seja essa espécie.

Essa talvez tenha sido nossa invenção mais importante no que concerne a uma ciência matemática da natureza empírica. Nossa percepção do mundo nos oferece uma infinidade de grandezas

O QUE É E PARA QUE SERVE A MATEMÁTICA **87**

contínuas que parecem estar de algum modo correlacionadas. Ao ascender aos céus, uma bexiga cheia de gás se expande até explodir, mostrando que a variação de pressão atmosférica externa está relacionada ao volume do gás, quanto menor aquela, maior este. Quanto mais quente um fio metálico, mais longo ele fica, o que mostra que há uma correlação entre a temperatura e o comprimento do fio, e assim por diante.

Ao expressar a variabilidade quantitativa de grandezas contínuas como variáveis numéricas no domínio dos números *reais* e a *correlação* entre elas em *fórmulas*, nós subsumimos a interdependência entre magnitudes que percebemos intuitivamente na natureza a uma racionalidade matemática, mas apenas quanto à *quantidade*. A fórmula não diz *nada* sobre a *natureza* da correlação que se manifesta na relação quantitativa. Por outro lado, ela oferece um *instrumento* para *previsões* de natureza *quantitativa*.

Evidentemente, outros objetos matemáticos existem para expressar correlações empíricas em fórmulas ainda mais sofisticadas. A equação de campo da teoria geral da relatividade, por exemplo, é uma identidade que envolve não apenas números, mas tensores, que nada mais são, porém, que coleções de números, as suas "componentes". A função de onda associada a um sistema quântico é uma função complexa e os operadores que representam observáveis do sistema também envolvem números complexos. Os valores possíveis dessas observáveis, porém, são sempre números *reais*, pois é isso o que se *mede*. A mensuração de grandezas contínuas, portanto, é o primeiro passo na quantificação da natureza e os números reais, que expressam relações quantitativas entre magnitudes contínuas de mesma espécie (homogêneas), são o instrumento matemático mais fundamental da ciência matemática da natureza.

Os filósofos pré-socráticos já sabiam que duas extensões contínuas não são *sempre* comensuráveis, ou seja, que não se pode *sempre* expressar o tamanho de uma em termos do tamanho da outra por um número *racional*. Se se pode escolher uma unidade de tal modo que ambas as extensões contenham um número inteiro (positivo) dessa unidade, então, evidentemente, ambas estão numa relação quantitativa capaz de ser expressa por um número racional (positivo); se não, não. Os números reais foram inventados *precisamente* para que se possa *sempre* expressar numericamente, de modo *exato*, não aproximado, a relação quantitativa entre duas magnitudes contínuas *quaisquer* de mesma natureza.

Vale a pena mostrar que nem sempre duas extensões contínuas são comensuráveis. Selecione, primeiro, um segmento de reta *qualquer* como unidade de comprimento, denotemo-lo por 1. Considere agora um quadrado de lado igual a essa unidade e, portanto, área igual a uma unidade de área. Se se constrói outro quadrado sobre a diagonal do quadrado dado, tem-se, como até o escravo do *Mênon*, de Platão, sabia, um quadrado com o dobro da área, ou seja, duas unidades de área. Como a área de um quadrado é o quadrado do seu lado, tem-se que a diagonal do quadrado original tem comprimento igual a $\sqrt{2}$. Ou seja, *diagonal/lado* = $\sqrt{2}$; o número real $\sqrt{2}$ representa a relação quantitativa entre a diagonal e o lado de *qualquer* quadrado.

Suponhamos que $\sqrt{2}$ pode ser expresso como um número racional p/q, $q \neq 0$. Suponhamos ainda que p e q são números naturais *primos entre si*, ou seja, que eles *não* podem ser ambos divididos pelo mesmo número natural maior do que 1. Se não o forem, podemos sempre simplificar a fração até que o sejam. Ou seja, sempre podemos pressupor, sem perder generalidade, que p e q são primos entre si

Se $\sqrt{2} = p/q$, então $p^2 = 2q^2$; ou seja, p^2 e, portanto, também p são números *pares* (múltiplos de 2). Logo, p pode ser escrito assim: $p = 2n$, para algum n.

Portanto, $p^2 = 4n^2$ e daí, como $p^2 = 2q^2$, $4n^2 = 2q^2$ e, então, $q^2 = 2n^2$. Logo q^2 e q também são pares. Como p e q são pares, eles são ambos divisíveis por 2, contra a hipótese de que eram primos entre si. Há aqui uma contradição, que nasce da suposição de que $\sqrt{2}$ pode ser escrito como uma fração. Logo, não pode, ou seja, $\sqrt{2}$ *não* é um número racional; a diagonal e o lado de um quadrado, *qualquer que seja a unidade de comprimento escolhida*, não são extensões comensuráveis. Temos, portanto, que *estender* a noção de número racional para poder expressar quantitativamente a relação entre duas

O QUE É E PARA QUE SERVE A MATEMÁTICA **89**

quaisquer magnitudes contínuas homogêneas, isto é, quantitativamente comparáveis.

Uma primeira teoria, por assim dizer, dos números reais foi desenvolvida pelo matemático grego Eudoxo de Cnido (408-355 a. C.). Ela pode ser encontrada no livro V d'*Os elementos*, de Euclides (2009). Segundo ele, duas extensões contínuas quaisquer da mesma espécie, ou seja, homogêneas, estão em relação quantitativa; ou seja, a *razão* entre elas se expressa como um *número*. Duas magnitudes são ditas numa razão uma com relação à outra quando algum múltiplo de uma excede a outra. Dados dois comprimentos quaisquer, sempre se pode multiplicar um deles por algum fator de modo que o resultado seja maior que o outro comprimento; logo, dois comprimentos quaisquer estão sempre numa razão. Mas, como não se pode encontrar um múltiplo de um comprimento que sobrepuje uma dada área, áreas e comprimentos não estão em razão.

Esse *approach* geométrico à teoria das razões ou proporções é bastante limitante, particularmente no que concerne ao desenvolvimento da Aritmética dos reais. Apenas no século XIX, com Weierstrass, Dedekind, Cauchy e Cantor, será desenvolvida uma teoria puramente aritmética do número real.

A teoria de Eudoxo consiste essencialmente num conjunto de regras que nos permitem concluir quando duas razões entre grandezas homogêneas A/B e C/D (dois números reais) são iguais e quando uma é maior ou menor que a outra.

Sejam, portanto, duas magnitudes homogêneas quaisquer A e B. Supomos que existe um *número* que exprime exatamente a relação quantitativa entre elas que é *identicamente o mesmo* para todas as razões C/D tal que $A/B = C/D$. Esses são os números *reais positivos*.

Assim, por exemplo, dados dois segmentos de reta *quaisquer* l_1 e l_2, desde que l_2 não seja um segmento nulo, existe um número real r tal que $l_1/l_2 = r$, ou seja, $l_1 = rl_2$. Isso vale para quaisquer extensões contínuas homogêneas. Se A e B são magnitudes de uma espécie e C e D de *outra* espécie, ou seja, A e B não são homogêneas com C e D, ainda assim é possível que a relação quantitativa entre A e B seja *a mesma* que a relação entre C e D e assim expressar ambas as razões A/B e C/D pelo mesmo número real (positivo). Dizer que um segmento de reta l tem 2 centímetros de comprimento é dizer que a razão $l/u = 2$, onde u é o segmento unitário a cujo comprimento se convencionou associar o valor 1 centímetro. Dizer que a área do quadrado A é 2 centímetros quadrados é dizer que a razão $A/U = 2$, onde U é o quadrado unitário de área igual a 1 centímetro quadrado.

Evidentemente, qualquer número *racional* positivo é um número *real* positivo: o racional p/q ($q \neq 0$) expressa a razão entre uma magnitude contínua que "mede" p unidades e outra da mesma espécie com q unidades. Como ambas as magnitudes podem ser medidas com a mesma unidade, elas são ditas *comensuráveis*. A relação quantitativa entre grandezas comensuráveis se expressa como números racionais.

Modernamente, os números reais, como cortes de Dedekind ou classes de sequências de Cauchy equivalentes, entre outras caracterizações, se definem em termos da noção de conjuntos. Ainda que esse *approach* tenha a vantagem de encontrar *representantes* matemáticos para objetos ideais intencionalmente postos como formas vazias de conteúdo, ele mascara o fato de que números são idealidades constituídas por abstração e ideação, não conjuntos do que quer que seja. Estes são apenas *materializações* dessas idealidades, não manifestações da sua essência. Números *não* são conjuntos, eles apenas podem ser *formalmente representados* por conjuntos; isto é, podem-se encontrar conjuntos que têm as mesmas propriedades formais de números, mas que materialmente não são números.

Podemos agora, como já fizemos antes, introduzir operações entre números reais positivos, como a soma, e, considerando o domínio assim resultante apenas como um domínio operatório, introduzir formalmente a operação de inversão e os números negativos como os inversos aditivos dos números positivos. Como antes, números negativos não correspondem a uma noção de quantidade; eles são apenas um complemento formal adjunto a um domínio abstraído de sua materialidade e reduzido a um domínio operatório de objetos e operações indeterminados quanto à sua natureza, mas determinadas estas últimas apenas quanto às suas propriedades formais, tais como associatividade, comutatividade e assemelhadas.

O QUE É E PARA QUE SERVE A MATEMÁTICA **91**

Uma reta, como intuitivamente a entendemos, é um contínuo, e como tal não é composta por unidades discretas, átomos de reta. Toda parte da reta é, ela própria, um contínuo. Nossa concepção de número real, porém, impõe que dois segmentos de reta *quaisquer* mantêm entre si uma relação quantitativa expressa *exatamente*, não aproximativamente, por um número real. Ademais, *supomos*, reciprocamente, que, se mantivermos um desses segmentos fixo e variarmos o outro *continuamente* em comprimento, essa relação assumirá *todos* os valores reais positivos. Esse não é, evidentemente, um fato intuitivamente justificado, nós o introduzimos axiomaticamente, por *fiat*, por assim dizer, para garantir que haja uma *correlação biunívoca* entre os números reais e todos os "momentos" da variação contínua do comprimento de um segmento ou de qualquer magnitude contínua com respeito a uma unidade fixa. Esse pressuposto é *essencial* tanto à Matemática quanto ao tratamento matemático da natureza empírica e, enquanto um *pressuposto idealizante*, equivale a uma *idealização do real*.

Que fique então claro de uma vez por todas: *a Matemática*, de modo geral, *nunca se conecta diretamente à realidade, mas apenas a idealizações matemáticas da realidade.*

Assim, é como se toda magnitude contínua, retas em particular, fosse composta por átomos ou *pontos* sem extensão, que marcam os "momentos" da variação contínua dessa magnitude com respeito a uma unidade fixa. Esses pontos estão supostamente em correspondência biunívoca com os números reais, a cada número corresponde um único ponto e vice-versa. Desse modo, todos os momentos no processo de variação quantitativa contínua de uma grandeza se expressam numericamente com respeito a um momento tomado como unidade. Portanto, a variabilidade quantitativa de uma grandeza contínua qualquer com respeito a uma unidade predeterminada fixa dessa grandeza é *matematicamente representável* como uma *variável contínua* sobre o domínio dos números reais positivos.

NÚMEROS COMPLEXOS Suponha que queremos encontrar dois números cuja soma seja igual a 4 e o produto, igual a 5. Como sabemos, esses números são as raízes da equação de segundo grau $x^2 - 4x + 5 = 0$. Aplicando a antiga fórmula dita de Bháskara, matemático indiano do século XII, que fornece as raízes de uma equação do segundo grau, obtemos a solução: os números procurados são $2 + \sqrt{-1}$ e $2 - \sqrt{-1}$. Efetivamente, supondo que $\sqrt{-1}$ é um número com o qual se opera normalmente, a soma desses números é igual a 4 e o produto, igual a 5.

Mas, por definição, se a é um número real, $\sqrt{a}$ é a média proporcional entre 1 e a, ou seja, $1/\sqrt{a} = \sqrt{a}/a$. Ou, em outras palavras, $\sqrt{a}$ é o número cujo quadrado é igual a. Mas, pela regra dos sinais, o quadrado de um número real, positivo ou negativo, é sempre positivo. Portanto, a operação de extração de raiz quadrada não faz sentido para reais negativos. Nosso problema, então, aparentemente, não tem solução; os "números" $2 + \sqrt{-1}$ e $2 - \sqrt{-1}$ são símbolos sem denotação.

O filósofo Immanuel Kant acreditava firmemente que esses símbolos não têm nenhum significado, que eles certamente não são números e que seria irracional querer operar com eles como se o fossem. Mas a notação numérica, como já disse, é animada de uma certa potência criadora, os símbolos de um sistema denotacional adquirem, por assim dizer, vida própria e se põem a denotar objetos que se não existem poderiam muito bem existir, mormente quando se mostram *úteis*.

E foi exatamente a utilidade desses símbolos que os algebristas italianos do século XVII Tartaglia, Cardano e Del Ferro descobriram no calor da ácida disputa que mantinham pela prioridade da descoberta da solução por radicais da equação do terceiro grau, ou seja, de uma fórmula que, como a equação de Bháskara, desse as soluções de uma equação qualquer do terceiro grau em termos dos seus coeficientes.

Eles sabiam como resolver equações do tipo $x^3 = px + q$, p e q reais *positivos*; as soluções têm a forma $x =$ raiz cúbica $(q/2 + R) -$ raiz cúbica $(-q/2 + R)$, onde $R =$ raiz quadrada $(q^2/4 - p^3/27)$.

Considere, portanto, a equação $x^3 = 15x + 4$. Logo, $R = \sqrt{-121}$, e as "soluções" são raiz cúbica $(2 + \sqrt{-121}) -$ raiz cúbica $(-2 + \sqrt{-121})$

= raiz cúbica $(2 + \sqrt{-121})$ + raiz cúbica $(2 - \sqrt{-121})$. Ora, o problema todo reside no fato de que $\sqrt{-121}$ não existe. Mas Cardano não se deixou esmorecer e supôs que existe um número expresso pelo símbolo $\sqrt{-1}$, com o qual se pode operar normalmente e que, naturalmente, $\sqrt{-121} = \sqrt{121} \cdot \sqrt{-1}$.

Cardano se deu conta, então, de que raiz cúbica $(2 + \sqrt{-121}) = 2 + \sqrt{-1}$ e raiz cúbica $(2 - \sqrt{-121}) = 2 - \sqrt{-1}$.

Portanto, a suposta solução da equação é igual a $(2 + \sqrt{-1}) + (2 + \sqrt{-1}) = 4$.

Tudo, aparentemente, não passa de *nonsense*, porque se está a operar com coisas que não existem. Porém, como se pode facilmente verificar diretamente, 4 é *efetivamente* uma solução de $x^3 = 15x + 4$. Ou seja, obtém-se a resposta *correta* operando-se com coisas que *não existem*. Não se trata, como no problema anterior, de soluções "imaginárias" de um problema real, mas de uma solução *real* de um problema real obtida por meios "imaginários". Isso certamente clama por uma explicação.

Uma equação numérica nada mais é que uma relação entre números conhecidos e números desconhecidos. Ela impõe uma condição, expressa apenas em termos de operações numéricas, que pode ser excessivamente restritiva, em cujo caso a equação não tem solução, ou não, em cujo caso ela tem uma ou várias. Resolver uma equação por radicais é encontrar essa(s) solução(ões) apenas operando aritmeticamente com os coeficientes da equação.

Ora, o fato de que se trata de números e operações numéricas *propriamente ditos* não desempenha *nenhum* papel na formulação ou na solução do problema. Resolver uma equação por radicais é um problema meramente formal-operacional, que não envolve a natureza material dos objetos com os quais se opera ou das operações elas mesmas. Basta saber que esses objetos são objetos com os quais se opera e que as operações obedecem a certas propriedades formais, como a comutatividade, a distributividade etc.

Como a natureza material dos objetos e operações do domínio numérico em questão não vem ao caso na busca de solução de equações algébricas, o domínio dos números reais pode ser visto apenas como um domínio operatório onde duas operações estão definidas com certas propriedades, ou seja, um *corpo* algébrico. Ver $\mathbf{R}$, o domínio dos reais, apenas como um corpo é o que chamo de abstração formal; abstrai-se a matéria, preserva-se a forma.

Somas, produtos, subtrações e divisões podem ser realizadas livremente em $\mathbf{R}$ (desde que não se divida por 0), ou seja, se a e b são números reais, $a + b$, $a - b$, ab e a/b (se $b \neq 0$) também são números reais. A potenciação também é fechada em $\mathbf{R}$, ou seja, se a é real, a^n também será; porém, a operação inversa, a radiciação, não é; como vimos, $\sqrt{a}$ só será um número real se a for *positivo*.

Isso coloca, em princípio, uma limitação à tarefa de resolver uma equação algébrica com coeficientes em $\mathbf{R}$ por radicais, a saber, a radiciação não é uma operação sempre permissível.

Porém, como $\mathbf{R}$ é entendido tão somente como um domínio formal de objetos e operações materialmente indeterminadas, nada impede que o estendamos de modo que a radiciação seja ilimitadamente permitida. Para tanto, basta introduzir novos objetos, eles também materialmente indeterminados, do seguinte modo: supõe-se que o símbolo $\sqrt{-1}$, de agora em diante denotado pela letra i, denota *algo*, não importa o que, que se pode operar exatamente como os elementos de $\mathbf{R}$, e introduz-se no domínio todos os objetos denotados por expressões numéricas envolvendo elementos de $\mathbf{R}$ e i.

Ora, como $i^2 = -1$, pode-se mostrar que todas essas expressões se reduzem à forma $a + bi$, onde a e b são elementos de $\mathbf{R}$. Logo, os elementos desse novo domínio operatório, ele também um domínio puramente formal, que denotaremos por $\mathbf{C}$, são todos denotados por alguma expressão desta forma: $\mathbf{C} = \{a + bi: a, b$ estão em $\mathbf{R}\}$. Tem-se que $a + bi = c + di$ se, e somente se, $a = b$ e $c = d$ e, ademais, *todas* as operações aritméticas, incluindo radiciação, são fechadas em $\mathbf{C}$. $\mathbf{C}$ tem também, como $\mathbf{R}$, a estrutura de corpo.

Consideremos agora o subconjunto $\mathbf{R}'$ de elementos de $\mathbf{C}$ da forma $a + 0i$, com a em $\mathbf{R}$. É fácil de ver que, se c e c' são elementos de $\mathbf{R}'$, então $c + c'$, cc', $c - c'$ e c/c' ($c' \neq 0$) também pertencem a $\mathbf{R}'$, idem para c^n sempre que c está em $\mathbf{R}'$. Claro que $\mathbf{R}'$ não é fechado

O QUE É E PARA QUE SERVE A MATEMÁTICA **95**

por radiciação, pois $\sqrt{}(-1 + 0i) = i$, que *não* é um elemento de **C** da forma a + 0*i*.

Existe, portanto, um isomorfismo entre **R** e **R'** assim definido: a cada *r* de **R** associe o elemento *r* + 0*i* de **R'**. Evidentemente, para cada *r* em **R** existe um *único* elemento de **R'** que lhe corresponde, e vice-versa. Denotemos essa correspondência por *I*, ou seja, para todo *r* em **R**, $I(r) = r + 0i$. Pode-se ver facilmente que, para quaisquer r_1 e r_2 em **R**, $I(r_1 + r_2) = I(r_1) + I(r_2)$, onde o primeiro + denota soma em **R** e o segundo soma em **C**, e identicamente para o produto.

Esse isomorfismo nos diz que, do ponto de vista puramente formal, considerados apenas como domínios operatórios materialmente indeterminados, **R** e **R'** são o *mesmo* domínio. Portanto, toda asserção que envolve *apenas* objetos do domínio e as operações de soma e produto verdadeira em **R'** é também verdadeira em **R** para os elementos de **R** que correspondem (por *I*) aos de **R'** explicitamente mencionados na asserção.

Ora, à equação $x^3 = 15x + 4$ em **R** corresponde a equação $x^3 = (15 + 0i)x + (4 + 0i)$ em **R'**. As soluções dessa equação serão, *todas*, elementos de **C**. Não sabemos se alguma delas estará em **R'** porque a radiciação não é fechada nesse domínio. Porém, no caso de equações do terceiro grau, isso será sempre verdade, pois toda equação do terceiro grau em **R'** tem uma solução em **R'**. No caso dessa particular equação, esse elemento será, como vimos, 4 + 0*i*.

Se $a + 0i$ em **R'** é tal que de $(a + 0i)^3 = (15 + 0)(a + 0i) + (4 + 0i)$ é uma identidade verdadeira em **R'**, então a identidade $a^3 = 15a + 4$ é verdadeira em **R** porque $I(a + 0i) = a$ e *I* é um isomorfismo entre **R** e **R'**.

Em suma, ao operar com objetos "imaginários" como se fossem reais, Cardano estava, de fato, operando em **C** com elementos e operações de **C** para solucionar por radicais uma equação em **C**. Sem o saber, Cardano havia transportado o problema para um contexto que tinha a vantagem de permitir *todas* as operações necessárias para a solução do problema. Como a equação para a qual ele buscava solução tinha coeficientes em **R'** e era, ademais, do terceiro grau, tinha uma solução em **R'**, que ele era capaz de encontrar. Sem estar consciente disso, Cardano se deu conta de que a cada solução em **R'** da equação "transportada" correspondia uma solução em **R** da equação original, e que, portanto, a "passagem pelo imaginário" era uma operação *logicamente permissível e justificável*.

Nas palavras do matemático francês Jacques Hadamard (1865-1963), o caminho mais curto entre duas verdades no domínio real passa em geral pelo domínio complexo.

Em termos gerais o que ocorre é o seguinte: um domínio A tem uma cópia isomorfa A' num domínio B. Um problema em A da forma "existe x tal que $\varphi(x)$", onde φ é uma asserção em A que envolve apenas as operações de A que têm correspondentes pelo isomorfismo em A', pode, então, ser traduzido num problema em A' e, *a fortiori*, em B. B pode ser um domínio com mais recursos que A para resolver problemas desse tipo e uma solução x ao problema pode ser encontrada. Ora, se x pertence a A' (o que não é sempre o caso), então existe uma solução em A para o problema original, a saber, o elemento de A que corresponde a x pelo isomorfismo. A transferência do problema para B tirou proveito dos melhores recursos disponíveis em B para tratar problemas desse tipo.

No caso de equações algébricas, a transferência do problema para o domínio complexo tira proveito do fato de que todas as operações aritméticas necessárias para resolver equações por radicais podem ser realizadas irrestritamente em **C**.

Estratégias desse gênero estão no cerne da aplicabilidade da Matemática à própria Matemática e às ciências empíricas e repousam no fato de que problemas formais podem ser transportados de um para outros domínios formalmente equivalentes e que para tratar deles, e talvez resolvê-los, não é essencial permanecer no domínio no qual foram originalmente postos.

Apesar de ser desnecessário dar qualquer sentido material aos elementos de **C**, os números *complexos*, isto é, algo que eles *são* e em termos do qual as operações adquirem um *sentido* que *justifica* as suas propriedades formais, se estivermos interessados apenas em como eles se comportam *vis-à-vis* essas operações,

O QUE É E PARA QUE SERVE A MATEMÁTICA 97

interpretá-los materialmente pode ser útil como meio de acesso a essas propriedades.

Dar aos números complexos uma *interpretação* é encontrar um domínio particular **P** de objetos e operações entre eles tal que cada número complexo $z = a + bi$ corresponda a um único desses objetos, e vice-versa, e, se z corresponde a v e z' a v', z e z' em **C**, então $z + z'$ corresponde a $v + v'$ e zz' a vv', onde, evidentemente, operações sobre elementos do domínio de interpretação são operações desse domínio.

O primeiro a dar uma interpretação geométrica bem-sucedida aos números complexos foi o matemático norueguês Caspar Wessel (1745-1818), em fins do século XVIII. Nessa interpretação, o número $a + bi$ corresponde a um ponto do *plano complexo* (o conjunto **R**x**R** dos *pares ordenados* de números reais) de coordenadas (a, b). Não entrarei, porém, nos detalhes dessa representação, que podem ser encontrados em qualquer livro que trate de números complexos.

Na interpretação geométrica cada número complexo corresponde a um vetor do plano complexo e as operações com números complexos correspondem a operações entre vetores. O interessante nessa interpretação é que o produto de um número complexo pela unidade complexa i corresponde a uma rotação no sentido anti-horário de 90 graus do vetor que corresponde ao número, dando ao produto de números complexos uma interpretação geométrica particularmente intuitiva e rica em consequências. Pode-se também, indo no sentido inverso, de vetores no plano para números complexos, representar translações e rotações no plano por números complexos.

Pode-se, por exemplo, associar um particular número complexo ao vetor unitário que determina uma dada direção do plano e consequentemente outros vetores, associados a outras direções, a expoentes desse número. Isso leva à chamada fórmula de Moivre, que fornece um instrumento extremamente útil para a derivação de identidades trigonométricas.

Transferir um problema para o domínio complexo, o que só é possível, lembremo-nos, quando o problema não envolve a natureza material, mas apenas propriedades formais do domínio onde foi originalmente posto, torna-o muitas vezes um problema trivial. Vejamos um exemplo:

Considere o seguinte enunciado da Aritmética dos números *inteiros*: o produto de duas somas de quadrados de inteiros pode ser expresso *de dois modos diferentes* como soma de dois quadrados de inteiros. Ou seja, se a, b, c e d são números inteiros, então existem *dois* pares de números inteiros u e v tais que $(a^2 + b^2)(c^2 + d^2) = u^2 + v^2$. Note que a única coisa relevante aqui são as propriedades formais das operações, não a particular natureza dos números. Ademais, podemos imediatamente transferir a identidade para o domínio dos números reais, uma vez que números inteiros são formalmente equivalentes a particulares números reais. Ou seja, transportamos o problema para um contexto que *estende* o domínio onde foi originalmente posto.

Esse problema já era conhecido por Diofanto de Alexandria (séculos III-II a. C.) e foi abordado por Luca Pisano (1170-c.1250) em 1225.

Vamos demonstrar a veracidade da asserção transferindo-a para o domínio dos números complexos – ou seja, mais uma transferência.

Sejam os números *complexos* $z = a + bi$ e $w = c + di$. Evidentemente, $(a + bi)(a - bi) = a^2 + b^2$ e analogamente para w. Logo, $(a^2 + b^2)(c^2 + d^2) = [(a + bi)(a - bi)][(c + di)(c - bi)] = [(a + bi)(c + di)][(a - bi)(c - di)]$. Não é difícil ver que a expressão mais à direita pode ser escrita como $(u + vi)(u - vi) = u^2 + v^2$, para u e v *inteiros* (sendo a, b, c e d inteiros).

$u + vi = (a + bi)(c + di) = (ac - bd) + (bc + ad)i$ e, portanto, $u = |ac - bd|$ e $v = bc + ad$.

O interessante é que há *outra* forma de escrever $u + vi$:

$u + vi = (a + bi)(c - di) = (ac + bd) + (bc - ad)i$.

Daí, $u = ac + bd$ e $v = |bc - ad|$. O que demonstra o enunciado original.

Em vez de mostrar o que se requeria permanecendo no domínio dos inteiros, demonstramos um fato *bem mais trivial* no domínio dos complexos, a saber, que há *duas* maneiras diferentes de associar os fatores do produto $(a + bi)(a - bi)(c + di)(c - bi)$ na forma $(u + vi)$

O QUE É E PARA QUE SERVE A MATEMÁTICA **99**

$(u - vi)$, e tiramos daí, como *consequência*, o enunciado original. O fato mais relevante na demonstração é que para qualquer número complexo $r + si$ tem-se que $(r + si)(r - si) = r^2 + s^2$.[18]

Aproximamo-nos de um momento crucial da história transcendental da Aritmética, aquele da completa liberalização da *imaginação formal*, quando o sujeito matemático se dá conta de que a imaginação não serve apenas para estender domínios matemáticos intuitivamente dados segundo direções mais ou menos predeterminadas (por exemplo, para fechar domínios operacionais com respeito às operações ali definidas).[19] A mera extensão formal de domínios na origem materialmente determinados, mas formalmente abstraídos para poderem ser assim estendidos, não é a única forma de se obter domínios úteis para a investigação formal de qualquer domínio que se queira que mantenha com eles relações formais relevantes. Podemos também simplesmente *inventá-los*. Desse modo, a *liberdade* que caracteriza a Matemática se manifesta em toda a sua potência, a liberdade de *postular* sistemas de objetos em relação, materialmente indeterminados tanto os objetos quanto

---

18 Para uma exposição bastante interessante da história e dos usos dos números complexos, em que esse problema, entre muitos outros, é discutido, veja Paul J. Nahin (1998).

19 Lembre-se de que a doação de um domínio por intuição matemática não é uma experiência passiva, um simples "aparecer", mas um processo que conta com a participação irrecusável do sujeito. Na intuição constituem-se os objetos – reais, abstratos ou ideais –, as propriedades, os estados-de-coisas (e, correlativamente, as verdades), os conceitos, as ideias, na verdade quaisquer coisas que se apresentam *diretamente*, sem intermediação simbólica, à consciência do sujeito. Na sua forma mais elementar, a intuição do objeto real, ela toma a forma de percepção sensorial, mas nem essa é uma experiência meramente receptiva, uma vez que requer, como já mencionamos, a ação de sistemas psicofísicos inatos que atuam sobre os dados sensoriais para lhes conferir sentido perceptual, transformá-los em percepções propriamente ditas, não amontoados de sensações. A intuição de objetos matemáticos, que são sempre idealidades abstratas, requer, além disso, a ação intencional do sujeito em atos de abstração, idealização e ideação. A imaginação não é, portanto, o primeiro momento de intervenção do sujeito na constituição do objeto de consciência.

as relações, mas formalmente determinados ambos por estipulações *arbitrárias*, a liberdade de *inventar estruturas formais* como *possibilidades* em princípio materialmente determináveis. Essas estruturas são matematicamente interessantes, quer em si mesmas, como aspectos abstratos idealizados de *possíveis* domínios materiais capazes *em princípio* de se apresentar à intuição, quer como instrumentos de investigação de aspectos formais de outros domínios, realmente intuídos ou também eles apenas postulados.

Até a criação dos números complexos, ditos também, e a propósito, imaginários, a imaginação matemática atuou de modo razoavelmente conservador. Os conceitos de número inteiro, racional e real positivos, materialmente determinados enquanto formas de expressar quantidade (números inteiros positivos) e relações entre quantidades (números racionais positivos como relações entre quantidades discretas, medidas por inteiros positivos, e números reais positivos como relações entre quantidades contínuas homogêneas), estão dados, cada um circunscrevendo um domínio ontologicamente determinado, dito a *extensão* do conceito, a coleção dos objetos (formas e relações) que caem sob ele. A intuição desses conceitos justifica os axiomas das respectivas teorias como verdades de seus domínios. Por exemplo, os axiomas de Dedekind-Peano, assentados na intuição do conceito de número propriamente dito (ou seja, número como forma quantitativa).

Problemas aritméticos de natureza teórica ou prática são, nesses domínios, problemas de caráter *quantitativo*. Porém, ainda assim, na medida em que esses problemas e os métodos utilizados para resolvê-los envolvem *apenas* propriedades operacionais dos números, que são propriedades formais, a noção de quantidade não desempenha um papel relevante nas estratégias de solução adotadas (por exemplo, a resolução de equações algébricas por radicais), que requerem apenas que as operações do domínio tenham as propriedades que têm. Como essas propriedades não são *exclusivas* das operações propriamente numéricas, ater-se ao conteúdo material do domínio onde os problemas estão postos é uma limitação desnecessária.

O bom senso sugere simplesmente abstrair o conteúdo material do domínio em questão, preservando apenas o seu conteúdo formal, o único relevante ao problema. Isso quer dizer que não mais se consideram os objetos e as operações do domínio como elementos de tipos ontológicos particulares, mas tão somente instâncias de tipos ontológicos gerais; não mais *números*, mas objetos com os quais se pode operar, não mais operações *numéricas* com tais e tais propriedades, mas operações não especificadas com as mesmas propriedades.

Livres do empecilho material, os domínios podem ser estendidos de modo a oferecer mais "espaço de manobra" para as operações que a solução do problema original requer.

Uma vez que a intuição do conceito que circunscreve um determinado domínio fez o seu trabalho, depois que ela revelou tudo o que se pode saber de imediato sobre o conceito e o domínio que ele determina, que é tudo o que temos para prosseguir na sua investigação, considerando que o que se sabe sobre o domínio não vale apenas nele, mas em outros domínios formalmente semelhantes a ele, ater--se ao conteúdo material do domínio de partida, ao conceito que o circunscreve, é uma limitação desnecessária. Mais vale abstrair do domínio o seu conteúdo material, o *quê*, e considerá-lo exclusivamente do aspecto estritamente formal, o *como*.

Assim fazendo, o sujeito matemático está livre para estendê-lo formalmente pela adjunção de elementos e operações apenas formalmente determinados e transferir para os domínios estendidos os problemas que dependem apenas do conteúdo formal-operacional do domínio original na esperança de que as soluções obtidas em contextos mais amplos, formalmente mais complexos e, portanto, com mais recursos, possam ser exportadas para o domínio original pelas relações formais existentes entre ele e essas extensões.

Uma vez, porém, que extensões formais de domínios formalmente abstraídos de conteúdo material são admissíveis, nada impede que domínios operatórios *puramente formais* sejam introduzidos por *fiat*. Ou seja, que domínios de objetos e operações entre eles, indeterminados quanto à *matéria* (especificidade ontológica), mas determinados quanto à *forma*, isto é, obedecendo a certas estipulações *axiomáticas* (sendo que axiomático não significa mais intuitivo, mas o meramente pressuposto ou postulado), sejam simplesmente *inventados*. Esse é o ato criativo matemático por excelência que, em geral, se expressa assim: seja um domínio[20] de objetos *quaisquer* onde estão definidas certas relações e operações *cuja natureza não nos interessa* que obedecem, porém, às seguintes propriedades ..., em que as reticências são ocupadas por expressões que explicitam as propriedades formais que se postula que os objetos, relações e operações do domínio tenham. Objetos, relações e operações são denotados nessas expressões por constantes lógicas, nomes de objeto, nomes de relação e nomes de função, sem nenhuma interpretação predeterminada.

As verdades relativas a tal domínio não têm nenhum caráter intuitivo, são puras estipulações formais. Somos livres para inventá-las como quisermos, do modo que julgarmos mais conveniente, como meras *possibilidades formais*. Nisso consiste a liberdade do matemático, que se arroga o direito de investigar possibilidades formais *a priori, antes ou independentemente* da sua manifestação como aspectos formais de domínios materialmente determinados *realmente existentes*. Dito de outra forma, a Matemática é uma *ontologia*, mas uma ontologia apenas *formal* e *a priori*; as formas que lhe interessam podem se manifestar como aspectos formais de realidades preexistentes, mas essa não é em absoluto uma precondição; o matemático é livre para inventar formas e investigá-las, e o faz frequentemente, inclusive como uma estratégia epistêmica, como um instrumento de investigação, uma vez que pode *transferir* para domínios formais inventados problemas formais que surgem em contextos materialmente significativos.

---

20 Importante. Esse domínio *não* é originalmente pensado como um conjunto, mas simplesmente como uma multiplicidade. Foi o reducionismo conjuntista, a tendência de reduzir todo objeto matemático a um conjunto, que nos acostumou a pensar qualquer multiplicidade como um conjunto no sentido matemático do termo.

O QUE É E PARA QUE SERVE A MATEMÁTICA   **103**

Vejamos um exemplo, o domínio dos *quatérnions*, inventado pelo matemático irlandês Willian Rowan Hamilton (1805-1865) em 1843 por nenhum motivo senão a vontade de inventar. Como vimos, todo número complexo pode ser escrito na forma $a + bi$, onde a e b são números reais e i é a unidade complexa tal que $i^2 = -1$. Todo número complexo tem, assim, duas *componentes*, a componente real a e a componente complexa b, o que faz do domínio complexo um domínio com dois graus de liberdade ou duas *dimensões* (um domínio bidimensional).

Poderíamos, talvez, definir um domínio de "números", digamos, supercomplexos como o conjunto **S** de "números" da forma $a + bi + cj$, onde a, b e c são reais e $i^2 = j^2 = -1$. As operações com supercomplexos seriam definidas da maneira óbvia, de modo a preservar as propriedades das operações com números reais.

Assim, $(i \cdot j)^2 = i^2 j^2 = (-1)(-1) = 1$. Portanto, $(i + j)^2 = i^2 + 2ij + j^2 = 0$, donde $i + j = 0$ e assim $j = -i$. Desse modo, qualquer $a + bi + cj$ é do tipo $a + bi + c(-i) = a + (b - c)i$. Ou seja, **S** nada mais é que o próprio **C**, não uma *extensão* de **C**. Qualquer tentativa de definir as operações de **S** de modo a estender **C** efetivamente revelam-se inconsistentes.

Em vez de desistir, Hamilton dobrou a aposta (ou a meta...), imaginou um domínio **H** de "números" da forma $a + bi + cj + dk$, com a, b, c e d reais e $i^2 = j^2 = k^2 = -1$. Naquele dia feliz quando caminhava pela ponte Brougham em Dublin, ele se deu conta de que se impusesse que $ijk = -1$, ele obteria uma definição consistente de soma e produto desses "números" que torna **H** efetivamente uma extensão de **C** e com todas as propriedades das operações de **C** *menos a comutatividade* do produto. De fato, da igualdade $ijk = -1$, obtém-se que $ij = k, jk = i, ki = j, ji = -k, kj = -i$ e $ik = -j$.

Por ser um domínio em quatro dimensões, **H** passou a ser conhecido como o domínio dos quatérnions e foi o primeiro exemplo de uma Álgebra (um domínio operatório) não comutativa (o domínio das matrizes quadradas de números reais ou complexos de dimensão n, para qualquer número natural n, é outro exemplo, mais conhecido).

104　JAIRO JOSÉ DA SILVA

Os quatérnions só não são mais difundidos porque as vantagens representacionais que eles permitem, fornecendo um contexto em que muitas informações podem ser codificadas em poucas fórmulas, foram suplantadas pela invenção mais ou menos concomitante da Álgebra vetorial. Mas eles foram mencionados por James Clerk Maxwell (1831-1879) em seus trabalhos e conheceram um ressurgimento mais recentemente. A renascença do cálculo dos quatérnions atualmente se deve à emergência da computação, em particular a computação gráfica, e ao fato de que os quatérnions são mais apropriados que outros meios para a representação analítica de rotações no espaço.

Representar rotações no espaço analiticamente por meio de quatérnions significa estabelecer um isomorfismo entre a Álgebra dos quatérnions e a Álgebra das rotações no espaço. Isso fornece um contexto analítico, ou seja, numérico e computacional para a manipulação de rotações e a investigação de suas propriedades, que por serem formais podem ser expressas como propriedades de quatérnions. Que estes sejam um puro produto da imaginação formal não compromete *em nada* a sua capacidade de representação, uma vez que se trata apenas de representação *formal*.

Vejamos como ela se dá, mas antes consideremos os números complexos como meio de representação de rotações no plano.

Dado um plano qualquer, imagine duas retas desse plano, perpendiculares entre si, que se cruzam num ponto O. Para facilitar, imaginemos uma reta horizontal x e uma vertical y. Dado um segmento de reta fixo como unidade de comprimento, associamos números aos pontos de ambas as retas do seguinte modo: ao ponto O, a *origem*, será associado o número 0, aos pontos que ficam a uma unidade de comprimento à direita ou acima de O será associado o número 1, àqueles localizados a uma unidade à esquerda ou abaixo de O será associado o número -1, àqueles a duas unidades à direita ou acima e à esquerda ou abaixo de O serão associados, respectivamente, os números 2 e -2, e assim sucessivamente.

A associação entre pontos de uma reta e números poderia, em princípio, ser mais arbitrária que isso; os números poderiam estar distribuídos sobre a reta de modo a preservar a ordenação, ou seja,

O QUE É E PARA QUE SERVE A MATEMÁTICA **105**

da esquerda para a direita ou de baixo para cima nas retas segundo a ordem de grandeza dos números, quanto maior, mais acima ou mais à direita, mas sem que a *distância* entre os números nas retas correspondesse à *diferença* entre eles. Isso, porém, seria indesejável, pois não se poderia expressar relações métricas no plano em termos numéricos. Voltaremos a isso mais tarde.

Em seguida, ainda obedecendo à ordenação dos números por grandeza, associamos números racionais a pontos das retas. Por exemplo, ½ será associado ao *ponto médio* entre os pontos associados a 0 e 1 porque ½ é a média aritmética de 0 e 1, e assim por diante. Sendo a reta *contínua*, mas o conjunto dos números racionais não, uma vez que há sequências infinitas de números racionais cada vez mais próximos uns dos outros que, porém, não se aproximam de (não convergem para) nenhum número racional, haverá pontos nas retas aos quais não corresponde número racional nenhum. A estes fazemos corresponder o restante dos números reais.

Note que a associação que estabelecemos entre números reais e pontos da reta satisfaz a propriedade de que a *pontos próximos* estão associados *números próximos*. Isso porque queremos poder transferir para o domínio numérico as propriedades *topológicas* do domínio geométrico.

Enfim – e isso, como já dissemos, tem caráter de pressuposição *axiomática* – estabelece-se uma correspondência biunívoca entre os números *reais* e os pontos de cada uma dessas retas: a cada ponto de cada uma delas está associado um único número real e cada número real corresponde a um único ponto. Podemos agora associar a *cada* número *complexo* $z = a + bi$, o *único* ponto P do plano determinado por essas duas retas com coordenadas (a, b), ou seja, o ponto a partir do qual, traçando-se retas vertical (paralela a y) e horizontal (paralela a x), estas cruzam os eixos x e y respectivamente nos pontos a e b, e reciprocamente.

Seja então o ponto P correspondente ao número $z = a + bi$ e seja θ o ângulo formado pelo segmento que liga O a P com o eixo x. Denotemos por $|z|$ a distância entre O e P, ou seja, $|z| = \sqrt{(a^2 + b^2)}$,

106   JAIRO JOSÉ DA SILVA

chamado de *módulo* de z. A Trigonometria nos diz que $a = |z| \cos \theta$ e $b = |z| \operatorname{sen} \theta$. Logo, $z = |z|(\cos \theta + i\operatorname{sen} \theta)$.

Se w é um número complexo qualquer, $w = |w|(\cos \varphi + i\operatorname{sen} \varphi)$, o produto zw será, portanto, igual a $|z|\,|w|(\cos(\theta + \varphi) + i\operatorname{sen}(\theta + \varphi))$. Em suma, multiplicar dois números complexos significa *multiplicar* os seus módulos e *somar* os seus ângulos, isto é, os ângulos que os segmentos que unem os pontos que os representam à origem formam com o eixo x.[21]

Vamos restringir essa correspondência ao subdomínio dos números complexos com módulo unitário, igual a 1. Podemos associar a cada um deles uma rotação do plano ao redor de O e reciprocamente. Uma rotação de θ no sentido *anti-horário* de um ponto P *arbitrário* do plano corresponde ao produto do número $w = |w|(\cos \varphi + i\operatorname{sen} \varphi)$ que o representa por $z = (\cos \theta + i\operatorname{sen} \theta)$. Num certo sentido, o número z *representa* essa rotação. E, reciprocamente, a cada z de módulo unitário corresponde uma rotação do plano ao redor da origem O.

Rotações do plano podem ser compostas, ou seja, executadas uma em sequência da outra, e à composição de duas rotações corresponde o produto dos complexos que as representam, e vice-versa. Toda rotação admite uma rotação que a "desfaz", ou seja, que composta com ela equivale a nenhuma rotação, a rotação nula. Dito de outro modo, cada rotação admite uma *inversa*. Evidentemente, a rotação inversa de uma rotação de θ graus no sentido anti-horário é uma rotação de θ graus no sentido horário, e vice-versa. Se convencionamos que rotações no sentido anti-horário são positivas e no sentido horário negativas, então a rotação inversa de uma rotação de θ graus é uma de $-\theta$ graus. Ou seja, se o número $(\cos \theta + i\operatorname{sen} \theta)$ representa a rotação de θ graus, $(\cos(-\theta) + i\operatorname{sen}(-\theta))$ representa a sua inversa. Mas como $\cos(-\theta) = \cos \theta$ e $\operatorname{sen}(-\theta) = -\operatorname{sen} \theta$, a inversa da rotação representada por $(\cos \theta + i\operatorname{sen} \theta)$ é a rotação representada

---

21 A fórmula $(\cos \theta + i\operatorname{sen} \theta)^{n/m} = \cos(n\theta/m) + i(\operatorname{sen} n\theta/m)$ é conhecida como fórmula de Moivre e é extremamente útil no cálculo de identidades trigonométricas, o que ilustra a vantagem prática do uso de identidades entre números *complexos* para demonstrar identidades entre números *reais*.

por $(\cos \theta - i\text{sen } \theta)$. Como a rotação nula é representada pelo número $(\cos 0 + i\text{sen } 0) = 1$, então, efetivamente, o produto de uma rotação e a sua inversa é a rotação nula: $(\cos \theta + i\text{sen } \theta)(\cos \theta - i\text{sen } \theta) = \cos^2 \theta + \text{sen}^2 \theta = 1$.

O domínio das rotações do plano com a operação de composição de rotações constitui o que se chama um *grupo*. A operação é associativa, existe um elemento neutro que composto com qualquer outro não lhe acrescenta nada, a rotação nula de 0 grau, e toda rotação tem uma inversa que a "desfaz". Mostramos anteriormente que esse grupo é *isomorfo* ao grupo dos números complexos de módulo unitário com o produto entre eles. Esse domínio é, de fato, ele também, um grupo, pois o produto é associativo, há um elemento neutro, o número complexo $1 + 0i$, e o inverso de $(\cos \theta + i\text{sen } \theta)$ é $(\cos \theta - i\text{sen } \theta)$. Ademais, se z e w representam as rotações de θ e φ graus (θ e φ positivos ou negativos), respectivamente, então o produto zw representa a composição das rotações, ou seja, a rotação de $\theta + \varphi$ graus.

Esse isomorfismo garante que qualquer asserção verdadeira sobre rotações e suas composições pode ser traduzida numa asserção verdadeira sobre números complexos de módulo unitário e seus produtos, e reciprocamente. É isso que *significa* dizer que rotações no plano são representáveis por números complexos: do ponto de vista meramente formal, nos limites da uma linguagem em que só se pode falar de objetos e uma certa operação entre eles, esses dois domínios são *indistinguíveis*.

Se o domínio dos números complexos nasce como uma extensão puramente formal do domínio dos números reais abstraído de conteúdo material para o melhor tratamento de equações algébricas, o seu caráter formal o predispõe a outros usos: pode-se representar nele a estrutura formal de qualquer domínio de objetos para o qual se possa encontrar aí uma cópia isomorfa, ainda que o domínio representado seja um domínio operatório que não tem nada a ver com números, como as rotações do plano.

O isomorfismo entre o domínio dos números complexos e suas operações e os pontos do plano P com coordenadas (a, b) correspondente ao número $a + bi$ no sistema de coordenadas Oxy descrito anteriormente e suas operações é outro exemplo da utilidade dos números complexos como contexto de representação geométrica, ou vice-versa, do domínio de pontos P do plano (ou, como é mais usual, dos segmentos orientados OP) e operações entre eles como uma representação dos números complexos. Note que, na verdade, há *dois* isomorfismos compostos na representação de números complexos por pontos do plano, um que relaciona *números complexos* a *pares de números reais* e outro que relaciona pares de números reais a *pontos do plano*.

Enquanto rotações no plano dependem de um parâmetro apenas, o ângulo de rotação, aquelas no espaço dependem de três, os ângulos de rotação nos três planos coordenados que determinam uma rotação no espaço. De fato, uma rotação no espaço é uma rotação de um certo ângulo ao redor de uma reta, ou direção, no espaço. Esse movimento projeta-se como três rotações planas sobre os planos xy, xz e yz determinados pelos três eixos coordenados x, y e z que coordenam os pontos do espaço. Rotações no espaço podem ser representadas de modo particularmente simples e apropriadas para o tratamento computacional com o uso de quatérnions. Vejamos como. Se $d = (l, m, n)$ é uma direção no *espaço*, ou seja, um vetor unitário, e $\mathbf{X} = (x, y, z)$ um vetor qualquer no espaço; uma *rotação* de $\mathbf{X}$ ao redor de d de um ângulo θ pode ser escrita como $w = qvq^*$, onde $w = x'i + y'j + z'k$ (o vetor $\mathbf{X'} = (x', y', z')$ é o vetor $\mathbf{X}$ *depois* da rotação), $q = \cos\theta/2 + (l\,\mathrm{sen}\,\theta/2)i + (m\,\mathrm{sen}\,\theta/2)j + (n\,\mathrm{sen}\,\theta/2)k$, $q^* = \cos\theta/2 - (l\,\mathrm{sen}\,\theta/2)i - (m\,\mathrm{sen}\,\theta/2)j - (n\,\mathrm{sen}\,\theta/2)k$ e $v = xi + yj + zk$.

Essa representação tem inúmeros usos em Física e na computação gráfica. Rotações espaciais são também representáveis por matrizes quadradas de dimensão 3 e a operação de rotação como produto de matrizes, tomando-se vetores no espaço como matrizes coluna. A Aritmética dos quatérnions, no entanto, é mais eficaz como contexto de representação porque o produto matricial se deixa representar analiticamente de modo bem mais simples como produto de quatérnions.

Em suma: *a migração de um domínio a outros isomorfos a ele, mas mais adequados do ponto de vista operacional, possibilitada pelo abandono do significado material – o quê – em benéfico exclusivo do formal – o como – é talvez a mais fundamental das estratégias metodológicas da Matemática (e, por extensão, das ciências que se valem metodologicamente da Matemática).*

Como veremos depois, é precisamente o *quanto* de abstração formal do seu objeto que uma ciência admite que determina a extensão da aplicabilidade da Matemática nessa ciência. Quando se pode abandonar *completamente* o sentido material de algum domínio de interesse científico, atendo-se *exclusivamente* ao seu sentido formal, completamente expresso em verdades desprovidas de conteúdo material e, portanto, reinterpretáveis em outros domínios formalmente equivalentes sem perda de conteúdo, pode-se então buscar cópias isomorfas desse domínio em outros contextos, particularmente os contextos matemáticos, e utilizar técnicas matemáticas de investigação formal.

O uso de números complexos em teorias científicas é tão variado que exemplos não faltam. Para efeito de ilustração, consideremos uma situação fantasiosa e extremamente simples, mas que contém o essencial do uso da Matemática como contexto de *representação* científica.

Imaginemos um mundo onde os habitantes só podem se deslocar ao longo de uma única dimensão. Eles estão convencidos pela experiência de que esse mundo é contínuo, infinito em ambas as direções e tem curvatura nula em todos os lugares. Ou seja, eles o representam como uma reta e eles próprios como pontos sobre essa reta.

Suponhamos que eles desenvolveram a noção de número real e operações entre eles para expressar distâncias nesse mundo e de número complexo e suas operações para poder extrair raízes quadradas sem restrições. Eles sabem que números complexos são bidimensionais, mas essa ideia lhes causa tão pouco desconforto quanto a de quatérnions quadridimensionais para nós. Suponha também que há um ponto nesse mundo – a Origem – a partir do qual todas as distâncias são medidas, positivas num sentido, negativas no sentido contrário.

Suponha que o seguinte fenômeno é observado: um ponto luminoso aparece a intervalos regulares de tempo, digamos a cada segundo, alternativamente nas posições à distância 1 e -1 da Origem.

110 JAIRO JOSÉ DA SILVA

Alguém propõe a seguinte fórmula que dá a posição do ponto luminoso no tempo: $r(t) = \delta(t)$, onde $\delta(t)$ é igual a 1 se t é par e -1 se t é ímpar e não está definida para nenhum outro valor de t.

Os matemáticos desse mundo, porém, por razões lá suas, não admitem funções do tempo que não sejam definidas em todo instante do tempo e contínuas, e, portanto, não aceitam essa solução. Eles ignoram, então, como representar matematicamente um fenômeno da experiência descontínuo no tempo. Até que um deles, particularmente imaginativo, propõe a seguinte solução: imaginem, ele diz, que nosso mundo é a reta real do plano complexo e que nesse plano um ponto luminoso circula ao redor da Origem segundo a fórmula $r(t) = \cos \pi t + i \operatorname{sen} \pi t$, onde $r(t)$ denota o ponto do *plano* onde o ponto luminoso está no instante t. Quando t é par, ele está na posição 1, quando t é ímpar, ele está na posição -1, e quando t tem qualquer outro valor real, ele está *fora do mundo* real, no mundo imaginário.

Ambas as fórmulas dão os resultados corretos, mas só a segunda é matematicamente aceitável para os habitantes desse mundo. Pouco importa que a representação se dê em termos de símbolos, como a unidade complexa i, sem significado real. A transferência do problema para o domínio complexo fornece o contexto adequado para uma *representação matemática* aceitável do fenômeno que dá conta dos fatos observados, que é a condição necessária e suficiente de correção. Como se trata de representar apenas os aspectos formais do fenômeno, posição do ponto luminoso no tempo, sem nenhum interesse pela natureza material desse ponto, que se pode, portanto, reduzir a um ponto matemático, um mero *isso*, tudo se passa *como se* ele de fato executasse um movimento circular no plano imaginário. Esse "como se" é só outro modo de dizer que a representação é apenas *formalmente correta*.

A representação do estado de um sistema quântico por uma função de onda complexa não é algo essencialmente diferente. As únicas coisas que realmente interessam são o módulo da função e os autovalores reais de operadores complexos hermitianos que representam observáveis físicas. *A Matemática é tão somente um contexto de representação formal da realidade empírica; exige-se apenas que se*

O QUE É E PARA QUE SERVE A MATEMÁTICA 111

possa derivar dessas representações as propriedades formais observáveis da realidade. Voltaremos a esse assunto mais adiante, quando formos discutir a aplicabilidade da Matemática em ciência empírica.

É hora agora de considerarmos outro domínio matemático *standard*, não mais aquele da quantidade, mas o da espacialidade. Veremos como nossa experiência espacial é matematizada e como podemos sistematicamente migrar para contextos numéricos equivalentes como estratégia de investigação da estrutura formal do espaço físico, a representação matemática idealizada do espaço da percepção sensorial.

2
Espaço e Geometria

No capítulo precedente vimos que os números têm origem na dimensão quantitativa da percepção ou, mais especificamente, que em sua manifestação mais original números são formas abstratas com as quais quantificamos nossa percepção da realidade. Números, porém, só se tornam propriamente matemáticos por ação intencional do sujeito matemático, a comunidade dos produtores e usuários de Matemática espalhados no tempo e no espaço, sujeitos cooperantes no processo de geração de objetos matemáticos objetivamente existentes, capaz cada um deles de refazer, idealmente, em princípio se não efetivamente, o processo de constituição intencional dos números. Constatamos que essa constituição tem tanto uma dimensão intuitiva (via abstração e ideação dos aspectos quantitativos da percepção efetiva), quando números são efetivamente ativamente "percebidos", como uma dimensão puramente signitiva ou simbólica, via sistemas de notação intencionalmente motivados.

Vimos também que a ação intencional que constitui números, quer como objetos de efetiva intuição, quer como objetos meramente representados, mas passíveis em princípio de apresentação intuitiva, não é a única forma de gerar objetos matemáticos. Uma vez constituído o domínio numérico como a totalidade das formas quantitativas ideais possíveis e as operações de natureza quantitativa que elas permitem, podemos colocar em ação a operação de abstração formal que retira dos objetos e das operações desse domínio a sua especificidade ontológica, uma ação de reclassificação, digamos, que os pensa agora simplesmente como objetos-em-geral e operações-em-geral, mas que mantêm as propriedades formais que essas operações têm *vis-à-vis* esses objetos e esses objetos *vis-à-vis* essas operações (associatividade, comutatividade etc.). Reduzido à pura forma operacional, o domínio numérico pode, por ação da imaginação formal, ser estendido de modo arbitrário desde que consistente. Isso permite generalizações formais do conceito de número.

Mas uma vez liberada, a imaginação formal não se contentará em simplesmente generalizar, ela irá reivindicar o direito de inventar restrito apenas pela consistência lógica, a condição necessária e suficiente da *possibilidade* de existência, que é tudo o que interessa à Matemática agora redefinida como formal. A Aritmética geral, então, nada mais é do que a teoria das formas *possíveis* de domínios *operacionais* quaisquer. A Matemática formal se eleva, portanto, à condição de ontologia formal, ou seja, uma investigação *a priori* de todas as formas com as quais um domínio estruturado de objetos pode, em princípio, se apresentar à consciência.

Um domínio *estruturado* de objetos se diferencia de um domínio de objetos simplesmente na medida em que seus elementos se relacionam de algum modo entre si. Podemos pensar na *estrutura* do domínio estruturado abstratamente como esse domínio mesmo, abstraindo, porém, seus objetos e relações de qualquer conteúdo material. Finalmente, uma estrutura *ideal* é "aquilo" que se instancia identicamente em todas as estruturas ou domínios estruturados isomorfos. Portanto, em sua acepção mais geral, a Matemática formal é o estudo *a priori* de todas as estruturas ideais que se pode conceber que podem *em princípio* se manifestar como estruturas de domínios materialmente determinados quaisquer.

Neste capítulo, veremos que a representação espacial e a Geometria, a ciência do espaço, têm origem e desenvolvimento análogos; ambas têm uma gênese intencional fundada na percepção espacial. O que não quer dizer, entretanto, que a representação do espaço e a sua estrutura geométrica sejam simplesmente extraídas da percepção espacial. A percepção é apenas o ponto inicial da constituição intencional. A experiência efetiva é, entre outras limitações, sempre local e restrita à escala humana, enquanto nossa representação espacial é necessariamente global e abrange todas as escalas. A constituição intencional da nossa representação espacial também envolve, como veremos, pressuposições que nos compete explicitar.

A validade da representação euclidiana da estrutura do espaço físico e, portanto, da Geometria euclidiana para a descrição da nossa representação do espaço físico é outra questão da qual nos ocuparemos. Como veremos, a questão admite muitas variantes, cujas respostas dependem, evidentemente, de quem se julga no direito de as dar, a própria percepção ou a ciência empírica. A imaginação formal também age no contexto geométrico, gerando variantes possíveis do espaço euclidiano, espaços abstratos gerais vistos como puras estruturas relacionais. Como nos domínios aritméticos, a imaginação atua como prospectora de possibilidades formais. O que levanta a questão se outra representação que não a euclidiana seria, de direito ou por conveniência, mais adequada à descrição da estrutura geométrica do espaço físico, tanto do ponto de vista perceptual quanto do científico.

O conceito de espaço físico admite, porém, múltiplas acepções que requerem esclarecimento. Numa caracterização ingênua, o espaço físico é simplesmente o "meio externo" onde a percepção espacial dispõe os corpos que se apresentam aos sentidos, visão, tato e percepção cinestésica mais especificamente (se bem que todos os sentidos cooperem na apreensão sensorial de corpos no espaço). Entretanto, ainda que *percebamos* corpos no espaço, os estímulos *sensoriais* não são corpos; corpos são constructos perceptuais fundados em dados sensoriais. A percepção espacial não é uma experiência passiva, meramente receptiva, ela é já uma forma de constituição, uma elaboração de dados sensoriais. Objetos de percepção são produtos de sistemas psicofísicos internos inatos que produzem algo "lá fora" do amontoado de sensações de caráter subjetivo – visuais, cinestésicas e outras – que *interpretamos* como sinais de algo "lá

116   JAIRO JOSÉ DA SILVA

fora". A percepção é uma forma de ação, ainda que não consciente e voluntária.

Mas o espaço físico da percepção individual não é ainda o espaço físico objetivo. Enquanto aquele é o *meu* espaço, o espaço da *minha* percepção, este é o espaço da percepção *comum*, ou seja, em princípio, de qualquer sujeito imaginável capaz de percepção "normal" (isso exclui, por exemplo, "percepções" alucinatórias ou "percepções" distorcidas por drogas – notem as aspas). A constituição do espaço físico envolve um compromisso entre os espaços perceptuais individuais, pois só é objetivamente real no espaço físico aquilo que é em princípio capaz de ser percebido por *qualquer* sujeito "normal". Essa constituição envolve também algumas *pressuposições*. Por exemplo, ainda que um indivíduo seja capaz de *efetivamente* perceber apenas porções *finitas* do espaço, para que o espaço físico acomode o espaço perceptual de em princípio *qualquer* indivíduo, ele é representado como sendo *infinito* ou, ao menos, *ilimitado*. Pois se não, se houvesse um limite no espaço físico, sempre poderíamos imaginar uma percepção espacial possível que extrapolasse esse limite e o estendesse para um pouco mais além. Assim, o espaço físico objetivo é um constructo comunitário, intersubjetivo, por assim dizer, uma solução de compromisso entre espaços perceptuais individuais envolvendo pressupostos que o predispõem a acomodar em princípio o campo perceptual espacial de qualquer indivíduo "normal" em condições normais.[1] Esse é o sentido que darei aqui ao termo.

O espaço físico, entretanto, não é, ainda, um *espaço matemático*. Apenas pela ação intencional do sujeito matemático, por abstração e

---

1 Não apenas o espaço, mas toda a realidade empírica é um constructo intersubjetivo e, portanto, não se pode entender a objetividade senão como intersubjetividade. Isso tem consequências para a descrição científica da realidade empírica. Uma delas, o princípio de invariância das leis naturais por mudança de referencial. A realidade não pode ser descrita desde um *topos uranus*, um lugar nenhum inacessível a sujeitos capazes de percepção, mas apenas de lugares ocupáveis por sujeitos concretos. Ela se constitui, portanto, apenas daquilo que todos concordam tacitamente serem capazes de perceber. Disso segue que as leis que regem a realidade empírica devem necessariamente ser as mesmas desde todas as perspectivas individuais que cooperam na constituição da realidade.

idealização, ele se torna um. Temos, então, uma sucessão de espaços, os espaços perceptuais individuais, o espaço perceptual comum, isto é, o espaço físico ou empírico da experiência perceptual em princípio acessível a qualquer um, e o espaço da Geometria física. Todos eles são, em algum sentido, constituídos, quer no plano pré-consciente, quer no plano consciente. Isso sem mencionar, claro, o *espaço transcendente* supostamente existente "lá fora", independentemente de nós e das nossas percepções, que, porém, não é identificável ao espaço físico senão como pressuposto metafísico (e do qual uma ciência sem pressupostos metafísicos deveria abster-se).

Mas que tipo de coisa é o espaço? A frase de Agostinho é conhecida: o que é tempo? Se ninguém pergunta eu sei, mas se perguntam eu não sei mais. A natureza do espaço não é menos misteriosa, e abundam teorias filosóficas e científicas que tentam explicá-la. O "problema do espaço" está tão vivo hoje, e sem solução definitiva, quanto no tempo de Aristóteles. De um lado, a questão da *natureza* do espaço; do outro, a da sua *estrutura* matemática, se é que se pode dizer que ele tenha uma, ou, pelo menos, caso o espaço não tenha uma estrutura matemática intrínseca, qual delas melhor se adapta a ele e a quem cabe a decisão (à percepção direta ou à ciência?).

O espaço físico, perceptual, é um aspecto da experiência imediata da realidade empírica. Nós, porém, não experienciamos o espaço diretamente, mas apenas indiretamente através de corpos *no* espaço. Mas o espaço *ele mesmo*, o que é? Um meio ou substância imaterial onde os corpos estão imersos que existiria mesmo que não houvesse nada metido nele? Ou apenas um aspecto formal da experiência do mundo, objetivamente real, mas dependente dos corpos que estão nele e que não existiria sem eles? Ou, talvez, como queria Kant, uma forma *a priori* da experiência perceptual do mundo, o modo pelo qual *nós* necessariamente percebemos o mundo externo? O espaço é amorfo ou têm uma estrutura e, nesse caso, a estrutura do mundo é intrínseca a ele ou depende do que está nele? Seria a Geometria física, a teoria matemática do espaço físico, independente da Física, a ciência do mundo físico que está no espaço (e no tempo), ou seriam a Geometria e a Física interdependentes? Seria a Geometria física *a priori*, isto é, anterior e independente da experiência e condição necessária dela, ou *a posteriori*, ou seja, derivada da experiência? No todo ou em parte?

Analisemos a questão, ainda que brevemente, pois, embora a *natureza* do espaço não seja minha preocupação central neste capítulo, a *gênese intencional* da Geometria e a *relação entre Geometria e realidade* são. A primeira teoria geométrica que se conhece apareceu na Grécia Clássica como uma elaboração e um refinamento de conhecimentos de natureza prática. Isso já nos coloca, de imediato, algumas questões. Por exemplo, em que precisamente consiste esse "refinamento"? Que relações há entre o espaço físico e o espaço geométrico? Faz sentido dizer que a Geometria *descreve* o espaço físico?[2]

Mas antes reflitamos um pouco sobre a natureza do espaço. Se ele fosse uma substância física, esta seria bem estranha. Não teria peso, não exerceria pressão sobre os corpos nele imersos, ao contrário daqueles mergulhados em meios fluidos como ar e água, não ofereceria resistência alguma, não agiria causalmente sobre outras substâncias. Suas propriedades ópticas seriam ainda mais bizarras. O bom senso indica, portanto, que o espaço não é uma substância material, e, como não temos nenhuma ideia de que outro tipo de substância ele poderia ser se fosse uma – um campo, como o campo eletromagnético? Mas não estão os campos necessariamente *no* espaço? –, nossa tendência é acreditar que o espaço não é uma substância.

Não se percebe o espaço diretamente, como já disse, mas apenas *através* dos corpos *no* espaço. Imaginemos, entretanto, que todos os corpos do espaço desaparecem, meu corpo inclusive, restando como resíduo apenas o espaço vazio. Seria isso possível, não desapareceria o espaço junto com os corpos? Que sentido haveria em falar em extensão espacial quando não há um corpo que a ocupe? Não haveria

---

2 A observação de Einstein em *Geometrie und Erfahrung* [Geometria e experiência] (1921) é famosa: na medida em que as proposições da Geometria se relacionam com a realidade, elas não são certas e, na medida em que são certas, não se relacionam com a realidade. Ele queria com isso indicar, primeiro, a diferença entre Geometria pura e Geometria física e, depois, que enquanto as verdades da primeira têm caráter apodítico, as da segunda não têm.

uma multiplicidade de lugares num espaço vazio, ou assim me parece, uma vez que todos os lugares seriam o mesmo lugar. O que pode diferenciar um *aqui* de um *ali* senão conteúdos experienciais ou corpos? Não haveria, portanto, movimento, porque o movimento é mudança de lugar e não pode haver mudança de lugar onde não há uma multiplicidade de lugares. O movimento é sempre relativo a algum lugar distinguível de outros lugares. Pelo mesmo motivo, o espaço vazio não teria nenhuma estrutura métrica. Enfim, o espaço vazio é completamente desprovido de atributos espaciais, ele é o nada, ou melhor, não é nada. Só há espaço onde há corpos e posições no espaço *vazio* e relações entre elas só podem ser pensadas abstratamente como lugares possíveis de corpos e relações possíveis entre corpos. Um espaço vazio, portanto, só existe como *abstração* (e um espaço *matemático* apenas como idealização).[3]

Embora Newton reconheça a existência de espaços (e tempos) *relativos*, determinados em função dos corpos, a sua Mecânica exige a existência, ainda mais fundamental, do espaço absoluto. A primeira lei do seu sistema do mundo, que afirma que corpos sobre os quais não agem forças estão em repouso ou movimento retilíneo uniforme, só vale numa classe de referenciais especiais, ditos inerciais, definidos como aqueles que estão em repouso ou movimento retilíneo uniforme com relação ao espaço absoluto. Donde a necessidade de um espaço absoluto, que, afirma Newton no *Principia*, "permanece sempre igual a si mesmo e imóvel, pela sua própria natureza, sem relação com nada externo". Em referenciais acelerados com relação ao espaço absoluto, ou seja, referenciais não inerciais, corpos podem descrever trajetórias curvilíneas ou acelerar sem que forças ajam sobre eles.

Só há espaço onde há corpos no espaço, o que nos leva à conclusão de que o espaço é apenas um aspecto do sistema dos corpos no

---

3 No prefácio que escreveu para a edição do livro *Concepts of Space: The History of Space in Physics*, de Max Jammer (1993), Einstein afirma que depois que o conceito de campo substituiu o de corpo material como conceito fundamental em Física, "não há espaço sem um campo". Ou seja, um espaço "vazio" não é fisicamente real.

espaço, ou melhor, do sistema dos corpos que podem em princípio coexistir *exteriormente* uns com os outros, da multiplicidade dos corpos físicos em princípio coexistentes. Portanto, as propriedades do espaço como um sistema de relações, a sua Geometria, ou melhor, protogeometria, uma vez que o espaço físico não é propriamente um espaço matemático, só nos podem ser dadas através do comportamento dos corpos que estão no espaço. Por isso, ainda no *Principia*, Newton diz que "a Geometria é fundada na prática mecânica". Observando como os corpos se movem, percebemos como o espaço é. Os cinco axiomas da Geometria euclidiana, aquela com a qual todos estamos habituados, que veremos em breve, são essencialmente descrições de construções que se podem levar a cabo no espaço *ideal* com réguas e compassos rígidos *ideais* (corpos rígidos são corpos indeformáveis no movimento), isto é, apenas traçando segmentos de retas e círculos. Essas construções, porém, são idealizações de construções *reais* no espaço físico *real* com réguas e compassos rígidos *reais*.

A validade dessa Geometria como teoria do espaço físico depende, então, da *suposição* de existência de corpos rígidos, corpos que não se deformam ao se moverem através do espaço, e do *pressuposto* de que esses corpos podem se mover *livremente* pelo espaço todo, o pressuposto de *livre mobilidade*. Ambas as pressuposições, existência e livre mobilidade de corpos rígidos, são essencialmente físicas e, portanto, a validade da Geometria euclidiana como Geometria *física* depende de pressupostos físicos.[4]

Não é isso, porém, que Newton afirma. Segundo o cientista inglês, as propriedades euclidianas do espaço absoluto pertencem

---

4 Essas ideias estão associadas principalmente e Bernhard Riemann, Hermann von Helmholtz e Benno Erdmann. Mas como, pergunta Bertrand Russell (1897), poderia um corpo se deformar *apenas* em função do seu movimento pelo espaço se o espaço não atua sobre os corpos? E *como* poderia o espaço sozinho impedir o livre movimento de qualquer coisa? Por isso, afirma Russell (ibidem), as hipóteses que Hermann von Helmholtz (2007) quer fundadas em fatos são, na verdade, verdades *a priori* sobre o espaço considerado como um meio inerte.

O QUE É E PARA QUE SERVE A MATEMÁTICA **121**

a ele, mesmo que não existissem corpos, rígidos ou não; elas apenas *aparecem* para nós no movimento dos corpos, mormente os rígidos. Parece razoável pensar que nossa *intuição* da *unicidade* da reta paralela a uma reta dada passando por um ponto dado fora dessa reta, por exemplo, o célebre quinto postulado de Euclides, vem da *percepção* da linha traçada pela extremidade de uma barra rígida que liga o ponto dado perpendicularmente à reta dada quando essa barra desliza sobre essa reta sem rotação. A *certeza* que temos da unicidade dessa reta, porém, parece suportada apenas por nossa *experiência* com corpos reais, imaginariamente *extrapolada* para além do efetivamente experienciado. Isso coloca um problema: como sabemos que podemos extrapolar?[5] Newton diria, porém, que essa experiência apenas *revela* a estrutura *necessária* do espaço. Já Hermann von Helmholtz (1821-1894), outro importante cientista e matemático, acreditava que a validade *física* do quinto postulado de Euclides, ou seja, da veracidade da Geometria euclidiana como Geometria física, depende, primeiro, da *hipótese* (física) de que corpos rígidos existem e, segundo, da *pressuposição* (também ela de natureza física) de que corpos rígidos podem se deslocar livremente pelo espaço. Se ambas as pressuposições forem verdadeiras, a barra rígida que liga o ponto dado perpendicularmente à reta dada poderia deslizar sem rotação *para sempre* sobre essa reta, descrevendo outra reta que é, em todo ponto, *equidistante* da reta dada, ou seja, *paralela* a ela.

Se o espaço não é uma substância, deve ser, então, *apenas* o sistema de *relações* entre corpos no espaço (que estão *no espaço* apenas por manterem entre si tais relações), como, por exemplo, proximidade, distância, contiguidade, posição relativa etc., as chamadas relações espaciais, precisamente. Agora, das duas uma, *ou* esse sistema de relações não depende da interação entre os corpos *ou* depende. Até o aparecimento da teoria geral da relatividade de

---

5 A impossibilidade de se sustentar tal *certeza* na experiência *real*, necessariamente limitada, levou Kant a propor uma teoria transcendental do espaço: o espaço da percepção e a estrutura euclidiana idealizada desse espaço são *condições a priori* da experiência, atribuíveis em última análise à estrutura perceptual do sujeito.

122 JAIRO JOSÉ DA SILVA

Einstein, em que forças gravitacionais agindo instantaneamente à distância da teoria de Newton dão lugar a uma "deformação" da *uniformidade* espaçotemporal pela ação da substância presente no espaço, a primeira alternativa era a preferida, apesar de o artigo seminal de Riemann (2007) ("On the Hypotheses That Lie at the Foundations of Geometry" [Sobre as hipóteses que estão nos fundamentos da Geometria], de 1854) já sugerir a possibilidade da segunda alternativa.

Para que haja espaço, é preciso que haja coisas no espaço, várias coisas simultaneamente, sejam elas partes de outras coisas ou coisas independentes umas das outras. Tudo o que coexiste com outras coisas e estabelece com elas uma rede de relações coexiste em alguma espécie de espaço. Por isso se pode generalizar a noção de espaço para um domínio qualquer de objetos em relação. O espaço perceptual (e, constituído a partir dele, o espaço físico) nos é, fundamentalmente, *dado* com o sistema de corpos que percebemos como exteriores a nós e do qual nossos corpos participam como corpos exteriores a outros corpos, estruturado por um sistema de relações que se estabelecem entre eles *apenas* por coexistirem como corpos exteriores uns aos outros. Dizer que os corpos estão *no* espaço é dizer que o espaço é um *aspecto abstrato* do sistema de corpos que coexistem exteriores uns aos outros, isto é, que ele é uma componente desse sistema, mas ontologicamente dependente dos corpos que o compõem. Sem os corpos não há espaço, só há o nada, ou melhor, não há nada (uma vez que o nada não pode ser).

Isolamos abstrativamente o espaço do sistema dos corpos no espaço reduzindo abstrativamente os corpos às posições que eles ocupam no espaço ou, equivalentemente, às suas extensões espaciais. Ora, um corpo é espacialmente extenso na medida em que é *composto* por outros corpos, as suas *partes*. Idealmente, um corpo extenso pode sempre ser decomposto em partes. Levando esse processo ao limite, ou seja, *idealizando*, podemos conceber todo corpo extenso como formado por partes que apesar de espaciais, são indecomponíveis em partes menores, ou seja, átomos no sentido literal do termo. Átomos corpóreos, *pontos materiais*, não existem *realmente*, são apenas *idealizações*. Abstraindo a *matéria* do sistema de pontos materiais no espaço, resta o espaço como *aspecto formal* desse sistema. O espaço é, então, abstrata e idealmente, o sistema de todos os *pontos* do espaço, fantasmas ideais dos átomos materiais que *poderiam* ocupá-los, junto com o sistema de relações que se estabelecem entre os átomos materiais que porventura ocupem esses pontos. Essas relações são ditas *relações espaciais*. Assim concebido, como um ente abstrato e ideal, o espaço é matematicamente tratável.

Cabe agora perguntar se esse espaço matemático, mera multiplicidade de pontos adimensionais que representa idealmente o espaço abstraído da percepção, é discreto ou contínuo, finito ou infinito, plano ou curvo, limitado ou ilimitado, euclidiano ou não euclidiano, pois cada uma dessas propriedades admite definição e formulação matemáticas. Cabe ainda perguntar de cada uma dessas propriedades se ela pertence *necessariamente* à própria *concepção* de espaço como multiplicidade de pontos em relação, se é *a posteriori*, isto é, fundada na própria percepção espacial, ou se é apenas uma extrapolação da experiência espacial, uma espécie de "razoável" predeterminação da experiência possível, ou então se tem caráter transcendental, ou seja, se é uma predeterminação *necessária* de qualquer experiência espacial possível etc. Esses são os problemas a que uma teoria ou filosofia do espaço deve responder. Nós nos ocuparemos com alguns deles a seguir, ainda que não de modo sistemático e completamente satisfatório, apenas para mostrar que o caminho entre a experiência perceptual e a sua teoria matemática nem sempre é uma via real sem obstáculos, solavancos e bifurcações.

Evidentemente, o espaço matemático que *representa* o espaço físico não é um dado imediato da experiência, mas um constructo. As idealizações apontadas anteriormente são os momentos dessa construção. Nosso encontro mais imediato com o espaço, recordemos, se dá na experiência sensorial solipsista, o espaço *subjetivo* do eu sensível, que só se torna objetivo na comunalização da experiência espacial, quando os sujeitos se veem como pertencendo e experienciando o *mesmo* espaço. O espaço *objetivo* é constituído comunitariamente como o elemento comum a todos os espaços subjetivos ou, dito de outro modo, como o elemento espacial invariante a *toda* e *qualquer* experiência espacial subjetiva. Esse espaço, abstraído de conteúdo material e idealizado, é a representação matemática do espaço físico.

Os pontos do espaço físico podem estar próximos ou afastados uns dos outros, podem estar a distâncias determinadas uns dos outros, podem dispor-se em extensões contínuas ou discretas. Pode-se ligar quaisquer dois pontos do espaço por uma linha contínua de pontos, que pode ou não ser o caminho mais curto entre esses pontos; regiões do espaço, ou seja, conjunto de pontos, podem ser comparadas quanto ao tamanho (área, volume, medida), e assim por diante. Essas são relações possíveis entre pontos, ou melhor, entre átomos materiais que porventura ocupem essas posições, ou conjuntos de pontos, apenas por coexistirem exteriormente uns aos outros. Mas elas não são todas de mesma natureza. Algumas dependem de uma noção de proximidade que não depende, ela própria, de uma noção de distância, outras dependem explicitamente de uma noção de distância. Aquelas são as propriedades *topológicas* do espaço, estas, as *métricas*. Há outras ainda que só envolvem a noção de incidência entre pontos e retas, as ditas propriedades *projetivas*. Ou seja, as propriedades do espaço vêm em famílias que podem ser caracterizadas por particulares *grupos de transformação* do espaço em si próprio.

Repetindo a questão levantada antes: relações espaciais são *intrínsecas* ao espaço independentemente dos corpos que venham a ocupá-lo ou dependem das relações *físicas* entre os corpos? Depende ou não a *forma geométrica* do espaço matemático que representa o espaço físico do *conteúdo material* do espaço físico?

Kant, como já notamos, achava que não dependia. Para ele, o espaço tinha natureza transcendental, ou seja, era uma forma que se impunha a *toda* experiência, uma condição *formal* da percepção. Ao impor a forma do espaço à nossa percepção do mundo externo, nós impomos concomitantemente uma estrutura ao sistema de relações que as coisas no espaço necessariamente estabelecem entre si apenas por estarem no espaço.

Kant achava que com isso resolvia um problema na Física de Newton. Como vimos, também para Newton o espaço *absoluto* tinha uma estrutura intrínseca independente do que acontece nele. Para ele, o sistema de pontos do espaço e as relações entre eles estavam objetivamente dados e absolutamente estabelecidos. Ao tomarmos um ponto no espaço em termos do qual expressamos relações espaciais, nós elegemos um centro de referência; para Newton, porém, fazia sentido perguntar se esse ponto está ou não em movimento com relação ao espaço absoluto. Como o espaço absoluto poderia existir sem um substrato material era um problema que Kant acreditava resolver transformando o espaço numa *forma* que nós *não* escolhemos, mas que *nossa* natureza impõe à *nossa* percepção do mundo externo.

Outros, como Descartes, não acatavam sequer a ideia de um espaço vazio em si mesmo geometricamente estruturado, trocando-a pela de um espaço necessariamente pleno de matéria.

Suponhamos por um momento que o espaço, quer objetivamente dado, como em Newton, quer transcendentalmente imposto, como em Kant, tem uma estrutura *intrínseca*. Que estrutura seria essa?

Se as relações entre os pontos do espaço não dependem do *que* possa ocupá-los, elas também não dependem de *onde* eles estão; todos os pontos do espaço são, portanto, equivalentes, e nenhum lugar do espaço é intrinsecamente diferente de qualquer outro. O espaço é, portanto, *homogêneo*, para usar um termo técnico. Isso também vale para as *direções* do espaço, nenhuma é intrinsecamente diferente de outra. Ou seja, o espaço é *isotrópico*. Logo, um espaço intrinsecamente estruturado independentemente do conteúdo material que o ocupa é *necessariamente* homogêneo e isotrópico. Não há *razões suficientes* para que um ponto ou uma direção seja intrinsecamente diferente de qualquer outro ponto ou direção.[6]

Desse fato, Kant e Newton concluíram que o espaço, o espaço absoluto do segundo ou o espaço transcendental do primeiro tinham, *necessariamente*, a estrutura *euclidiana*, que descrevemos logo mais. Erraram ambos, porque isotropia e homogeneidade não implicam euclidianidade, como veremos. Um espaço homogêneo e

---

6 "O espaço é a forma dos fenômenos e, assim sendo, é necessariamente homogêneo" (Weyl, 1952, p.96).

isotrópico tem, de fato, necessariamente, curvatura constante, mas não necessariamente *nula*, como é o caso do espaço euclidiano. Ela também pode ser negativa ou positiva, em cujo caso o espaço será hiperbólico ou elíptico, respectivamente (que são os espaços descritos pelas Geometrias não euclidianas que surgem da negação do postulado euclidiano das paralelas, o quinto postulado já mencionado). Mais sobre isso adiante.

Mas resta a possibilidade de que a estrutura do espaço não seja intrínseca a ele, mas dependa do que está nele, do seu conteúdo material. O primeiro a se dar conta disso foi, como anteriormente mencionamos de passagem, Bernhard Riemann (2007), num ensaio de 1854 que iniciou uma revolução na Geometria: "On the Hypotheses That Lie at the Foundations of Geometry".[7] Com a teoria geral da relatividade de Einstein, a visão de Riemann se impôs.

Tanto a concepção substancial quanto a concepção absolutista de espaço, quer objetiva, como em Newton, quer subjetiva, como em Kant, perderam terreno em ciência. Impôs-se a visão relacional-relativista de que o *espaço físico* é apenas o sistema *abstrato* de relações entre *corpos* que coexistem, ou podem coexistir objetivamente no mundo físico acessível à percepção simplesmente por assim coexistirem, ou seja, essencialmente, a estrutura abstrata do sistema de corpos "lá fora" apenas por estarem "lá fora", e de que as propriedades *geométricas* de uma *idealização matemática* desse espaço físico (o espaço da *Geometria física*) são dependentes das interações entre os corpos que habitam o espaço físico, ou seja, os corpos que estão "lá fora".

Na *matematização* do espaço físico, como dissemos, os corpos que existem ou podem existir no espaço físico desaparecem, são materialmente abstraídos, deixando como resíduo apenas pontos adimensionais e relações entre pontos e sistemas de pontos, respectivamente a mera *forma* abstrata e ideal de átomos corpóreos e corpos. Os pontos do espaço da Geometria física são posições

---

7 "[...] as bases para as relações métricas devem ser buscadas fora dele [do espaço], nas forças atuando sobre ele" (Riemann, 2007, p.33, tradução minha).

idealizadas que podem *em princípio* ser ocupadas por quaisquer átomos corpóreos.

Antes, acreditava-se que a estrutura geométrica do espaço da Geometria física era independente do que pudesse vir a ocupar o espaço físico; hoje, acredita-se que ela depende, ao menos em parte, do que ocupa esse espaço e como isso se comporta, além, talvez, de certas pressuposições de caráter transcendental sobre a percepção de corpos no espaço, ou seja, da predeterminação transcendental da percepção espacial.

Para os que acreditam que o espaço é uma *forma* que se *impõe* à percepção dos corpos "lá fora", ele é, como vimos, *necessariamente* homogêneo e isotrópico. Antes da invenção das Geometrias não euclidianas, aquelas em que não vale o quinto postulado de Euclides, acreditava-se que, como a uniformidade (homogeneidade e isotropia) do espaço implicava o postulado de livre mobilidade, condição *necessária* do quinto postulado, o espaço seria *necessariamente* euclidiano. Mas há aqui uma ressalva a ser feita: apesar de condição *necessária*, o postulado de livre mobilidade não é condição *suficiente* para o quinto postulado de Euclides. Portanto, é em princípio possível que um espaço uniforme, onde corpos rígidos se desloquem livremente, exista onde *não* vale o quinto postulado de Euclides e, portanto, não tenha uma estrutura geométrica euclidiana. Em resumo, *contra Kant*, o espaço como forma da percepção, ainda que necessariamente uniforme (homogêneo e isotrópico), não precisa ter, necessariamente, uma estrutura euclidiana

Pode-se *demonstrar* que o postulado de livre mobilidade não implica necessariamente o quinto postulado de Euclides; ou seja, que pode haver Geometrias não euclidianas que satisfazem o postulado de livre mobilidade. A descoberta das Geometrias não euclidianas deixou evidente que há, de fato, Geometrias coerentes que não satisfazem todos os postulados de Euclides, mas que podem estruturar um espaço uniforme.

Uma das contribuições mais importantes de Riemann (ibidem) à Geometria (no já citado ensaio) foi a generalização para todos os espaços da noção de curvatura que seu professor Gauss tinha introduzido no estudo de curvas e superfícies no espaço (euclidiano). A curvatura de uma curva plana num ponto, por exemplo, é a medida de quanto ela, naquele ponto, se afasta de uma reta. Uma curva pode ter curvatura constante ou variável. Uma circunferência, por exemplo, tem em cada um dos seus pontos curvatura constante igual ao inverso do seu raio. Quanto *maior* é o raio, mais a circunferência se aproxima, em cada um dos seus pontos, de uma reta e, portanto, *menor* é a sua curvatura nesses pontos.

Superfícies no espaço também têm uma medida de curvatura em cada um dos seus pontos. Para calculá-la, basta encontrar duas curvas especiais que passam pelo ponto – *geodésicas*, como são chamadas essas curvas especiais sobre as quais os caminhos são os mais curtos, com curvaturas máxima e mínima, respectivamente –, calcular a curvatura de cada uma delas e multiplicar esses números. Esferas, por exemplo, têm curvatura constante. As geodésicas na esfera são círculos máximos determinados pelo plano que corta a esfera passando pelo seu centro e têm todas as mesmas curvaturas (o inverso do raio da esfera); a distância mais curta entre dois pontos da esfera é precisamente o menor segmento que eles determinam no círculo máximo que passa por eles. Assim, a curvatura (constante) da esfera em qualquer ponto é o inverso do produto dos raios de dois círculos máximos, ou seja, o inverso do quadrado do raio da esfera, que é um número *positivo*.[8]

Curvas que "curvam" num ponto em sentido contrário no espaço têm, por convenção, nesse ponto, curvaturas com sinais contrários. Por isso, existem superfícies no espaço euclidiano que têm curvatura

---

8 Já uma superfície cilíndrica tem curvatura nula em todos os pontos, pois uma das geodésicas que passam por um ponto qualquer dessa superfície, a geodésica de curvatura mínima, é uma reta, que tem curvatura nula. A outra, a geodésica de curvatura máxima, é uma circunferência com raio igual ao raio do cilindro, cuja curvatura, positiva, é o inverso desse raio. O produto de ambas as curvaturas, portanto, é nulo. Por isso, pode-se "desenrolar" um cilindro sobre uma superfície plana sem alterar distâncias, enquanto toda projeção contínua de uma superfície esférica sobre uma superfície plana altera necessariamente distâncias e áreas, como a comparação de um mapa plano terrestre com um globo terrestre deixa imediatamente claro.

O QUE É E PARA QUE SERVE A MATEMÁTICA **129**

negativa em algum ponto, desde que as duas geodésicas que passam por esse ponto que usamos para calcular a curvatura da superfície tenham ali curvaturas com sinais trocados.

Riemann (ibidem) estendeu a noção de curvatura para espaços arbitrários, incluindo o espaço físico, ou melhor, a sua idealização matemática. Portanto, faz sentido perguntar qual é a curvatura do espaço e se se pode determiná-la *a priori*, independentemente da experiência, ou só *a posteriori*, através da experiência.

Como já disse, as Geometrias não euclidianas são as que negam o quinto postulado de Euclides, que afirma, em uma das suas versões, que por um ponto dado exterior a uma reta dada passa, no plano determinado por esse ponto e essa reta, uma única reta paralela à reta dada. Podemos negá-lo, afirmando que não há nenhuma paralela à reta dada pelo ponto dado ou que há várias. No primeiro caso, tem-se a Geometria elíptica, no segundo, a hiperbólica.

A causa da falta ou do excesso de paralelas é precisamente a curvatura do espaço. No primeiro caso, positiva; no segundo, negativa. Há, portanto, três tipos de espaço com curvatura constante, o hiperbólico, com curvatura negativa, o elíptico, com curvatura positiva, e o euclidiano, com curvatura nula. Todos os três satisfazem o postulado de livre mobilidade.

Aqueles que, como Russell, acreditam que esse postulado é uma propriedade *a priori* necessária do espaço podiam concluir, quando a única Geometria disponível era a euclidiana, que o espaço tinha necessariamente estrutura euclidiana, pois livre mobilidade requer curvatura constante. Agora, tanto a estrutura euclidiana quanto as não euclidianas são possíveis.

Haveria outras propriedades *necessárias* do espaço que impliquem a sua euclidianidade? Vejamos. A *não limitação* parece, evidentemente, uma propriedade *a priori* do espaço. Não só nunca experienciamos limites no espaço como não conseguimos sequer imaginar o que isso seria. Que o espaço não tem limites é um fato aparentemente incontestável. Isso, porém, não quer dizer que ele seja infinito. A superfície de uma esfera, apesar de finita, é ilimitada, sem fronteiras.

130 JAIRO JOSÉ DA SILVA

Mas, mesmo que insistíssemos que o espaço *tem* que ser infinito, um fato que não se impõe nem *a priori*, nem, como é obvio, pela experiência, ainda assim não poderíamos concluir pela euclidianidade do espaço, pois o espaço hiperbólico, ainda que não o elíptico, também é infinito.

Portanto, a *particular* curvatura do espaço só pode ser dada pela experiência. Como *apenas* na Geometria euclidiana a soma dos ângulos internos de *qualquer* triângulo é igual à soma de dois ângulos retos (180 graus), e como a verificação desse fato para um *único* triângulo implica a sua validade para *qualquer* triângulo, pode-se, em princípio, verificar se o espaço físico é ou não euclidiano aferindo a soma dos ângulos internos de um triângulo qualquer na natureza. Se essa soma for 180 graus, para além de possíveis erros experimentais o espaço é euclidiano, se não, não. Diz-se que Gauss tentou fazer essa experiência, mas sem resultados conclusivos. Se o espaço físico tem curvatura não nula, esse valor deve ser muito pequeno e, portanto, indetectável experimentalmente.

O que a *experiência* parece sugerir – já que a livre mobilidade parece um fato da experiência – é que nos seus limites o espaço físico é, efetivamente, euclidiano. Mas a experiência no espaço físico (perceptual, ainda que idealizado), *necessariamente imperfeita do ponto de vista matemático*, não é imediatamente transportável ao espaço da Geometria física e, se decidirmos que a Geometria desse espaço é uma Geometria hiperbólica cuja curvatura, entretanto, fica dentro da margem de erro da percepção física, a percepção não será capaz de nos desmentir. Isso abre para a *Física matemática*, cujo espaço é o espaço geométrico, não o espaço físico, a possibilidade de representar o espaço físico como não euclidiano permanecendo coerente com o testemunho da percepção. *Localmente*, os espaços não euclidianos se aproximam arbitrariamente do espaço euclidiano.[9]

---

9 A superfície de uma esfera, cuja Geometria não é euclidiana, pode ser arbitrariamente aproximada por um plano nas vizinhanças de qualquer um dos seus pontos. Por isso a Terra parece plana ao nosso redor e os agrimensores podem usar a Geometria euclidiana em extensões limitadas de terra (os terraplanistas simplesmente extrapolam a experiência local para a Terra como um todo).

O QUE É E PARA QUE SERVE A MATEMÁTICA **131**

Mas o que dizer do espaço *transcendente*, o espaço que supostamente existe independentemente de nós e da nossa percepção? Podemos acreditar na percepção como meio de acesso a ele? Suponhamos, por exemplo, que vivemos no interior de uma esfera *finita*, mas que por ação de forças, que por agirem de modo uniforme sobre o mundo são em princípio indetectáveis, *todas* as medidas se contraem à medida que nos aproximamos dos limites do mundo. Poderíamos andar por toda a eternidade ao longo de um raio da esfera em direção à borda sem nunca a atingir e acreditar, portanto, que o mundo é ilimitado ou infinito.[10]

É possível imaginar que vivemos num espaço realmente euclidiano, mas que campos de força atuam sobre os corpos de tal modo que a experiência justificaria a adoção de uma Geometria não euclidiana para o espaço. Por exemplo, suponhamos que essas forças curvam raios de luz de tal modo que, ao medirmos por meios ópticos os ângulos internos de um triângulo formado por corpos celestes, obtemos uma soma maior que 180 graus. Concluiríamos que a Geometria do espaço seria elíptica, não euclidiana.

Ou vice-versa, o espaço físico transcendente pode ser não euclidiano, mas forças indetectáveis nos fazerem percebê-lo como euclidiano. Haveria então uma discrepância entre a realidade transcendente e a realidade objetivamente percebida. Por isso, Poincaré afirmava que o espaço não tem uma estrutura geométrica objetivamente determinada independentemente da Física. Podemos sempre, ele afirmava, dotar o espaço físico de uma estrutura euclidiana, a mais simples, e adaptar a Física a essa Geometria (a evolução da ciência não lhe deu razão).

Mas, se o espaço físico nada mais é que a estrutura abstrata do sistema de corpos que coexistem exteriores uns aos outros *apenas* por assim coexistirem – e sua representação matemática, uma

---

10 Quando forças agem de modo não uniforme no mundo, elas podem ser detectadas e levadas em consideração em nossas experiências perceptuais. Por exemplo, variações de temperatura alteram as dimensões dos corpos, mas de modo não uniforme, dependendo da matéria que os compõem. Assim, os efeitos da temperatura sobre as medidas podem ser compensados na experiência métrica do mundo.

idealização matematicamente tratável dessa estrutura –, então é possível que esses corpos exerçam ações recíprocas, forças internas ao espaço, que influem no modo como eles coexistem como exteriores uns aos outros, ou seja, na estrutura mesma do espaço.

Por isso, Riemann (2007) acreditava que a única coisa que se pode dizer *a priori* sobre o espaço físico é que ele é uma variedade contínua, um sistema contínuo de pontos. Sua estrutura métrica dependeria da ação recíproca dos corpos. Um espaço com curvatura variável não impediria a livre mobilidade dos corpos rígidos porque as dimensões desses corpos se adaptariam à variável curvatura do espaço, mas eles continuariam a *parecer* rígidos. Visto *do interior do espaço* tudo se passa como se corpos rígidos se deslocassem livremente sem alteração alguma de dimensão. Não há um fora do espaço que poderia revelar a "verdadeira" situação. A teoria geral da relatividade de Einstein vindicou a perspectiva riemanniana.

Há um consenso de que as dimensões do espaço físico são um fato contingente e que só a experiência pode nos mostrar que ele tem três. Apesar disso, há várias tentativas de demonstrar que, para que haja um mundo como o nosso, o espaço *tem* que ser tridimensional. Não nos ocuparemos delas aqui.

Até este ponto, nossas considerações e especulações sobre a natureza do espaço físico nos mostraram o quanto a experiência perceptual efetivamente vivida é insuficiente para predeterminar completamente as experiências que se pode esperar vivenciar (o campo da experiência possível). Ademais, como já notamos, a identidade formal e material entre realidade física imanente – o que podemos em princípio perceber – e realidade física transcendente – o que há, supondo que haja algo – é antes um *pressuposto metafísico* que um fato estabelecido, quer pela experiência (o que seria impossível em princípio), quer por necessidade. Os meandros da representação *matemática* do espaço físico (imanente) e as pressuposições que isso requer deixam claro que temos escolhas a fazer quando se trata de matematizar a realidade física que não são, apesar de bem fundadas, univocamente determinadas. *A Matemática da natureza não emerge da natureza pronta como Atena da cabeça de Zeus.*

A Geometria euclidiana, como uma teoria da Matemática *pura*, existe de direito próprio independentemente das suas origens nos esforços de matematização do espaço físico da experiência perceptual. Mas como Geometria *física*, isto é, como uma descrição da estrutura geométrica do espaço *físico* idealizado, ela toca numa das questões centrais deste ensaio, a saber, o como e o porquê da aplicabilidade da Matemática à experiência e à ciência empírica. Estudar suas origens na percepção espacial nos mostra quão elaborado é o processo de "extrair" Matemática da experiência. A ideia de que a estrutura matemática da realidade *se oferece* a nós – e, portanto, existe desde sempre, independentemente de nós, encravada no coração da realidade – é profundamente errada; a protomatemática imediatamente discernível na experiência, ela própria em parte uma contribuição dos sistemas psicofísicos que *constituem* a percepção a partir da sensação bruta, não é ainda propriamente Matemática e precisa ser intencionalmente elaborada para se tornar tal coisa.

A GEOMETRIA EUCLIDIANA Como prática de agrimensura e técnica associada à Astronomia, a Geometria já era praticada pelos egípcios e mesopotâmios bem antes do florescimento da civilização helênica, mas foi na Grécia que ela se transformou não apenas em ciência, mas em modelo de todas as ciências.

A *técnica* geométrica lida com o espaço físico *real*, os corpos dos quais ela trata são corpos reais, as construções geométricas das quais ela lança mão são construções reais com instrumentos reais de observação e mensuração. Afinal, Astronomia e agrimensura tratam de coisas reais, os céus e a Terra.

Na Grécia, a Geometria se tornou outra coisa, uma ciência *sistemática* de objetos e construções *ideais*. E sabemos que essa evolução requer a ação intencional do sujeito matemático. Porém, ainda que idealizada, a Geometria grega se propõe a *representar* a estrutura formal do espaço *físico*, a *descrever* essa estrutura, ainda que de modo idealizado, exatificado. Tales, o mítico primeiro matemático grego, Euclides, o grande sistematizador da Geometria que viveu na Alexandria do século III a. C. e passou à História como o criador do método axiomático, todos os geômetras gregos, enfim, viam o espaço ideal da Geometria grega como um depuramento do espaço físico, abstraído das coisas concretas que o habitam e idealizado como uma multiplicidade contínua de pontos sem dimensão, linhas sem altura ou largura, superfícies sem espessura e formas corpóreas vazias. A *intuição* propriamente geométrica da qual dependem as *verdades axiomáticas* da Geometria e a *validade* das suas construções ideais é, ela também, um depuramento, uma elaboração da percepção espacial normal possível em princípio.

A constituição do espaço geométrico a partir do espaço físico requer não apenas a abstração que elimina conteúdo material deixando como resíduo apenas a forma vazia, mas também a idealização que exatifica. Idealização é *passagem ao limite* de *práticas* usuais como a secção e o polimento. Como todo corpo pode ser, em princípio, seccionado, podemos imaginar um limite em que a secção não é mais possível: o ponto. Como toda superfície pode ser polida, podemos imaginar uma superfície idealmente polida: a superfície perfeitamente plana. E assim por diante.

Mas isso não basta. Além do esvaziamento do espaço real do seu conteúdo material e a idealização do resultante resíduo formal, a constituição do espaço geométrico e de uma *ciência* geométrica exige uma série de *pressupostos*. O mais importante é a suposição de que o domínio geométrico, apesar de *infinito*, é *em si mesmo completamente determinado*, ou seja, que nenhuma situação em princípio possível nesse domínio é indeterminada quanto à sua factualidade: ou ela é *objetivamente* um fato, ou não é. Supõe-se, além disso, que o domínio geométrico está submetido a uma *legalidade estrita* acessível a uma ciência *racional* e *sistemática*. Esses pressupostos não são hipóteses testáveis, eventualmente comprováveis ou refutáveis, mas *predeterminações a priori* do espaço geométrico, *necessárias* para que haja uma ciência geométrica como a que conhecemos. Pressuposições desse tipo têm um nome: *pressuposições transcendentais*. A primeira justifica o uso da Lógica dita clássica na Geometria, ou seja, aquela onde vale o *princípio de bivalência*: uma asserção geométrica *significativa* qualquer, e que denota, portanto, uma *situação possível* no domínio geométrico, é ou objetivamente verdadeira ou objetivamente falsa (uma vez que toda situação possível está em si mesma factualmente determinada).

Isso quer dizer que não há uma questão geométrica legítima que não tenha uma resposta determinada, ainda que desconhecida, mesmo que não tenhamos ideia de como responder a ela. A solubilidade de todo problema geométrico como questão de *princípio*, não de *fato*, é uma consequência do *pressuposto constitutivo* do domínio da ciência racional da Geometria como um domínio *em si mesmo* completamente determinado.[11]

A *infinitude* do domínio geométrico – o espaço geométrico e as construções aí admissíveis – só não constitui um problema para a ciência geométrica porque o domínio desta está supostamente submetido a uma legalidade que se pode expressar *sistematicamente*. A *axiomatização* da Geometria levada a cabo por Euclides – e provavelmente por vários outros antes dele cujas obras não chegaram até nós – foi a realização efetiva do pressuposto que assegura a sistemática apreensão da infinitude do domínio geométrico. Essa axiomatização consiste na postulação de possibilidade de um conjunto *finito* de *tipos* de construções ideais e da evidente veracidade de um conjunto também *finito* de fatos como condições *suficientes* para a resolução *em princípio* de qualquer problema geométrico e a efetivação *em princípio* de qualquer construção geométrica.

A axiomática de Euclides envolve nove *noções comuns* que versam sobre a noção lógica de identidade, a noção geométrica de congruência (definida como perfeita superposição), a relação mereológica entre o todo e suas partes (o todo é maior do que a parte) e, finalmente,

---

11 A pressuposição de decidibilidade afirma que, *dado* um problema, há um contexto em que *esse* problema tem solução, *não* que há um contexto em que *todo* problema tem uma solução. Portanto, ainda que como ideal, ele também vale para teorias indecidíveis como a aritmética de Peano, que sempre podem ser estendidas para que qualquer problema *dado* seja decidível. Teorias fortemente indecidíveis (indecidíveis não importa quanto as estendamos) seriam, então, teorias eternamente em construção.

a noção de área (duas retas não determinam uma área), além de cinco *postulados* ou *axiomas* propriamente geométricos, que são:

1) Dois pontos quaisquer podem ser ligados por um (único) segmento de reta.

2) Todo segmento de reta pode ser arbitrariamente estendido (em qualquer dos dois sentidos).

3) Com centro num ponto dado pode-se traçar uma circunferência passando por qualquer outro ponto dado.

4) Todos os ângulos retos são iguais (congruentes).

5) Se os ângulos colaterais internos determinados pela interseção de duas retas dadas com uma terceira reta somam menos que dois ângulos retos, então as retas dadas se interceptam desse lado se suficientemente prolongadas.[12]

O primeiro axioma nos dá uma propriedade característica das retas: retas são determinadas por dois quaisquer de seus pontos; o segundo nos diz que o espaço é ilimitado (*apeíron*, em grego) em qualquer direção;[13] o terceiro garante que segmentos podem ser transportados para qualquer ponto do espaço com preservação do comprimento – transporte isométrico; esse é o conteúdo da proposição I-2, proposição 2 do livro I d'*Os elementos* (2009); o quarto, que ângulos também podem ser transportados sem alteração (e que, portanto, figuras podem ser transportadas sem perda de forma; transporte isomórfico); e finalmente o quinto, que afirma, essencialmente, que o espaço tem curvatura nula (ou seja, que é "plano"). Esses axiomas nos dizem que o espaço é *homogêneo* e *isotrópico*, ou seja, *uniforme*: nenhum ponto e nenhuma direção do espaço são

---

12 Deduz-se facilmente dessa versão do axioma (e do primeiro axioma) a versão de Playfair: há uma única reta paralela a uma reta dela passando por um ponto dado fora dela.

13 Note que não é dito que o espaço é *infinito*. Nossa experiência não justifica essa afirmação, pois há espaços ilimitados, mas finitos, como a superfície da esfera. Espaços elípticos, de curvatura positiva, são necessariamente finitos, porém ilimitados; apenas espaços euclidianos, de curvatura nula e espaços hiperbólicos, de curvatura negativa, são infinitos, se ilimitados.

O QUE É E PARA QUE SERVE A MATEMÁTICA **137**

distinguíveis de qualquer outro ponto e qualquer outra direção do espaço. O espaço euclidiano descrito por esses axiomas é, então, um meio *ilimitado, uniforme* e *"plano"*. Embora não explicitamente, Euclides admitiu implicitamente certas propriedades *topológicas* do espaço, como *continuidade* (essencial na demonstração da proposição I-1) e *tridimensionalidade*.

Talvez a função mais fundamental do espaço seja promover a separação dos corpos, permitindo assim que uma *multiplicidade* deles coexista. Interessa-nos, assim, quantificar essa separação; ou seja, estabelecer uma *métrica* no espaço em função da qual se possa medir o grau de separação ou *distância* entre os corpos.[14]

Para que a noção de distância e a noção a ela aparentada de comprimento possam ser uniformemente aplicadas ao longo de todo o espaço, é preciso que distâncias e comprimentos possam ser comparados através do espaço. Para os gregos, Euclides em particular, segmentos têm o *mesmo comprimento* se forem congruentes, isto é, se puderem ser sobrepostos sem excesso ou falta. Para que comparações por sobreposição sejam possíveis, é preciso que o transporte através do espaço se dê sem alteração de medidas; ou seja, é necessário que segmentos possam ser transportados *rigidamente*.

---

14 Como já vimos, segundo Riemann (ibidem), a única coisa que se sabe *a priori* sobre o espaço, qualquer espaço, euclidiano ou não, é que ele é uma *variedade* (uma multiplicidade de pontos) *com uma dimensão determinada*. É a *experiência* que nos diz que o espaço *euclidiano*, na medida em que quer representar o espaço físico, é uma variedade *contínua* (mais, *diferenciável*) *tridimensional*. A *métrica* do espaço euclidiano também é, segundo Riemann (ibidem), dada pela experiência. No entanto, ele restringiu a *forma* que métricas podem admitir, a saber, $ds^2 = \Sigma g_{ij} dx^i dx^j$, onde os g_{ij}'s, que são funções da posição, denotam as componentes do tensor métrico, sob a *hipótese* de que o comprimento de curvas independe de sua configuração e, portanto, toda curva pode ser metricamente comparada a qualquer outra. Ainda segundo Riemann (ibidem), em geral, a métrica de variedades discretas é determinada pela própria variedade (podemos definir a distância entre dois pontos de uma variedade discreta simplesmente como o número de pontos que um caminho com o menor número de pontos ligando esses dois pontos contém), enquanto a de variedades contínuas deve vir de outro lugar (no caso do espaço da Geometria física, segundo ele, da experiência). A métrica de espaços riemannianos gerais pode variar de ponto a ponto.

138 JAIRO JOSÉ DA SILVA

O problema é saber se transportes rígidos são ou não possíveis no espaço *físico*.[15] A experiência nos diz que sim; aparentemente, há no mundo corpos cuja forma e medidas não se alteram no transporte através do espaço vazio (e, caso haja forças atuando sobre eles que as alterem, essas alterações podem ser avaliadas, levadas em consideração e compensadas). O problema é que a experiência não é um bom guia nesse caso; se por acaso *todos* os corpos se deformassem ao se movimentarem pelo espaço do mesmo modo, nós evidentemente não nos aperceberíamos disso. Só resta, portanto, uma saída, *postular* que corpos que *aparentemente* não alteram forma e medidas no transporte através do espaço vazio são *efetivamente* rígidos.[16] Note que esse pressuposto não tem o caráter de uma hipótese a ser submetida à experiência, mas de uma *qualificação da experiência*; ele nos diz que aquilo que *parece* rígido *é* rígido.[17] Para a classe dos corpos rígidos, podemos definir igualdade de comprimentos por congruência, e então selecionar um qualquer segmento rígido, que chamarei de *metro*

---

15 Lembre-se, Russell diz que isso é uma verdade *a priori* porque o espaço não pode por si só atuar sobre os corpos. Porém outros, como Poincaré, admitem que campos de força indetectáveis podem existir alterando a forma dos corpos.

16 Helmholtz (ver nota seguinte) acreditava que cabia à Mecânica determinar se havia corpos rígidos e caracterizar o conceito de rigidez.

17 Em "Sobre os fundamentos fatuais da Geometria (1866)", Hermann von Helmholtz (2007) afirma que não são hipóteses, mas *fatos*, fatos *mecânicos* para sermos mais precisos, que subjazem aos fundamentos da Geometria (e, portanto, a Geometria é uma ciência empírica, *a posteriori*). O argumento é o seguinte: para Helmholtz, medidas espaciais dependem da noção de *congruência* e, portanto, pressupõem as condições sob as quais faz sentido falar em congruência, a saber: 1) o espaço é uma variedade *contínua*; 2) existem corpos rígidos; 3) corpos rígidos podem se mover livremente pelo espaço; 4) a forma de corpos rígidos é também invariante por rotações. Segundo Helmholtz, esses fatos implicam que a métrica do espaço tem necessariamente a forma preconizada por Riemann (Lie corrigiu Helmholtz e mostrou que o pressuposto 4 não é necessário). Finalmente, diz ele, se ainda admitirmos que: 5) o espaço é tridimensional e 6) o espaço é infinito, concluiremos necessariamente que o espaço é euclidiano. Essa afirmação é falsa, pois um espaço hiperbólico também satisfaz a todos os requisitos enunciados; em nota adicionada dois anos depois, em 1868, Helmholtz corrigiu esse erro. Esse argumento tem caráter transcendental, ou seja, procura determinar que propriedades o espaço *precisa ter* para que haja uma *ciência* do espaço.

O QUE É E PARA QUE SERVE A MATEMÁTICA   **139**

padrão, como unidade de comprimento. Como *por definição* o metro padrão pode ser transportado rigidamente pelo espaço, podemos usá-lo para determinar comprimentos e distâncias uniformemente ao longo do espaço.

O espaço que Euclides descreve tem, como vimos há pouco, propriedades *suficientes* para que nele corpos rígidos possam se movimentar livremente sem perda de forma; mas essas propriedades não são todas *necessárias*. Como sabemos, há espaços "curvos" em que o pressuposto de livre mobilidade também vale; a curvatura do espaço não precisa ser nula, basta que seja *constante*. No século XIX, Gauss, Lobachevsky e Bolyai criaram a Geometria hiperbólica em que o espaço tem curvatura constante, mas *negativa* e em que, portanto, não vale o quinto axioma da Geometria euclidiana. Assim, há Geometrias não euclidianas que também descrevem nossa intuição do espaço, se por intuição do espaço entendermos nossa percepção do espaço "enriquecida" por pressupostos e generalizações, por exemplo, que corpos que parecem rígidos são de fato rígidos e que o espaço é ilimitado e idêntico a si mesmo em toda parte.[18]

O quinto postulado de Euclides foi sempre motivo de desconforto, pois sempre se duvidou de seu caráter intuitivo. Alguns creem que o problema reside em seu enunciado, mais elaborado que os dos outros axiomas. Mas o motivo real é outro. Os três primeiros axiomas dizem que algo pode ser construído, um segmento, uma circunferência, uma extensão; o quarto, que dois ângulos retos *dados* quaisquer são congruentes. Se quisermos *verificar* esses enunciados, podemos fazê-lo de modo *efetivo*, basta levar a cabo as operações requeridas, construções ou sobreposições. O quinto, porém, *não é efetivamente verificável*. Suponhamos que, constatado que os ângulos colaterais internos somam menos que dois ângulos retos, tomamos

---

18 Embora o campo da experiência espacial efetiva seja sempre limitado, aquele da experiência em princípio possível não o é. A limitação do espaço físico, entretanto, imporia uma limitação à experiência espacial possível, uma barreira à ilimitada extensão do campo da experiência espacial. A abertura do horizonte experiencial do espaço exige que o espaço físico seja ilimitado (mas não necessariamente infinito).

140 JAIRO JOSÉ DA SILVA

a cabo a tarefa de prolongar as retas até encontrar o ponto de interseção. O axioma garante que esse ponto existe; porém, *se ele não existisse, não saberíamos jamais*. Esse caráter de indecidibilidade, ou semidecidibilidade, para sermos mais precisos, colocou historicamente o axioma, com razão, sob suspeição.

Assim, contra Kant, que acreditava que as propriedades formais do espaço físico eram dadas, *necessariamente*, pela Geometria *euclidiana*, temos que admitir que talvez o espaço físico abstrato e idealizado não tenha *necessariamente* a forma euclidiana, mas *outra*, que, porém, no limite da percepção, não possa ser distinguida da forma euclidiana. Qual é ela, realmente, depende do papel que queiramos dar à ciência e suas conveniências na "formatação" da nossa experiência espacial.

Tudo parece indicar que o espaço *físico* pode ser matematicamente idealizado como uma variedade matemática uniforme, contínua (a continuidade é sugerida pela experiência, mas, como a experiência não tem acesso à *estrutura fina* do espaço nem pode dizer nada sobre a sua *estrutura global*, atribuí-la ao espaço tanto em micro quanto em macroescala é uma predeterminação *a priori* da experiência *sugerida*, mas não *determinada* pela experiência), tridimensional, de curvatura *constante* muito próxima, se não igual a zero.[19]

Mas a ciência pode muito bem decidir por outra estrutura que melhor se adéque às *melhores* teorias empíricas. Na teoria da relatividade *especial* de Einstein, por exemplo, comprimentos não são propriedades intrínsecas de corpos independentemente do seu estado de movimento. Os corpos situados sobre um disco que gira em torno do seu centro, por exemplo, não obedecem às leis da Geometria euclidiana. Se nos dispusermos a medir a razão entre o perímetro desse disco, medido por um metro padrão, e seu diâmetro, não

---

19 É motivo de controvérsia se se pode *intuir* espaços não euclidianos, não apenas concebê-los *racionalmente*. Os que acreditam que sim argumentam com experiências perceptuais fictícias, mas não *a priori* impossíveis, que *exigiriam*, segundo eles, uma acomodação em molde formal não euclidiano. Os que acreditam que não retrucam que não há essa exigência e que tais experiências seriam provavelmente vistas como alucinações, não legítimas experiências espaciais.

O QUE É E PARA QUE SERVE A MATEMÁTICA **141**

encontraríamos o valor euclidiano clássico de π, mas um valor *menor* que esse por efeito da contração de Lorentz (que é uma contração real, não fictícia, mas não concreta, isto é, resultante de alguma força compressiva). A teoria geral da relatividade, que é essencialmente uma teoria geométrica da gravitação, só piora as coisas; segundo essa teoria, a métrica do espaço depende da distribuição dos corpos no espaço. Como podemos ver, filósofos e cientistas divergem grandemente nessa matéria. Alguns acreditam que a questão de qual Geometria melhor descreve o espaço da percepção deve ser decidida pela percepção. Como, porém, a experiência perceptual, por si só, parece incompetente para decidir sobre a matéria, alguns creem que a resposta deve ser dada pela ciência empírica. As opiniões de Einstein vão nessa direção e se aproximam das de Riemann e Helmholtz. Segundo Einstein, contra Kant, nenhuma Geometria impõe-se *a priori* à experiência; para ele, propriedades geométricas nada mais são que propriedades de relações entre corpos no espaço submetidos às leis da Física. Portanto, é a Física que determina a Geometria do espaço. Ou melhor, o espaço físico é parte da natureza e uma teoria do espaço, em particular, a teoria matemática que melhor o representa, não pode existir independentemente de teorias da natureza como um todo.

Mas até a ciência, sempre necessariamente incompleta, parece incapaz de tomar uma decisão. Não há até hoje consenso sobre qual é a estrutura geométrica do espaço globalmente considerado, porque não se sabe nem quanta substância há no Universo (há, em particular, o problema referente à matéria e à energia escuras) nem como ela se distribui, nem se propriedades como continuidade e tridimensionalidade valem em escala microscópica (talvez, em escala ridiculamente pequena como a escala de Planck, da ordem de 10^{-35} metros, obviamente inacessíveis à percepção e ainda inexplorada pela ciência, o espaço seja discreto ou admita mais do que as usuais três dimensões).

Seja como for, do ponto de vista estritamente matemático, pouco importa. Independentemente da sua origem na experiência espacial, da sua adequação ou inadequação como teoria do espaço físico da percepção possível ou da sua efetividade em ciência, a Geometria euclidiana é, como qualquer outra teoria matemática, um objeto matemático por direito próprio. Se ela fornece ou não uma representação matemática *apropriada* da nossa experiência perceptual ou do espaço da ciência empírica, não é um fato relevante da perspectiva da Matemática *pura*.

Consideradas, porém, as relações entre Matemática e realidade, é preciso ter claro que a Geometria euclidiana *não é* uma teoria matemática simplesmente *extraída* da experiência, mas *elaborada* a partir dela, *sugerida* talvez por ela, mas na maior parte *criada* pelo sujeito matemático, útil como instrumento de *representação* do espaço físico desde que tenhamos consciência do *arbitrário* que essa representação contém.

DESENVOLVIMENTOS DA GEOMETRIA EUCLIDIANA Por mais de um milênio a Geometria euclidiana reinou incontestе como a teoria matemática do espaço físico, com múltiplas aplicações a problemas práticos e teóricos. Com Arquimedes de Siracusa (século III a. C.), por exemplo, e seus trabalhos sobre volume e equilíbrio de sólidos, ou Apolônio de Perga (séculos III-II a. C.) e seu tratamento das seções cônicas.

Os métodos eram essencialmente as tradicionais construções, com algumas novidades como o método de exaustão de Arquimedes, antecessor do Cálculo infinitesimal que será inventado por Newton e Leibniz no século XVII. O método de exaustão consiste essencialmente numa dupla redução ao absurdo. Para se mostrar, por exemplo, que o volume de um certo sólido é um certo valor *dado*, mostra-se por construções que ele não pode ser nem maior nem menor que esse valor. Supõe-se, para tanto, que o volume seja, digamos, *menor* do que o valor dado. Então, constrói-se um sólido que *está contido* no sólido dado, mas que tem volume *maior* do que esse. O que é um absurdo. Fazendo o mesmo para um valor do volume supostamente maior que o dado, conclui-se que, não podendo ser nem menor, nem maior que o valor dado, o volume do sólido é efetivamente igual a esse valor. Esse é obviamente um método de *justificação*, não de *descoberta*, o volume do sólido já era conhecido.

O QUE É E PARA QUE SERVE A MATEMÁTICA **143**

Um problema geométrico se apresenta geralmente assim: conhecidos certos elementos geométricos, determinar por construções os elementos geométricos requeridos. Por exemplo, dado um segmento, construir um triângulo equilátero tendo esse segmento como um dos lados, ou então determinar, por construções geométricas legítimas, o ponto médio do segmento etc. Lembrando que as construções legítimas consistem apenas em ligar pontos por segmentos de reta, estender segmentos de reta arbitrariamente e traçar circunferências com centro dado passando por um ponto dado, supondo ademais a existência de paralela única à reta dada passando por ponto dado fora dela e a igualdade dos ângulos retos.

Um modo de fazer isso é supor o problema resolvido e analisar as construções necessárias, de trás para a frente, para chegar à solução, sucessivamente, até toparmos com os dados do problema. Daí é só percorrer o caminho em sentido inverso, dos dados à solução, resolvendo o problema. Esse é o método que os gregos denominavam *análise e síntese*.

Mas, ainda assim, havia problemas que resistiam a todas as tentativas de resolução. Três em particular: construir um cubo com o dobro do volume de um cubo dado (a duplicação do cubo); dividir um ângulo dado qualquer em três partes iguais (a trisseção do ângulo); encontrar um quadrado com perímetro (ou área) igual ao perímetro (ou área) de um círculo dado (a quadratura do círculo). Talvez esses problemas não fossem solúveis pelos métodos admissíveis como se pressupunha, ainda que tivessem, como era sabido, solução se se admitiam métodos mais ricos. Mas como sabê-lo? Como se mostra que *não se pode* resolver um problema por determinados procedimentos?

A GEOMETRIA ANALÍTICA Os métodos tradicionais de construção geométrica são chamados de *sintéticos* por oposição aos *analíticos*, inventados por Descartes e Fermat no século XVII e que consistem basicamente em transformar problemas geométricos em problemas algébricos.

Como já notamos, os pontos do espaço são, independentemente de determinações geométricas, indistinguíveis entre si, a estratégia

144   JAIRO JOSÉ DA SILVA

central da Geometria analítica é associá-los *isomorficamente* a *números* e, assim, distingui-los independentemente de quaisquer determinações, de tal modo que se possa representar relações entre pontos por relações entre números e construções geométricos por equações algébricas.

Para tanto, o mais fácil é escolher três retas no espaço (tridimensional), perpendiculares entre si (mas não necessariamente) e associar aos pontos sobre essas retas números reais (positivos e negativos) de modo coerente com as relações geométricas, topológicas e métricas entre os pontos: pontos próximos recebem números próximos e a distância entre dois pontos é igual ao valor absoluto da diferença entre os números que correspondem a eles. O método é bastante conhecido e já foi mencionado antes. Agora, a cada ponto do espaço corresponde uma tríade ordenada de números, as suas coordenadas naquele sistema de coordenadas.

Retas são conjuntos de pontos que mantêm entre si uma certa relação (alinhamento) expressa por uma relação algébrica *linear* entre as *coordenadas* dos seus pontos. E assim por diante, pode-se expressar relações geométricas características de certas formações geométricas por correspondentes expressões algébricas. Dadas as coordenadas de dois pontos, sabemos calcular numericamente a distância entre eles e escrever a equação da reta que os une ou da circunferência com centro em um desses pontos passando pelo outro. Dadas as equações de duas retas ou de uma reta e uma circunferência, sabemos determinar, resolvendo o resultante sistema de equações, se elas se cruzam e em que ponto ou pontos. Por exemplo, dadas as coordenadas de dois pontos no plano, pode-se, encontrando a interseção das equações de duas circunferências, cada uma passando por um dos pontos dados com centro no outro, determinar as coordenadas dos dois pontos que determinam com os pontos dados dois triângulos equiláteros. Assim resolve-se analiticamente o problema I-1 d'*Os elementos* (2009), que admite, como se vê, *duas* soluções.

Há uma correspondência biunívoca entre pontos do espaço e operações geométricas (construções), de um lado, e tríades de números reais (a cada ponto corresponde uma única tríade e vice-versa)

O QUE É E PARA QUE SERVE A MATEMÁTICA   **145**

e operações algébricas, do outro, de modo que entre ambos os domínios, geométrico e numérico, há um *isomorfismo* que garante que operar geometricamente é *formalmente* a mesma coisa que operar algebricamente. Como problemas geométricos são problemas formais, eles podem ser abordados algebricamente sendo transladados, via o isomorfismo, para o domínio analítico. Esse é o trunfo da Geometria analítica, essencialmente um *método* de resolução *simbólica* (não intuitiva) de problemas geométricos (as construções não se *desenham* diante dos nossos olhos).[20]

Mas a Geometria analítica tradicional, cujas ferramentas algébricas não vão muito além da teoria das equações, é apenas o começo do diálogo entre Geometria e Álgebra. Com o desenvolvimento da Álgebra dita moderna ou abstrata, essencialmente o estudo de estruturas matemáticas abstratas, ferramentas muito mais poderosas de *análise formal* foram desenvolvidas com aplicações em todos os ramos da Matemática, mormente em Geometria, e das ciências cujos domínios contêm suficiente estrutura formal para serem matematicamente tratáveis de modo frutífero, uma vez convenientemente abstraídos e idealizados.

A Álgebra abstrata é uma criação do século XIX e um dos seus primeiros triunfos foi a teoria de Galois, em que se demonstra a impossibilidade em geral da resolução por radicais de equações de grau igual ou maior do que cinco, ou seja, essencialmente, operando aritmeticamente com os coeficientes da equação.

Uma *estrutura matemática* é basicamente um domínio de objetos formais em relação e com os quais se pode talvez, também, operar. Chamo *formais* os objetos cuja natureza material – que *tipo* de objetos eles são – é indeterminada e cujas únicas propriedades são as que eles têm em função das relações que mantêm com os outros objetos do domínio. As relações e operações do domínio são determinadas

---

20 Assim como ninguém diria que a *utilidade* do método analítico em Geometria mostra que pontos são "na realidade" números, ninguém deve dizer que a utilidade, ou mesmo *imprescindibilidade* da Matemática em Física, mostra ou, pelo menos, sugere que a realidade física seja essencialmente matemática. E pela mesma razão: *identidade formal não é identidade material.*

146 JAIRO JOSÉ DA SILVA

apenas formalmente pelas propriedades que têm, independentemente do *tipo* de relações e operações que são.

Há uma diferença entre um *domínio estruturado* e a sua estrutura. Aquele é um domínio de objetos de tipo ontológico determinado, cuja natureza material é conhecida, onde se definem relações e operações também elas materialmente determinadas com as propriedades que têm. Já a estrutura de um domínio estruturado pode ser vista como esse domínio ele mesmo, mas abstraído de conteúdo material, isto é, cujos objetos, relações e operações são desvestidos de especificidade ontológica. A estrutura de um domínio estruturado está para ele como a forma numérica de uma coleção numericamente determinada de objetos está para ela, e assim como o número é a ideia que corresponde à classe das formas quantitativas equinuméricas, uma estrutura ideal é a ideia que corresponde às estruturas de domínios estruturados isomorfos. Onde por ideias quero dizer, claro, entidades constituídas por ideação.

O termo "estrutura matemática" é também frequentemente utilizado em acepção mais geral, denotando *famílias* de estruturas no sentido restrito já referido, ou seja, formas ideais comuns de domínios estruturados isomorfos. Nesse sentido mais amplo, duas estruturas matemáticas se destacam pela importância que adquiriram. A de *grupo*, instanciada em qualquer domínio de objetos onde uma operação (binária) é definida que se pode compor e inverter (supõe-se também que a composição de operações é associativa e que há um elemento neutro da operação). Por exemplo, se consideramos todas as rotações no espaço que levam um dado quadrado sobre si mesmo, as simetrias espaciais do quadrado, temos um grupo, pois rotações podem ser compostas e toda rotação pode ser cancelada pela rotação em sentido inverso.

Grupos podem se distinguir uns dos outros pela quantidade de elementos ou por outras propriedades que uns têm e outros não, como, por exemplo, a *comutatividade* da operação. O grupo mencionado, por exemplo, *não* é comutativo. Suponha o quadrado (a, b, c, d), onde as letras denotam os vértices em sentido horário começando pelo do alto à esquerda. Com uma rotação em sentido horário ao

O QUE É E PARA QUE SERVE A MATEMÁTICA **147**

redor do centro do quadrado de 90 graus, tem-se (d, a, b, c). Composta esta com uma rotação de 180 graus do quadrado no espaço ao redor do eixo vertical, tem-se (a, d, c, b). Se aplicarmos essas mesmas rotações em (a, b, c, d) na ordem inversa, tem-se, depois da rotação ao redor do eixo vertical, (b, a, d, c) e, depois da rotação de 90 graus, (c, b, a, d), que é diferente de (a, d, c, b) obtido anteriormente.

Outra importante estrutura matemática é a estrutura de *corpo*. Essencialmente um corpo é um domínio onde se pode realizar sem entraves as quatro operações fundamentais. Ou seja, estão definidas no domínio duas operações, que *chamamos* usualmente de soma e produto, ainda que não sejam sempre a soma e o produto numéricos que conhecemos, que satisfazem todas as usuais propriedades das operações aritméticas com números (associatividade, comutatividade, distributividade do produto com relação à soma etc.). O conjunto dos números naturais e inteiros não constitui corpos porque neles não se pode, respectivamente, subtrair e dividir livremente. Já os conjuntos dos números racionais, reais, e complexos são corpos.

Há uma relação interessante entre o corpo dos reais e dos complexos que convém realçar porque usaremos um fato análogo a esse logo mais. Como todo número complexo pode ser escrito na forma $a + bi$, onde a e b são dois números reais e i é a unidade imaginária, e como o corpo dos reais está de certo modo contido no corpo dos complexos (na verdade, há uma cópia isomorfa dos reais contida nos complexos), diz-se que o corpo dos complexos é uma *extensão de grau 2* do corpo dos reais.

Outro exemplo: como sabemos, $\sqrt{2}$ *não* é um número racional, *não* existem números inteiros p e q tais que $\sqrt{2} = p/q$, mas existe um corpo que estende o corpo Q dos racionais que contém $\sqrt{2}$, que denotaremos por $Q(\sqrt{2})$, cujos elementos podem ser todos escritos na forma $p + q\sqrt{2}$, p e q racionais. Por exemplo, $(\sqrt{2})^3 = 2\sqrt{2}$. $Q(\sqrt{2})$ é também uma extensão de grau 2 de Q.

Um número real é *algébrico* se for raiz de um polinômio com coeficientes racionais. Por exemplo, $\sqrt{2}$ é algébrico, pois é raiz de $x^2 -1 = 0$. Na verdade, todos os elementos de $Q(\sqrt{2})$ são algébricos, por isso $Q(\sqrt{2})$ é dita uma *extensão algébrica* de Q. Os números reais não

148   JAIRO JOSÉ DA SILVA

algébricos são ditos *transcendentes*, como π. A transcendência de π foi demonstrada por Ferdinand von Lindemann em 1882.

Como já dissemos, os gregos nos legaram três problemas de construção geométrica que por séculos desafiaram a inteligência dos matemáticos, permanecendo sem solução até a modernidade. Esses problemas são, repetindo: construir um quadrado com a área de um círculo dado (quadratura do círculo), dividir um ângulo arbitrário em três partes iguais (a trissecção do ângulo) e construir um cubo com o dobro do volume de um cubo dado (a duplicação do cubo). Todas as construções, como é usual, exigem apenas o uso de réguas para traçar retas e compassos para traçar círculos.

Esses problemas pedem, na verdade, apenas a construção de pontos e segmentos de retas. Quadrar o círculo significa, dado o centro e um ponto da circunferência ou, equivalentemente, um segmento-raio, construir com régua e compasso os pontos que unidos (com régua) determinam um dos lados do quadrado de mesma área, ou seja, construir esse segmento. Dado um ângulo (duas semirretas de mesma origem, o vértice do ângulo), podemos traçar uma circunferência com centro no vértice e raio qualquer que determina dois pontos sobre as retas e, portanto, um arco. Trisseccionar o ângulo equivale a trisseccionar esse arco, ou seja, dividi-lo em três segmentos iguais por pontos equidistantes. Analogamente para a duplicação do cubo.

Esses problemas se reduzem, então, dado um segmento de reta, à construção de outro segmento de reta utilizando apenas régua e compasso. Ora, dada uma reta r qualquer no espaço, um ponto O sobre ela e um segmento de reta no espaço, pode-se construir com régua e compasso um segmento sobre r com uma extremidade em O congruente ao segmento dado. Portanto, sem perder generalidade, pode-se colocar os problemas nestes termos: dado um segmento sobre r com uma extremidade em O, construir com régua e compasso outro segmento sobre r com uma extremidade em O com certas propriedades desejadas. No caso da quadratura do círculo, por exemplo, essa propriedade é possuir comprimento igual a $\sqrt{\pi}R$, onde R é o raio do círculo dado, pois o quadrado erigido sobre esse lado (que se

O QUE É E PARA QUE SERVE A MATEMÁTICA **149**

pode construir com régua e compasso) terá área igual a πR^2, a área do círculo dado.

Examinemos a impossibilidade da quadratura do círculo como exemplo da técnica empregada na resolução desses problemas.[21]

O primeiro passo é coordenar a reta r, ou seja, associar aos pontos de r números reais tais que ao ponto O esteja associado o número 0, a um ponto genérico P de um lado de O número s tal que s = distância de O a P e a um ponto genérico Q do outro lado de O número $-t$ tal t = distância de O a Q. Supõe-se consistência na atribuição de valores positivos e negativos aos pontos; os pontos positivos estão todos de um mesmo lado de O, analogamente os negativos.

Estabelece-se assim uma correspondência biunívoca entre segmentos sobre r com uma extremidade em O e números reais, que expressam, na verdade, o comprimento do segmento. Um segmento é *construtível* quando pode ser construído apenas com régua e compasso, nosso trabalho é determinar que propriedade dos números reais corresponde à construtibilidade geométrica.

Ora, em Geometria *sintética* construir um segmento significa construir os seus pontos extremos e construir pontos significa traçar retas e circunferências que determinam esses pontos por interseção. Mas, como sabemos, em Geometria *analítica*, retas correspondem a equações lineares e circunferências a equações quadráticas. Portanto, as coordenadas de um ponto dado pela interseção de retas e circunferências são solução das equações lineares e quadráticas associadas a essas retas e circunferências.

Note que toda solução de uma equação *linear* do tipo $ax + b = 0$, $a \neq 0$, com coeficiente a e b num corpo qualquer já se encontra nesse corpo. De fato, $x = -b/a$. Agora, se x é solução de uma equação quadrática do tipo $ax^2 + bx + c$, $a \neq 0$, a, b, e c num corpo qualquer, como $x = (-b + \sqrt{\Delta})/2a$ ou $x = (-b - \sqrt{\Delta})/2a$, onde $\Delta = b^2 - 4ac$, então, na pior das hipóteses, x pertence a uma extensão de grau igual a 2 desse corpo, o corpo dos coeficientes da equação.

---

21 Esses problemas foram resolvidos, com as técnicas aqui discutidas, por Pierre-Louis Wantzel em 1837.

Como a unidade de comprimento está dada, o segmento associado a 1 é construtível e, portanto, os segmentos associados a todos os números *naturais n* são também construtíveis: basta marcar sucessivamente com um compasso de raio igual a 1 com centro em $n-1$ o ponto n. Agora, dados os segmentos associados a n e m, $m \neq 0$, é fácil ver como se constrói o segmento associado a n/m – a propósito, essa construção é feita nas primeiras páginas da *Geometria*, de Descartes (2010). Portanto, seja qual for a nossa definição de número *real* construtível, todos os números *racionais* serão construtíveis.

A definição de número real construtível levará em conta o fato de que o processo de construção de pontos envolve iteração e que pontos construtíveis têm coordenadas que pertencem ao corpo a partir do qual se constrói e que só tem números construtíveis ou uma extensão de grau igual a 2 dele.

Ora, se chamarmos de *construtível de grau* 1 um número real que é solução de uma equação quadrática com coeficientes *racionais*, então ele certamente pertencerá a uma extensão de grau 2 dos racionais. Um real é *construtível de grau* 2 quando é raiz de uma equação quadrática cujos coeficientes estão num corpo de reais construtíveis de grau 1. Os construtíveis de grau 2 pertencem a extensões de grau 2^2 dos racionais, e assim por diante. Portanto, por *definição*, um número real é *construtível*, se for construtível de grau n, para algum inteiro positivo n, ou seja, se pertencer a uma extensão dos racionais de grau igual a 2^n.

Como se vê, o conjunto dos segmentos construtíveis com a propriedade de construtibilidade *geométrica* é *isomorfo* ao conjunto dos números reais com a propriedade de construtibilidade *algébrica*. A cada segmento de reta sobre r com uma extremidade em O está associado um único número real, e vice-versa, de modo que um segmento é (geometricamente) construtível, se, e só se, o número associado a ele – o seu comprimento, na verdade – é (algebricamente) construtível.

Portanto, pode-se quadrar o círculo de raio R se, e só se, o número $\sqrt{\pi}R$ for construtível, se, e só se, como é fácil ver, π for construtível (se $\sqrt{\pi}R$ é construtível, como R é dado, $\sqrt{\pi} = \sqrt{\pi}R/R$ é construtível e, portanto, $\pi = (\sqrt{\pi})^2$ é construtível, e reciprocamente).

O QUE É E PARA QUE SERVE A MATEMÁTICA **151**

Ora, todo número construtível é raiz de uma equação com coeficientes racionais, ou seja, todo número construtível é *algébrico*. Mas sabemos que π é *transcendente*, ou seja, não é algébrico. Logo, π não é construtível e, portanto, não se pode quadrar o círculo.

Consideremos agora a duplicação do cubo. Dado um cubo de volume igual a V, o problema é construir outro de volume igual a $2V$. Se se pode resolver esse problema para $V = 1$, pode-se resolvê-lo para qualquer V. Trata-se então de construir um cubo de lado igual à raiz cúbica de 2 (que terá, portanto, o volume requerido igual a 2). Em outras palavras, o problema se reduz a construir um segmento de comprimento igual à raiz cúbica de 2 ou, equivalentemente, a mostrar que a raiz cúbica de 2 é um número construtível.

Ora, apesar de a raiz cúbica de 2 ser um número algébrico – ele é raiz da equação $x^3 - 2 = 0$, com coeficientes racionais de grau igual a 3 –, ele *não* é raiz de nenhuma equação com coeficientes racionais de grau igual a 2. Ou seja, a raiz cúbica de 2 é um número algébrico, mas pertencente a uma extensão de grau igual a 3 do corpo dos racionais. Como 3 não é expoente de 2 (ou seja, não existe um número natural n tal que $2^n = 3$), a raiz cúbica de 2 *não* é um número construtivo. Não se pode construir um segmento com esse comprimento e, portanto, não se pode duplicar o volume de um cubo arbitrário usando-se apenas régua e compasso. Para demonstrar a impossibilidade em geral da trissecção do ângulo, basta mostrar por procedimentos análogos a impossibilidade da trissecção de um particular ângulo que exija a construtibilidade algébrica de um número não construtível.

Tudo se resume, portanto, em encontrar um correspondente *algébrico* da noção *geométrica* de construtividade. Encontramos primeiro uma definição de *número* (real) construtível e, depois, uma condição *necessária* para que um número fosse construtível: ele tinha que ser algébrico. Essa condição resolvia o problema da quadratura do círculo, mas era inútil para o problema da duplicação do cubo. Assim, tivemos que encontrar uma condição necessária ainda mais forte. A saber, se um número é construtivo, então ele pertence a uma extensão do corpo dos racionais de grau igual a uma potência de 2.

Isso mostra claramente um dos trunfos da Matemática. Como os seus problemas são sempre *formais,* isto é, não importa do que se está falando, só das propriedades daquilo sobre o que se fala que se podem "transportar" para outros contextos formalmente análogos, podemos sempre "traduzir" problemas matemáticos, ou que são matematicamente representáveis, em termos de outros problemas matemáticos mais facilmente tratáveis em contextos mais convenientes. *Isso é essencial para explicar o imenso range de aplicabilidade da Matemática.*

Nos problemas que tratamos aqui, tem-se, de um lado, o domínio geométrico ou sintético, feito de pontos e segmentos construtíveis e operações geométricas de construção, a saber, o traçado de retas e circunferências determinadas por pontos construtíveis com os quais se podem obter por interseção ulteriores pontos e segmentos construtíveis, e do outro o domínio algébrico ou analítico, feito de números construtíveis e operações algébricas de construção, a saber, a obtenção de equações de primeiro e segundo graus, correspondentes a retas e circunferências determinadas por pontos construtíveis, e as raízes de sistemas dessas equações, correspondendo a pontos de interseção das retas e circunferências por elas representados.

A cada ponto construtivo corresponde um número construtivo, e vice-versa; a cada operação geométrica de construção corresponde uma operação algébrica de construção, e vice-versa, de modo que ambos os domínios são isomorfos. A noção algébrica de construção, porém, oferece mais informações sobre o processo de construção que a sua correspondente geométrica. Por isso, pode-se extrair dela uma condição necessária de construtibilidade que não se pode obter da sua correspondente geométrica.

A conveniência da transferência do problema original para o contexto algébrico isomorfo se deve à existência de conceitos e fatos algébricos que não têm equivalente no campo geométrico, ou têm, mas são muito mais complicados de manipular – é fácil definir um número algébrico, mas o que seria um segmento algébrico? –, além de permitir o uso da *teoria algébrica* na resolução indireta de um problema geométrico.

O QUE É E PARA QUE SERVE A MATEMÁTICA **153**

Apenas porque, apesar de expresso em contexto geométrico, o problema original envolve apenas uma *propriedade* definida em termos de *relações* entre entidades geométricas (a construtibilidade geométrica) que tem um correspondente (a construtibilidade algébrica) numa cópia *formalmente idêntica* ao domínio geométrico original, ele admite tradução num problema formalmente idêntico em contexto numérico. É essa "ponte" ligando domínios materialmente distintos, mas formalmente análogos – idênticos no caso de isomorfia –, que permite o trânsito metodológico tão característico das ciências matemáticas ou matematizadas e explica grande parte da utilidade da Matemática. Sendo formais, ou seja, interessando-se *apenas* pelos aspectos formais de seus domínios, ainda que eles sejam materialmente determinados, as teorias matemáticas são aplicáveis em quaisquer contextos que sejam formalmente análogos (idênticos no caso de isomorfia) aos seus domínios originais.

Uma versão ainda mais engenhosa dessa estratégia é devida a Galois, jovem gênio matemático morto em duelo aos 21 anos em 1832. Os algebristas italianos já mencionados que inventaram os números complexos para melhor tratar equações algébricas com coeficientes reais descobriram uma fórmula envolvendo apenas os coeficientes da equação para se resolver equações do terceiro grau. Ou seja, eles mostraram que as raízes, reais ou complexas, de uma dessas equações podem ser obtidas por manipulação aritmética dos coeficientes da equação. O problema que se colocava agora era saber se isso seria verdadeiro para equações de grau arbitrário.

Para começar, temos o corpo dos coeficientes da equação, dos números racionais, por exemplo. Ora, todas as quatro operações aritméticas usuais, produto, divisão (desde que o denominador seja diferente de 0), soma e subtração, na medida em que envolvem apenas os coeficientes da equação dada, podem ser realizadas sem restrição no próprio corpo dos coeficientes. Apenas a radiciação, permitida na resolução da equação por radicais, como o nome indica, leva para fora do corpo de base.

Podemos pensar, então, que as operações admitidas na resolução da equação por radicais produzem uma cadeia de corpos, um a extensão do anterior, culminando naquele onde se encontram todas as raízes da equação em questão. Claro que essas extensões têm que ter uma propriedade particular que corresponda a momentos do processo de resolução de equações por radicais. A propriedade em questão é que cada corpo da série é uma extensão dita de Galois do corpo que ele estende. Não vem ao caso aqui que propriedade é essa, apenas que ela é uma *tradução* do procedimento de resolução da equação dada.

Mas o gênio de Galois foi capaz de ir mais além, associar a essa série de corpos outra série, de grupos dessa vez, cada um associado a uma extensão na série de corpos, com uma propriedade especial que *traduz* para a linguagem de grupos a propriedade de a equação dada ser solúvel por radicais (a série de grupos é uma série de composição onde cada fator é um grupo cíclico). Agora, para saber se uma equação é solúvel por radicais, basta descobrir se um certo grupo associado à equação, o seu grupo de Galois, tem a propriedade de *solubilidade*. Se sim, a equação original é solúvel por radicais, se não, não. Desse modo, mostrou-se que, em geral, equações de grau igual ou superior a cinco não são solúveis por radicais.

Isso sugere que se pode talvez caracterizar o gênio matemático como, essencialmente, a capacidade de descobrir ou *criar* contextos *convenientes* de representação formal do domínio matemático onde está posto o problema que se quer resolver, de modo a melhor abordá-lo.

Vimos antes como a invenção do domínio dos números complexos oferece um contexto muito melhor para o tratamento de equações algébricas com coeficientes reais. Ao interpretar equações sobre o corpo dos reais como equações sobre o corpo dos complexos, podemos realizar todas as operações aritméticas requeridas para a solução da equação por radicais, o que o domínio real não permitia, já que a operação de extração de raízes não é sempre admitida ali.

Há muitas formas de enriquecer um domínio matemático dado qualquer de modo a provê-lo de ferramentas mais fortes de análise formal. Uma delas é encontrar outro domínio onde o domínio dado possa ser isomorficamente imerso, ou seja, onde se pode encontrar um subdomínio isomorfo ao domínio dado. Outro é enriquecer o domínio dado com elementos "imaginários" que permitam um enriquecimento estrutural do domínio, ou seja, onde novas relações e operações possam ser definidas ou relações e operações já definidas adquiram novas propriedades.

A Geometria projetiva é um exemplo interessante de extensão puramente simbólica ou "imaginária" de um domínio matemático como recurso metodológico. A introdução no domínio de interesse de objetos que não existem ali, elementos imaginários, pode nos ajudar a melhor revelar e investigar a estrutura desse domínio (ou qualquer estrutura que se possa definir nele). De fato, um domínio de objetos pode conter muitas estruturas diferentes, como ocorre com o espaço, a multiplicidade contínua de pontos da qual trata a Geometria, que tem uma estrutura métrica, que pode ser euclidiana ou não euclidiana, preservada por isometrias (transformações contínuas que preservam distâncias), uma estrutura topológica, preservada por transformações contínuas, e uma estrutura projetiva, preservada por projeções. Considerar o espaço da perspectiva projetiva, por exemplo, ignorando a sua estrutura métrica, se mostra mais adequado quando não estamos interessados em distâncias e relações entre distâncias, mas apenas em relações entre entes geométricos que não se alteram por projeções, como colinearidade e incidência (e algumas relações métricas muito especiais). A introdução de elementos imaginários no espaço se mostra particularmente útil nesse caso.

Curiosamente, esse foi um desenvolvimento matemático que não começou nem na Matemática, nem na ciência pura, mas na arte e na ciência aplicada.

A PERSPECTIVA LINEAR Ao nos depararmos com uma pintura do Antigo Egito, do Império Bizantino ou da Idade Média ocidental – com a notável exceção da civilização romana, bastante competente na representação naturalista do mundo tridimensional sobre uma superfície plana –, nossa reação natural é achar que algo ali está errado. As proporções não parecem "corretas", fiéis às que elas representam na realidade; pessoas, cidades, a natureza, edifícios, anjos e santos parecem muitas vezes empilhados ou amontoados por falta de profundidade do espaço pictórico; o mesmo objeto ou cena podem estar representados desde diferentes perspectivas simultaneamente, como os corpos egípcios, tronco de frente, cabeça e membros de perfil; ou, no caso da perspectiva reversa, o objeto espacial pode se abrir na tela para mostrar lados ocultos na realidade. Mesmo quando há uma clara tentativa de representar o espaço em perspectiva de modo mais realista, o procedimento é aproximativo e nunca perfeitamente bem-sucedido, mesmo nos melhores perspectivistas do Trecento italiano anteriores à codificação das leis da perspectiva linear no começo do século XV, como Giotto, Duccio e Piero Lorenzetti.

Estamos tão acostumados ao método de representação pictórica inventado (ou redescoberto) na Renascença florentina que quase tudo o que veio antes nos parece, em diferentes graus, "errado". Isso, claro, até que a pintura moderna nos ensinasse a novamente ver o mundo fora do arcabouço formal da perspectiva linear. A perspectiva aérea tão bem explorada por Leonardo da Vinci, por exemplo, que sugere afastamento esfumaçando os objetos mais longínquos e banhando-os numa luz azulada, é o complemento cromático-luminoso do esquema puramente geométrico da perspectiva linear. Curiosamente, a arte contemporânea, mormente em sua manifestação mais *pop*, voltou a explorar as possibilidades formais da perspectiva linear na criação de ilusões visuais bastante expressivas.

Há muitas explicações possíveis para a demora na descoberta das leis da perspectiva linear. W. M. Ivins Jr. (1964), em seu clássico estudo, acredita que isso se deveu ao *approach* mais tátil que visual dos gregos ao mundo. As impressões táteis, diz ele, organizam-se apenas segundo relações temporais e, apesar de tridimensionais, não carecem de um ponto de vista unificador. Ademais, a representação em perspectiva é a representação de um espaço *infinito*, noção que nem os gregos, nem as civilizações europeias pré-renascentistas admitiam. De fato, os pontos em função dos quais o espaço projetivo se organiza são pontos localizados no infinito. Como veremos mais adiante, o espaço da Geometria projetiva é um espaço *atualmente*

O QUE É E PARA QUE SERVE A MATEMÁTICA **157**

infinito; limitá-la a um domínio apenas *potencialmente* infinito é enfraquecê-la não apenas em amplitude, mas nos métodos.

É possível, porém, que os artistas pré-renascentistas não estivessem interessados numa representação realista. Talvez eles não buscassem a realidade nem o ponto de vista humano, mas o simbólico e a perspectiva divina. Proporções figuradas talvez não quisessem representar proporções espaciais reais, mas relações simbólicas; por exemplo, a importância relativa dos atores na narrativa ou a posição que ocupam na hierarquia religiosa. Não pertencendo ao mundo físico, mas simbólico, a cena não teria por que se adequar a convenções "realistas" de representação. Os pintores pré-renascentistas sabiam que não mostravam o mundo tal como o vemos, porém talvez não quisessem mostrá-lo assim, mas carregado de significados que a representação tinha que captar para ser, precisamente, fiel.

Ainda que a representação em perspectiva tenha uma longa história que remonta à Antiguidade clássica, na Arquitetura e na Geografia em particular, ela só foi codificada como técnica *pictórica* num tempo, a Renascença, e num lugar, a rica Florença, em que ganhava aceitação e se difundia um renovado humanismo que recolocava o homem no centro do mundo, valorizando a sua perspectiva da realidade. A invenção da perspectiva linear dará ao artista espaço suficiente para representar emoções e sentimentos através das suas manifestações físicas, fornecendo as condições formais para que uma história seja contada ou um drama revelado com uma riqueza de articulação até então desconhecida.

Que essa invenção tenha ocorrido em Florença e não em outro lugar se explica pela riqueza e pela intensa atividade mercantil da República, que contribuíram para que se concentrassem ali os vários saberes que convergiram na invenção da perspectiva linear, como a Cartografia, onde a representação em perspectiva já era sobejamente conhecida e utilizada, ainda que não aquela que Filippo Brunelleschi descobriu por volta de 1425.[22]

---

22 Essa é a data provável da famosa exibição pública que Brunelleschi promoveu para mostrar a sua descoberta. Nela, uma representação do Batistério de

158 JAIRO JOSÉ DA SILVA

Desde a Antiguidade até pelo menos o fim da Renascença, perspectiva era sinônimo de Óptica, ou seja, a ciência da visão. Na Idade Média o termo *"perspectiva artificialis"* foi criado para se referir à técnica e à ciência da representação no plano de corpos no espaço tridimensional, o que chamamos hoje simplesmente de perspectiva.

Euclides de Alexandria, muito mais famoso por *Os elementos* (2009), a súmula do conhecimento geométrico da sua época, é também o autor de uma *Óptica*, em que a Geometria é posta a serviço do desenvolvimento de uma teoria de como percebemos o mundo visualmente. Como *Os elementos*, a *Óptica* tem estrutura dedutiva, são dados alguns axiomas evidentes, ou pelo menos que assim parecem, a partir dos quais derivam-se os teoremas por raciocínio dedutivo.

Euclides aceita axiomaticamente que a visão se dá por meio de raios visuais *retilíneos* que partem dos olhos e incidem sobre o objeto visto.[23] Segundo ele, só são visíveis os objetos sobre os quais incidem raios visuais. A visão é pensada em analogia com o toque, os raios visuais são como pequenos braços e mãos que apalpam os objetos – o que talvez se explique pelo caráter mais tátil da percepção grega do mundo, segundo a já mencionada tese de Ivins Jr. (1964). O olho é o centro de um cone (ou pirâmide) de raios visuais e a forma como vemos os objetos depende da geometria desse cone.

Por exemplo, objetos subtendidos por cones (ou pirâmides) visuais com menor ângulo parecem menores que aqueles vistos sob cones mais abertos. Assim, obviamente, à medida que objetos se afastam de nós, o que diminui a angulação dos cones visuais que os subtendem, eles nos aparecem como cada vez menores, ainda que em si permaneçam com o mesmo tamanho. Como menos raios

---

Florença em perspectiva correta, com dois pontos de distância (ver adiante) perfeitamente identificados, é vista através de um orifício feito na tela no ponto correto de observação. Postado atrás da tela, ao olhar pelo orifício, o observador vê refletido num espelho colocado à frente da tela o Batistério pintado como se visse, dali mesmo onde está, o edifício real. Esse estratagema era necessário para garantir que o olho do observador estivesse no único ponto de observação admitido pelo esquema perspectivo. Há documentos, porém, que localizam a invenção antes, em 1413.

23 Talvez a primeira constatação explícita de que a luz viaja em linha reta.

O QUE É E PARA QUE SERVE A MATEMÁTICA **159**

visuais incidem sobre objetos que se afastam, eles também são percebidos com menor nitidez. Contrariamente, quanto mais próximo de nós está o objeto e, portanto, com mais raios visuais incidindo sobre ele, mais nítido ele nos aparece. É também aceito axiomaticamente que coisas vistas segundo raios mais altos ou mais baixos, mais à esquerda ou mais à direita, aparecem, respectivamente, mais altas ou mais baixas, mais à esquerda ou mais à direita.[24]

Euclides tem uma engenhosa "explicação" de por que não vemos coisas pequenas que estão à mesma distância de nós que coisas maiores que podemos ver. Segundo ele, os raios visuais são discretos, não contínuos, e só percebemos as coisas como contínuas porque movemos os olhos muito rapidamente, "varrendo" toda a extensão do objeto. Objetos muito pequenos, porém, segundo ele, caem nos "buracos" dos raios visuais, fazendo-se desse modo invisíveis.

Duas coisas são importantes na teoria euclidiana da percepção visual, teoria puramente geométrica, sem qualquer interesse pelos aspectos físicos, fisiológicos ou psicológicos da visão: a existência de *raios visuais retilíneos* e do *cone visual*. Como veremos, essas noções são centrais na teoria da perspectiva linear. Se Euclides tivesse se interessado no que ocorre quando o cone visual é interceptado por um plano, ele teria inventado a perspectiva 1.700 anos antes de Brunelleschi. Mas não o fez. A *Óptica* de Euclides, cujo texto mais antigo é do século X d. C., exerceu profunda influência sobre estudos de Óptica tanto no Ocidente quanto no Oriente islâmico e contribuiu, através de Brunelleschi, para uma revolução artística – e científica – que marcou a Renascença e persistiu pelos séculos seguintes.

Claro que os antigos estavam perfeitamente conscientes de que às vezes devemos reproduzir as coisas como elas não são, para que as possamos *ver* como elas são. Arquitetos sabiam, por exemplo, que se devia "compensar" certos efeitos de óptica para que o edifício pareça

---

24 Que as coisas, conforme se afastam do observador, parecem convergir para o centro do campo visual mais ou menos resume a teoria perspectiva de Giotto. A pintura japonesa também representa afastamento do plano horizontal com a elevação gradativa desse plano, porém de modo bem mais acentuado que na percepção normal.

160 JAIRO JOSÉ DA SILVA

corretamente construído. Colunas suficientemente altas parecem se inclinar para trás quando olhamos para elas e, se quisermos que elas pareçam retas, é preciso construí-las um pouco tortas. Mas havia também esforços intencionais de representação em perspectiva para criar efeito de profundidade, em cenas teatrais, por exemplo. Vitrúvio, o arquiteto romano do primeiro século antes de Cristo, se refere a tudo isso em seu *Tratado de Arquitetura* (2019).[25]

Se a percepção visual é uma preocupação da Arquitetura, técnicas de projeção são o objeto mesmo da Cartografia, cuja preocupação central é a representação da superfície do globo terrestre, uma superfície bidimensional curva fechada imersa num espaço tridimensional, no plano de modo suficientemente fiel para que navegantes e viajantes não se percam pelo mundo, senhores conheçam os seus territórios e generais possam bem planejar as suas estratégias.

Há muitos métodos para se projetar uma superfície esférica no plano, mas sempre, invariavelmente, com alguma distorção; nem as relações topológicas, como proximidade, nem as métricas, como proporções, são sempre preservadas. Um dos tratados de Cartografia mais influentes no mundo, ocidental e oriental, foi a *Geografia*, de Cláudio Ptolomeu, o grande matemático, astrônomo e geógrafo de Alexandria (100-170 d. C.). São apresentados ali nada menos que três sistemas de projeção. Ora, sabidamente a *Geografia* chegou a Florença no ano de 1400, onde se tornou bastante conhecida e certamente familiar a Brunelleschi e Alberti, inventores e codificadores do método de perspectiva linear. O geógrafo e matemático Paolo dal Pozzo Toscanelli, amigo de Brunelleschi, retornou a Florença em 1424, um ano antes de este apresentar a sua famosa representação do Batistério em perfeita perspectiva.

Uma novidade da perspectiva linear comparativamente a tentativas anteriores de representação em perspectiva é a consciência da existência de pontos de convergência aparente de retas paralelas.

---

25 A explicação de Vitrúvio para a inclinação para trás de colunas era a seguinte: como as partes mais altas da coluna eram vistas através de raios visuais mais longos, elas pareciam estar mais distantes.

O QUE É E PARA QUE SERVE A MATEMÁTICA **161**

Pontos no infinito, como veremos mais adiante, são os pontos fulcrais do sistema, pois são eles que organizam todo o espaço pictórico em perspectiva. Um dos métodos de projeção de Ptolomeu pressupõe um centro de projeção análogo ao ponto central do sistema de Brunelleschi e Alberti. Circunstâncias históricas parecem indicar, portanto, a influência da *Geografia* na descoberta do ponto no infinito da perspectiva linear.[26]

Como exposto no pequeno, mas influente, *De Pictura* (*Della Pittura* na versão italiana dedicada a Brunelleschi), de Leon Battista Alberti (1404-1472), de 1435, para representar uma cena no espaço tridimensional sobre uma tela plana *exatamente* como a vemos, basta interceptar o cone visual que liga a cena ao olho pelo plano do quadro. Se A é um ponto da cena e AO é o raio visual que liga A ao olho O, o representante de A no quadro será o ponto A', onde AO corta o plano do quadro. Olhando-se para o quadro pintado segundo essa regra com o olho na posição O, a cena representada no quadro é indistinguível da cena real vista do mesmo ponto. As regras do método seguem desse único fato.[27]

Suponhamos que queremos representar numa tela vertical um pavimento quadriculado formado por 36 células quadradas de lado igual a uma unidade cada uma *exatamente* como o vemos se estivermos em pé diante, no centro, a três unidades dele e mirando-o ao longo do seu comprimento.[28] Essa distância, metade do comprimento do pavimento, é recomendada por Alberti para evitar as distorções do método projetivo – um observador postado mais perto, por exemplo, teria que representar figuras nas laterais de modo desproporcionalmente grande. O pavimento representado servirá, na

---

26 Sobre isso e toda a história da descoberta de Brunelleschi e Alberti, ver Samuel Y. Edgerton Jr. (1975).

27 Cf. Leon Battista Alberti, 2004. Ainda que o método tenha sido descoberto por Brunelleschi, como testemunhos atestam, foi Alberti quem primeiro o expôs em livro. Ainda que a tradução italiana dessa obra tenha sido dedicada ao escultor, Alberti não lhe credita em *Della Pittura* a descoberta do método ali exposto. Talvez porque aquele utilizado por Brunelleschi não tenha sido exatamente esse que ele expõe.

28 A unidade usada por Alberti é o *braccio*, um terço da altura de um homem ideal.

162　JAIRO JOSÉ DA SILVA

tela, como sistema de referência para a representação de edifícios, pessoas e todos os outros elementos da composição.

Primeiro, trace duas linhas horizontais paralelas, a linha de terra, correspondente ao nível do chão, e a linha do horizonte, correspondente no quadro à linha que passa pelo olho do observador. Note que o observador observa a cena com apenas um olho para eliminar a paralaxe binocular. Marque na linha de terra um segmento de reta BC, correspondente à largura do pavimento, formado por seis segmentos menores com uma unidade de comprimento cada, BB_1, $B_1 B_2$, $B_2 B_3$, $B_3 B_4$, $B_4 B_5$, $B_5 C$, correspondendo às seis células da largura do pavimento. O ponto médio B_3 do intervalo BC está diante dos pés do observador. Trace uma linha vertical a partir de B_3 cortando a linha do horizonte no ponto I. Esse será o *ponto no infinito*, ou *ponto de fuga*, o ponto para onde o observador olha *diretamente*; a linha $B_3 I$ é chamada de *cêntrica*.

Primeira regra: todas as retas paralelas à cêntrica *convergem* para o ponto I.

Assim, o pavimento será representado em perspectiva no quadro por um paralelogramo com as laterais e todas as paralelas a ela convergindo para o ponto no infinito. Precisamos saber agora como cortar o feixe convergente de retas BI, $B_1 I$, ..., CI, de modo a representar a aparente diminuição dos comprimentos das células do pavimento à medida que elas se afastam do observador.

Para isso, tracemos uma reta vertical num das extremidades do segmento BC, por exemplo B, cortando a linha do horizonte no ponto J. Se marcarmos um ponto O sobre a linha do horizonte a três unidades de J, correspondente ao afastamento do observador, as retas que ligam O a B_1, ..., C representam os raios visuais que ligam o observador O aos vértices das células dispostas ao longo do comprimento do pavimento. Essas retas cortam a reta BJ, que representa o quadro visto de perfil, nos pontos B_1', ..., C' respectivamente (OB corta BJ em B, evidentemente).

Segunda regra: trace retas paralelas à linha de terra pelos pontos B_1', ..., C'. Essas retas cortarão o feixe de retas convergentes finalizando a representação do quadriculado original em perspectiva correta.

O QUE É E PARA QUE SERVE A MATEMÁTICA **163**

Quando esse procedimento é obedecido, se traçarmos as diagonais ligando os vértices das células, a linha traçada será efetivamente uma reta, não uma linha quebrada como ocorreria se a diminuição das células do quadriculado com o afastamento não fosse determinada como indicado. As diagonais assim traçadas se encontram em dois pontos sobre a linha do horizonte a exatamente três unidades do ponto de fuga, a distância do observador, um de cada lado dele, e são por isso chamados de *pontos de distância.*[29]

Apesar de não preservar distâncias ou a forma dos objetos, *projeções preservam colinearidade.* Retas são sempre projetadas em retas e, portanto, se três pontos são colineares na realidade, suas representações em perspectiva linear serão necessariamente colineares. Consequentemente, se duas retas se interceptam na realidade, as suas projeções também necessariamente se interceptam. A recíproca, porém, não vale, retas paralelas na realidade podem convergir na representação projetiva (por exemplo, as verticais do pavimento).

O fato é que, ao olharmos para o mundo com apenas um olho, nós o vemos como ele se projeta sobre a retina bidimensional e não faz diferença se os raios luminosos que incidem sobre a retina partem de pontos A na base do cone visual ou de pontos A' pintados sobre uma superfície plana que intercepta o cone visual. Se A' produz no observador a mesma impressão visual que o ponto A, com a mesma cor, a mesma luminosidade, a mesma intensidade, ele não será capaz de diferenciar a pintura da realidade.

A representação em perspectiva linear envolve naturalmente algum artificialismo. Por exemplo, em geral não observamos o mundo com um olho só, nós temos dois, cada um produzindo uma imagem ligeiramente diferente da realidade, inconsistência que será "corrigida" no cérebro com a criação de uma dimensão extra de profundidade. Nosso olhar também, em geral, passeia sobre

---

29 Isso sugere uma simplificação do método. Em vez de marcar o ponto O a três unidades de J, nós o marcamos a três unidades do ponto de fuga I, coincidindo com um dos pontos de distância, e traçamos as linhas ligando O a B_1, B_2, ..., C. As linhas horizontais do quadriculado serão determinadas pelas intersecções de OB_1, ..., OC com as linhas do feixe convergente de verticais. Cf. Martin Kemp, 1990.

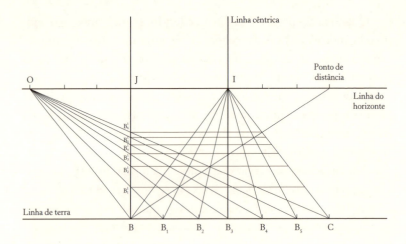

o mundo, produzindo antes um filme com diferentes pontos de vista que uma fotografia desde um ponto de vista só. Apenas uma experiência visual estática é capaz de tomar por realidade a ilusão de realidade de uma representação pictórica segundo as regras da perspectiva linear.

Além disso, para que o quadro produza no espectador a mesma impressão que produziria a cena real, ele deve olhar diretamente para o ponto de fuga na altura da linha do horizonte. Qualquer outra posição produz distorções, tão maiores quando menos centrado estiver o olho. Uma experiência pessoal me convenceu disso. Ao olhar de frente, em pé, para o quadro *Cristo morto*, de Mantegna, na Pinacoteca de Brera, em Milão, as pernas do Cristo deitado me pareceram menores do que deveriam ser. Porém, ao me ajoelhar diante do quadro, posição de respeito prevista pelo artista, creio, meu olho tomou a posição correta, todos os elementos da representação se articularam corretamente e a mágica se produziu.

Distorções anamórficas são efeitos de perspectiva que só são possíveis pela singularidade do ponto de observação. A correta visualização de elementos anamorficamente distorcidos de uma pintura requer que o observador tome uma posição bastante deslocada da posição frontal usual. Um exemplo bem conhecido é a caveira do quadro *Os embaixadores*, de Hans Holbein (National Gallery,

O QUE É E PARA QUE SERVE A MATEMÁTICA **165**

Londres), apenas detectável de um ponto bem à direita do quadro. A cena principal com os embaixadores e a caveira distorcida quando em visão frontal adequada à cena principal correspondem a dois cones visuais diferentes.

Imediatamente após a sua invenção e codificação, a perspectiva linear se tornou uma das mais importantes ferramentas do ofício de pintor, usada nem sempre do modo mais canônico, quer por incompetência do artista, quer conscientemente, para criar efeitos pictóricos mais interessantes ou prevendo que o observador irá olhar para a tela de modo mais livre que o indicado pelo método. Masaccio a utilizou magistralmente na sua *Santíssima Trindade* (1425-1427), na igreja de Santa Maria Novella, em Florença, ainda que não completamente livre de imperfeições, para criar um efeito de envolvimento do espectador na cena da crucificação, que se torna parte dela, não mero e alheio assistente, o que evidentemente aumenta muito o impacto psicológico da representação.

Exibir completo domínio da técnica e das suas possibilidades tornou-se quase obrigatório. O belíssimo afresco *Consegna delle chiavi* (1481), de Pietro Perugino, em uma das paredes laterais da capela Sistina, no Vaticano, é ao mesmo tempo um manual de como empregá-la e uma peça de propaganda das suas vantagens. O quadriculado do tratado de Alberti está lá, a linha de terra e a do horizonte também, bem marcadas, o ponto de fuga claramente identificado, um edifício perfeitamente simétrico no centro lembra o desenho do Batistério de Florença por Brunelleschi, a peça inaugural da técnica perspectiva, o imenso espaço público criado permite que uma complexa cena seja representada e uma *"istoria"* seja contada exatamente como Alberti recomenda.

A mesma maestria é exibida no *São Jerônimo no estúdio*, de Antonello da Messina (1474), e na obra de Piero della Francesca. Albrecht Dürer (1471-1528), um dos primeiros cultivadores da perspectiva linear com perfeito conhecimento dos seus fundamentos geométricos fora da Itália, estudou-a em Bolonha, provavelmente com o matemático Luca Pacioli, amigo e professor de Da Vinci, e num tratado não publicado de Piero della Francesca.

Consegna delle chiavi, de Pietro Perugino: note o quadriculado do chão, desenhado segundo as regras perspectivas de Brunelleschi. A linha de terra, a linha de horizonte e o ponto no infinito também estão bem discerníveis

Nessa época, a perspectiva servia principalmente como meio expressivo. Mais tarde, no Maneirismo e, principalmente, no Barroco, ela servirá também de instrumento privilegiado para a criação de espetaculares efeitos visuais, como testemunha a feérica representação da glorificação de Santo Inácio feita por Andrea Pozzo no teto da igreja de Santo Inácio em Roma (1691-1694). Além de abrir o espaço humano à contemplação, a perspectiva pode também, como demonstra Pozzo, descortinar a amplidão ilimitada do paraíso e toda a corte celeste. No Rococó, em Canaletto, por exemplo, a técnica passa a ser utilizada em conjunção com a *câmara obscura*, essencialmente um cubo fechado com um furo numa das paredes através do qual passa a luz vinda do exterior indo se refletir na parede oposta, reproduzindo de modo invertido a cena que está na base do cone visual. Assim, para desenhar essa cena em perspectiva correta, basta copiar a sua projeção sobre a parede.

Mas o que nos interessa aqui é que a perspectiva linear também inaugura uma nova Geometria, a Geometria projetiva, cujo objeto de estudo é a estrutura projetiva que subjaz à estrutura métrica do

O QUE É E PARA QUE SERVE A MATEMÁTICA **167**

espaço e que é independente da noção de distância. Particularmente atraente em Geometria projetiva é o papel unificador e articulador nela desempenhado por *elementos imaginários*.

A GEOMETRIA PROJETIVA Se no pavimento de Alberti estivesse inscrito um círculo, ele apareceria no pavimento projetado como uma elipse. Só esse fato seria suficiente para fazer um matemático mais curioso desejar investigar as relações projetivas entre as seções cônicas: círculos, elipses, parábolas e hipérboles. Afinal, seções cônicas são determinadas, precisamente, pela interseção de um cone por um plano, operação central na técnica perspectiva. Mas foi um astrônomo quem se interessou pelo problema das relações projetivas entre cônicas, Johannes Kepler, movido antes por questões técnicas relativas ao desenho dessas curvas por meios mecânicos que por questões teóricas de perspectiva.

Incidentalmente, foi Kepler que descobriu que planetas e satélites descrevem órbitas elípticas, não circulares, o que provavelmente explica o seu interesse pelas curvas cônicas. Em geral, corpos sob a ação de forças atrativas centrais de tipo gravitacional descrevem necessariamente órbitas cônicas, elipses em geral, mas não só. O estudo matemático dessas curvas, já realizado pelo matemático alexandrino Apolônio de Perga no século III a. C., voltava a ser interessante. Kepler descobrirá que curvas cônicas podem ser transformadas umas nas outras, mas desde que se passe por *pontos no infinito*, o que sugere que a equivalência projetiva entre as cônicas exige uma *extensão imaginária* do plano euclidiano.

Uma elipse é o conjunto de todos os pontos do plano cujas distâncias a dois pontos fixos, os focos da elipse, somadas é uma constante. Kepler se deu conta de que ao afastar os focos de uma elipse um do outro gradativamente, as extremidades da figura se aproximam mais e mais de *parábolas* e os lados se retificam cada vez mais. Contrariamente, ao se aproximar os focos, a elipse se aproxima de um círculo, tornando-se um quando os focos coincidem. Analogamente, ao afastar um do outro os focos de uma hipérbole – a hipérbole é o conjunto de pontos do plano cujas distâncias aos dois focos subtraídas é uma

168 JAIRO JOSÉ DA SILVA

constante –, ela também se aproxima cada vez mais de uma *parábola*. Contrariamente, ao se aproximar os focos, a hipérbole se aproxima das suas retas assíntotas. Pareceu-lhe claro, então, que uma parábola é *ao mesmo tempo* uma elipse e uma hipérbole, com um dos seus focos, porém, colocado *no infinito*.

Examinemos a situação do ponto de vista perspectivo.

Considere uma circunferência C visualizada desde um ponto O situado sobre a perpendicular à circunferência pelo seu centro. O cone visual será, nesse caso, um cone reto; os raios que ligam a circunferência a O são as geratrizes do cone e o segmento de reta que liga o centro da circunferência a O será o seu eixo.

Se o plano de interseção do cone visual for perpendicular ao eixo, a projeção de C nesse plano será uma circunferência; se ele interceptar o eixo num ângulo não reto e também todas as retas geratrizes, a projeção será uma elipse; se o plano de projeção for paralelo a uma reta geratriz, a projeção será uma parábola; e, finalmente, em qualquer outra posição, a projeção será uma hipérbole. Fica claro, então, que elipses, parábolas e hipérboles são projeções perspectivas da circunferência e, ademais, que uma parábola é efetivamente tanto uma elipse quanto uma hipérbole degenerada.

O francês Gérard Desargues (1591-1661) foi o primeiro a se dar conta da relação entre cônicas e perspectiva. Ivins Jr. (1964, p.88) acredita que Desargues conhecia a obra de Alberti, como indicam os termos usados por ele, que remetem claramente àqueles usados pelo italiano, e dá como certo que ele conhecia a obra dos perspectivistas posteriores. Seja como for, Desargues publicou, em 1636, um livrinho sobre perspectiva (*Método de perspectiva*).

No fim desse panfleto, Desargues faz uma observação aparentemente esdrúxula, mas que inaugura a Geometria projetiva, a saber, que a interseção de retas paralelas é uma necessidade *lógica*. O argumento é o seguinte: certamente, as "definições" de Euclides de pontos e retas (restringindo-nos à Geometria plana) como, respectivamente, "aquilo de que nada é parte" e "a linha que está posta por igual com os pontos sobre si mesma", não podem ser aceitas como

O QUE É E PARA QUE SERVE A MATEMÁTICA **169**

rigorosas definições matemáticas, apenas como tentativas mais ou menos canhestras de expressar *intuições* geométricas.

Geometricamente, porém, pontos são sempre determinados por *pares* de retas *concorrentes* e retas por *pares* de pontos. Há, como se vê, uma assimetria entre retas e pontos na Geometria euclidiana que se manifesta claramente no fato de que apenas retas *concorrentes* determinam um ponto enquanto quaisquer dois pontos determinam uma reta. Pontos e retas são conceitos *logicamente* mutuamente dependentes, mas essa dependência mútua não é contemplada pelos axiomas da Geometria euclidiana. Se um dos axiomas euclidianos garante que dois pontos *sempre* determinam uma (única) reta, duas retas nem sempre determinam um (único) ponto, já que retas paralelas não se interceptam. A menos que *postulemos* que o fazem; o que se impõe, segundo Desargues, por necessidade lógica. Desargues põe às claras a *dualidade* entre as noções de ponto e reta.

Desse modo, Desargues inventa uma Geometria mais fundamental que a Geometria euclidiana, a *Geometria projetiva*, preocupada com questões *qualitativas* envolvendo incidência e colineação antes que questões *quantitativas* envolvendo distâncias e outras noções métricas, e na qual os conceitos de ponto e reta são noções *duais*. A diferença *ontológica* essencial entre ambas, se nos detivermos apenas na Geometria plana, é que o plano *projetivo*, contrariamente ao plano *euclidiano*, tem, além de todos os pontos deste, também infinitos pontos e uma reta *no "infinito"* que desempenham na Geometria projetiva importante papel *metodológico*, como veremos.[30]

A introdução de pontos "no infinito" não é consistente com a definição de uma métrica – uma noção de distância – no plano

---

30 Os pontos no "infinito" da Geometria projetiva são, da perspectiva da Geometria euclidiana, elementos imaginários, puramente formais. Quando os imaginamos como pontos simplesmente adicionados ao plano euclidiano com sua métrica usual preservada, nós os imaginamos como localizados a *uma distância infinita* de qualquer ponto desse plano, o que explica a denominação que lhes é dada. Entretanto, como se explica no texto, a distância entre quaisquer dois pontos *dados*, por *definição* da noção de distância, é sempre um *número real não negativo*, portanto, *finito*. Não há distâncias infinitas; logo, a denominação pontos no infinito é imprópria.

projetivo (com pontos "no infinito") que *preserva* a métrica do plano euclidiano (sem pontos "no infinito"). De fato, não se pode estender para o plano projetivo, de modo *consistente*, as relações métricas do plano euclidiano. Vejamos. Suponhamos, por absurdo, que existe uma distância D definida no plano projetivo tal que $D(a, b) = d(a, b)$ sempre que a e b estão no plano euclidiano, sendo d a distância usual nesse plano. Seja ∞ um ponto "no infinito" e a um ponto qualquer do plano euclidiano tal que $D(a, \infty) = r$, onde r é um número *real não negativo* (positivo ou 0, como requerido pela definição de distância). Tome um ponto b diferente de a no plano *euclidiano* tal que $d(a, b) = r$; esse ponto existe porque o plano euclidiano é contínuo. Ora, $D(a, b) = d(a, b) = r = D(a, \infty)$, mas, pela desigualdade triangular que caracteriza qualquer distância, $D(a, \infty) \leq D(a, b) + D(b, \infty)$, ou seja, $r \leq r + D(b, \infty)$ e, portanto, uma vez que $D(b, \infty)$ é um número real *não negativo*, $D(b, \infty) = 0$ e, portanto, pela definição de distância, $b = \infty$, absurdo. A única possibilidade de definir D consistentemente de modo a preservar d é tal que $D(x, y) = \infty$ para *todo* ponto x do plano projetivo e *todo* ponto y no infinito. Mas ∞ *não* é um número real e, portanto, D não é uma distância.

A extensão do plano euclidiano no plano projetivo por adjunção de pontos "no infinito" exige que abandonemos a estrutura métrica original do plano euclidiano. O plano projetivo é simplesmente um sistema de "pontos" e "retas" em que dois "pontos" sempre determinam uma "reta" e duas "retas" sempre determinam um "ponto"; todos os "pontos" são análogos, assim como todas as "retas". Nenhum "ponto" está no infinito. A Geometria projetiva é, fundamentalmente, uma Geometria *não métrica* ou *pré-métrica*, uma vez que se podem *introduzir* diferentes métricas no plano projetivo (segundo as quais, entretanto, os pontos estão sempre a uma distância finita uns dos outros).

Munido dessas ideias, Desargues desenvolveu um tratamento das seções cônicas de um ponto de vista radicalmente original, projetivo antes que métrico, nunca sequer imaginado por Apolônio, o teórico por excelência dessas curvas. O resultado foi o clássico *Brouillon projet d'une atteinte aux événements des rencontres d'un cône avec un*

O QUE É E PARA QUE SERVE A MATEMÁTICA **171**

plan [Esboço de projeto de um ensaio sobre os eventos de encontros de um cone com um plano], publicado em Paris em 1639. Desargues deixa claro nessa obra que certas configurações são preservadas por projeções e que, para demonstrar fatos geométricos de natureza *projetiva* sobre tais configurações, basta demonstrá-los em qualquer das suas projeções; se uma propriedade *projetiva* – envolvendo essencialmente propriedades como incidência, colinearidade e outras um pouco mais elaboradas, mas *não* distância – vale numa configuração geométrica, então ela vale igualmente em *qualquer* configuração obtida desta por projeção. Veremos logo mais alguns exemplos que esclarecerão o que isso significa.

Os pontos "no infinito" do plano projetivo correspondem às *direções* do plano euclidiano; as retas de um feixe de retas paralelas qualquer se "encontram" no ponto "no infinito" que corresponde à direção do feixe. A reta "no infinito" contém todos e apenas os pontos "no infinito". Desse modo, no plano projetivo, duas retas *sempre* se encontram; no finito, se são euclidianamente concorrentes, ou no ponto no infinito na direção em que elas estão orientadas, se são euclidianamente paralelas. Uma reta euclidiana e a reta no infinito, por seu lado, se encontram no ponto "no infinito" na direção daquela reta. Dois pontos também *sempre* determinam uma única reta. Por um ponto A do plano euclidiano e um ponto I no infinito passa a *única* reta por A na *direção* de I e dois pontos no infinito determinam a reta no infinito. Isso restabelece a *equivalência lógica* e a *dualidade* entre pontos e retas obscurecidas pela Geometria euclidiana.

O motivo central de estarmos discutindo Geometria projetiva aqui é que ela fornece uma instância particularmente simples da relevância *metodológica* de elementos *imaginários* em Matemática, ou seja, entes que da perspectiva de um dado domínio *não existem*, mas que são úteis para se demonstrar fatos *desse* domínio. Assim como números *complexos* são úteis para se demonstrar propriedades puramente formais de número *reais* (isto é, que não levam em conta que tipo de objeto números reais são), elementos "no infinito" da Geometria projetiva são úteis para demonstrar fatos da Geometria euclidiana (onde pontos "no infinito" não existem) que não envolvem a noção de distância, apenas relações que são preservadas por projeções.

Vejamos um exemplo, a demonstração do teorema de Pappus, conhecido desde a Antiguidade no contexto da Geometria euclidiana.

Teorema de Pappus: Sejam duas retas concorrentes a e b, três pontos em a, A_1, A_2 e A_3, e três pontos em b, B_1, B_2 e B_3. Sejam os pontos $C_1 = (A_2 B_3) (A_3 B_2)$, onde (AB) significa a reta determinada pelos pontos A e B, e lm o ponto determinado pelas retas l e m, $C_2 = (A_1 B_3) (A_3 B_1)$ e $C_3 = (A_1 B_2) (A_2 B_1)$. Então C_1, C_2 e C_3 estão *alinhados* (isto é, sobre a mesma reta).

Note que não há no enunciado do teorema menção alguma a ângulos ou distâncias, noções métricas não vêm ao caso. O teorema envolve apenas retas determinadas por pontos, pontos determinados por retas, interseções e colinearidade. Ora, como mencionamos antes, colinearidade é uma propriedade projetiva, três pontos colineares permanecem colineares por projeção. Logo, podemos demonstrar esse teorema *em geral* demonstrando-o *num caso particular* projetivamente equivalente à situação geral.

E é precisamente aqui que os pontos no infinito mostram a que vieram. Consideremos o caso particular em que a reta $(A_1 B_2)$ é paralela à reta $(A_2 B_1)$ e $(A_2 B_3)$ é paralela a $(A_3 B_2)$, ou seja, C_3 e C_1 estão no infinito. O teorema estará demonstrado nesse caso particular se mostrarmos que C_2 também está no infinito, pois só assim esses três pontos estarão alinhados, sobre a reta no infinito, precisamente. Ou seja, precisamos mostrar que $(A_1 B_3)$ é paralela a $(A_3 B_1)$. Mas isso segue diretamente das hipóteses por propriedades de semelhança de triângulos.

Agora, como o caso geral é uma transformação projetiva desse caso particular, onde a colinearidade é preservada, o teorema está demonstrado em geral. A colinearidade dos pontos C_1, C_2 e C_3 está garantida, não importa a ordem ou o posicionamento em que se encontram sobre as suas respectivas retas.[31]

---

31 Nas palavras de Ivins Jr. (1964, p.91), refraseando Desargues: "Se um padrão de retas e curvas regulares tem certas interseções entre si, então nas projeções

O QUE É E PARA QUE SERVE A MATEMÁTICA **173**

Mas o teorema de Pappus pode ser generalizado. Como retas concorrentes são um caso especial de seção cônica, quando o plano intercepta o cone pelo centro deste, e como seções cônicas são projetivamente equivalentes, os seis pontos A_1, ..., B_3 podem estar sobre uma cônica qualquer e os pontos C_1, C_2 e C_3 ainda serão colineares. Nessa forma geral, o teorema recebe o nome de Pascal.

A Geometria projetiva também tem uma versão analítica, envolvendo coordenadas, as chamadas coordenadas homogêneas. Essas coordenadas dependem de uma identificação entre os *pontos* do *plano* projetivo e as *retas* do *espaço* euclidiano que passam pela origem. Essa identificação associa aos pontos no infinito do plano projetivo certas retas pela origem do espaço euclidiano, retirando daqueles pontos o seu caráter "imaginário". Entretanto, essa identificação *não* tem relevância ontológica, revelando pretensamente a "verdadeira" natureza e a "intrínseca" realidade dos pontos no infinito. Sua importância é meramente formal, exibindo um contexto em que o *papel* dos pontos no infinito é desempenhado por outras entidades às quais se atribui alguma forma de realidade.

Podemos extrair uma moral dessa nossa breve incursão no campo da Geometria projetiva, mais que uma na verdade. A história da criação dessa ciência por Desargues deixa claro que a Matemática tem muitas fontes de inspiração, às vezes questões práticas de ciência, outras vezes o seu próprio desenvolvimento interno, mas também, às vezes, o campo da arte, e que a Matemática é um produto cultural como qualquer outro, sempre em conformidade com o espírito do tempo. A Geometria projetiva não poderia ter sido criada pelos gregos porque não correspondia ao modo grego de ver o mundo, tátil, construtivo e essencialmente métrico antes que visual, perspectivo e puramente qualitativo.[32]

---

desse padrão sobre outros planos as retas permanecem retas e, não importando como essas curvas podem se transformar no curso das projeções – de círculos em elipses, parábolas, hipérboles ou mesmo pares de retas –, as interseções permanecem inalteradas em suas colineações e suas relações de ordem [...]".

32 "Visto em perspectiva, parece inacreditável que os gregos não tenham descoberto essas coisas que hoje parecem intuitivas em sua simplicidade e obviedade

Mas, mais importante, a Geometria projetiva mostra claramente o papel metodológico dos elementos imaginários em Matemática. Assim como a invenção dos números imaginários forneceu o contexto numérico adequado para o desenvolvimento da teoria das equações algébricas, a invenção do plano projetivo, com pontos e uma reta "no infinito", forneceu o contexto ideal para o tratamento das questões de natureza projetiva da Geometria euclidiana. Em ambos os casos, a adequação se manifestou principalmente no enriquecimento dos instrumentos *metodológicos*. Números complexos e entes geométricos "no infinito" *não existem* no domínio ontológico onde são introduzidos – números reais e plano euclidiano –, mas é pela introdução desses objetos *imaginários* que se abrem novas possibilidades de investigação formal desses domínios, que é a única coisa que interessa à Matemática. Ou seja, entes que não existem podem ser úteis e mesmo essenciais para a investigação de entes que existem, desde que, porém, essa investigação não envolva aqueles aspectos do domínio que fazem que esses novos entes sejam, precisamente, inexistentes ou imaginários.

Claro que a Geometria projetiva vai muito além da tarefa de auxiliar da Geometria métrica no tratamento de problemas de natureza qualitativa. Ela também fornece meios mais apropriados para o tratamento das curvas de terceiro grau, prestando inestimáveis serviços à Geometria algébrica, além de revelar o contexto geométrico que subjaz não apenas à Geometria euclidiana, mas também às não euclidianas. Neste ensaio, porém, ela interessa principalmente pelo papel essencial que reserva a elementos imaginários.

A invenção de Desargues não foi, em geral, bem recebida ou sequer bem compreendida, com algumas exceções, como é o caso de Pascal, e teve que enfrentar a concorrência das duas criações

---

[isto é, que o *approach* qualitativo em Geometria permitia um tratamento uniforme e mais elegante das seções cônicas que o *approach* quantitativo]. A razão provável para essa falha dos gregos é que eles estavam tão obcecados com medidas e relações entre medidas em cada cônica em separado que não eram capazes de ver qualidades descritivas que permanecem invariáveis na série de todas as cônicas" (Ivins Jr., ibidem, p.91-92, tradução minha).

matemáticas que galvanizaram a imaginação da época, a Geometria analítica de Descartes e o cálculo de Leibniz. Somente no século XIX, à época da descoberta das Geometrias não euclidianas, a Geometria projetiva foi, por assim dizer, redescoberta (Monge, Carnot, Gergonne, Poncelet) e sua centralidade no sistema das ciências geométricas, mais bem apreciada.

São justamente as Geometrias analítica e projetiva que exemplificam duas estratégias de investigação matemática características dessa ciência (mas que não são exclusividades suas; qualquer ciência que possa se concentrar no *como* em vez de no *que* dos seus domínios pode se valer delas), a saber, a investigação de um domínio pela investigação de *outro*, quer formalmente idêntico a ele, quer formalmente mais rico, mas mantendo com ele convenientes relações formais. Na Geometria analítica, substitui-se um domínio ontologicamente definido (o espaço geométrico) por outro ontologicamente distinto (o domínio dos números), mas formalmente idêntico (isomorfo) a ele. Na Geometria projetiva, estende-se o domínio espacial abstraído de algumas relações aí definidas (as relações métricas) pela introdução de elementos imaginários e se estendem para esse novo domínio as relações preservadas no domínio antigo (relações de incidência entre pontos e retas, por exemplo).

Como vimos, a demonstração do teorema de Pappus em um caso *particular* no plano *projetivo* estendido com elementos imaginários basta para demonstrá-lo para *todos* os casos no plano *euclidiano*, uma vez que situações *euclidianamente distintas* são *projetivamente equivalentes*. Qualquer configuração no plano euclidiano permitida pelas hipóteses do teorema pode ser *projetada* naquela particular configuração no plano projetivo e *projeções preservam colineações*.

Enquanto a passagem do domínio dos números reais para o dos números complexos exigiu o "abandono" (abstração) do sentido material associado aos reais, a saber, que eles são abstratas *relações quantitativas* idealizadas, a passagem do plano euclidiano para o plano projetivo exigiu o "esquecimento" (novamente, abstração) das relações métricas entre os pontos do plano euclidiano. Retirando do plano euclidiano a sua estrutura euclidiana, mas preservando ali relações de incidência e colinearidade entre pontos e retas, pode-se *estender* esse plano pela adjunção de novos objetos, os pontos e a reta "no infinito", e *estender* para esse novo domínio as relações de incidência e colinearidade do plano euclidiano, obtendo-se assim um domínio onde são *equivalentes* relações entre pontos e retas que são *distintas* no domínio euclidiano. Isso permite *reduzir* uma classe de situações distintas do domínio euclidiano a uma única situação no domínio projetivo. O "esquecimento" da estrutura euclidiana, em que retas paralelas não têm ponto em comum, permite *identificar* situações que são euclidianamente distintas, mas projetivamente equivalentes.

Em ambos os casos, algo se perde, mas algo se ganha, e, se o que se perde não é relevante para o problema em questão, o que se ganha pode ajudar a resolvê-lo de modo mais eficiente.

3
INTERMEZZO

Essas incursões por dois domínios fundamentais da Matemática, o numérico e o espacial, objetos dos capítulos anteriores, por breves que tenham sido e superficiais, são suficientes para exibir a natureza da Matemática e do mecanismo de sua aplicabilidade, ainda que, por enquanto, apenas da aplicabilidade da Matemática a si própria, e pôr a nu, ademais, a inadequação das usuais teorias filosóficas sobre a natureza da Matemática, seu conhecimento e seus objetos.

Números, por exemplo, são objetos matemáticos existentes objetivamente de pleno direito, dados à investigação matemática como um domínio em si plenamente constituído em que toda asserção significativa tem um valor de verdade determinado, ainda que não conhecido ou efetivamente conhecível.

Mas isso não quer dizer que esse domínio tem existência independente *sub specie aeternitatis*, como querem os platonistas. Para existir como os objetos abstratos e ideais, objetivamente dados que são, a respeito dos quais se podem enunciar verdades *objetivamente* válidas, números têm que ser *constituídos*, e constituídos *por nós*, sujeitos intencionais que coletiva e cooperativamente contribuímos para que números existam como objetos de uso prático e consideração teórica.

Como vimos, números cardinais finitos são constituídos como especificações da noção, inata ou adquirida, não importa, de

178 JAIRO JOSÉ DA SILVA

quantidade. Eles são, num certo sentido, artefatos culturais. Dados *primariamente* como objetos de intuição, individual ou comunitária, por abstração e ideação da forma quantitativa idêntica de coleções equinuméricas de objetos quaisquer – o que mostra que intuição é *ação*, não experiência passiva –, números são posteriormente concebidos, em geral, como *meras possibilidades* de quantificação.

Assim, em presença ou em ausência, mas sempre passíveis em princípio, embora talvez não efetivamente, de presentificação, os números se dispõem num domínio que *para efeito de consideração teórica* é ele próprio pensado como plenamente constituído, um domínio existindo de pleno direito, objetivamente, onde cada asserção propriamente numérica tem um valor de verdade em si determinado, ainda que, em muitos casos, não efetivamente determinável.

Esse domínio não pode ser propriamente intuído em cada um dos seus elementos, quer dizer, apresentado *extensionalmente in toto* à consciência individual ou comunitária, mas pode ser *intensionalmente* intuído pela intuição do conceito sob o qual ele cai, a saber, o conceito de *forma quantitativa* ideal potencialmente instanciável como *aspecto* abstrato comum a todos os elementos de uma classe de coleções equinuméricas.

Considerada a ação intencional requerida pela constituição de números e do domínio numérico, é de fato surpreendente que se possa sequer considerar a possibilidade de que eles existam como objetos independentes.

Constituição intencional não é, porém, sinônimo de *operação mental*, não é uma espécie de química de representações mentais e, portanto, objetos assim constituídos não estão necessariamente confinados ao espaço *subjetivo* da mente, como entendeu a incompetente resenha de Frege da filosofia da Aritmética de Husserl.[1] Tanto

---

1 Na sua *Philosophie der Arithmetik* [Filosofia da Aritmética], de 1891, E. Husserl apresenta uma elaborada teoria da constituição intencional de números baseada na operação de *abstração*. A abstração é entendida por Husserl analogamente a como a apresento aqui, como uma mudança de foco de interesse do sujeito (nesse caso, o sujeito comunitário) que coloca um novo objeto à consciência (à consciência comunitária). Números, enquanto *aspectos* ou *idealidades*, são

O QUE É E PARA QUE SERVE A MATEMÁTICA **179**

platonismo quanto construtivismo são visões falsas sobre a natureza e o tipo de existência que objetos matemáticos gozam, números em particular, sejam eles individualmente ou coletivamente considerados. Entes matemáticos não preexistem à sua constituição, mas nem por isso são meras "ideias na cabeça" ou "nomes", construções linguísticas. Eles existem objetivamente no espaço comunitário como correlatos objetivos do discurso sobre eles, sujeitos de verdades objetivas em si subsistentes simplesmente porque são assim *intencionalmente concebidos*.

Se números como especificações da noção de quantidade foram constituídos em resposta a necessidades eminentemente práticas, o *conceito* de número e o *domínio* dos números (a *extensão* total do conceito) surgem primariamente como objetos de consideração teórica. Para que uma ciência sistemática e *idealmente completa* de números seja possível, eles são concebidos como objetos plenamente existentes e o seu domínio, como *em si mesmo* objetivamente determinado. Isso quer dizer que todo enunciado significativo (isto é, bem formado tanto formal quanto materialmente) que se refere a números tem um valor de verdade, o verdadeiro ou o falso, *tertium non datur*, em si mesmo determinado, independentemente de sabermos ou podermos efetivamente saber que valor é esse. *Em princípio*, porém, isto é, *como traço constitutivo do domínio e do conceito* que lhe corresponde, esse valor é sempre, por suposição, cognitivamente acessível. Isso justifica e valida a empreitada teórica e o otimismo epistemológico que a acompanha: nós precisamos saber, nós vamos saber, em que pesem as *eventuais* limitações, lógicas ou práticas, essenciais ou acidentais, de nossos *circunstanciais* instrumentos de investigação.

---

objetos que não estão menos *objetivamente* dados que as coleções que eles numeram. Na resenha que escreveu dessa obra em 1894, G. Frege, o criador da Lógica moderna, juramentado inimigo do psicologismo, mas não mais do que o próprio Husserl, faz uma paródia dessa teoria apresentando-a como uma teoria *psicologista* em que a abstração é uma operação psíquica *real* atuando sobre representações mentais, elas também objetos *reais*. Essa resenha farsesca já foi desmontada em todas as suas peças na literatura pertinente e sua suposta influência sobre a "conversão" antipsicologista de Husserl, suficientemente desmentida (cf., por exemplo, Claire Ortiz Hill, 2000, p.95-107).

Mas, se as necessidades da vida prática foram a força motriz na criação dos números cardinais finitos (os inteiros não negativos), dos números racionais e dos números reais positivos, foi a atividade teórica que abriu as portas pela qual adentraram outros conceitos numéricos, como os de número negativo e número complexo, pseudonúmeros que não correspondem a uma noção de quantidade, mas que se comportam operacionalmente, isto é, *formalmente*, como números propriamente ditos.

Números reais positivos estavam originalmente ligados à Geometria como expressões de medida de segmentos de reta em termos de um segmento unitário arbitrário tomado como unidade. A descoberta pitagórica da incomensurabilidade, ou seja, de que a *relação* quantitativa entre as medidas da diagonal de um quadrado e do seu lado não pode ser expressa como um número racional (essas medidas são incomensuráveis), levou a um impasse só superado pela teoria das proporções de Eudoxo, o rascunho das teorias dos números reais desenvolvidas no século XIX que desligaram a noção de número real da Geometria.

Pseudonúmeros, como os números negativos e complexos, que são números apenas *formalmente*, já que podem ser juntados aos números e *operados* como se números fossem, não *materialmente*, por não corresponderem a determinações da noção de quantidade, justificam a sua existência pela contribuição metodológica que trazem. A extensão de domínios numérico próprios, dos cardinais, racionais e reais positivos, pela adjunção de correspondentes negativos e ficções como os números imaginários cria domínios *formalmente mais adequados* para o tratamento de questões pertinentes aos domínios originais, elas próprias invariavelmente questões formais, ou seja, questões que não envolvem essencialmente a natureza material dos objetos considerados. O exemplo que demos foi a contribuição essencial aportada pelos números imaginários, ou complexos, à teoria das equações algébricas reais. Parece que *apenas* pela adjunção de pseudonúmeros ao domínio numérico se pode efetivamente compreender a estrutura formal-operacional desse domínio.

Haveria assim dois tipos de Aritmética, uma material, centrada na noção de quantidade e, portanto, comprometida com o conteúdo material dos números, e uma formal e mais propriamente matemática, que os considera apenas como objetos formais em contexto operatório.[2] Como objetos formais, os números podem ser *interpretados* de diferentes modos, receber diferentes conteúdos materiais, especificações da noção de quantidade, números em sentido próprio, mas também quaisquer outras coisas que se queira desde que se possa operar com elas de modo análogo a como se opera com números próprios. Como um domínio formal (de objetos formais), o domínio numérico pode ser estendido consistentemente pela adjunção de outros objetos formais, de pseudonúmeros. Pode ocorrer, então, que se possam revelar nesse domínio estendido propriedades que valem em particular para os objetos formais do domínio restrito e, portanto, em particular, para números propriamente ditos. Desse modo, elementos imaginários desempenham o seu importante papel no conhecimento.

Problemas numéricos formais, como é o caso de *todos* os problemas propriamente *aritméticos*, que dizem respeito apenas a *como* os números se relacionam entre si operacionalmente, se beneficiam, portanto, da extensão puramente formal do domínio numérico pela adjunção de elementos imaginários que aumentam as possibilidades de investigação formal do domínio estendido; em particular, uma maior liberdade nos procedimentos operacionais, como a resolução de equações algébricas por radicais.

Mas isso não é um fenômeno localizado, nem exclusivamente matemático. A investigação de um domínio qualquer de interesse científico pode se deslocar para *outros* domínios que mantenham com ele relações formais relevantes, por exemplo, domínios isomorfos. Desde que estejamos seguros de que escolhemos a melhor linguagem para descrever o domínio original, com símbolos para todas as operações, propriedades, relações e elementos distinguidos do domínio que julgamos relevantes, capaz de expressar todas as

---

2 Platão faz uma distinção entre números ideais (*arithmoi eidetikoi*) e suas cópias (*arithmoi monadikoi*), reservando os primeiros à Filosofia e os segundos à Matemática.

verdades que podemos esperar desvelar, se encontrarmos outro domínio, seja ele qual for, inclusive um domínio puramente *matemático*, que seja com respeito aos termos dessa linguagem isomorfo a ele, ou seja, um contexto no qual os símbolos da linguagem possam ser interpretados de modo a se estabelecer entre ambos os domínios uma correspondência isomórfica, então esse outro domínio pode servir como um "avatar" do domínio original, ou seja, a investigação deste pode ser transferida para aquele.

Porém, isso não é, infelizmente, sempre possível, mormente em ciências ditas *materiais* (por oposição às ciências *formais*, como Lógica e Matemática). Ciências materiais como Zoologia, Geologia etc. não estão em geral seguras de que têm a linguagem apropriada para a descrição dos seus domínios nem de que todas as propriedades, relações etc. de interesse teórico definidas no domínio foram já identificadas. Por isso, elas têm sempre que voltar ao domínio original para inquiri-lo intuitivamente (perceptualmente) mais a fundo em busca dos elementos categoriais adequados à sua compreensão. E, mesmo que os identifique todos, não podem estar seguras de encontrar domínios isomorfos para onde transferir a investigação. Há uma notável exceção que veremos mais detalhadamente adiante, a Física matemática.

Cópias isomorfas, porém, não são os únicos "avatares" disponíveis; pode ocorrer algo semelhante ao que ocorre em Geometria projetiva. Se se restringe a um subdomínio do domínio original, com os mesmos objetos, talvez, mas com menos estrutura, menos relações, menos propriedades etc., pode-se quiçá encontrar uma cópia isomorfa sua, ainda que imersa num domínio mais amplo. Destituído de sua estrutura métrica, o espaço euclidiano tem, como vimos, uma cópia isomorfa num subdomínio do espaço projetivo, a saber, a parte desse espaço sem os elementos "no infinito". O domínio dos reais, também, abstraído do seu conteúdo material, isto é, "esquecendo-se" de que é de números propriamente ditos que se trata, pode ser isomorficamente identificado a um subdomínio de uma extensão formal dele pela adjunção dos pseudonúmeros complexos.

Podemos "esquecer" que números reais representam relações quantitativas entre extensões contínuas e encará-los simplesmente

O QUE É E PARA QUE SERVE A MATEMÁTICA **183**

como objetos com os quais se opera. Assim abstraído do seu conteúdo material, retendo-se apenas o seu conteúdo formal operatório, o domínio real pode ser estendido ao domínio complexo com a adjunção da unidade imaginária. Nesse domínio estendido todo "número" pode ser escrito como $a + bi$, onde a e b são reais e i é a unidade imaginária.

Ora, se tomarmos no domínio complexo todos os "números" da forma $a + 0i$, com as operações usuais do domínio complexo teremos um subdomínio isomorfo ao domínio real. De fato, a correspondência que ao real a associa o complexo $a + 0i$, que à soma de reais $a + b$ associa a soma de complexos $(a + 0i) + (b + 0i) = (a + b) + 0i$ e que ao produto de reais $a.b$ associa o produto de complexos $(a + 0i) . (b + 0i)$ $= (a.b - 0.0) + ((a.0 + 0.b)i) = (a.b + 0i)$ é um isomorfismo.

Assim, em particular, transformando equações com coeficientes reais em equações com coeficientes complexos, mas restritos ao subdomínio isomorfo aos reais, podemos usar todo o domínio complexo, onde a radiciação não conhece restrições, para resolver a equação com coeficientes complexos associada à equação original por radiciação, quando isso é possível. Toda solução dessa equação que pertence ao subdomínio dos complexos isomorfo aos reais corresponde a uma solução real da equação original, com coeficientes reais.

Claro que essa não é a única vantagem em estender o domínio dos números reais no domínio dos pseudonúmeros complexos (que são números apenas em sentido estritamente formal-operatório). A Análise Complexa, por exemplo, ou seja, o cálculo com funções com variáveis complexas, oferece instrumentos bastante úteis para a Análise Real, de funções com variáveis reais.

Como meu objetivo é puramente epistemológico, não me deterei nos múltiplos usos matemáticos dos números complexos, que são legião; basta-me um exemplo para ilustrar o fato de que a investigação de um domínio qualquer de entidades *sob algum aspecto*, em particular o aspecto formal, pode se beneficiar da extensão desse domínio a um domínio mais amplo que conserve dele apenas o aspecto considerado.

184 JAIRO JOSÉ DA SILVA

Voltemos à Geometria projetiva. Abandonando a estrutura métrica do plano euclidiano, mas preservando a sua estrutura projetiva, isto é, o conjunto das propriedades do plano euclidiano que são invariantes por projeção (que, evidentemente, não contém as propriedades métricas, envolvendo distâncias e ângulos, com exceção de algumas relações métricas como a *relação harmônica* entre quatro pontos), o plano euclidiano pode ser estendido pela adjunção de pontos "no infinito" (um para cada direção) e uma reta "no infinito" (a reta que contém todos e apenas os pontos no infinito). Essa extensão permite que a estrutura projetiva do plano euclidiano seja investigada, uma vez que ela é isomorfa à do plano projetivo *sem* os elementos "no infinito".

A completa equivalência entre retas e pontos no plano projetivo justifica um *princípio de dualidade* que a cada teorema projetivo faz corresponder o seu dual onde os termos "reta" e "ponto" são sistematicamente intercambiados, um potente instrumento de investigação que não existia no domínio métrico, onde havia uma assimetria entre os conceitos de reta e ponto. Ou seja, o abandono da estrutura métrica com a consequente extensão do domínio euclidiano reduzido à sua estrutura projetiva pela adjunção de novos elementos é uma boa estratégia investigativa. Propriedades projetivas do plano euclidiano, que não dependem da sua estrutura métrica, mas que antes se investigavam em função dessa estrutura, são mais bem investigadas num plano estendido onde apenas as propriedades projetivas são preservadas.

A Física faz excelente uso dessas possibilidades, como veremos nos capítulos seguintes; outras ciências naturais, entretanto, as usam bem menos, e as ciências humanas praticamente não recorre a nenhuma delas. As razões para a pouca relevância dessas estratégias no caso destas últimas ciências, as materiais, já foram mencionadas anteriormente, ainda que *en passant*. Os motivos, contrariamente, do imenso sucesso de tais estratégias metodológicas na Física moderna serão investigados mais a fundo a seguir.

Como veremos, a Física e as ciências estreitamente relacionadas a ela, por abstração e idealização de seus domínios, regiões *bastante*

O QUE É E PARA QUE SERVE A MATEMÁTICA   185

circunscritas da natureza empírica, são capazes de reduzi-los a (ou melhor, *substituí-los* por) domínios matemáticos que mantêm com outros domínios matemáticos relevantes relações formais. Isso permite que a Matemática, *mesmo aquela criada sem nenhuma preocupação com as ciências empíricas*, possa ser instrumentalizada em seu benefício.

Quando isso não é possível – ou seja, quando uma ciência não é capaz de extrair suficiente estrutura formal do seu domínio de modo a poder levar a cabo a sua investigação sem precisar retornar a ele – ou é, mas a estrutura resultante não é suficientemente rica para dialogar proveitosamente com estruturas matemáticas, a Matemática lhe será de pouco ou nenhum proveito.

Tomemos, como exemplo, a Botânica. Claro que podemos utilizar uma teoria matemática muito geral e elementar, a Álgebra de conjuntos, como instrumento útil em sistemática, quando se trata apenas de classificação, mas nem o domínio da Botânica e as relações que ali se estabelecem e lhe concernem são suficientemente bem definidos para que a observação dê lugar à pura investigação formal. A estrutura do domínio dessa ciência não está ainda, e provavelmente nunca estará, suficientemente bem delineada para que possa, convenientemente idealizada, dialogar com estruturas matemáticas.

Depois de vermos como a Matemática pode ser útil à própria Matemática, ou seja, como a teoria de uma determinada estrutura matemática, por exemplo, a estrutura *geométrica* do espaço euclidiano, a estrutura *operacional* do domínio dos números reais ou a estrutura *projetiva* do espaço euclidiano, pode se beneficiar de outras teorias matemáticas, de outras estruturas como, respectivamente, a estrutura algébrico-operacional dos números reais e dos números complexos ou a estrutura projetiva do plano projetivo, iremos examinar a seguir como ela pode ser útil também à Física e, *em princípio*, a qualquer teoria científica.

4
A MATEMATIZAÇÃO DO MUNDO EMPÍRICO

Na sua manifestação mais imediata, o mundo é a massa das nossas impressões sensoriais, a *realidade sensorial*, para lhe dar um nome. *Algo* nos é dado através dos cinco sentidos e das sensações cinestésicas associadas ao movimento, algo estritamente pessoal, o meu mundo, se quisermos chamá-lo assim, ou o mundo supostamente transcendente como eu o *sinto*.

Um mundo *puramente* sensorial, porém, é uma abstração, pois um mundo, ainda que pessoal, não é um amontoado de sensações, mas sensações ordenadas e estruturadas como *percepções* e os elementos estruturantes da percepção não são redutíveis à sensibilidade. *Sensações* são matéria, *hyle*; *percepções* são matéria *e* forma, *hyle e morphe*.

Suponha, por exemplo, que vejo um livro sobre a mesa. Evidentemente, meus olhos só me oferecem um emaranhado de formas, linhas, ângulos e cores de algum modo distribuídos pelo espaço. É preciso que esses elementos sejam estruturados para que dessa massa emerja um livro sobre a mesa.

É necessário, primeiro, que através de um complexo processo as sensações coalesçam em *objetos* que chamamos livro e mesa, o que evidentemente requer, além da crua sensação, operações estruturantes. Mas a percepção de um livro e de uma mesa não é ainda a percepção de um livro *sobre* a mesa; outras operações *categoriais* devem entrar em ação para que, além de objetos, uma *relação* entre eles seja percebida.

Tudo isso se passa no plano da percepção, que contém, como se vê, elementos sensoriais, que provêm a matéria da percepção, e elementos categoriais que fornecem a forma. Tanto uns quanto outros dependem não só do que existe independentemente "lá fora", mas também de como somos feitos e como nossa percepção opera.

Para que a realidade sensorial se transforme em *realidade perceptual*, não apenas sentida, mas percebida, operações *infraconscientes* devem ser postas em ação por sistemas psicofísicos inatos e involuntários, formados ao longo de nossa história evolutiva, cuja função é, essencialmente, *fazer sentido* da massa de impressões sensoriais que os sentidos nos fornecem. Nós não escolhemos perceber como percebemos, apenas percebemos, e, ainda que o quiséssemos, não lograríamos perceber diferentemente.

A realidade perceptual, porém, não *me* aparece como uma realidade *imanente*, o meu mundo só meu, mas como *signo* de um mundo que transcende as *minhas* experiências, um mundo *para todos* que apenas se *manifesta* na percepção, minha e dos outros. Chamarei essa realidade *capaz de ser percebida* e objetivamente existente de *realidade empírica*. O termo deriva do grego *"empeiria"*, significando "experiência", que no seu sentido mais fundamental é sempre experiência perceptual. O mundo empírico se revela na experiência, mas, enquanto realidade *objetivamente dada*, ele não está confinado à percepção efetiva.

A realidade empírica da vida quotidiana, da qual se origina a concepção de realidade da tradição científica clássica, encobre, porém, como de resto também e em grau mais elevado a concepção científica de realidade, certos pressupostos que convém explicitar. O mundo físico que nos rodeia no dia a dia e que tomamos como um dado é concebido – e é precisamente essa concepção que introduz pressupostos – como um domínio objetivamente existente, *maximal* e *consistente*, de fatos *em princípio*, embora não necessariamente de maneira efetiva, capazes de se apresentar perceptualmente a sujeitos

O QUE É E PARA QUE SERVE A MATEMÁTICA   189

normalmente constituídos; ou seja, pressupõe-se novamente que alucinações e idiossincrasias perceptuais não constituem percepções válidas da realidade. "Maximal" aqui significa que qualquer situação que pode em princípio ser um fato, ou é ou não é um; não há *possibilidades* em si mesmas objetivamente indeterminadas. Por exemplo, se conjecturo que há um núcleo denso de ouro puro no interior de Europa, o satélite de Júpiter, isso é supostamente ou verdadeiro ou falso independentemente de qualquer verificação. E continuaria sendo, ainda que eu ridiculamente conjecturasse que em vez de ouro o núcleo de Europa é feito de queijo *camembert*. Mais, a veracidade ou falsidade de qualquer uma dessas asserções pode, *em princípio*, ser *verificada*, isto é, apresentar-se diretamente na percepção como uma experiência. "Consistente" significa que não há na realidade fatos contraditórios que eliminam em princípio um ao outro do terreno das possibilidades e, portanto, da atualidade: não há experiências contraditórias. Esses pressupostos têm função *transcendental constitutiva*; é assim que a realidade empírica é *concebida*, é assim que ela é *constituída*. Mesmo que apriorísticas, essas pressuposições não são, porém, necessárias e imunes a revisões; talvez não na vida do dia a dia alheia a preocupações científicas, mas no campo da ciência, cuja concepção de realidade não está ao abrigo de reformulações impostas pelo refinamento das percepções em cuidadosos experimentos controlados. A percepção científica não é a percepção da vida quotidiana.

Há aqui uma bifurcação conceitual que é imprescindível notar. É possível que o mundo empírico, da experiência perceptual, seja apenas a projeção em nossa consciência de uma realidade transcendente que não é *ela mesma* acessível à experiência, uma realidade que transcende *qualquer* experiência possível. Não há nenhum motivo para supor, ingenuamente, que a realidade como ela é *em si mesma*, independentemente de nós, seja perceptível a nós, uma parcela tão insignificante do cosmos, em toda a sua extensão. Nem nossa sobrevivência, nem nossa ciência, por mais bem-sucedida que seja, contam como argumentos razoáveis em favor de tal suposição. O juiz supremo da ciência empírica é a experiência, e se esta, por hipótese, não nos dá acesso a uma realidade *além* da experiência, mas apenas à realidade empírica percebida em ato ou em potência, não há por que supor que ela tenha alguma jurisdição para além da experiência.

É perfeitamente razoável supor que é possível que seres não humanos existam, dotados de capacidade perceptiva e intelectiva, mas cuja ciência seja não apenas diferente, mas incompatível com a nossa. A cada espécie a sua experiência e, portanto, a sua realidade empírica e a sua ciência, adequadas ambas à experiência que lhe cabe viver, descrever, explicar e prever.

Se existe ou não uma realidade em si inacessível à experiência perceptual e como ela poderia ser se existisse, é algo que não compete à ciência investigar. Essa é tarefa da arte, da poesia e da metafísica; à ciência só interessa a realidade atual ou potencialmente perceptível, a realidade empírica.[1]

A identificação da realidade empírica com a realidade em princípio perceptível por qualquer um impõe um *critério de aceitabilidade* às asserções científicas: nenhuma hipótese ou afirmação cujo conteúdo não seja em princípio objeto de experiência (perceptual), direta ou indireta, é cientificamente aceitável. Poetas e metafísicos, porém, que buscam uma realidade mais além, não precisam se submeter a essa camisa de força (com a ressalva da nota ao parágrafo anterior).

Se a realidade empírica é acessível primariamente como realidade perceptual *subjetiva*, sua *constituição* como realidade *objetiva* exige a comunicação entre os sujeitos para que do confronto das percepções individuais emerja um substrato objetivo comum. Em outras palavras, a realidade empírica *objetiva* é o núcleo comum das diferentes

---

1 Ainda que mais livres do que os cientistas, os metafísicos não são tão livres como os artistas em suas elucubrações sobre a natureza da realidade transcendente em si inacessível à percepção. Suas conjecturas têm condições de contorno impostas pela realidade empírica. Qualquer modelo da realidade absoluta e transcendente não pode *impedir* que ela seja percebida como a realidade empírica que somos capazes de perceber, sendo feitos como somos. As melhores metafísicas, como as de Leibniz e Schopenhauer, têm essa grande virtude, lançar luz sobre nossas experiências. Ao metafísico cabe, então, estar sempre informado sobre o que a ciência revela sobre a realidade empírica.

O QUE É E PARA QUE SERVE A MATEMÁTICA **191**

realidades perceptuais *subjetivas*, aquilo que permanece *invariante* ao se passar de um sujeito a outro, o cerne independente de qualquer sujeito *particular* da experiência comum. A realidade empírica objetiva é, portanto, constituída na intersubjetividade.

Por isso, a ciência é uma atividade *essencialmente* coletiva e comunitária, o que, como já notei, impõe uma importante restrição à descrição científica da realidade, a invariância por mudança de ponto de observação, o *princípio de relatividade*, para lhe dar um nome.

É importante que fique claro que não estou dizendo que a realidade empírica é uma "construção social" gerada na dinâmica das lutas de poder ou qualquer tolice pós-moderna desse quilate, mas simplesmente o truísmo de que a realidade empírica é a interface entre uma realidade transcendente e nossos modos de percebê-la e concebê-la que traz em si inevitavelmente a marca humana, e que é dessa realidade que trata a ciência.

Esse modo de ver conflita com um certo realismo ingênuo embutido no empirismo tradicional que entende que há perfeita identidade, material e formal, entre a realidade perceptual e a realidade transcendente, a realidade ela mesma, que está, sempre esteve e sempre estará "lá fora" totalmente alheia à nossa existência, mas que se revela na percepção sem véus ou máscaras, perfeitamente acessível aos nossos sentidos e à nossa inteligência. Já mencionei que esse pressuposto tem caráter metafísico e contradiz frontalmente os próprios princípios do empirismo, uma vez que não pode ser empiricamente verificado. Para um empirismo coerente consigo mesmo e livre de pressupostos metafísicos (mas não transcendentais), a realidade empírica só pode ser a realidade perceptual depurada de peculiaridades individuais, um constructo intencional a cargo da humanidade como um todo fundado na percepção em princípio acessível a qualquer um.

Se a ciência clássica inconsciente do papel constitutivo do sujeito podia ainda acreditar na transparência passiva da percepção, entendida como um meio de acesso direto à realidade ela mesma, não apenas à realidade empírica, essa possibilidade é negada à ciência contemporânea, inaugurada em 1900 com a introdução da hipótese quântica. A Mecânica quântica deixou clara a cisão entre a realidade transcendente e a realidade empírica de que trata a ciência.

A interpretação *standard* do formalismo da teoria quântica, a chamada interpretação de Copenhague, afirma, em poucas palavras e sem subterfúgios, que o formalismo quântico é uma ordenação da nossa experiência, não uma descrição fiel da realidade transcendente. As funções de onda da teoria, objetos matemáticos que representam estados físicos, são apenas instrumentos de cálculo, não descrições, uma vez que essas ondas não são ondas no espaço físico. Certos estados de um sistema físico podem conter sobreposições de estados puros, por exemplo, uma partícula em vários lugares ao mesmo tempo. Isso não quer dizer, ou pelo menos é isso o que a interpretação diz, que a partícula esteja efetivamente em vários lugares ao mesmo tempo. A função de onda diz apenas em que lugares ela *pode* estar e com quais *probabilidades*. O processo de medida provoca um "colapso" da função de onda e, se ela descreve uma partícula como estando virtualmente em vários lugares ao mesmo tempo, é a mensuração que a localiza num local bem determinado. A *frequência* desse valor medido várias vezes em diferentes cópias do *mesmo* sistema no *mesmo estado* concorda com a probabilidade *a priori* determinada pela teoria.

Einstein, entre outros, nunca aceitou essa leitura e insistia numa concepção clássica de realidade empírica; se a observação da partícula em questão revela uma posição determinada, ela já estava nessa posição no momento imediatamente *anterior* à medida, e, se a teoria não pode determinar que posição é essa, então a teoria é incompleta. Num artigo clássico de 1935, ele, Boris Podolsky e Nathan Rosen propuseram um critério de realidade empírica, aparentemente bastante razoável e aceitável, e um experimento mental cujo objetivo era mostrar que a Mecânica quântica está em conflito com ele. A conclusão era que a Mecânica quântica não é uma teoria completa da realidade, que ela deveria ser reformulada (Einstein; Podolsky; Rosen, 1935).

Sem entrar em detalhes, a concepção einsteiniana de realidade impõe que a realidade seja *localmente determinada*, ou seja, o que

O QUE É E PARA QUE SERVE A MATEMÁTICA **193**

acontece num lugar só é *imediatamente* afetado pelo que acontece nas suas imediações e em si mesma *determinada*, isto é, se a probabilidade de uma observação é igual a 1, vale dizer, se a teoria determina que uma dada situação será *certamente* observada se nos dermos ao trabalho de observá-la, então ela já está determinada em si mesma *antes* da observação.

Em 1964, o físico John Bell mostrou que se poderia testar *experimentalmente* se uma teoria quântica completa de modo a satisfazer os quesitos de realidade impostos por Einstein-Podolsky-Rosen (1935) seria coerente com as predições sobejamente confirmadas da Mecânica quântica usual. Quando as condições experimentais se apresentaram, anos depois, ficou claro que não, que a introdução de "variáveis ocultas" na teoria de modo a torná-la coerente com o princípio einsteiniano de realidade é incompatível com a teoria. Para salvar a determinação intrínseca da realidade, ter-se-ia que abandonar o requisito de localidade.

Mas a história não para aí. O físico inglês Tony Leggett e outros reportaram em 2007 os resultados de experiências que mostram que o pressuposto mesmo de determinação intrínseca da realidade é incompatível com a Mecânica quântica. Ainda que tenhamos *certeza* do resultado de uma observação, o fato observado não está em si mesmo determinado *antes* da observação. Um desses artigos termina com a seguinte afirmação: "Acreditamos que nossos resultados dão forte suporte ao ponto de vista de que qualquer futura extensão da Mecânica quântica em concordância com a experiência precisa abandonar certos aspectos das descrições realistas" (Leggett et al. apud Jim Baggott, 2014, p.354, tradução minha).

Baggott (ibidem, p.356, tradução minha) conclui que "devemos agora aceitar que as propriedades que atribuímos às partículas quânticas [...] são propriedades que não têm nenhum sentido exceto em relação a instrumentos de medida". E quem diz instrumento de medida diz percepção. Nesse contexto, ele lembra o famoso dito de Werner Heisenberg (1901-1976), um dos fundadores da Mecânica quântica: "Devemos nos lembrar de que o que observamos não é a natureza ela mesma, mas a natureza exposta ao nosso método de questionar" (Heisenberg, 2007, tradução minha). Ou seja, é o nosso questionamento que formata a realidade empírica, mas é nossa percepção que direciona o nosso questionamento.

Em suma, há mais coisas entre a realidade em si e a realidade empírica da ciência do que sonha a ingênua filosofia empirista clássica. E, se é assim no nível quântico, não há por que supor que não seja assim em geral. Ainda que a realidade da ciência clássica seja pressuposta em si mesma completamente determinada, não há por que supor que seja assim determinada em si mesma, sem a ação constitutiva do sujeito, nem que seja como é sem a contribuição *ativa* da percepção.

A ciência moderna – e por isso entendo a ciência "galileana", *matematizada*, que surgiu no final da Idade Média e persiste até hoje – irá impor uma mudança *radical* na concepção de realidade empírica como realidade perceptual. De Galileu em diante a realidade não é *realmente* aquilo que podemos – *cada um de nós* pode – em princípio perceber, mas um substrato *matemático*, *abstrato* e *ideal*, imanente à realidade perceptível, apenas imperfeitamente acessível à percepção. A substância própria da realidade empírica, o seu ser mais íntimo é matemático. A ciência moderna é, nesse sentido, profundamente platônica, mas num sentido original, o lugar nenhum das idealidades platônicas se encarna na própria realidade empírica. A realidade *real*, verdadeiramente real, é matemática; a realidade perceptual é só uma projeção grosseira e imperfeita dela.[2]

Ao transformar a realidade física num domínio matemático ou, como quer Husserl, ao *substituir* aquela por este, a ciência moderna entroniza a Matemática como instrumento privilegiado de explicação, previsão e investigação científica. O processo todo clama por uma análise mais detida; meu objetivo aqui é apresentar uma.

A MATEMATIZAÇÃO DO MUNDO A realidade empírica é mutável e nossa sobrevivência como indivíduos e como espécie requer que

---

2 O filósofo que melhor analisou essa transformação como uma operação *intencional constitutiva* e compreendeu o seu sentido e finalidade foi Edmund Husserl (2012) em sua última obra publicada, *A crise das ciências europeias e a fenomenologia transcendental*, de 1936.

O QUE É E PARA QUE SERVE A MATEMÁTICA **195**

possamos conhecer o seu comportamento e, principalmente, prever em alguma medida a sua evolução. Precisamos, por exemplo, saber qual época do ano é mais propícia ao plantio e qual é mais adequada à colheita, que ervas e alimentos são úteis no combate a quais doenças, quais são benéficos e adequados para o consumo de homens e animais e quais devem ser evitados, e assim por diante. Sabemos essas coisas em geral por inferência indutiva da experiência vivida. Se algum dos nossos morre depois de comer uma raiz venenosa, nós evitaremos comê-la dali em diante.

A ciência é a evolução natural desse conhecimento indutivo e das práticas dele decorrentes desenvolvidas ao longo do tempo e incorporadas à cultura. Uma de suas primeiras manifestações foi a Astronomia. Os céus e os movimentos dos astros exibem uma regularidade bastante notável, cuja dinâmica se revela com clareza ao observador paciente e persistente disposto a múltiplas e cuidadosas observações dos ciclos celestes. Desde cedo na história humana, a previsibilidade dos céus serviu como um relógio a regular atividades terrenas, principalmente agricultura, navegação e práticas religiosas.

A Astronomia tem naturalmente um caráter matemático, mais particularmente geométrico. Astros que percebemos como simples pontos luminosos cuja natureza não nos interessa, ao menos enquanto apenas os seus movimentos atraem a nossa atenção, podem ser *idealizados* como pontos e suas trajetórias como curvas geométricas. O astrônomo quer apenas poder prever, sabendo em que ponto da sua trajetória está um astro num momento dado, em que ponto estará num outro momento qualquer anterior ou posterior àquele. A Geometria oferece os instrumentos teóricos apropriados a essa tarefa. O mais importante em Astronomia é a observação e a correta avaliação da posição dos astros. Para tanto, instrumentos, como astrolábios, quadrantes e que tais, foram desenvolvidos e muito aperfeiçoados no correr da História. Com boas e acuradas tabelas e alguma Geometria e Trigonometria pode-se fazer boa Astronomia. Foi preciso o gênio de um Kepler, porém, para que a questão típica da revolução científica em curso à sua época fosse colocada: quais são as *leis* que regem essa dança estelar e como elas se expressam *matematicamente?*

196 JAIRO JOSÉ DA SILVA

Certamente, a Astronomia e seus métodos matemáticos, já bastante bem estabelecidos no século XVII, foram os modelos que inspiraram Galileu na criação da Física moderna e na entronização da Matemática como a linguagem da natureza.

Para que a Geometria pudesse ser aplicada à Astronomia, porém, foi preciso que o espaço *físico* onde os astros se movem fosse idealizado como um espaço propriamente *geométrico* e os astros e suas trajetórias, como pontos e curvas nesse espaço. No caso dos céus, isso não requeria grandes esforços de imaginação, já que o céu e os astros não pareciam mesmo ter qualquer estrutura interna. Desde os antigos o espaço celeste e seus corpos eram vistos como constituídos de uma matéria simples e pura que se podia simplesmente ignorar.

Ao buscar desvendar a Cinemática dos corpos do mundo "sublunar" onde vivemos e suas leis, uma espécie de Astronomia terrestre, Galileu teve que encarar uma tarefa bem mais robusta de abstração e idealização do mundo empírico dado na percepção. Os corpos deste mundo têm uma estrutura evidente, eles não são, nem de longe, meros pontos luminosos; os corpos se deformam e suas trajetórias se parecem pouco com bem desenhadas linhas geométricas. O espaço onde esses corpos se movem está cheio, ainda que de ar e forças, como a força gravitacional; ele não é um espaço puramente geométrico e considerá-lo como tal exige um ato consciente de purificação da experiência, um faz de conta que permite, porém, que o movimento dos corpos possa ser descrito matematicamente.

Para que a Matemática pudesse servir como uma linguagem para descrever o mundo, os corpos e seus movimentos, Galileu teve, antes, que *preparar* o mundo para receber a Matemática. Para que a realidade empírica fosse matematicamente descritível, foi necessário *purificá-la* e *idealizá-la*, transformá-la numa multiplicidade matemática propriamente dita. Contrariamente ao que se apregoa, portanto, Galileu não *revelou* a essência matemática da natureza, ele apenas *inventou* um *método matemático* para estudá-la que consiste em *substituí-la* por uma *cópia* matemática que de algum modo a representa, ainda que somente da perspectiva formal, a única que a Matemática é capaz de expressar. Descobrir e inventar são coisas bem diferentes.

Essa substituição aparece claramente na obra de Galileu. Por exemplo, no segundo dia do *Diálogo sobre os dois máximos sistemas do mundo ptolomaico e copernicano* (2011), Simplicius, que é o porta-voz do conservadorismo científico, critica Salviati, o porta-voz de Galileu, por este supor que uma esfera toca um plano em apenas um ponto. Esferas, diz Simplicius, são às vezes bem pesadas e deformam o plano onde se encontram, tocando-o em mais que um ponto. Salviati responde que, quando o filósofo-geômetra (o cientista) quer verificar a veracidade de considerações teórico-matemáticas, ele tem que eliminar a ação da *matéria*. Se assim o fizer, diz Salviati, tudo será como a Matemática diz que é. Ou seja, para Salviati, as considerações de natureza matemática incidem apernas sobre a *forma*, não sobre a substância do mundo, o que bem revela o caráter formal da ciência galileana. Mas a explicação de Salviati não está completa. Não basta abstrair a matéria dos fenômenos para que eles possam ser matematicamente descritos, há que também *exatificar* essas formas, transformá-las efetivamente em formas matemáticas puras. O que Salviati estava dizendo, ainda que não com todas essas palavras, era que a descrição matemática da realidade incide apenas sobre as formas abstratas idealizadas da realidade. Abstração formal e idealização *transformam* a realidade empírica em um domínio puramente matemático. Ao eliminar a matéria em benefício de forma – e em geral o *como* em vez do *quê*, *relações* em lugar de *objetos* – e idealizar essas formas matematicamente, o cientista não está mais falando do mundo, mas de um domínio matemático onde a *forma* do mundo, e só ela, pode ser idealmente representada.

O mundo que se apresenta originalmente à ciência, a realidade efetivamente percebida ou em princípio perceptível, é um mundo constituído a partir, essencialmente, de cores, odores, texturas, sabores e sons, um mundo de impressões sensoriais elaboradas como percepções com componentes tanto materiais quanto categoriais. Esse mundo é certamente estruturado, mas não *matematicamente* estruturado, pelo menos não na extensão que a moderna ciência matematizada inaugurada por Galileu supõe que seja. As relações métricas do mundo empírico, por exemplo, são inexatas e só admitem uma precisa expressão aritmética por idealização.

A matematização do mundo da experiência consiste essencialmente na representação idealizada da sua estrutura formal em termos de estruturas matemáticas. Um dos aspectos mais fundamentais dessa estrutura são as relações *quantitativas* entre os diferentes estados do mundo. Para que isso possa ser expresso matematicamente de modo adequado, há, inicialmente, que *quantificar* a experiência, ou seja, expressá-la em números. Examinaremos com cuidado esse processo logo mais, mas uma consequência do processo de quantificação e matematização da experiência se impõe necessariamente: o que na experiência não se pode quantificar, direta ou indiretamente, ou "modelar" em termos matemáticos não tem lugar na ciência matematizada da realidade empírica.

O ESPAÇO E O TEMPO O mundo empírico existe no espaço e evolui no tempo, tempo e espaço físicos, da percepção. O objetivo da ciência é investigar o estado do mundo, ou mais realisticamente, de subsistemas do mundo, e sua evolução no tempo. Portanto, espaço e tempo, que Kant via como componentes formais da percepção, se impõem como as noções mais básicas da ciência, pelo menos em sua formulação atual. Reduzi-los a formas matemáticas, então, é o primeiro passo na matematização do mundo da experiência.

De um ponto de vista estritamente *subjetivo*, o tempo é uma *ordenação* dos dados da experiência subjetiva. Dadas duas experiências quaisquer de um sujeito qualquer, atuais ou apenas possíveis, há apenas três possibilidades: elas são simultâneas, isto é, ocorrem ao mesmo tempo, uma delas é anterior à outra no tempo ou lhe é posterior. Cada experiência vem afetada de um caráter temporal, de atualidade, recordação ou protensão (quando a experiência, puramente imaginada, é representa como ainda não vivida, mas a ser vivida) que permite localizá-la no presente, no passado ou no futuro. O *presente* é o domínio das experiências sendo vividas,

O QUE É E PARA QUE SERVE A MATEMÁTICA **199**

o *agora*. O *passado*, em seus diversos momentos de retrocessão, o das experiências já vividas, o *então*. O *futuro*, o campo aberto das experiências a serem vividas, o *porvir*. O tempo subjetivo é uma ordenação linear e direcionada das experiências do sujeito, e a *duração* de uma experiência vivida, o intervalo que contém todos os seus momentos, está fortemente marcada pelo conteúdo da experiência e o caráter subjetivo desta e, portanto, não tem valor objetivo. A direcionalidade temporal, por sua vez, está calcada sobre o princípio de causalidade; o passado contém todas as experiências que poderiam ter tido algum efeito causal no presente e o futuro, todas as que o presente pode em princípio causalmente determinar. O futuro não interfere causalmente no presente nem este no passado.

A ciência física não tem nada a ver com esse tempo.

O tempo da ciência é o tempo *objetivo*, um marcador temporal válido, em princípio, para *todos* os sujeitos, um padrão objetivo de tempo com o poder de calibrar a experiência subjetiva do tempo. O tempo objetivo é o tempo marcado por um *relógio* objetivamente acessível e intersubjetivamente aceito como marcador universal. Um relógio nada mais é que um movimento periódico que todos os sujeitos em princípio concordam ser e, portanto, *pressupõem* ser *objetivamente regular*. Cada período do relógio determina uma unidade de tempo e um intervalo unitário de tempo é sempre igual a outro (é isso que "regular" significa). *Pressupõe-se*, ademais, que o tempo objetivo "flui" continuamente e que o intervalo de uma unidade de tempo pode ser subdividido arbitrariamente em subunidades.

O tempo é um contínuo, e isso significa que toda parte do tempo é também um contínuo e pode ser subdividida. Em outras palavras, não há uma fração mínima de tempo. Assim nós o experienciamos subjetivamente e assim nós o representamos objetivamente. A *matematização* do tempo, porém, imprescindível à ciência empírica matematizada, como veremos em breve, só é possível pela falsificação do caráter contínuo do tempo.

Ademais, o tempo é um contínuo *linear*, ou seja, cada "momento" do tempo separa o tempo em duas partes distintas, o "antes" e o "depois" daquele momento, sendo cada uma dessas partes

200   JAIRO JOSÉ DA SILVA

inatingível a partir da outra por um movimento contínuo sem passar pelo momento dado.

Ora, como representar matematicamente esse aspecto formal do mundo empírico abstraído de todo conteúdo experiencial? O candidato natural é outro contínuo linear, o dos números reais. Para tanto, porém, como disse há pouco, há que falsificar a intuição e a representação do tempo, imaginá-lo composto por "momentos" ou "instantes" pontuais que não têm nenhum correspondente em nossa intuição temporal. Instantes temporais, portanto, são *idealizações*; na vivência efetiva só há *intervalos* de tempo.

Assim idealizada, essa forma abstrata, o tempo físico, agora um contínuo linear formado por pontos vazios de conteúdo experiencial, mas capazes em princípio de receber *qualquer* conteúdo passível de experiência, pode ser posto em *correspondência biunívoca* com os números reais. Um instante arbitrário do tempo é escolhido como o instante inicial e colocado em correspondência com o número 0. O instante que corresponde a uma unidade temporal (um ciclo do relógio) *depois* do instante inicial é posto em correspondência com o número 1, o instante que corresponde a uma unidade temporal *antes* do instante inicial é posto em correspondência com o número -1. E assim por diante, a cada instante corresponde um único número real e vice-versa, a cada número real corresponde um único instante. Ao número r (-r) corresponde o instante que está a r unidades de tempo depois (antes) do instante inicial. É importante notar que essa correspondência repousa sobre *pressupostos*, a saber, que uma vez fixado o instante inicial a *cada instante* do tempo corresponde um *único número* real e inversamente, que a *cada número* real corresponde um *único instante* temporal.

Essa representação numérica preserva a estrutura *topológica* e *métrica* do tempo físico. Instantes próximos correspondem a números próximos (e vice-versa); intervalos iguais (maiores, menores) de tempo correspondem a intervalos numéricos iguais (maiores, menores). Mas há aspectos da noção de tempo físico que *não* encontram correspondente na sua representação matemática. O tempo físico é representado e vivenciado como *irreversível*: o tempo "flui" do passado para o presente, nunca o contrário. Essa direcionalidade, porém, *não* é constitutiva do contínuo numérico. A irreversibilidade temporal no "tempo" aritmético da ciência matematizada só pode ser imposta por um pressuposto *ad hoc*.

A ciência clássica *supõe*, ademais, que *todos* os sujeitos do Universo, independentemente de onde estejam e do estado de movimento relativo entre eles, percebem aquele movimento periódico escolhido como relógio da *mesma* forma e que, portanto, haveria um tempo universal, medido por esse relógio, que "fluiria" igualmente para todos. Uma ulterior objetivação, mas inevitável, foi supor que havia, portanto, um tempo objetivo que "fluía" uniformemente por todo o Universo *independentemente de nós*, nossas experiências e nossos relógios, um tempo *absoluto*, contra o qual todo relógio, todo tempo *relativo*, poderia ser comparado.

No escólio I às definições do seu *Philosophiae Naturalis Principia Mathematica* (1687), Newton faz essa distinção claramente:

> O tempo absoluto, verdadeiro e matemático, por si próprio e por sua própria natureza, flui igualmente com respeito a qualquer coisa externa e se chama também duração; o tempo relativo, aparente e comum, é uma medida sensível e externa (acurada ou desigual) da duração por meio do movimento, que é comumente usada no lugar do tempo verdadeiro, tais como hora, dia, mês ou ano.

Foram precisos cerca de quatro séculos, até a teoria especial da relatividade de Einstein, para nos darmos conta de que não existe nenhum tempo absoluto, e que mesmo os tempos relativos medidos por relógios não são universais, que os tique-taques dos nossos marcadores temporais são percebidos diferentemente por observadores em diferentes estados relativos de movimento ou em diferentes pontos do Universo, dependendo da substância, matéria ou energia ao seu redor.

Basta um instante de reflexão para nos darmos conta da quantidade de pressupostos de natureza constitutiva presentes em nossa noção de tempo físico e sua representação matemática. Do tempo como o concebemos e vivenciamos sobrou apenas um contínuo atomizado de números reais, que funcionam como rótulos que colamos aos eventos do mundo para localizá-los no fluxo contínuo do tempo físico, seja esse tempo concebido como absoluto, relativo a um particular relógio, mas universal, ou relativo a um relógio que só mede o tempo num particular sistema de referência. Matematicamente, o tempo é apenas um *parâmetro* real, ou seja, uma variável que toma valores no conjunto dos números reais.

Se o tempo é a condição formal da multiplicidade num mesmo ponto do espaço, o espaço é a condição formal da multiplicidade simultânea. Isso quer dizer que, para que muitos corpos sejam representados como existindo ao mesmo tempo, é preciso que eles estejam localizados em diferentes pontos do espaço. Um único ponto bem determinado do espaço, num instante bem determinado do tempo, o que são evidentemente idealizações, pode comportar apenas um único ponto material (outra idealização).

Já nos ocupamos da constituição do espaço físico e do espaço da Geometria física, mas recordemos. Cada um dos nossos sentidos tem o seu próprio espaço, existe um espaço puramente tátil, um espaço sonoro, um espaço visual, um espaço cinestésico, ligado ao movimento do corpo. Esses são espaços subjetivos, constituídos para acomodar percepções com caráter espacial originárias de sistemas sensoriais distintos, e são formalmente distintos. O espaço visual de uma pessoa imóvel capaz de mover apenas a cabeça e os olhos, por exemplo, não tem evidentemente a mesma profundidade do espaço visual de alguém capaz de se mover livremente, nem provavelmente as mesmas dimensões. Um cego de nascença, que localiza as coisas no espaço em função de impressões sonoras, olfativas, táteis e cinestésicas, tem provavelmente uma representação do espaço bem mais centrada no sujeito e bem mais fluida que um vidente que organiza o espaço quase exclusivamente em função de impressões visuais. Enquanto o vidente se vê como em movimento num espaço fixo, o cego provavelmente se percebe como centro de um espaço que está constantemente em reconstrução ao redor dele.

O espaço subjetivo de uma pessoa normalmente constituída, porém, constitui-se com a colaboração de todos os sentidos como

O QUE É E PARA QUE SERVE A MATEMÁTICA   **203**

um espaço único onde tudo o que é percebido como exterior ao corpo tem uma localização determinada.

Esse espaço tem evidentemente um centro, o corpo, foco em função do qual o espaço perceptual subjetivo se constitui e são determinadas as relações espaciais. As coisas no *meu* espaço estão próximas ou distantes *de mim*, dependendo de como represento o movimento necessário do *meu corpo* para me levar até elas. Com meu corpo imerso num campo gravitacional, percebo diferenças *qualitativas* entre diferentes direções do espaço; há uma clara distinção entre para baixo e para cima, por exemplo. Ademais, o local onde se encontra o meu corpo será sempre um lugar privilegiado; relações métricas, ainda que "aproximadas", são geralmente determinadas em função de unidades definidas por relação ao corpo (origem de unidades como pé, braça, jarda, ainda que nesses casos o corpo fosse o corpo do rei) e são mais bem determinadas na vizinhança do meu corpo que em regiões distantes dele. O espaço perceptual subjetivo não é nem homogêneo (quando todos os pontos do espaço são equivalentes), nem isotrópico (quando todas as direções do espaço são equivalentes).

Esse não é, ainda, o espaço físico e, portanto, a ciência física não tem nenhum interesse nele. O espaço físico é um espaço *comunitário*, onde cada sujeito vale tanto quanto qualquer outro abstraído de todo conteúdo que possa distinguir um ponto de outro ou uma direção de outra. Não há, portanto, um centro no espaço físico, nem direções ou localizações privilegiadas. Relações espaciais estão *objetivamente* determinadas, independentemente deste ou daquele sujeito, e objetivamente existentes, ainda que efetivamente inacessíveis a qualquer sujeito. O espaço físico é um campo homogêneo e isotrópico de "lugares" ou "posições", que podem em princípio ser ocupados por não importa quais corpos físicos ou onde podem ocorrer não importa quais fenômenos físicos. O espaço físico se constitui por uma espécie de "negociação implícita" entre os sujeitos e seus espaços perceptuais subjetivos. Permanece no espaço físico objetivo apenas aquilo que os sujeitos "concordam" que pertence em princípio a todo e qualquer espaço subjetivo. Por exemplo, a *continuidade*. Mas também a *não limitação* (que, vale lembrar, *não* é a mesma coisa que *infinitude*), pois todo sujeito representa o espaço como ilimitado, ou seja, sem limites ou bordas além das quais não se pode ir. Todo sujeito normalmente constituído, ou seja, com todos os sentidos funcionando normalmente, sem aditivos químicos, percebe três graus de liberdade no seu espaço perceptual e, portanto, o espaço físico é representado como *tridimensional*.

Mas há também idealizações que entram na representação do espaço físico objetivo. Como relações espaciais são objetivas, na medida em que podem, *em princípio*, ser percebidas por qualquer sujeito, elas são representadas como existindo e estando determinadas *independentemente* de serem ou poderem ser *efetivamente percebidas*. Nós concordamos, por exemplo, que a distância entre dois pedaços quaisquer de rocha na Lua está a todo instante bem determinada, independentemente de ter sido ou até de poder ser efetivamente percebida e avaliada.

Assim, o espaço físico, objetivo, que está aí para todos, se constitui como um campo uniforme, isto é, homogêneo e isotrópico, contínuo e tridimensional, de lugares capazes em princípio de acolher não importa que corpo, evento ou fenômeno, entre os quais se estabelecem relações propriamente espaciais objetivamente dadas e objetivamente determinadas como contiguidade, afastamento, proximidade e outras do gênero que serão herdadas por quaisquer coisas que ocupem esses pontos.

Nesse espaço, porém, não há "pontos" sem dimensão, "linhas" unidimensionais ou "superfícies" bidimensionais. Tudo o que está no espaço físico tem três dimensões. Não há retas nem planos nesse espaço, nem triângulos, esferas ou quaisquer objetos geométricos. O espaço físico *não* é o espaço da Geometria.

Ainda que o espaço físico possa ser abstraído dos corpos, ou seja, concebido como "vazio", ainda assim ele não é o espaço geométrico. Para que o seja, ele tem que ser *idealizado*, ou seja, em certo sentido, exatificado para além da possibilidade da percepção. Enquanto o espaço físico é essencialmente um espaço perceptual, o espaço geométrico é essencialmente não perceptual.

Portanto, só pode existir uma Geometria física em sentido impróprio, não a Geometria do espaço físico, mas a Geometria de um espaço idealizado a partir do espaço físico que lhe corresponde como imagem ideal.

Ao geometrizar o espaço físico, portanto, Galileu o estava *substituindo* por outro, onde, porém, se poderiam expressar geometricamente certas relações espaciais reais, mas sempre de modo idealizado, ou seja, irreal.

Mas, para que haja uma Geometria métrica do espaço físico – originalmente, a Geometria euclidiana –, é preciso que se possa extrair do espaço físico uma *estrutura métrica*. Propriedades topológicas, como a continuidade do espaço e relações de contiguidade e proximidade entre os lugares do espaço, como vimos, são constitutivas do espaço físico. Mas serão as *distâncias* também?

Para que distâncias possam ser determinadas objetivamente, requer-se inicialmente um padrão objetivo em função do qual se possam aferir em princípio quaisquer distâncias. Um *metro*, digamos, que possa se deslocar sem deformação para qualquer lugar do espaço, ao longo de qualquer trajetória, uma unidade rígida de medida. Como sabemos, as relações métricas determinadas por corpos rígidos que se podem deslocar livremente pelo espaço não são necessariamente aquelas da Geometria euclidiana (nesse caso, embora constante, a curvatura do espaço não é necessariamente nula, como no espaço euclidiano), mas nossa experiência perceptual não consegue distinguir *localmente* entre a estrutura métrica real do nosso espaço físico, onde corpos rígidos podem se mover à vontade, e a estrutura métrica euclidiana. Assim, no limite da percepção, as relações métricas determinadas por um metro rígido móvel são as relações euclidianas. Mesmo que em princípio se possa atribuir ao espaço, globalmente, uma estrutura métrica não euclidiana (com curvatura negativa, hiperbólica, ou positiva, elíptica) – e a ciência irá explorar essa possibilidade –, localmente ela deve se aproximar da euclidiana o suficiente para que possa ser considerada, efetivamente, como euclidiana, *ao menos nos limites da percepção*.

Assim, em primeira aproximação, o espaço físico pode ser idealmente representado como um espaço euclidiano, onde vale a Geometria euclidiana tradicional. O que, note, é bem diferente do que acreditava Kant, que a estrutura euclidiana do espaço puro que se impõe à percepção é uma necessidade *a priori*. Não é.

Considerações de natureza científica apenas indiretamente verificáveis perceptualmente com o auxílio de instrumentos sofisticadíssimos mostraram que as métricas do espaço e do tempo consideradas em separado não têm valor objetivo e que apenas a métrica de um contínuo a quatro dimensões onde espaço e tempo são formalmente idênticos tem validade objetiva. Sobre isso, disse Minkowski no seu artigo "Espaço e tempo", de 1908: "Doravante, espaço por si próprio e tempo por si próprio estão fadados a desaparecer em sombras, e apenas uma espécie de união dos dois preservará uma realidade independente" (Minkowski, 1972, p.93). Porém, nos limites da percepção *imediata*, a concepção clássica de espaço e tempo absolutos é ainda válida e a estrutura euclidiana do espaço ao nosso redor ainda se impõe.

Um problema para a ciência é que pontos espaciais são indistinguíveis, e se quisermos especificá-los e distingui-los precisamos, como fizemos com os instantes do tempo, associá-los a números. Esse importante passo em direção a uma ciência matemática da realidade empírica foi efetuado no século XVII com a criação da Geometria analítica (Descartes e Fermat).

Podemos associar a cada ponto do espaço euclidiano, que doravante supomos representar idealmente o espaço físico, três números reais (as suas coordenadas) independentes um dos outros (porque o espaço é tridimensional), de tal modo que a estrutura topológica do espaço seja preservada na estrutura topológica da numeração, sem levarmos em conta as relações métricas. Isso já permite uma individualização de pontos espaciais que respeita em certa medida a estrutura do espaço, mas que permite também, em princípio, que diferentes métricas, definidas por diferentes relações numéricas entre coordenadas, sejam associadas ao espaço. Ou então podemos coordenar pontos do espaço a ternas de números reais, de modo a incorporar na numeração a estrutura euclidiana do espaço, como é usual na ciência clássica. Desse modo, podemos expressar a distância euclidiana entre pontos arbitrários do espaço por uma fórmula matemática bastante simples que envolve apenas as coordenadas dos pontos, como aprende qualquer estudante de Geometria analítica.

Assim, abstraído (esvaziado de todo conteúdo) e idealizado (exatificado), o espaço físico pode ser matematicamente representado por um espaço propriamente geométrico. Este, *por sua vez*, pode ser isomorficamente representado por um espaço *numérico* que lhe é formalmente equivalente. Por transitividade, o espaço físico objetivo abstraído de todo conteúdo reduz-se na ciência clássica a um espaço numérico que preserva em forma exatificada a estrutura protomatemática que a percepção lhe atribui.

Agora, qualquer evento no mundo físico tem sempre um lugar no espaço e no tempo que pode ser representado por três coordenadas espaciais e uma coordenada temporal: (x, y, z, t).

Matematizadas as *formas* da realidade empírica, o próximo passo é matematizar os seus *conteúdos*.

A MATEMATIZAÇÃO DOS CONTEÚDOS Nós *percebemos* regularidades no comportamento da natureza e *supomos* que há leis rigorosas que as regem e, ademais, que essas leis expressam correlações, em particular correlações *causais*. Mas há que ter sempre em mente que o escopo de tais leis é a realidade empírica, não a realidade transcendente "lá fora" além da nossa capacidade perceptiva. Em segundo lugar, que essas leis, enquanto leis *empíricas*, envolvem primariamente as categorias da percepção e se expressam na linguagem perceptual. Se vemos, por exemplo, que um fio metálico se distende ao se aquecer, que essa distensão depende do seu tamanho e do material de que ele é feito e é tão maior quão mais aquecido é o fio, a sentença apenas escrita, um pouco mais elaborada talvez em detalhes observacionais, é a expressão possível da lei que rege esse fenômeno em linguagem observacional. Às vezes, descrições desse tipo recebem o nome de fenomenológicas, de onde se entende que são meras descrições dos fenômenos como eles são percebidos.

208 JAIRO JOSÉ DA SILVA

A Física moderna, porém, tendo decidido que uma realidade *exata*, matematicamente descritível, subjaz à realidade empírica observável, decretou que leis empíricas têm *necessariamente* expressão matemática. Se acreditamos, porém, como devemos, por coerência com o significado dos termos, que a realidade empírica é tudo e *somente* aquilo que podemos, ao menos em princípio, *observar*, e como não podemos, nem em princípio, observar regularidades matematicamente exatas, para que leis físicas tenham expressão matemática é preciso que a realidade física onde elas têm jurisprudência seja uma realidade *matemática*. Há, então, de alguma maneira, que colocar uma realidade matemática *no lugar* da realidade empírica; a realidade que *podemos perceber* deve ser *substituída* por uma "realidade" que só podemos *pensar* e expressar matematicamente e que só *imperfeita e aproximadamente* se revela na percepção. Essa é a realidade *física* da ciência matemática da natureza, a realidade empírica matematizada.

Que fique, portanto, claro: a natureza matematizada *não* é a natureza, mas uma idealização da natureza, ou melhor, de *aspectos* da natureza que admitem idealização matemática. O processo que leva de uma a outra requer, como é claro, ação intencional do sujeito comunalizado encarnado na comunidade científica, o sujeito que *escolhe* os aspectos da realidade que interessam à sua ciência – que, como veremos, são preferencialmente os aspectos quantitativos ou os que são representáveis quantitativamente –, que os *abstrai* do contexto natural mais amplo e que os *idealiza* para fins de tratamento matemático. Não um *fato* estabelecido (como poderia sê-lo?) e mais do que uma *pressuposição*, a existência de um cerne *matemático* incapaz de ser adequadamente percebido subjacente à realidade empírica é uma *imposição*, ou, antes, a *substituição* da realidade efetivamente real por uma realidade ideal. Essa subversão ontológica só se justifica porque é uma boa estratégia *metodológica*, como a História demonstrou e como veremos logo mais.

Assim como a criação de uma Aritmética ideal de um campo infinito de números ideais (Aritmética pura) propiciou o desenvolvimento de métodos simbólicos de manipulação numérica e, como consequência *prática*, o surgimento de técnicas de aferição

O QUE É E PARA QUE SERVE A MATEMÁTICA **209**

quantitativa sem necessidade da contagem, uma ciência da realidade matematizada será extremamente útil para o conhecimento da realidade empírica perceptível e o desenvolvimento de técnicas para a sua manipulação. Mas devemos cuidar para não confundir o que é apenas um instrumento metodológico com uma ferramenta de prospecção metafísica. Como veremos, pela matematização da natureza, a Matemática passa a desempenhar vários papéis em ciência, o de uma linguagem, em primeiro lugar, mas também o de um instrumento de previsão e de descoberta.

A matematização do quadro *formal* da realidade, o espaço e o tempo, e sua *identificação* a espaços numéricos é um primeiro e natural passo, já que a mensuração de distância e duração são práticas culturais bem arraigadas e bem cedo postas a serviço da descrição e da prospecção da experiência perceptual. Note, porém, que a mensuração é uma prática pré-científica que se inscreve no contexto perceptual; seus resultados não são números em sentido matemático *preciso*, mas, antes, vagos intervalos numéricos. Ninguém dirá nunca que efetivamente mediu um comprimento *exatamente igual* a um número qualquer em relação a uma dada unidade. Na melhor das hipóteses o que se mede flutua ao redor de vários (na realidade, infinitos) números possíveis. O físico-matemático dirá que a culpa é da percepção, que é impotente para acessar a realidade; eu prefiro dizer que a percepção é o que é, e o que ela nos dá é a realidade empírica por definição, enquanto a realidade matematizada é só uma idealização. Apenas idealizando podemos reduzir distâncias e durações a números e o espaço e o tempo a domínios numéricos. Mas isso, claro, não basta; há que matematizar também o conteúdo da realidade, os seus objetos, as propriedades desses objetos, as relações entre eles, a dinâmica do mundo, enfim.

Se é uma parte suficientemente bem definida da realidade – um *sistema físico* – e sua evolução no tempo que se quer matematizar, faz-se necessário encontrar um domínio matemático, com objetos matemáticos e relações matemáticas entre esses objetos, que seja *formalmente equivalente* ao sistema dado dentro de uma margem aceitável de "erro". O termo "erro" nesse contexto, quando levado a sério, indica claramente que se está admitindo a prioridade ontológica da realidade matemática, sendo a realidade empírica perceptual apenas uma *aproximação* a ela, inevitavelmente inexata. Ou seja, que se efetuou uma reversão ontológica, a realidade matemática tomando o lugar da realidade perceptível como realidade última.

Podemos, por exemplo, representar a órbita de um planeta ao redor do Sol por uma elipse, as diversas posições do planeta em sua órbita ao longo do ano por pontos sobre a elipse, e procurar expressar o tempo que o planeta leva para ir de um ponto a outro de sua órbita em função da área determinada pelos vetores-posição que ligam esses pontos ao foco que representa o Sol. Foi o que Kepler fez, e descobriu que o vetor-posição do planeta varre áreas iguais em tempos iguais; essa é a sua segunda lei.

Esse exemplo ilustra bem as vantagens da tradução matemática da realidade. Que a órbita do planeta seja uma elipse, e não, como pensavam os antigos, uma circunferência, é uma simples *extrapolação* de cuidadosas observações *idealmente consideradas* e tem um claro fundamento na experiência. Já o vetor-posição é um objeto puramente matemático e, para que a área que ele varre possa ser calculada, é necessário apelar para a Geometria, a observação direta do movimento planetário não basta. Uma vez instalada a representação matemática, dá-se à *linguagem* matemática a função de *descrição* da realidade e à *teoria* matemática o papel de instrumento de *investigação* da realidade.

Uma vez descoberta, a segunda lei de Kepler pode ser usada para *prever* onde o planeta estará num instante futuro qualquer sabendo apenas quanto tempo ele levou para ir de um ponto qualquer a outro da sua órbita e onde está no momento presente, que é o que interessa do ponto de vista astronômico. O cálculo de áreas varridas por vetores-posição entra na história apenas como instrumento matemático. Isso exemplifica o papel da Matemática como uma ferramenta de *previsão* muito mais eficiente do que a mera indução.

Nesse exemplo, planeta e Sol são dramaticamente reduzidos a pontos matemáticos. Nada a respeito deles interessa, só que existem e têm, a cada *instante* (lembre-se, a noção de instante é uma

O QUE É E PARA QUE SERVE A MATEMÁTICA **211**

idealização) uma posição *supostamente bem determinada* no espaço (outra idealização). O espaço perceptual foi também matematicamente idealizado, não mais o espaço físico contínuo, sem partes ínfimas, mas o espaço euclidiano, onde há pontos, elipses e vetores-posição que obedecem às leis da Geometria euclidiana. Nem o que mantém o planeta em órbita ao redor do Sol vem ao caso, apenas que essa órbita é elíptica com o Sol em um dos seus focos (essa é a primeira lei de Kepler).

Há evidentemente, primeiro, uma *seleção* dos elementos que constituem o sistema em questão. Nesse caso, o planeta e o Sol como pontos *variáveis* no espaço-tempo e relações *cinemáticas* entre elas. Como, nesse contexto, não importa do que planetas e o Sol são feitos, a sua matéria, que forma eles têm, ou que relações *dinâmicas* existem entre eles, a matéria e a forma do planeta e do Sol podem ser *abstraídas* e esses objetos reduzidos a pontos matemáticos. Além de seleção e abstração, há também, evidentemente, idealização. Nada no mundo é um ponto matemático, mas, às vezes, o Sol e os planetas podem ser assim idealizados. A aplicação da Matemática à realidade empírica requer engenho e arte, não é um procedimento que vai de si.

Se nos interessássemos, como Newton, pela *dinâmica* da situação, ou seja, como o Sol mantém planetas em órbita, teríamos, como Newton percebeu, que levar em conta certos aspectos dos corpos que Kepler se deu ao luxo de ignorar (abstrair). No caso, a massa do Sol e dos planetas. O que é massa e como ela entra na história foi uma das grandes descobertas de Newton.

Newton sabia que o movimento retilíneo e uniforme consistia, junto com o repouso, em estados naturais dos corpos. Se nada agia sobre eles, eles estariam em um desses dois estados (essa é a primeira lei de Newton). Portanto, para que houvesse alteração da velocidade ou da direção do movimento, deveria haver alguma *ação* sobre o corpo. O que é essa ação, em *que* ela consiste, a sua *natureza, como* ela funciona, Newton não sabia nem queria saber: "Não levanto hipóteses", ele dizia. Bastava-lhe saber como ela se relaciona *quantitativamente* com a variação da velocidade em intensidade ou direção, ou seja, a aceleração que ela comunica aos corpos sobre os quais age. *Forças* eram, para Newton, entidades *matemáticas*, e ele o diz explicitamente no seu *Principia* (escólio final).

Mas ele só pôde introduzir objetos matemáticos na teoria porque essa era uma teoria *matemática*. Relações dinâmicas entre corpos podem ser "explicadas" pela introdução de uma noção puramente matemática, a de força, porque relações dinâmicas são relações matemáticas. "Forças" são entidades puramente matemáticas porque nada se sabe delas senão como calculá-las; a definição dessa noção, dizemos, é puramente operacional. Na dinâmica do movimento, além da mera localização espaçotemporal interessa saber também *quanto* os corpos resistem à ação de forças, ou seja, a sua *massa*, definida precisamente como uma *medida* da tendência dos corpos em preservar o seu presente estado de movimento. Enquanto na Cinemática galileana ou kepleriana os corpos são apenas pontos no espaço-tempo numérico, quádruplas (x, y, z, t), na dinâmica newtoniana eles são também portadores de massa $[(x, y, z, t), m]$. Em ambos os casos, os corpos se reduzem a punhados de *números*. Newton relacionou massa à *quantidade de matéria* que o corpo contém, mas isso é irrelevante, já que apenas o seu valor interessa e isso pode ser calculado em função de algum corpo tomado como unidade de massa simplesmente verificando como eles comunicam movimento um ao outro quando se chocam, supondo que a quantidade de movimento ou momento linear (massa vezes velocidade) do sistema dos dois corpos é constante.

Aqui aparece pela primeira vez um importantíssimo instrumento científico de *explicação* e de *descoberta*, a saber, um *princípio de conservação*. Esses princípios nos dizem que em certos processos certas *quantidades* são conservadas; por exemplo, momento linear, momento angular, energia, carga elétrica, entre outros. Tais princípios, porém, *exigem* um contexto matemático para que possam sequer ser enunciados. Voltaremos a eles mais tarde.

A segunda lei de Newton diz essencialmente que uma força aplicada sobre um corpo lhe comunica uma aceleração na direção em que a força age que é tão mais importante, ou maior, quanto menor

O QUE É E PARA QUE SERVE A MATEMÁTICA **213**

for a massa do corpo, ou seja, a sua resistência em mudar o seu estado de movimento. Note que a lei é puramente *quantitativa*, nada é dito sobre o *mecanismo* da ação da força, apenas sobre o seu efeito quantitativo sobre o movimento do corpo sobre o qual ela age. Da força, só se conhece o valor e a direção, nada é dito sobre o *como* da sua ação e o *quê* da sua natureza.

É evidente que Newton fez uma escolha, optando por *relações quantitativas* antes que por *explicações*; ou melhor, dando um novo sentido à noção de explicação científica, não mais a explicitação do *mecanismo causal*, mas a sua expressão quantitativa. Newton preferiu privilegiar o aspecto quantitativo do mundo, relacionar *quantidades* e explicitar *quantitativamente* como essas relações mudam no correr do tempo. A *substância* do mundo só lhe interessa enquanto quantidade e na sua ciência, assim como, em toda a ciência moderna, só se a admite quando ela pode ser direta ou indiretamente quantificada. Quando não pode, a substância é delicadamente posta de lado como cientificamente irrelevante. Na base da matematização do mundo, portanto, está a quantificação.

Aqui se revela o elo mais fundamental que conecta a realidade empírica à Matemática ou, se quiserem, a semente da qual brotará a matematização do mundo físico. Nós podemos experienciar a realidade sob a categoria da quantidade e esse é um fato que talvez diga mais sobre *nós* do que sobre a realidade transcendente. Nossos sentidos podem diferenciar entre o mais, o menos e o igual; essa capacidade bruta foi, com a evolução da cultura, aperfeiçoada com o desenvolvimento de *tecnologias* de contar e medir. Inventamos balanças, réguas, relógios, metros, mas também números como possíveis valores, estes, de medidas idealizadas. Como as balanças, números são artefatos culturais; mas, ao contrário das balanças, que são objetos reais, números são objetos ideais, gozando de uma existência peculiar, também ela ideal, objetiva, mas não independente. Balanças medem a quantidade percebida; números, a quantidade idealizada. A ação intencional que possibilitou a constituição desse domínio de marcadores ideais de quantidade se exerceu também sobre a realidade empírica, idealizando-a como um domínio onde toda

214 JAIRO JOSÉ DA SILVA

grandeza quantitativamente variável poderia *efetivamente* admitir, *em si mesma*, valores numéricos exatos que, *perceptualmente*, porém, se manifestam necessariamente apenas imperfeitamente. Desse modo, a experiência quantitativa da realidade pode, senão perceptualmente, ao menos teoricamente, expressar-se em números. Esse é o ato original da *substrução* matemática do mundo.[3]

QUANTIFICAÇÃO Das várias propriedades que os corpos têm, muitas podem ser subsumidas à categoria da quantidade; por exemplo, massa, peso, cor, textura, dureza, densidade, carga elétrica, condutividade elétrica, condutividade térmica etc. etc. Usualmente chamamos de *grandeza* ou *magnitude* qualquer aspecto quantificável da realidade empírica, qualquer coisa a que podemos associar números. Quantificar é expressar a quantidade de uma grandeza em função de uma quantidade padrão dessa grandeza. Ao quantificar, reduzimos magnitudes a variáveis numéricas que podem ser postas em relação com outras variáveis numéricas por meio de fórmulas. Números são, como vimos, formas capazes de expressar relações quantitativas, e, ao privilegiarmos grandezas quantificáveis em nossa descrição da realidade, nós, em última análise, reduzimos a realidade a números e a estrutura e a dinâmica do mundo a relações numéricas.

Nós percebemos o mundo da perspectiva da quantidade e idealizamos nossa percepção para poder expressá-la em números, mas é possível que existam formas de inteligências no Universo que não o vejam sob esse aspecto. Se elas existem e têm uma ciência empírica, ela será certamente muito diferente e talvez mesmo incomensurável com a nossa. Tal possibilidade, evidentemente, nada mais é do que especulação vazia, mas deve servir como um aceno de cautela. Não devemos pensar que os *nossos* modos de perceber e categorizar o mundo sejam os únicos possíveis e nossa ciência, certamente

---

3 Com esse termo quero dizer que uma estrutura matemática foi posta a escorar a estrutura percebida da realidade, que a quantidade percebida passou a ser vista como manifestação necessariamente imperfeita, mas em princípio sempre aperfeiçoável, da quantidade matematicamente exata que seria, só ela, real.

universalmente válida para *esses* modos de ver e categorizar, seja *necessariamente* válida para *todos* os modos de perceber e pensar.

A quantidade é uma categoria central da percepção e, portanto, da ciência empírica, que sempre se interessou por *quanto* as coisas mudam e *em que medida* essas mudanças quantitativas dependem umas das outras. Ao idealizarmos matematicamente a nossa percepção do mundo, podemos convocar a Matemática para nos auxiliar nessa tarefa.

Considere, por exemplo, o peso dos corpos. A experiência perceptual pré-científica nos mostra que diferentes corpos exigem diferentes quantidades de esforço físico para serem movidos, em particular para serem erguidos do chão, uns mais, outros menos. Para expressar isso, dizemos que eles têm diferentes *pesos*. Com o progresso da cultura, vários instrumentos para avaliar quantitativamente o peso dos corpos foram inventados; nós os chamamos indiferentemente de balanças.

A balança padrão tem dois braços de mesmo comprimento, na extremidade dos quais são colocados os corpos cujos pesos queremos comparar. Se o eixo dos braços se mantém na horizontal, os pesos são iguais. Esse é o critério de *mesmo peso*. Agora basta escolher um corpo padrão, a unidade, em termos de cujo peso se pode expressar o peso, em princípio, de qualquer corpo. Como é claro, a expressão numérica do peso de um corpo qualquer depende da unidade em que ele é medido. O número que mede o peso de um corpo colocado na extremidade de um dos braços da balança em termos da unidade escolhida é dado por *quantas* unidades devem ser colocadas na extremidade do outro braço para equilibrar o corpo dado. *Supõe-se*, idealizando, que o peso de um corpo qualquer se expressa *exatamente* por um número real.

Evidentemente, nenhum instrumento de medida, balanças ou quaisquer outros, fornece uma leitura precisa, determinada sem ambiguidade. O máximo que podemos dizer é que o valor da grandeza na unidade considerada está dentro de um intervalo mais ou menos vago. Em regra, dizemos que o valor preciso está dentro de uma *inevitável* "margem de erro".

Esse modo de dizer esconde pressupostos, como já observei. Primeiro, que existe um valor preciso; segundo, que esse valor é efetivamente, na prática, indetectável. Esses pressupostos garantem que todo corpo tem um peso *em si mesmo* completamente determinado que, porém, não se oferece à experiência perceptual, não importa quão aperfeiçoada por instrumentos, senão aproximadamente dentro de uma certa margem de "erro". Esse "erro" pode ser reduzido por mensurações mais precisas, mas nunca completamente eliminado.

Não custa repetir, essas pressuposições envolvem e ao mesmo tempo escondem a idealização de que a natureza é em seu âmago mais recôndito matematicamente determinada, mas que nossa percepção é incapaz de revelar a estrutura matemática do mundo a não ser de modo canhestro e aproximado. A *realidade* da armação matemática do mundo é afirmada peremptoriamente por Galileu, que disse, famosamente, que o livro da natureza está escrito em símbolos matemáticos e a quem é incapaz de os ler está vedado o acesso aos seus segredos. Reduzida a percepção a um papel secundário, a tarefa de expor a verdade mais íntima do mundo cabe à Matemática.

Como entender tal pressuposto? Certamente não como uma verdade científica experimentalmente verificável. Que experiência poderia revelar a existência de um domínio de realidade em princípio inacessível à experiência? O suposto caráter matemático intrínseco da realidade empírica também não é um pressuposto da razão. Não é verdade que não podemos compreender racionalmente o mundo empírico senão matematicamente. Ciências naturais existem onde a Matemática tem pouco ou nada a dizer. Porém, no que diz respeito à Física desde Galileu e Newton, o mundo é, em seu âmago, matemático.

Se não um fato empírico verificável nem um mandamento da razão, o que justifica esse pressuposto fundador da Física moderna? A resposta é que nada o justifica no sentido próprio do termo, uma vez que esse pressuposto é tão somente um momento da constituição transcendental do objeto da ciência empírica moderna. O mundo é matemático porque a ciência assim o determinou, esse é o *sentido* que o mundo empírico tem para a ciência empírica matematizada. E ela assim o constituiu para poder usar a Matemática como instrumento para a investigação da realidade dada na experiência. Ainda que não arbitrário, uma vez que efetivamente um dos aspectos com os quais o mundo se apresenta à percepção é o aspecto quantitativo, esse ato vai além do percebido ou mesmo perceptível.

Chamamos de *transcendental* todo pressuposto erigido em verdade *necessário* sem o qual certas coisas não são possíveis. Por exemplo, para que haja ciência, é preciso que o mundo seja sujeito a leis, pois que sentido haveria em buscar as leis do mundo subjacentes às regularidades da experiência se o mundo não fosse sujeito a leis? Portanto, supomos que o mundo é regido por leis ou a ciência não faria sentido. Essa não é uma mera hipótese capaz de verificação. Não, esse pressuposto expõe um traço *constitutivo* do mundo *como considerado pela ciência*. A asserção "o mundo empírico obedece a leis" é uma verdade que diz respeito à experiência (uma verdade sintética), mas *necessária* e independente da experiência (*a priori*), uma verdade transcendental.

Para que a Matemática possa ser utilizada como um método de investigação do mundo – um método extremamente eficiente como a História demonstra e cujo funcionamento e eficácia tentaremos entender aqui –, é preciso, primeiramente, *pressupor* que o mundo seja um objeto matemático. O mundo tem que ser matemático para que a Matemática tenha algo a dizer sobre ele. O caráter matemático do mundo empírico é, portanto, um pressuposto sem o qual a ciência matemática do mundo não se justifica, um pressuposto *transcendental*, não só imune à verificação, mas que *baliza* toda verificação. Disso segue que toda experiência perceptual, ainda que auxiliada por refinados instrumentos, será sempre incapaz de fornecer medidas exatas. Sempre haverá uma margem de "erro".

O sucesso comprovado dos métodos matemáticos de investigação da natureza, embora mostre o adequado da metodologia, não é *prova* da veracidade empírica do pressuposto de que o mundo é em si mesmo matemático. A adequação de uma estratégia metodológica de investigação da natureza não pode contar como demonstração da essência da realidade empírica. Como veremos, à Matemática cabe,

218 JAIRO JOSÉ DA SILVA

em seu uso científico, investigar modelos matemáticos da realidade que a representam apenas em seus aspectos formais mais *superficiais*. Ao contrário do que se crê, modelos matemáticos da realidade *não são* a realidade, apenas idealizações de alguns dos seus aspectos formais mais evidentes. O "erro" que marca a distância entre teoria e percepção é o sinal inequívoco do inevitável fosso que separa a realidade da idealização da realidade.[4]

Que *todo* corpo tem um peso bem determinado expresso por um número bem definido numa qualquer unidade dada, tenhamos ou não efetuado a medida, é, portanto, um pressuposto idealizante. Ao assim idealizar sistematicamente a realidade empírica, acabamos *substituindo-a* por outra, exata e matemática apenas e sempre imperfeitamente perceptível. E assim o fazemos para que possamos usar a Matemática como instrumento de investigação da realidade. Em outras palavras, a matematização da realidade empírica é nada mais, nada menos que uma *estratégia metodológica*.

O MOVIMENTO DOS CORPOS Vamos nos colocar na posição de Galileu por um momento para tentar entender melhor o momento crucial da história do pensamento que ele protagonizou. A Astronomia era então um exemplo suficientemente eloquente das vantagens da Matemática na descrição do movimento dos astros. Como os astros nos céus não eram para os cientistas daquela época muito mais do que perfeitos pontos luminosos cravados em esferas perfeitas, eles podiam, sem muito esforço de imaginação, ser pensados como pontos matemáticos num espaço matemático e seus movimentos determinados diretamente pela vontade e ação divinas. Já os corpos sobre a Terra diretamente acessíveis à percepção têm outra essência e estrutura e seus movimentos parecem sujeitos a outras causas

---

4 Sobre a teoria matemática do espaço da percepção, diz Hermann Weyl (1952, p.26, tradução minha): "Nós, como matemáticos, temos motivos para estar orgulhosos do maravilhoso *insight* no conhecimento do espaço que obtivemos, mas, ao mesmo tempo, devemos reconhecer com humildade que nossas teorias conceptuais nos permitem captar apenas um aspecto da natureza do espaço, aquilo que é, ademais, mais formal e superficial".

diretas; não havia então motivos para achar que pudessem ser matematicamente descritos.

Essa crença começa, provavelmente, a ruir quando Galileu se dá conta de que os astros não são os objetos perfeitos que se supunha. A Lua tinha relevo, a Terra não era o único centro de movimento, já que Júpiter tinha os seus satélites, o Sol tinha manchas. Ademais, observações das sombras projetadas pelas montanhas da Lua convenceram Galileu de que as leis da Óptica que valem na Terra também valem na Lua. Ora, se a Astronomia podia *abstrair* disso tudo e supor que os astros eram simples pontos luminosos e ter sucesso, por que não se poderia igualmente reduzir abstrativamente o mundo sublunar a uma multiplicidade matemática e desenvolver uma Física matemática tão bem-sucedida quanto a Astronomia matemática? Seja o que for que Galileu tenha efetivamente pensado, foi exatamente isso o que ele fez. Disfarçando, conscientemente ou não, a pressuposição como uma descoberta.

Claro que, nessa nova predisposição, a primeira ciência a ser desenvolvida só poderia ser uma "astronomia" mundana, a Cinemática dos corpos, ou seja, o estudo das leis que regem o movimento dos corpos deste mundo vistos como pontos matemáticos se movendo num espaço matemático.

Analisemos o caso da queda livre, o movimento natural dos corpos pesados na superfície terrestre. Que leis *matematicamente expressas* regem esse fenômeno?

Em primeira análise, três grandezas parecem relevantes. O espaço e o tempo, pois queremos saber *onde*, em que ponto do espaço o corpo em queda se encontra em um *quando* arbitrário, ou seja, num instante qualquer do tempo. E, como estamos tratando de corpos pesados, o peso provavelmente é uma variável relevante. Qualquer leitor de Aristóteles acharia natural considerar o peso dos corpos como fator determinante e central no movimento de queda livre. Uma das primeiras descobertas de Galileu foi que, na verdade, não o é.

Por mensuração, isto é, por quantificação, pelo uso de réguas, relógios e balanças arbitrariamente escolhidos, podemos reduzir distâncias, intervalos de tempo e peso a números. Trata-se, então, de descobrir como esses números se relacionam. Esse é o objetivo que caracteriza a Física moderna sendo inventada por Galileu.

Suponhamos, primeiramente, que nosso Galileu imaginário conhece bem o seu Aristóteles, como o Galileu real de fato conhecia, mas que não acredita em tudo o que ele dizia, como Galileu realmente não acreditava, e que ele quer verificar se é verdade, como dizia o filósofo, que corpos mais pesados caem mais rapidamente. Na verdade, independentemente de qualquer verificação empírica, Galileu *sabia* que Aristóteles estava errado simplesmente porque a dependência do tempo de queda com o peso do corpo que cai é inconsistente. Galileu realizou a seguinte experiência mental: imaginou um corpo A, mais leve, ligado a um corpo B, mais pesado; como $A + B$ é mais pesado do que B, $A + B$ cairá supostamente *mais rápido* do que B. Entretanto, como A cai mais lentamente do que B, ele servirá como uma espécie de paraquedas para o conjunto $A + B$, que cairá, portanto, *mais lentamente* do que B, donde a contradição.

Apesar dessa demonstração, é razoável pensar que Galileu tenha também realizado alguma experiência de verificação desse fato, uma vez que ele valorizava a cuidadosa observação da natureza (o que não deixa de ser curioso, dada a suposta impossibilidade de adequada acessibilidade perceptual do núcleo matemático da realidade).

Tudo o que Galileu teria que fazer seria deixar cair, sempre a partir do mesmo ponto, corpos de diferentes pesos e medir o tempo de queda até o chão. Isso mostraria que Aristóteles estava errado, que os corpos levam o mesmo tempo para se chocar com o solo, independentemente do seu peso. Isso poderia ser feito até sem mensuração alguma, de modo diretamente acessível à percepção, deixando cair dois ou mais corpos com diferentes pesos simultaneamente da mesma altura, digamos, do alto da torre inclinada de Pisa, e verificando que tocavam o solo simultaneamente.

Variando a altura da queda, Galileu poderia verificar que há uma clara correlação entre altura e tempo de queda, a saber, que $h = at^2$, onde h é a altura, t o tempo de queda e a uma constante que, curiosamente, é sempre *a mesma*. Note que essa fórmula é uma *generalização* da experiência. Nosso Galileu não mediu *todas* as alturas e *todos* os tempos e verificou que a correlação vale sempre. Ele realizou, digamos, não mais do que duas dúzias de medidas e extrapolou a partir delas uma relação que tem, supostamente, *validade universal*. Essa extrapolação é uma espécie de hipótese bem fundada, mas constantemente aberta a verificações futuras. Outro ponto a notar é que h e t são variáveis *contínuas* sobre o domínio dos números reais, em consonância como o pressuposto de que a cada altura até o solo corresponde um único número real positivo, e reciprocamente – analogamente para o intervalo de tempo de queda –, ainda que não possamos efetivamente verificar esse pressuposto.

Ao refletir sobre essa relação, nosso Galileu irá se dar conta de que, se ele denotar por x a distância do ponto de partida até um ponto arbitrário qualquer da trajetória do corpo em queda, ponto pelo qual o corpo necessariamente passará, já que sua trajetória é contínua, e, se o tempo é medido a partir do momento em que o corpo é liberado, então o corpo percorrerá o espaço x no tempo t tal que $x = at^2$. Essa fórmula relaciona o espaço percorrido por um corpo, qualquer corpo, independentemente do seu peso, em queda livre, em função do tempo gasto em percorrê-lo.

Uma rápida análise mostra que o movimento *não* é uniforme; o corpo não percorre espaços iguais em tempos iguais. Nosso Galileu poderia se dar conta de que como x é medido, digamos, em metros (m), e t em, digamos, segundos (s), a deve ser medida em m/s^2 para que ambos os lados da equação possam ser comparados. Ou seja, que a é uma medida de *aceleração*.[5]

Se esse Galileu conhecesse Cálculo, o que o Galileu real evidentemente não conhecia, porque essa teoria matemática foi inventada posteriormente por Newton e Leibniz, ele saberia que a aceleração do corpo em queda livre é a derivada segunda da função que dá a distância percorrida em função do tempo gasto em percorrê-la, ou seja, *aceleração* $= d/dt(at^2) = 2a$. Ou seja, todos os corpos em queda

---

5 Esse é um uso da chamada análise dimensional em ciência, que tem valor heurístico, como veremos mais tarde, mas só pode ser utilizada uma vez reduzida a realidade a números.

livre sofrem, independentemente do seu peso, uma aceleração que denotaremos por g tal que o espaço x percorrido se relaciona com o tempo t gasto em percorrê-lo, a todo instante, pela fórmula $x(t) = at^2 = \frac{1}{2}.gt^2$.

A velocidade no ponto x é dada pela primeira derivada de x como função de t, ou seja, $v(t) = gt$. Se o corpo está munido de uma velocidade inicial v_0, a fórmula é facilmente generalizada a partir da ideia de que velocidades se somam: $v(t) = v_0 + gt$.

Estamos tão acostumados a esse tratamento que não mais nos damos conta das idealizações e dos pressupostos que ele requer, além da considerável sofisticação conceitual matemática envolvida nesse raciocínio. As formulações mencionadas seriam impossíveis sem os conceitos matemáticos de função e correlação funcional ou o trabalho prévio de quantificação da realidade, ou seja, a redução, nesse caso, do espaço e do tempo, e, portanto, também da velocidade e da aceleração dos corpos, a variáveis e constantes numéricas.

Munidos desses instrumentos, mais uma nova disposição experimental, nosso Galileu seria capaz de descobrir uma importante lei da natureza: a Terra "atrai" todos os corpos pesados com a mesma aceleração g (esse fato só será convenientemente "explicado" pela teoria geral da relatividade de Einstein – as aspas aqui querem apenas indicar quão problemático é afirmar que uma formulação matematicamente adequada de um fato natural pode contar como uma *explicação* desse fato).

Depois de revelar os segredos do movimento de corpos em queda livre, e de passagem contradizer afirmações excessivamente peremptórias de Aristóteles, nosso Galileu pode se lançar a outros problemas, por exemplo, a trajetória de projéteis, evidentemente algo de capital interesse prático numa época tão beligerante como a sua.

Ele poderia começar comparando o movimento de um projétil lançado na horizontal com velocidade inicial v_0 a partir de um certo ponto, a uma certa altura do solo, num certo instante, com outro corpo lançado em queda livre a partir do mesmo ponto no mesmo instante. Ele iria verificar, talvez com certa surpresa, que eles tocam

O QUE É E PARA QUE SERVE A MATEMÁTICA **223**

o solo no mesmo instante, independentemente de v_0, que só determina o ponto onde o projétil toca o solo.

Isso poderia fazer nosso Galileu imaginar, como o Galileu real imaginou, que o projétil tem *dois movimentos independentes*, um movimento horizontal uniforme a velocidade constante v_0 e um movimento vertical em queda livre. O movimento vertical fornece o tempo que o projétil leva para atingir o solo, o mesmo que se fosse lançado da mesma altura y em queda livre, segundo a fórmula $y = \frac{1}{2}.gt^2$; o movimento horizontal fornece a distância x na horizontal atingida pelo projétil em movimento uniforme com velocidade v_0, ou seja, $x = v_0.t$. Evidentemente, essa decomposição do movimento é uma estratégia de natureza *puramente matemática*; na realidade, o projétil tem só um movimento.

Eliminando t em ambas as equações, tem-se: $x^2 = v_0^2.(2y/g)$. Ou seja, a trajetória descrita pelo projétil é um *arco de parábola*, tão mais excêntrico quanto maior for v_0.

Em resumo, idealizações de natureza matemática da realidade empírica ela própria e, consequentemente, das nossas medições, acopladas a observações e generalizações inteligentes, mais instrumentos de análise fornecidos pelo próprio contexto matemático, que funciona aqui como uma *linguagem* em que alguns termos, como as variáveis tempo e espaço, têm função representacional, e outros, como as "componentes" da velocidade do projétil, não têm, fornecem os meios para uma *eficiente* Cinemática matematizada dos corpos.

Eficiente no sentido de ser capaz de fornecer meios matemáticos para se *prever* onde um corpo em queda livre ou projetado na horizontal com uma determinada velocidade estará num instante futuro qualquer, o instante em que ele tocará o solo, a que distância do ponto de onde foi lançado, a forma da sua trajetória, a velocidade com que chegará ao solo etc. A teoria não dirá nada, porém, sobre a *causa* do movimento ou *por que* ele se move assim. Essas questões são consideradas irrelevantes, a primeira no contexto puramente cinemático, a segunda, em contextos científicos em geral. Ao decidir por um *método* de investigação da natureza, a

224 JAIRO JOSÉ DA SILVA

ciência moderna também decide que classe de questões é relevante para a ciência. Precisamente aquela a que o método permite em princípio responder.

Distância e tempo são grandezas com óbvio conteúdo experiencial; nós podemos perceber distâncias e intervalos de tempo a olho nu e compará-los quantitativamente, se bem que não com o grau de fineza que o tratamento matemático dos fenômenos requer. Para tanto, temos que lançar mão de instrumentos de medida para refinar nossos sentidos e, como sempre, idealizar. Algumas grandezas físicas se oferecem mais facilmente à quantificação, outras menos. A cor é um exemplo das que não se deixam facilmente quantificar. Diz-se que cor é uma sensação subjetiva, não uma propriedade objetiva dos corpos, e que, portanto, o conceito de cor não tem lugar na ciência física da realidade *objetiva*, matemática ou não. Apenas quando se pôde associar causalmente de modo unívoco à sensação de cor um fenômeno *objetivo* e *mensurável*, vibração luminosa e suas frequências, uma teoria física da cor pôde ser desenvolvida.

A ciência galileana dá um peso excessivo à diferença entre propriedades *primárias* e propriedades *secundárias* dos corpos. Aquelas, como extensão e massa, são consideradas objetivas; estas, como cor, subjetivas. A diferença real, na verdade, é entre o que se pode quantificar e o que não se pode. Se houvesse, por exemplo, um padrão, digamos, de vermelho, com o qual *todos* concordassem, um exemplar de vermelho aceito por todos (ou quase todos, os que não concordassem sendo considerados como deficientes cromáticos), com o qual se pudesse decidir, por comparação, se um corpo qualquer é ou não vermelho (os dissidentes classificados, novamente, como deficientes cromáticos), então a vermelhidão seria uma propriedade *objetiva* dos corpos. A objetividade nada tem, em princípio, a ver com a quantificação.

Mas, mesmo que tal padrão de vermelho existisse, como é evidente que há gradações de vermelhidão, faria sentido perguntar *quão* vermelho um corpo é. E para essa pergunta não haveria resposta. Agora, se tivéssemos não um, mas vários padrões de vermelho, cada um correspondendo a uma tonalidade perceptível, colocados numa

O QUE É E PARA QUE SERVE A MATEMÁTICA **225**

série ordenada, poderíamos definir a intensidade de um particular tom de vermelho em função da sua separação, ou "distância" na série do tom considerado básico, fundamental ou puro. De um lado estariam os tons "mais escuros", do outro, os "mais claros".

Algo semelhante poderia talvez ser feito com a luminosidade, vermelhos "mais brilhantes" e vermelhos "mais opacos". Se tudo isso existisse, cor seria não apenas uma propriedade objetiva dos corpos, mas também uma propriedade mensurável.

Se nada disso está disponível, é melhor eliminar a cor do rol das propriedades físicas objetivas – até que se possa associá-la a algo mensurável, o que de fato ocorreu com a descoberta de que cores estão associadas *causalmente* a particulares frequências de radiação luminosa visível, estas, sim, objetivamente quantificáveis. A sensação de cor passa, então, a ser interpretada como um efeito da incidência da luz sobre nossas retinas; a cada cor a frequência que lhe corresponde, a cada frequência a sua cor. Analogamente com todas as propriedades *secundárias*, que só entram na ciência empírica matematizada por interposta pessoa, algo *mensurável* que a possa *representar*.

Consideremos outra dessas propriedades "subjetivas", a sensação de "calor". Alguns corpos são "frios" ao toque, outros, "quentes", alguns são "mais frios" ou "mais quentes" que outros. Nosso problema é objetivar e quantificar essas sensações.

Percebe-se facilmente que dois corpos, um relativamente mais quente do que o outro, se colocados em contato de modo que nada se interponha entre eles e o conjunto esteja relativamente isolado da influência de outros corpos, até do ar, entrarão depois de algum tempo numa espécie de equilíbrio. Nesse estado final, ambos os corpos oferecerão ao toque a mesma sensação de calor.

Uma hipótese razoável é que "algo", dê-se a esse algo o nome que se queira, existe *no corpo* que *causa* a sensação de calor produzida por ele; quanto mais desse algo há no corpo, tão mais quente ele parece ser. Para respeitar a tradição, chamarei esse algo de *calórico*. Outra hipótese razoável é que, independentemente de serem tocados ou não, os corpos têm uma propriedade *objetiva*, que chamaremos de *temperatura*, que está diretamente relacionada à quantidade de calórico contida neles.

O fato mencionado há pouco pode, agora, ser traduzido em termos dos novos conceitos: corpos em contato repartem entre si o calórico que contêm até que todos fiquem com a mesma quantidade de calórico quando, então, a transmissão cessa. Nesse estado, todos os corpos do sistema de corpos em interação estão, por definição, em *equilíbrio térmico* e, portanto, à *mesma temperatura*. Note a analogia com a mecânica de fluidos em vasos comunicantes, fenômeno já bastante conhecido antes que fenômenos térmicos fossem objeto de consideração científica. O raciocínio *analógico* desempenha um papel fundamental em ciência e nós voltaremos a ele posteriormente.

Isso permite a seguinte definição: um sistema de corpos está *termicamente isolado* quando não há transmissão de calórico entre o sistema e o exterior, quando apenas os corpos do sistema podem repartir calórico.

Considere, agora, três corpos A, B e C, que supomos termicamente isolados do meio ambiente externo. Coloque A e B em contato até que estejam em equilíbrio térmico (mesma temperatura); analogamente, B e C. Estão A e C também à mesma temperatura? Mesmo que não coloquemos A e C em contato e verifiquemos se há ou não alguma alteração térmica neles, é razoável supor que sim, pois sabemos que contêm a mesma quantidade de calórico. Mas essa é uma suposição, pois são também suposições a existência do calórico, da temperatura e da relação direta entre ambos.

Supondo que A e C têm a mesma temperatura, a relação de *mesma temperatura* tem as seguintes propriedades: ela é *reflexiva* – todo corpo está, sempre, à mesma temperatura que ele mesmo – e *simétrica* – se A está à mesma temperatura que B, então B está à mesma temperatura que A, caso contrário, a relação de mesma temperatura não estaria bem definida. Ademais, como já discutimos, a relação é também *transitiva*. Isso permite classificar, a qualquer momento, todos os corpos do mundo em classes disjuntas de temperatura, os corpos de uma classe estão todos à mesma temperatura, corpos em classes diferentes estão a temperaturas diferentes. Isso permite que

O QUE É E PARA QUE SERVE A MATEMÁTICA **227**

a noção de temperatura seja quantificada. Para saber a temperatura de um corpo, basta saber em que classe ele está, temos apenas que associar números a classes de temperatura.

Para tanto, temos que encontrar alguma propriedade dos corpos que se possa *mensurar* e relacionar *quantitativamente* de modo preciso a variações da sua temperatura. Todos conhecemos uma, as dimensões físicas; corpos se dilatam quando aquecidos, o volume deles aumenta. Tomemos, portanto, um corpo determinado, por exemplo, uma coluna de mercúrio de base fixa, que chamaremos de *termômetro*. Sabemos que a altura dessa coluna irá variar com a variação de temperatura. Baseados em observações, supomos que essa variação é *linear*, ou seja, que variações iguais de temperatura correspondem a variações iguais de altura.

Agora, basta selecionar dois estados de um corpo qualquer a temperaturas bem definidas, por exemplo, ponto de solidificação e ponto de ebulição da água pura no mesmo ambiente, colocar o termômetro em equilíbrio térmico com uma porção de água pura em cada um desses estados e associar um número à altura da coluna de mercúrio em cada situação; por exemplo, respectivamente 0 e 100. Chamemos essa escala de *centígrada*. Como a altura da coluna varia, por suposição, linearmente com a temperatura, dividimos o espaço entre as alturas correspondentes às temperaturas a que associamos os números 0 e 100 em, digamos, 100 intervalos *iguais*. A cada um deles corresponderá, então, uma variação de 1 grau centígrado. Agora, para medir a temperatura de um corpo qualquer no ambiente em questão, basta colocá-lo em contato com o termômetro, esperar o equilíbrio térmico entre ambos e ler em que divisão da altura está a coluna de mercúrio. O número correspondente a essa altura é a temperatura desse corpo, e todos os que estão em equilíbrio térmico com ele, nessa escala.

Essa descrição bastante sucinta e simplificada mostra o caminho que leva de uma *sensação*, que chamamos vulgarmente de "calor do corpo", a uma propriedade *objetiva* e *mensurável* do corpo, a sua *temperatura*, que supostamente *causa* a sensação de calor, e as especulações e suposições que tivemos que fazer pelo caminho. A noção

228 JAIRO JOSÉ DA SILVA

de calórico desempenha um papel acessório, mas útil no processo. Desnecessário enfatizar a esta altura que a atribuição de números às alturas da coluna de mercúrio envolve idealização. É uma *pressuposição idealizante* que garante que a *cada* altura da coluna de mercúrio, associada a um número real *bem determinado*, corresponde uma temperatura *bem determinada*, e vice-versa.

Na teoria matematizada do calor, não mais tocamos os corpos com as mãos nuas para avaliar quão "quentes" ou "frios" eles estão, nossas sensações não mais interessam, medimos temperatura com termômetros e tudo o que resta da sensação de calor é uma variável contínua – a temperatura – que toma valores no domínio dos números reais. A função da ciência, agora, é relacionar essa variável com outras que supomos, com base na percepção ou por pura especulação, estar relacionada a ela por alguma lei. Essa lei terá necessariamente a forma de uma correlação entre variáveis matemáticas, ou seja, uma *fórmula*.

Um exemplo de tal fórmula é a que relaciona variação de temperatura com a variação de comprimento de um fio dado de comprimento l_0. A experiência perceptual, convenientemente idealizada, sugere, como vimos, que essa correlação é linear. Submetido a uma variação de temperatura ΔT o fio experimenta uma variação Δl de comprimento tal que $\Delta l = k \cdot \Delta T$, onde k é uma constante que, porém, depende do corpo; fios de metal, por exemplo, se dilatam mais que fios de madeira; fios mais longos se dilatam mais que fios mais curtos.

Em geral, a experiência mostra que, levando-se em conta o comprimento inicial, a correlação é a seguinte: $\Delta l = k \cdot l_0 \cdot \Delta T$, onde k, o *coeficiente de dilatação linear*, depende *apenas* do *material* de que o fio é feito e o caracteriza. Algo curioso ocorre aqui, que mostra o poder da formulação matemática. Uma *propriedade* dos corpos, o seu *coeficiente de expansão térmica linear*, característica da matéria de que eles são feitos, se revela ao entendimento a partir da observação de um processo natural, a dilatação linear dos corpos. A formulação matemática nos diz imediatamente como medir essa propriedade.

Suponhamos agora que um dado fio de alumínio de comprimento igual a 1 metro sofre uma variação térmica de 20°C, qual será o seu comprimento final? Podemos consultar uma tabela e descobrir que o valor do coeficiente de expansão térmica linear do alumínio, o seu k, é igual a 22.10^{-6} C^{-1}. Basta agora inserir os valores conhecidos na fórmula algébrica e calcular: $\Delta l = k.l_0$. $\Delta T = 22.10^{-6}.1.20 = 440.10^{-6} = 0,00044$ metro, ou seja, o fio se dilatará 44 centésimos de milímetro, quase meio milímetro; se l é o comprimento final, então $l = \Delta l + l_0 = 1 + 0,00044 = 1,00044$ metro.

A fórmula permite, então, *prever* um aspecto do mundo no futuro sabendo como ele é no presente, ou, melhor dito, uma *percepção* futura, dadas as percepções presentes e pode, portanto, ser vista como um instrumento de *predeterminação da experiência*. Nesse caso, a fórmula permite prever o comprimento do fio depois de aquecido conhecido o seu comprimento antes do aquecimento. Essas previsões são sempre *quantitativas*, embora bem mais precisas do que aquelas acessíveis por simples extrapolação indutiva da experiência. A formulação científica do problema permitiu um refinamento da nossa capacidade preditiva, mas para isso tivemos que pressupor um substrato perfeitamente refinado de realidade subjacente à experiência possível para podermos convocar a Matemática como *linguagem, contexto de investigação* e *instrumento de predição*.

Previsões são predeterminações da experiência perceptual, elas nos dizem o que esperar da experiência. Podemos *medir* o comprimento do fio de alumínio depois de aquecido e *verificar* se *realmente* ele se dilatou aqueles 44 centésimos de milímetro. Claro que a medição exige instrumentos adequados e cuidado para não cometer erros, mas de uma coisa estamos certos: a mensuração *não* resultará no valor *exato* de 44 centésimos de milímetro. Na melhor das hipóteses, mesmo com os instrumentos mais refinados, ela dará um valor em algum lugar da vizinhança desse número. O experimentador, porém, irá interpretar o valor medido como uma aproximação aceitável dentro de uma "margem tolerável de erro" e decretará que, de fato, o fio se dilatou os *exatos* 44 centésimos de milímetro.

Há aqui um jogo entre a percepção efetiva e a visão idealizada que o experimentador tem da realidade, a *mesma* visão do cientista teórico que elaborou a teoria que ele está, supostamente, testando.

230 JAIRO JOSÉ DA SILVA

Para que percepção e idealização entrem em acordo, há que idealizar os dados imediatos da percepção também e atribuir a um "erro" a discrepância entre o realmente percebido e o idealizado. Erro inevitável atribuível ao caráter grosseiro e aproximativo da experiência perceptual.

Não é mais a percepção, mas a razão matemática que tem o poder de decidir; ainda que a percepção possa *falsear* uma predição se o valor observado for muito discrepante do previsto, ela não pode nunca efetivamente *verificá-lo*. Essa é uma consequência da inversão ontológica que está no cerne da criação da ciência moderna e na entronização dos métodos matemáticos em ciência.

Essa pressuposição não é, como vimos, nem um fato, nem uma hipótese científica porque não é, mesmo em princípio, verificável experimentalmente. O cientista experimental compartilha da *mesma* visão idealizada de mundo do cientista teórico e está, portanto, incapacitado a testá-la. O pressuposto de que o mundo é *em si mesmo* matematicamente estruturado e que só a razão matemática é capaz de revelar a estrutura matemática do mundo é um pressuposto constitutivo do conceito de realidade empírica que *nasce* com Galileu e vai de mãos dadas com a entronização de métodos matemáticos de investigação científica, justificando-os.

É a eficiência dos métodos que justifica o pressuposto, não a veracidade do pressuposto que explica a sua eficiência.

O USO INSTRUMENTAL DA MATEMÁTICA EM CIÊNCIA O exemplo mencionado mostra como a Matemática provê uma *linguagem* para a expressão de fórmulas, leis e princípios que, supõe-se, regem os fenômenos naturais. Essas fórmulas, leis e princípios podem, então, ser utilizados como *instrumentos* de previsão. Se os valores previstos teoricamente por manipulação matemática concordam, dentro da margem aceitável de "erro", com valores realmente observados, então a teorização passa pelo teste experimental. Se não, e se as medições são de fato confiáveis, algo deve ser mudado na teoria.

Na verdade, em vez de dizer que "o" valor observado está dentro da margem aceitável de "erro", melhor seria dizer que o valor

O QUE É E PARA QUE SERVE A MATEMÁTICA **231**

teoricamente previsto está dentro do intervalo observado, já que a observação nunca oferece mais que um intervalo com limites difusos. A formulação matemática busca traçar caminhos matematicamente precisos dentro de intervalos observacionais necessariamente imprecisos do ponto de vista da Matemática (já que a Matemática em ciência age idealizando).

Junto com uma linguagem capaz de *representar* idealmente o mundo e a experiência, a Matemática fornece sistemas de *cálculo e inferência* úteis nas manipulações às quais as teorias se prestam; esses sistemas são *instrumentos* capazes de fornecer informações novas a partir de dados conhecidos. Além da *função representacional* da Matemática em ciência, em que a Matemática provê contextos para a representação de aspectos da realidade empírica via linguagens e sistemas conceituais, ela tem também uma *função instrumental* em ciência através dos sistemas de cálculo e dedução atrelados a teorias matemáticas. Cálculos estão frequentemente associados a linguagens inteligentemente inventadas cujas sintaxes são capazes de substituir o raciocínio. Um exemplo é a formulação das leis da Mecânica clássica em termos de parênteses de Poisson. Essa formulação pode ser condensada em algumas regras de manipulação simbólica capazes de mecanizar e simplificar os cálculos. Ademais, e esse é um fato notável, a formulação de Poisson permite que certas correlações entre simetrias e leis de conservação apareçam de modo bastante natural e expressivo. Assim como algumas línguas naturais são melhores que outras para dar voz à nossa experiência, algumas formulações matemáticas são melhores que outras para expressar fatos do mundo empírico. Voltaremos a isso mais tarde.

A linguagem matemática pode também, como toda linguagem, ter termos sem função representativa. Assim como linguagens naturais têm substantivos, adjetivos e verbos, que correspondem a algo: coisas, propriedades de coisas, ações e situações, mas também conjunções, que não correspondem a nada no mundo e servem apenas como elementos de articulação interna do discurso, a linguagem matemática da ciência também utiliza, frequentemente, termos que não correspondem a nada na realidade representada. Um exemplo,

232 JAIRO JOSÉ DA SILVA

como veremos adiante, é o uso de números e variáveis complexas em Mecânica quântica.

Mas essa não é, em geral em ciência, uma questão de sim e não, alguns termos teóricos se referem a coisas do mundo empírico, outros não, ponto. Mais frequentemente, termos definidos no contexto de teorias matemáticas da realidade têm *graus de correspondência*, menores ou maiores, a coisas no mundo. Consideremos alguns exemplos.

a) A Termodinâmica é a teoria científica do calor ou, mais precisamente, de processos dinâmicos em que o calor é um agente relevante. Em nossa discussão da noção de temperatura, calor aparecia em acepção vulgar como uma sensação, que, no fim, foi eliminada em prol da noção objetiva de temperatura.

Tecnicamente, o calor é o substituto do calórico. Enquanto o calórico era concebido como uma substância material que podia ser transferida de corpo para corpo, o calor, apesar de também transferível entre corpos, não é uma substância material, mas energética. É fácil se convencer disso. Considere, por exemplo, um cilindro reto contendo um gás qualquer. Suponha que a base do cilindro está em contato com uma fonte quente capaz de transmitir calor ao sistema de modo que o gás se expande. Suponha também que a cilindro está tapado e que sobre a tampa há algum peso. Ao se expandir, o gás realiza trabalho mecânico levantando o peso sobre a tampa. Evidentemente, foi o calor transmitido ao sistema que, em última análise, forneceu a energia convertida, pelo menos em parte, em trabalho.

Com o desenvolvimento da teoria atômica e molecular da matéria, calor passou a ser entendido como energia cinética de átomos e moléculas em trânsito, ou seja, energia ligada ao movimento de átomos e moléculas sendo transmitida de corpo para corpo por meio de choques mecânicos entre seus componentes elementares. Mas, note, a Termodinâmica clássica, enquanto teoria de fenômenos observáveis em escala *macroscópica*, é completamente independente de teorias sobre a estrutura da matéria.

Um dos objetos clássicos de estudos termodinâmicos são os gases. Imaginemos uma quantidade dada de um gás qualquer contido num recipiente de volume variável, por exemplo, uma bexiga. Em

O QUE É E PARA QUE SERVE A MATEMÁTICA   **233**

geral, idealiza-se supondo que esse é, precisamente, um gás ideal, cujas moléculas componentes não exercem forças umas sobre as outras e se chocam sempre elasticamente, o que não existe na natureza. A experiência mostra que, se aumentamos o volume disponível ao gás, a pressão que ele exerce sobre as paredes do vaso diminui. A explicação do fenômeno é simples no contexto da teoria cinética (atômico-molecular) dos gases: com mais espaço disponível, os componentes do gás se chocam menos frequentemente e com menos força contra as paredes. O fato observável, porém, é puramente macroscópico, e não depende de nenhuma explicação microscópica.

A experiência também mostra que se aquecemos (ou esfriamos) o gás, a pressão sobre as paredes do vaso que o contém aumenta (diminui). Ou seja, enquanto a pressão é *inversamente* proporcional ao volume, a temperatura do gás é *diretamente* proporcional ao seu volume. Volume, pressão e temperatura são ditos *variáveis de estado*, ou seja, a cada estado de equilíbrio do sistema considerado, uma quantidade determinada de gás encerrada num recipiente, corresponde um volume, uma pressão e uma temperatura bem determinados. Fora do equilíbrio, quando, por exemplo, o gás no interior do recipiente está em movimento, o sistema não tem um estado determinado. Estados do sistema são completamente especificados por dois desses valores, em geral, pressão e volume. Se medirmos essa temperatura numa escala apropriada, chamada de escala de temperatura de gás ideal, ou escala Kelvin, essas variáveis estão relacionadas, de modo aproximado, pela fórmula $PV = nRT$, onde P, V e T são, respectivamente, pressão, volume e temperatura (em graus Kelvin), n é uma medida da quantidade de gás e R é uma constante, um número fixo, não importa que gás o sistema contenha. Os gases que, *por definição*, obedecem a essa equação *exatamente* são ditos gases *ideais*, e a equação, a equação dos gases ideais. Evidentemente, essa é uma idealização; não há, na natureza, gases ideais.

A Termodinâmica é um fruto do século XIX, do grande desenvolvimento da engenharia civil e militar do período napoleônico, da invenção das máquinas a vapor e da Revolução Industrial. Ela é uma ciência nascida da técnica, fundada no estudo do funcionamento de

234 JAIRO JOSÉ DA SILVA

máquinas antes que na observação da natureza crua. Seus princípios básicos, a primeira lei, de conservação da energia, e a segunda, da não diminuição da entropia nos processos naturais, nasceram de observações empíricas do funcionamento de máquinas térmicas.

Consideremos um cilindro contendo gás que recebe calor munido de um pistão móvel que realiza trabalho como descrito há pouco. A primeira lei da Termodinâmica, que diz que a energia se conserva, exige que, quando se computa a energia recebida pelo sistema em forma de calor menos a energia dispendida como trabalho ou calor eliminado (por exemplo, na forma de atrito do pistão com as paredes do cilindro), o resultado deve ser nulo: energia que entra no sistema – energia que sai do sistema = 0. Quando a conta não bate, ou parte da energia que entrou ficou acumulada no sistema, ou parte da energia que saiu foi fornecida pelo próprio sistema. Ou seja, o sistema, ele próprio, tem uma *energia interna*.

É difícil dizer o que veio antes, a lei de conservação da energia ou o conceito de energia interna. Mais provavelmente, eles nasceram juntos para dar conta de fatos empíricos observados. A lei diz que o balanço entre calor que entra e sai do sistema, variação da energia interna do sistema e trabalho realizado pelo ou sobre o sistema, com o sinal positivo para o que entra no sistema, como calor, energia interna ou trabalho, e negativo para o que sai, tem soma zero. Essa lei *não explica* nada, ela apenas *descreve* e dá conta de fatos observados. A lei tem caráter *puramente quantitativo*; no fundo, ela é só um balanço entre crédito e débito energético, considerando que a energia total é sempre preservada.

Algumas observações sobre a noção de energia interna são importantes. Primeiro, nada é dito sobre qual é a *natureza* dessa energia, *como* o sistema a armazena. Lembre-se de que a Termodinâmica macroscópica não tem nada a dizer sobre a estrutura interna do sistema. Segundo, apenas a *variação* de energia interna é mensurável. Como essa variação não depende do particular processo, apenas do estado inicial e final do sistema que sofre o processo, a energia interna é uma propriedade de estado do sistema. Ou seja, quando num estado definido, o sistema tem uma energia interna definida. Como, porém, apenas a variação dessa energia é mensurável, só se pode associar uma energia interna ao sistema a menos de uma constante aditiva arbitrária.

A energia interna do sistema, portanto, é apenas indiretamente observável e sua medida envolve um certo grau de arbitrariedade. Nada sabemos dela, a não ser o seu valor para um estado determinado do sistema (pelo menos não em contexto puramente termodinâmico). Essa grandeza está tão ligada ao princípio de conservação de energia que podemos dizer que ela não é meramente empírica, mas também teórica. Em resumo, o conceito de energia interna é um produto conjunto da observação, da teorização e da Matemática.

Como vemos, além de linguagens com a qual *descrever* e sistemas simbólicos com os quais *calcular* e *prever*, a Matemática também oferece *instrumentos de elaboração conceitual*. Ainda que os conceitos que ela permite fabricar sejam apenas operacional e quantitativamente definidos. A noção de energia interna da Termodinâmica tem algo da noção newtoniana de força, não se sabe o que são, mas sabe-se como calculá-los, ou, pelo menos, as suas variações.

Até aqui encontramos essencialmente duas maneiras como a Matemática contribui para a ciência empírica, fornecendo *linguagens* e *teorias matemáticas* com as quais representar de modo idealizado aspectos abstratos da realidade perceptual e formular conceitos de natureza teórica, além de *cálculos* com os quais "raciocinar" e derivar representações matemáticas de experiências perceptuais possíveis em princípio. Quando as consequências derivadas fazem sentido em termos da semântica da teoria representacional, elas são chamadas de *previsões*. Quando não, elas podem funcionar como instrumentos de exploração semântica. Analisaremos essa função exploratória da Matemática em ciência com bem mais detalhes mais adiante. Agora, prossigamos com os exemplos.

Uma transformação termodinâmica é *reversível* quando todos os seus estados intermediários estão bem definidos. Se, por exemplo, acrescentamos calor muito rapidamente a um sistema, antes de atingir um estado de equilíbrio no qual a temperatura será a mesma em todos os pontos, o sistema passará por estados intermediários em que a temperatura será variável de um ponto a outro e, portanto, esses estados não serão bem definidos. Nesse caso, a transformação se diz *irreversível* (não reversível). Transformações reversíveis são processos lentos o suficiente para que o sistema esteja a todo instante num estado de equilíbrio. Como o nome indica, essas transformações podem ser revertidas; podemos fazer o sistema retornar ao estado inicial percorrendo o caminho inverso. Evidentemente, transformações perfeitamente reversíveis são idealizações.

O físico, matemático e engenheiro francês Sadi Carnot (1796-1832) concebeu uma transformação reversível em que um sistema, o usual gás num cilindro com um pistão móvel, sai de um estado A com pressão e volume bem definidos, vai até estado B com menor pressão e maior volume por uma transformação isotérmica (expansão isotérmica), a temperatura constante relativamente alta T_Q, recebendo uma quantidade Q_Q de calor do meio, depois até C por uma expansão adiabática, isto é, sem troca de calor com o meio; depois, por uma contração isotérmica, devolvendo uma quantidade Q_F de calor para o meio a temperatura relativamente baixa T_F, até um estado D, e dali, finalmente, por uma contração adiabática, de volta ao estado A.

Esse ciclo, denominado *ciclo de Carnot*, funciona retirando uma quantidade de calor (Q_Q) de uma fonte "quente" à temperatura T_Q e jogando uma quantidade de calor (Q_F) numa fonte "fria" à temperatura T_F, realizando trabalho no processo. O ciclo de Carnot representa uma máquina térmica ideal.

Define-se o *rendimento* η do ciclo como o trabalho W realizado dividido pela quantidade de calor recebida Q_Q: $\eta = W/Q_Q$.

Ora, como o ciclo volta ao estado inicial A, a variação de energia interna é nula e, portanto, pela lei de conservação de energia, a primeira lei da Termodinâmica, $W = Q_Q - Q_F$.

Portanto $\eta = Q_Q - Q_F/Q_Q = 1 - Q_F/Q_Q$, que é um número positivo *estritamente menor* que 1. Pode-se mostrar que qualquer máquina que realiza trabalho operando entre uma fonte quente e outra fria tem *no máximo* rendimento *igual* ao do ciclo de Carnot. Para que o rendimento do ciclo fosse igual a 1, todo o calor recebido teria que ser transformado em trabalho. Mas isso é *impossível*. Essa impossibilidade é uma das formulações da *segunda lei da Termodinâmica*.

A formulação quantitativa dessa lei é devida a Rudolf Clausius (1822-1888). Clausius se deu conta de que, tomando as quantidades de calor absorvida e retirada do sistema durante o ciclo com valores positivos, tem-se que $Q_Q/T_Q = Q_F/T_F$.

Suponha que a quantidade Q_Q foi fornecida ao sistema em pequenas porções dQ ao longo da transformação de A a B à temperatura T_Q. Seja, por definição, S_{AB} a *soma* de todas as quantidades dQ/T_Q ao longo da transformação AB (na verdade, como o processo é contínuo, essa soma é uma integral, que pode, entretanto, ser arbitrariamente aproximada por uma soma com suficiente número de parcelas) Como a transformação BC é adiabática (sem troca de calor), $S_{BC} = 0$ e, portanto, $S_{AC} = S_{AB} + S_{BC} = S_{AB}$. Por raciocínio análogo e pelo que foi dito anteriormente, tem-se que $S_{CA} = S_{AC}$, onde a transformação CA passa por D.

Como todo trecho do ciclo de Carnot é reversível, temos dois caminhos disponíveis para ir de A C, passando por B e passando por D. Nesses dois caminhos, os valores de S, calculados ao longo do caminho A, B, C e ao longo do caminho A, D, C, são *iguais* (considerando o calor que sai do sistema como negativo e o que entra como positivo).

Sejam agora A e B dois estados *quaisquer* do sistema. Como é sempre possível substituir qualquer transformação *reversível* de A a B por pequenos ciclos de Carnot, temos que a quantidade S_{AB}, ou seja, a soma (integral) de todas as quantidades dQ/T, onde dQ é a quantidade de calor que entra ou sai do sistema à temperatura T (calculado em graus Kelvin), não depende do caminho que leva de A a B, mas apenas dos estados inicial e final A e B.

Isso levou Clausius a postular a existência de uma variável de estado, chamada a *entropia* do sistema naquele estado, denotada pela letra S, sendo S_{AB} a variação de entropia ao longo de uma *qualquer* transformação *reversível* entre A e B, igual à diferença de entropias entre os estados B e A, ou seja, $S_{AB} = S(B) - S(A)$.

Isso implica que a variação de entropia num qualquer *ciclo reversível* que sai e volta ao mesmo estado é sempre nula.

238 JAIRO JOSÉ DA SILVA

Consideremos, agora, um processo irreversível, por exemplo, uma certa quantidade Q de calor que flui *espontaneamente* de uma fonte "quente" à temperatura T_1 para uma fonte "fria" à temperatura T_2 *menor* do que T_1. Como Q/T_1 é *menor* do que Q/T_2, a variação de entropia $Q/T_2 - Q/T_1$ no processo é *maior* do que 0, ou seja, *positiva*. Uma das formulações fenomenológicas, não quantitativas, da segunda lei da Termodinâmica diz que em processos *espontâneos* de troca de calor, o calor sempre flui de fontes a temperaturas mais altas para fontes a temperaturas mais baixas, *nunca o contrário*. Com o conceito de entropia, Clausius pode dar uma formulação matemática precisa a essa lei: em processos naturais espontâneos a variação de entropia é sempre maior ou igual a 0.

Enquanto é possível dar uma interpretação intuitiva em nível microscópico à noção de calor em termos de energia cinética, a interpretação microscópica da noção de entropia, fornecida por Ludwig Boltzmann (1844-1906), de caráter essencialmente estatístico, é bem menos intuitiva, se não francamente não intuitiva. A "descoberta" da entropia como uma variável de estado em termos da qual se pode formular de modo preciso uma das leis mais fundamentais da natureza envolveu a teoria termodinâmica e a Matemática a ela subjacente de modo *essencial*. Mais que uma grandeza observável, como a temperatura, que se oferece primariamente à percepção direta nas sensações de quente e frio, a entropia se desvela apenas *matematicamente* no contexto da teoria termodinâmica. Sua realidade física depende menos da observação que do serviço que ela presta à formulação da *condição formal* de certos processos naturais espontâneos, como o fluxo de calor se dar sempre do corpo mais quente para o corpo mais frio. Nesse sentido, a entropia é uma grandeza teórica antes que observacional e apenas definível com o auxílio da Matemática, que desempenha aqui um papel *instrumental teórico* essencial.

Como se vê, a Matemática não serve à ciência apenas para representar, mas também para inventar, o valor da invenção residindo em seu papel articulador no interior da teoria ou no seu poder explicativo. Evidentemente, grandezas introduzidas matematicamente têm caráter eminentemente quantitativo. Vejamos mais um exemplo.

O QUE É E PARA QUE SERVE A MATEMÁTICA   **239**

b) Na teoria clássica newtoniana da gravitação, uma massa gravitacional é potencialmente capaz de atrair qualquer outra massa que eventualmente ocupe qualquer posição no espaço. Ou, melhor dito, se um ponto material qualquer P de massa M ocupa a posição A, qualquer que seja a posição B no espaço, *se* um ponto material Q de massa m vier a ocupar essa posição, *então* uma força atrativa se estabelecerá entre P e Q que depende diretamente do produto $M.m$ e inversamente do quadrado da distância AB.

Agora, mesmo se nenhum corpo ocupa a posição B, supõe-se ainda que a presença de P em A de alguma forma atua sobre o *ponto B*, criando nesse ponto uma *disposição*, que se *atualizará* como força gravitacional sempre que algum corpo se colocar ali. Dito de outra forma, a presença de P em A gera no espaço um *campo gravitacional* **G** expresso por uma função que associa a cada ponto do espaço um vetor **f**. Se uma massa m for colocada num ponto B qualquer, uma força **F** atuará sobre ela, sendo **F** = m**f**, onde **f** é o valor de **G** em B.

Se pensarmos em termos de disposições, a ação gravitacional pode ser descrita por um *campo potencial gravitacional*, que é um campo *escalar* V que associa a cada ponto do espaço um *número*, dito o *potencial gravitacional* determinado por P nesse ponto, tal que **f** é o gradiente de V, **f** = -grad V (o sinal negativo expressa o fato de que a força gravitacional é atrativa).

Um campo nada mais é do que uma *função*, uma entidade matemática, que a cada ponto do espaço associa algum objeto matemático, um número, no caso do campo potencial, que é um campo escalar, um vetor, no caso do campo gravitacional, que é um campo vetorial, ou ainda outros objetos matemáticos mais complexos.

De modo estritamente análogo, define-se o campo elétrico (vetorial) gerado pela presença de uma carga elétrica Q em A, de maneira que uma carga elétrica q colocada num ponto B qualquer do espaço sofre a ação de uma força de natureza elétrica **F** dada por **F** = q**E**, onde **E** é o valor do campo elétrico em B. Pode-se também definir um campo potencial elétrico V, escalar, tal que **F** = -q.gradV. No caso da ação *magnética*, a noção de potencial é um pouco mais complicada. O potencial magnético é um campo vetorial e a força magnética está relacionada ao potencial não pelo gradiente, mas pelo *rotacional* do potencial. A não existência de monopolos magnéticos (há sempre *dois* polos magnéticos, o norte e o sul) implica que a divergência do campo magnético é sempre nula; portanto, como o gradiente de um rotacional é também sempre nulo, pode-se pensar que todo campo magnético é o rotacional de um campo vetorial, o potencial magnético.

Funções potenciais são antes estratégias matemáticas que representantes matemáticos de entidades diretamente acessíveis à percepção. Podemos perceber *diretamente* que a presença de uma massa gravitacional ou de uma carga elétrica num ponto A do espaço de algum modo influencia uma massa ou uma carga em B, mas não percebemos, nem podemos perceber *diretamente* nenhuma ação do corpo em A sobre o *ponto B*. Essa ação é uma idealização matemática que extrapola a percepção, uma construção puramente teórica e formal, que seria, portanto, impossível sem o concurso do formalismo matemático e das manipulações que ele permite.

Como o potencial, gravitacional, elétrico ou magnético, de alguma forma só se manifesta via um gradiente ou um rotacional, podemos alterá-lo por um fator arbitrário chamado de *fator de escala* (gauge). Por exemplo, se ao potencial gravitacional V adicionarmos uma constante arbitrária qualquer C de modo que o novo potencial V' seja $V + C$, os gradientes de V e V' e, portanto, as forças gravitacionais devidas a ambos os campos potenciais serão os mesmos. Fisicamente nada muda, o que indica a natureza puramente matemática dessas noções. Analogamente, podemos adicionar um fator grad S para um campo escalar S arbitrário a qualquer potencial magnético, já que o rotacional de um gradiente é sempre nulo.

Novamente, vemos como em ciência a Matemática não é apenas uma linguagem que representa fidedignamente, ainda que abstrata e idealmente, a realidade *efetivamente percebida*, mas um contexto de *invenção* em que se forja uma realidade matemática puramente racional não percebida e não perceptível, porém eficiente como instrumento de organização, predição, explicação da experiência e, como veremos mais detidamente adiante, exploração heurística.

O QUE É E PARA QUE SERVE A MATEMÁTICA 241

c) Campos, que irão se impor como uma das entidades mais fundamentais, senão a mais fundamental, da ciência surgem, portanto, quando a matéria desaparece, deixando atrás, como resíduo, a sua estrutura formal, como o Gato de Cheshire, que desaparece deixando só o sorriso flutuando no ar.

Eles aparecem primeiro na teoria eletromagnética como perturbações de um meio material, o éter. Quando o éter deixou de existir, inconsistente que era com a teoria especial da relatividade, sobraram só as oscilações e suas expressões matemáticas, as equações de Maxwell. Essas equações satisfazem as regras de transformação entre referenciais da teoria da relatividade (transformações de Lorentz), que garantem a sua invariância quando se muda de um para outro referencial inercial.

Apesar de campos serem basicamente constructos matemáticos, muitos lhes atribuem alguma realidade física, já que se pode atribuir a eles propriedades físicas, como energia ou momento. O que isso significa, no entanto, é que se pode definir nos campos certas funções que *representam* entidades físicas, como energia e momento; os campos *eles mesmos* são objetos matemáticos incapazes de possuir propriedades físicas. Atribuir-lhes realidade física é só um modo de falar.

A noção de campo foi uma invenção de Faraday e Maxwell e convém refletir um pouco sobre a sua história. Ela nos revelará uma estratégia metodológica da ciência que nos permitirá, por sua vez, compreender a natureza essencialmente *formal* tanto da ciência empírica quanto da Matemática e, assim, por que esta pode ter a relevância, importância e utilidade que tem para aquela.[6]

Michael Faraday (1791-1867) foi um cientista britânico extremamente original e autodidata que, sem nenhuma Matemática, apenas intuição e um talento especial para a experimentação e o pensamento analógico, fez contribuições fundamentais para a teoria do Eletromagnetismo, possibilitando a grande síntese matemática

---

6 Nas discussões sobre Eletromagnetismo que se seguem, as informações históricas foram extraídas de Malcolm Longair (2003).

242 JAIRO JOSÉ DA SILVA

realizada logo depois pelo também britânico James Clerk Maxwell (1831-1879).

Um dos conceitos que Faraday introduziu para melhor compreender os fenômenos magnéticos foi o de *linha de força magnética*, linhas matemáticas *imaginárias* ao longo das quais atua, tangencialmente, segundo ele, a força magnética. Se colocarmos uma barra magnetizada sobre uma superfície plana e jogarmos limalha de ferro sobre essa superfície, as partículas de ferro se orientarão ao longo de linhas que divergem de um polo, o norte magnético, e convergem para o outro, o sul. Faraday deu um sentido físico a essas linhas, como se fossem elas próprias condutoras da ação magnética, e as utilizou com grande sucesso como instrumento *heurístico* para a formulação de leis.

Evidentemente, essas linhas não têm existência real, mas tudo se passa como se tivessem. Ou seja, do ponto de vista estritamente *formal*, linhas de força, ainda que *materialmente inexistentes*, têm propriedades formalmente análogas às do campo magnético, e por isso a descrição matemática das linhas são também descrições matemáticas do campo. É essa *similaridade formal* que permite enunciar propriedades válidas para o campo magnético a partir de propriedades válidas para as linhas de força e dar a ambos, campo e linhas de força, a mesma descrição matemática.

Em outras palavras, linhas de força constituem um *modelo* do campo magnético. Em geral, modelos são constructos *reais ou fictícios* que mantêm com o fenômeno de interesse suficientes semelhanças formais para que se possa estudar o fenômeno estudando o modelo. *Materialmente*, fenômeno e modelo são coisas distintas, mas *formalmente* são semelhantes; o modelo exibe, dentro de limites razoáveis, o mesmo comportamento do fenômeno estudado e é esse núcleo de semelhança formal entre fenômeno e modelo que se manifesta matematicamente.

A intensidade da ação magnética numa dada região do espaço, ou seja, da força magnética atuante naquela região, ou, ainda, do campo magnético, era, como observou Faraday, proporcional à densidade de linhas de força magnéticas naquela região. Linhas de força respectivamente convergentes e divergentes correspondem, respectivamente, ao aumento e à diminuição da ação magnética (força, campo), e assim por diante.

Na verdade, foi a partir da noção de linha de força que se concebeu a de campo, cujas propriedades formais, as únicas matematicamente exprimíveis, podem, até certo ponto, serem inferidas das propriedades formais das linhas de força.

Maxwell, como veremos, foi um genial idealizador de modelos mecânicos e hidrodinâmicos para fenômenos eletromagnéticos traçando, em particular, uma analogia formal entre linhas de força e linhas de fluxo de um fluido incompressível (ou seja, que flui mantendo constante a densidade em todos os pontos). Esses modelos lhe foram, inclusive, de valor *heurístico*; utilizando-os, Maxwell pôde, como logo veremos, abrir o caminho para a descoberta das ondas eletromagnéticas. Voltaremos a esse assunto em breve.

Uma das descobertas de Faraday foi a indução eletromagnética: quando um campo magnético varia no tempo, ele dá origem a uma corrente elétrica. Em 1831, Faraday percebeu que uma corrente elétrica era gerada num fio metálico enrolado em forma de espiral (um solenoide) quando se passava por dentro do solenoide um magneto cilíndrico. No mesmo ano ele constatou que uma corrente elétrica contínua era gerada num cilindro metálico que gira entre os polos de um magneto em forma de ferradura. Mesmo sem o auxílio da Matemática, Faraday pôde, com a noção de linhas de força magnéticas, enunciar *quantitativamente* a lei de indução eletromagnética. À medida que gira, o disco do exemplo mencionado intercepta as linhas de força que conectam ambos os polos do magneto; evidentemente, a taxa segundo a qual essas linhas de força são interceptadas depende da velocidade com que o disco gira. Faraday se deu conta de que essa taxa é proporcional à força eletromotriz induzida. Ele também notou que a força eletromotriz age na direção que se opõe à mudança do fluxo magnético.

No seu livro sobre eletricidade e magnetismo de 1873, *A Treatise on Electricity and Magnetism* [Tratado sobre eletricidade e magnetismo], Maxwell (1954) diz explicitamente que o tratamento de Faraday é matemático, embora não expresso com os usuais conceitos e notação matemáticos. De fato, o tratamento de Faraday dos fenômenos eletromagnéticos é todo ele formal, e por isso pode se valer de modelos fictícios e analogias formais capazes de formulação matemática. Em certo sentido, a Matemática é, ela também, um modelo, um modelo *imaterial*, capaz, entretanto, de expressar as propriedades formais dos fenômenos físicos. Como meio de expressão formal a Matemática desempenha papel representacional, o mais fundamental e do qual todos os outros papéis que ela desempenha dependem. Maxwell (ibidem) saberá traduzir de modo particularmente feliz em termos matemáticos a estrutura formal dos fenômenos eletromagnéticos que Faraday expressava analogicamente em termos de linhas de força.

d) Antes de prosseguirmos com a história do Eletromagnetismo, convém fazer uma pausa para refletir sobre a *modelagem*, matemática ou física, como estratégia de investigação científica.

Teorias científicas, ou mesmo matemáticas, têm uma interpretação, uma semântica, pretendida: *aquilo* a que elas se referem. Os termos denotacionais da teoria, os nomes de objetos, propriedades e relações referem-se a objetos, propriedade e relações *determinadas*; estas e não outras. Se afirmo que baleias são mamíferos ou que $2 + 2 = 4$, os termos "baleia", "mamífero", "2", "4" e "=" referem-se, claro, a baleias, mamíferos, aos números 2 e 4 e à relação de igualdade, não a peixes, quadrúpedes ou quaisquer outras coisas.

As afirmações anteriores são ambas verdadeiras porque baleias são, efetivamente, mamíferos e 2 mais 2 é, de fato, igual a 4. Aquilo a que asserções se referem, sejam elas verdadeiras ou falsas, é o conteúdo *material* delas. Mas podemos *abstrair* esse conteúdo material, deixando como resíduo da abstração apenas o conteúdo *formal* das asserções: aquilo que ela *diz* do seu conteúdo material. Por exemplo, formalmente, a asserção "baleias são mamíferos" reduz-se a "todos os X's são Y's", onde X e Y denotam classes de objetos. Formalmente, a asserção diz apenas que a classe de objetos indeterminados X está contida na classe de objetos indeterminados Y.

Ora, se interpretarmos X como cães e Y como quadrúpedes, a asserção continua verdadeira, porque, de fato, cães são quadrúpedes.

O QUE É E PARA QUE SERVE A MATEMÁTICA   **245**

Dizemos, portanto, que as asserções "baleias são mamíferos" e "cães são quadrúpedes", apesar de *materialmente distintas*, são *formalmente idênticas*. Ambas expressam a mesma *relação* de continência: uma classe de coisas está contida em outra classe de coisas.

Não importa qual teoria científica ou matemática tenhamos, com um conteúdo material bem determinado, isto é, o domínio ao qual ela se refere com verdade, podemos sempre a abstrair e reinterpretá-la em *outro* domínio de modo a manter a sua veracidade. Em outras palavras, podemos dar-lhe outra interpretação, outra semântica, outro conteúdo material que, porém, *do ponto de vista da teoria*, é indistinguível do anterior. Isso é *sempre* verdadeiro, não importa a teoria, pois na *melhor* das hipóteses teorias podem apenas determinar classes de interpretações isomorfas. Se um domínio materialmente determinado qualquer satisfaz uma teoria, ou seja, se a teoria é verdadeira nesse domínio, então sempre se pode construir um domínio isomorfo a ele, com outros objetos e outras relações, onde a teoria também será satisfeita (verdadeira). Tudo o que é demonstrável numa teoria é verdadeiro em todas as suas interpretações; por isso, nenhuma asserção que a teoria reconhece como válida pode ser falsa em qualquer das suas interpretações. Isso não quer dizer que diferentes interpretações de uma teoria não possam discordar quanto a certas asserções expressáveis na linguagem da teoria; essas asserções, entretanto, não são decidíveis na teoria; ou seja, a teoria é incapaz de demonstrar quer que sejam verdadeiras, quer que sejam falsas. A teoria deixa, por assim dizer, que cada interpretação "decida" por si.[7]

A teoria por si só, independentemente de interpretações que lhe são impostas, não é capaz de *fixar* um domínio que a satisfaça. Ou seja, não há nenhuma teoria que só seja verdadeira em um único

---

7   Teorias capazes de decidir pela veracidade ou pela falsidade de cada uma das asserções expressáveis em sua linguagem se dizem *sintaticamente completas*, e são bastante raras, mesmo em Matemática. Teorias cujas interpretações são todas entre si isomorfas se dizem *categóricas*, e são raras. Categoricidade e completude são noções independentes; há teorias completas que não são categóricas e teorias categóricas que não são completas.

contexto material. Toda teoria pode ser reinterpretada em outros domínios *salva veritate*, isto é, resguardando a sua verdade.

O que, então, uma teoria expressa do domínio que pretende descrever? Evidentemente, se não que tipo de objetos ele contém, apenas como esses objetos, as propriedades que eles têm e as relações que se estabelecem entre eles estão uns para os outros independentemente do *que* eles são. Dito de outro modo, uma teoria expressa apenas, e sempre dentro dos limites da sua linguagem, o *conteúdo formal* do seu domínio, que é *o mesmo* de todos os domínios materialmente determinados formalmente idênticos (isomorfos) a ele. Nesse sentido, *toda* teoria é uma teoria formal, capaz *por si só* de capturar apenas a estrutura formal do seu domínio, aquilo ao qual ela se refere. Essa estrutura se expressa linguisticamente no conteúdo formal das asserções da teoria que são verdadeiras no seu domínio. O conteúdo material das teorias, a sua referência, enfim, vem sempre de fora, por imposição externa.[8]

Esse fato *justifica*, lógica ou metodologicamente, a *estratégia metodológica* de investigar um *determinado* domínio de interesse teórico investigando *outros* domínios que codividam com ele suficientes propriedades expressáveis na linguagem que escolhemos para descrever o domínio original. Se dois domínios têm *alguma* semelhança formal, então é possível (necessário se forem isomorfos com respeito à linguagem em questão) que tenham *outras* propriedades formais comuns expressáveis na mesma linguagem.

Suponhamos que descobrimos algumas verdades sobre um domínio de interesse teórico A por inspeção direta; chamemos teoria T o conjunto dessas verdades expressas na linguagem L que julgamos conveniente para descrever A. É possível que T seja tal que, dada qualquer afirmação φ escrita na linguagem L, se possa demonstrar que ou φ é verdadeira ou φ é falsa usando apenas as asserções de T

---

8 A *direcionalidade* dos termos da linguagem de uma teoria interpretada, a *referência* da linguagem às entidades materialmente determinadas do domínio da teoria, não pode ser expressa na linguagem da teoria, pois toda teoria que tem uma interpretação admite várias interpretações materialmente distintas.

O QUE É E PARA QUE SERVE A MATEMÁTICA   **247**

e a Lógica (em cujo caso se diz que T é sintaticamente completa). Nesse caso, nossa investigação acabou, T é a teoria que queríamos, pois tudo o que poderíamos querer saber sobre A pode ser obtido de T com o auxílio apenas da Lógica. Mas isso quase nunca ocorre, em geral haverá alguma questão φ relevante sobre A à qual T não será capaz de dar uma resposta, seja pela veracidade, seja pela falsidade. Isso significa que ainda não sabemos tudo o que queremos saber sobre A. Temos que inspecionar A melhor para decidir se essa φ é verdadeira ou não nesse domínio, sem nenhuma indicação prévia. Ou talvez não, talvez exista outro domínio B, de natureza completamente diferente, no qual, porém, podemos interpretar os símbolos de L de tal modo que todas as asserções de T sejam aí verdadeiras. Isso quer dizer que, *até onde sabemos*, A e B são formalmente idênticos. Suponhamos, porém, que aquela φ é *verdadeira* em B. Se nossa teoria T fosse categórica, saberíamos que A e B são isomorfos da perspectiva de L e, portanto, que φ tem, *necessariamente*, que ser verdadeira também em A. Infelizmente, isso ocorre raramente. Mas, ainda que T não seja categórica, podemos *conjecturar* que φ também seja verdadeira em A e explorar as consequências dessa conjectura. Voltamos à investigação direta de A, mas guiada agora por uma conjectura – é provável que φ seja verdadeira –, o que a torna mais eficiente. De qualquer forma, voltar a atenção para um domínio *diferente* daquele no qual estamos primariamente interessados, mas que tem com ele *alguma* semelhança formal, se revela uma *boa estratégia metodológica*.

Se isso é verdadeiro em geral, o é ainda mais quando a teoria se expressa matematicamente, como é o caso da teoria eletromagnética ou qualquer outra da Física moderna. Relações matemáticas são puramente formais (ainda que nem todas as relações formais sejam matemáticas) e se são verdadeiras num domínio permanecem verdadeiras em qualquer domínio formalmente idêntico (isomorfo) a ele. E, ainda que não haja completa identidade formal (isomorfismo) entre duas quaisquer interpretações de uma teoria, ou seja, quando a teoria não é categórica, há suficiente semelhança formal entre elas para que a investigação de uma possa auxiliar na investigação de outra.

Por isso, se dois domínios satisfazem a *mesma* teoria matemática, pelo menos até onde se pôde verificar, faz sentido supor que essa identidade se estende ainda mais e usar um domínio como guia *heurístico* para a investigação do outro. Talvez um deles seja mais conhecido ou mais acessível à investigação direta do que aquele no qual estamos primariamente interessados. Podemos, então, usá-lo como "avatar" desse outro, investigá-lo como meio de investigar o outro.

É isso precisamente que Maxwell (ibidem) fará; ele se aproveitará da semelhança formal entre fenômenos eletromagnéticos e hidráulicos ou mecânicos para investigar os primeiros investigando os segundos. A matematização da experiência empírica característica da ciência moderna abre as portas para essa estratégia *analógica*. O raciocínio por analogia é justificado porque teorias expressam apenas verdades formais sobre os seus domínios, que podem, então, ser investigadas em quaisquer outros domínios formalmente idênticos ou pelo menos suficientemente semelhantes a eles no contexto específico das teorias, ou seja, no âmbito de suas linguagens, naquilo que elas são capazes de expressar.

Como toda teoria é, no sentido que especifiquei, formal, essa estratégia heurística está disponível, em princípio, a qualquer teoria. Se, por exemplo, descobríssemos um planeta que tivesse, na medida das nossas observações, uma geologia formalmente idêntica à da Terra, ainda que materialmente esse fosse um planeta muito diferente do nosso, nós poderíamos, como estratégia metodológica bem embasada, *supor* que a analogia formal se estende para além do observado e simplesmente reinterpretar nossa geologia para o contexto material daquele planeta, preservando o seu conteúdo formal. Claro que a identidade formal pode eventualmente mostrar-se limitada e o raciocínio por analogia formal falhar, levando a falsas conclusões. Por isso, a estratégia, apesar de bem embasada, não é logicamente garantida (a menos que saibamos que a identidade formal é completa, isto é, que do ponto de vista da geologia, os dois planetas são indistinguíveis, desde que, claro, os termos da teoria que se referem a coisas *daqui* sejam convenientemente reinterpretados, *salva veritate*, para se referirem a coisas *de lá*).

Como a Matemática de dois domínios ou contextos teóricos pode ser a mesma ou, pelo menos, a mesma no contexto de uma certa teoria, justifica-se metodologicamente, no contexto dessa teoria, investigar um deles, em geral o menos conhecido, investigando o outro, o mais conhecido ou mais facilmente investigável, que funciona assim como um *modelo* daquele. Um modelo é precisamente isso, um domínio formalmente ou, mais especificamente, matematicamente análogo a outro e que lhe serve de substituto. A teoria de um domínio qualquer pode ser desenvolvida investigando-se não diretamente esse domínio, mas um seu substituto formal. Como teorias, quaisquer teorias, só podem expressar a estrutura formal ou matemática dos seus domínios, que é idêntica ou análoga àquela de todos os domínios que lhe servem de modelo, substituir o domínio pelo modelo é, no fundo, mudar pouco ou nada.

Isso tudo estava muito claro para Maxwell. Vejamos.

Logo nas primeiras páginas do seu seminal livro *On Faraday's Lines of Force* [Sobre as linhas de força de Faraday] (1856), Maxwell se refere ao raciocínio por analogia com as seguintes palavras:

> Por analogia física me refiro à similaridade parcial entre as leis de uma ciência e aquelas de outra, que permite que uma sirva de ilustração da outra. Assim, todas as ciências matematizadas sustentam-se sobre relações entre leis físicas e leis de números, de tal modo que o objetivo das ciências exatas é reduzir os problemas da natureza à determinação da quantidade por operações com números. (ibidem, p.156, tradução minha)

Depois de definir analogia física em termos de similaridade formal entre teorias, ainda que parcial, ou seja, no fato de que as leis de uma e outra são, num contexto talvez restrito, mas suficientemente amplo, formalmente análogas, ainda que materialmente distintas – essas leis dizem a *mesma coisa* sobre *coisas diferentes* –, Maxwell (ibidem) enfatiza que, em ciências empíricas exatas, buscam-se tais similaridades nas ciências matemáticas e, particularmente, nas relações entre variáveis numéricas.

250 JAIRO JOSÉ DA SILVA

Maxwell (ibidem) dá um exemplo de analogia física. Seja, de um lado, o fenômeno de condução térmica num meio homogêneo, onde as *quantidades* relevantes são *temperatura, fluxo de calor* e *condutividade térmica* e, do outro, o fenômeno de atração segundo a lei do inverso do quadrado da distância, onde as quantidades relevantes são *potencial* e *aceleração*. Basta substituir, ele diz, *fonte de calor* por *centro de atração, fluxo de calor* por *aceleração* e *temperatura* por *potencial*, que ambos os fenômenos admitem a *mesma descrição matemática*. Analogias, ele prossegue, "podem ser úteis em estimular ideias matemáticas apropriadas" (ibidem, p.157, tradução minha), ou seja, elas podem ter utilidade *heurística*, ainda que limitada ao contexto matemático. Veremos em breve um desses usos, a "descoberta" por Maxwell da chamada *corrente de deslocamento* e o seu papel na formulação definitivas das chamadas equações de Maxwell.

Num ensaio do mesmo ano de 1856, intitulado *Analogias na natureza [Analogies in nature]*, Maxwell é ainda mais explícito quanto à natureza formal das analogias físicas e o uso heurístico dessas analogias:

> Quando vemos uma relação entre duas coisas que conhecemos bem e pensamos que deve haver uma relação similar entre coisas que conhecemos menos bem, raciocinamos sobre essas duas em termos daquelas duas. Isso pressupõe que, embora estas coisas possam ser diferentes daquelas, a relação entre estas pode ser a mesma que entre aquelas. Agora, como de um ponto de vista científico a relação é a coisa mais importante para se conhecer, o conhecimento de uma coisa nos faz avançar no conhecimento da outra. (Maxwell in Harman, 1990, p.381, tradução minha)

Dizer que as *relações* entre coisas, não as coisas elas mesmas, são o mais importante do ponto de vista científico equivale a dizer que para a ciência o *como*, ou seja, a *forma*, tem precedência sobre o *quê*, ou seja, a *matéria*. A ênfase na forma em detrimento da matéria justifica o uso científico de analogias formais, em particular analogias matemáticas. Vejamos o papel que elas desempenharam na formulação matemática das leis do Eletromagnetismo por Maxwell.

e) Em *On Faraday's Lines of Force*, Maxwell (1856) associará um modelo *físico* à noção puramente geométrica de linha de força a fim de derivar, usando sempre que possível raciocínio analógico baseado em semelhança formal ou matemática entre fenômenos físicos (o que ele chamava de analogia física), as primeiras versões das formulações matemáticas das leis do Eletromagnetismo.

Maxwell (ibidem) irá explorar a analogia entre o comportamento de linhas de força magnéticas que, como sabemos, dão a direção de ação de *forças* magnéticas, e linhas de corrente de fluxo de um fluido incompressível. Ele identifica a velocidade $\mathbf{v}$ do fluido com a *densidade* de fluxo magnético $\mathbf{B}$.[9] Magnetos ou correntes elétricas variáveis dão origem a um campo de *forças*, o campo magnético $\mathbf{H}$; $\mathbf{B}$, o fluxo magnético induzido por $\mathbf{H}$, representa, num certo sentido, a ação de $\mathbf{H}$ sobre o meio físico. Por isso, Maxwell preferiu pensar em $\mathbf{B}$ em termos da *velocidade* $\mathbf{v}$ do fluido que flui segundo linhas que ele identifica às linhas de força.[10]

A analogia baseia-se no fato de que se as linhas de força magnéticas ou de fluxo do fluido *divergem*, o fluxo magnético e a velocidade do fluido, respectivamente, *diminuem*, e se *convergem*, *aumentam*. Como para um fluido incompressível div $\mathbf{v} = 0$, então div $\mathbf{B} = 0$ (1). Aqui o raciocínio analógico é a estratégia heurística dominante.

A lei de indução magnética que Faraday descobriu estipula que a força eletromotriz $\mathbf{f}$ induzida num circuito fechado é igual, com sinal trocado, à taxa de variação no tempo do fluxo magnético, ou seja, $\mathbf{f} = - d\Phi/dt$, onde Φ denota o fluxo magnético através de uma superfície qualquer limitada pelo circuito (a derivada d/dt denota taxa de variação no tempo). Daí, como $\mathbf{f}$ é dado pela soma (integral) da ação do campo elétrico induzido ao longo do circuito, segue por

---

9 Ver Longair, ibidem, p.88-92.
10 No vácuo, $\mathbf{B} = \mu_0 . \mathbf{H}$, onde μ_0 é a permeabilidade magnética do vácuo. Em geral, $\mathbf{H} = (\mathbf{B}/ \mu_0) - \mathbf{M}$, onde $\mathbf{M}$ denota magnetização do meio, ou seja, quão intensamente o meio está magnetizado.

252 JAIRO JOSÉ DA SILVA

mera manipulação matemática que rot $\mathbf{E} = -\partial\mathbf{B}/\partial t$ (2), onde $\partial\mathbf{B}/\partial t$ é a taxa de variação no tempo de $\mathbf{B}$.

A lei de Ampère relaciona corrente elétrica e campo magnético induzido; Maxwell formulou essa lei matematicamente da seguinte forma: a soma (integral) da ação do campo magnético induzido em cada elemento de um circuito fechado é igual ao fluxo de corrente elétrica através de uma superfície limitada por esse circuito. Daí resulta que rot $\mathbf{H} = \mathbf{J}$ (3), onde $\mathbf{J}$ é a densidade de corrente elétrica através da superfície (corrente por unidade de área).

Finalmente, da equação de Poisson que relaciona o fluxo do campo elétrico gerado por uma distribuição de carga elétrica através de uma superfície fechada à carga contida no interior do espaço delimitado por essa superfície, Maxwell pode escrever a equação div $\mathbf{E} = \rho/\varepsilon_0$ (4), onde ρ é a densidade de carga elétrica e ε_0 a permissividade elétrica do espaço (vácuo).

As equações (1), (2), (3) e (4) são as primeiras versões das formulações matemáticas das leis do Eletromagnetismo, as famosas *equações de Maxwell*. Elas estão, porém, incompletas; na formulação final dessas equações (como veremos mais adiante quando tratarmos especificamente do uso heurístico da Matemática em ciência – a Matemática como instrumento de *descoberta* científica), a estratégia de analogias físicas desenvolvida por Maxwell desempenhará papel fundamental.

f) Um princípio fundamental da Física, conhecido desde Galileu e chamado justamente de princípio de invariância de Galileu, diz que as leis do *movimento*, ou seja, as leis da *mecânica*, são as mesmas em todos os referenciais inerciais. Um referencial inercial, lembremos, é aquele onde um corpo está em repouso ou em movimento retilíneo com velocidade constante (movimento uniforme) em relação a esse referencial se não agem forças sobre ele; é isso o que diz a primeira lei de Newton. As coordenadas espaciais e temporais em um e outro referencial inercial estão relacionas pelas chamadas transformações de Galileu; elas dizem quais são as coordenadas espaciais e temporais de um corpo em um referencial, sabendo-se quais são elas no outro. A coordenada temporal, evidentemente, pelo menos até o começo

O QUE É E PARA QUE SERVE A MATEMÁTICA **253**

do século XX, era supostamente a mesma: o tempo, supunha-se, flui igualmente em todos os referenciais. As coordenadas espaciais são corrigidas para dar conta das diferenças de localização e do possível movimento relativo entre os dois referenciais.

Um problema com as leis de Maxwell do Eletromagnetismo é que elas *não* são invariantes pelas transformações de Galileu. Ou seja, elas descrevem formalmente de modo correto os fenômenos eletromagnéticos, em especial os fenômenos ópticos, apenas em um *único* referencial privilegiado, supostamente aquele fixo no *éter*, o meio material onde se supunha caminhavam os distúrbios eletromagnéticos.

A existência desse meio etéreo, material, mas diretamente in-detectável, parecia se impor de modo irrefutável, apesar do caráter aparentemente contraditório das suas alegadas propriedades. Aber-rações estelares detectadas ainda no começo do século XVIII, isto é, diferenças na posição aparente de estrelas por causa do movimento da Terra, indicavam que esta está em movimento em relação ao éter fixo. Deveria, então, ser possível detectar esse movimento.

Foram feitas tentativas extremamente cuidadosas de detecção do "vento" de éter produzido pelo deslocamento da Terra através dele por Albert A. Michelson e Edward Morley em 1887, porém com re-sultados negativos. As interpretações desses resultados foram múlti-plas e contraditórias e um período de confusão conceitual teve início, só encerrado com o artigo de Einstein "Zur Elektrodynamik beweg-ter Körper" [Sobre a Eletrodinâmica dos corpos em movimento], de 1905, que contém a primeira formulação correta e completa da teoria que irá colocar a casa em ordem, a teoria especial da relatividade.

Antes, algumas hipóteses para o resultado negativo da experiên-cia de Michelson-Morley foram aventadas, incluindo a que propu-nha que corpos sofrem uma contração, física, real, na direção do movimento em relação a um referencial fixo no éter. Essa hipótese foi oferecida primeiro por George Fitzgerald em 1889 e retomada por Hendrik Lorentz em 1892.

Era, entretanto, um problema essencialmente matemático des-cobrir quais transformações de coordenadas mantêm as equações de Maxwell invariantes, ou seja, com a mesma forma. Resolvido esse problema, ficou claro que essas transformações implicavam a "contração" de Lorentz-Fitzgerald – que não seria, porém, uma contração *absoluta* do corpo, mas uma contração *relativa* devida somente à mudança de sistema de coordenadas; um observador em movimento uniforme com relação ao corpo mede o seu comprimento diferentemente de um que está em repouso relativamente a ele –, mas também que medidas de *tempo* variavam de referencial para referencial, um fato certamente não intuitivo e fisicamente inexplicado.

O físico, matemático e filósofo em tempo parcial francês Henri Poincaré foi quem, antes de Einstein, chegou mais perto de perceber que uma nova mecânica era requerida, uma em que noções como a de simultaneidade e, portanto, em que intervalos de tempo, além de intervalos espaciais, dependeriam do referencial inercial adotado. No entanto, a formulação dessa mecânica sustentada apenas na generalização do princípio de invariância de Galileu e num fato empírico, a constância da velocidade da luz no vácuo, além de Matemática pura, foi obra de Einstein em 1905.

A generalização do princípio de Galileu requer que as leis da *Física*, e não apenas da Mecânica, sejam invariantes em todos os referenciais inerciais. Desse princípio e do fato de que a velocidade da luz independe do estado de movimento da fonte, Einstein mostrou, matematicamente, que as transformações de Lorentz-Fitzgerald, não as de Galileu, são as transformações *corretas* para as coordenadas espaçotemporais entre referenciais inerciais. A teoria relativística restrita, de fato uma teoria *geral* do espaço-tempo, segue necessariamente disso.

O importante para a nossa história, entretanto, é que, a partir de Einstein, o éter *desaparece* da Física. O "meio" onde caminham os distúrbios eletromagnéticos, entre eles a luz, passou a ser simplesmente o *espaço*, com as medidas de intervalos espaço-temporais obedecendo às transformações de Lorentz-Fitzgerald quando se passa de um referencial inercial a outros. Na verdade, não se está afirmando que o espaço é *realmente* o meio material onde a luz se

O QUE É E PARA QUE SERVE A MATEMÁTICA   255

propaga, mas que *formalmente* tudo se passa como se assim fosse. Abandona-se o material para ficar apenas com o formal. Para todos os efeitos, interessa apenas que ondas eletromagnéticas se propagam no espaço vazio regidas pelas equações de Maxwell e que as transformações de coordenadas espaço-temporais obedecem às transformações de Lorentz-Fitzgerald. O éter, último e embaraçoso resquício de matéria, desaparece completamente. A criação da teoria especial da relatividade foi um passo gigantesco na direção da completa *matematização* da realidade física, quando o interesse da ciência se concentra apenas na estrutura matemática da realidade empírica, no *como* e *quanto* em vez de no *que* ou no *porquê* (este último já de há muito abandonado). A matematização iniciada por Galileu irá reinar triunfante a partir do início século XX.

A teoria geral da relatividade de Einstein é o passo seguinte.

Newton tinha *dois* conceitos diferentes de massa, um definido em termos de atração gravitacional, a *massa gravitacional*, outro, em termos de resistência à mudança de estado dinâmico, a *massa inercial*. Ele supôs que ambas eram numericamente idênticas, mas não apresentou nenhuma justificativa para essa identificação. Medidas cada mais precisas ao longo desses últimos três séculos confirmaram a identificação, mas confirmação experimental não é justificação.

Até que em 1907, como relata o próprio Einstein, meditando nas consequências da sua então jovem teoria especial da relatividade, ele se perguntou por que não havia uma relação entre inércia e peso tão bonita quanto aquela entre inércia e energia expressa pela arquifamosa equação $E = mc^2$. Ele conta ainda que, sempre meditando em seu escritório no ofício de patentes em que trabalhava em Berna, onde aparentemente não havia muito que fazer, ele foi assaltado por uma intuição que lhe causou forte impressão: uma pessoa em queda livre sente-se como se não tivesse peso. Esse pensamento foi o pontapé inicial para a teoria geral da relatividade, que irá fornecer, finalmente, uma explicação para a igualdade entre massa gravitacional e massa inercial. Nessa teoria, a atração gravitacional nada mais é que a expressão física da curvatura do espaço-tempo.

256 JAIRO JOSÉ DA SILVA

Aquela intuição o levou a formular o seguinte *princípio de equivalência*: localmente, um campo gravitacional é equivalente a uma aceleração, e vice-versa. Se estivermos num avião em queda livre (ele pensava em termos de elevadores, já que os aviões tinham apenas sido inventados à época), tudo se passa ali como se não houvesse um campo gravitacional, e vice-versa. Podemos simular um campo gravitacional numa direção do espaço numa região livre de ações gravitacionais imprimindo uma aceleração ao sistema na direção oposta.

Num artigo publicado no mesmo ano, Einstein (1907) explorará as consequências físicas desse postulado. Seu raciocínio é extremamente engenhoso, usando sempre dois referenciais, um acelerado, outro sob a ação de um campo gravitacional, mas equivalentes pelo princípio de equivalência. Ele aplica a teoria *especial* da relatividade para os cálculos no sistema acelerado e transfere os resultados obtidos, aplicando o princípio de equivalência, para o sistema sob a ação da gravidade.

Sua primeira conclusão foi que energia potencial tem peso e que massa gravitacional e energia potencial se relacionam pela mesma fórmula $E = mc^2$. A segunda, que a ação da gravidade ralenta os relógios. A terceira, que a ação gravitacional muda a direção de raios luminosos. Ao calcularmos o raio de curvatura provocado pela ação da gravidade num raio de luz verificamos que ele depende do valor da aceleração da gravidade no local, que depende do gradiente do potencial gravitacional, que depende, por sua vez, da distribuição de matéria. Ou seja, curvatura depende de distribuição de matéria.

Essas conclusões estão embutidas na equação de campo a que Einstein chega em 1915, depois de muito esforço. A equação que condensa toda a teoria geral da relatividade – $R_{\mu\nu} - \frac{1}{2}(g_{\mu\nu}R) + \Lambda g_{\mu\nu} = 8\pi G/c^2$. $T_{\mu\nu}$ – tem no primeiro membro apenas termos que se referem à estrutura geométrica do espaço-tempo e no segundo apenas um termo que se refere à distribuição de matéria e energia.[11]

---

11 Os símbolos $R_{\mu\nu}$, $g_{\mu\nu}$ e $T_{\mu\nu}$ denotam *tensores*, objetos matemáticos complexos, mas que se reduzem a séries de números, as suas componentes, que dependem

O QUE É E PARA QUE SERVE A MATEMÁTICA   **257**

Apenas porque Newton não se preocupou em dizer *o que* era a força gravitacional, apenas qual era ao seu *valor*, Einstein pôde eliminá-la, substituindo-a pela Geometria. Como Geometria nada é além de *relações* entre corpos, é perfeitamente lícito supor, como o próprio Riemann (2007) supôs em seu artigo seminal de 1854, que ela seja determinada pelos próprios corpos no espaço (pelas forças que atuam nele, nas suas palavras). Ao estabelecer como a distribuição de matéria e energia no espaço determina a sua estrutura geométrica, Einstein pode livrar-se da noção puramente quantitativa de força de Newton em termos de movimento inercial num espaço "curvo".

Claro que não há relação *causal* propriamente dita entre a distribuição de matéria e energia e a estrutura métrica do espaço-tempo, não é a presença de matéria que "deforma" o espaço como muitos insistem. Há apenas uma correlação meramente formal-quantitativa entre uma coisa e outra.

Nessa altura do desenvolvimento da Física, já estava bem claro que a Matemática já não era mais apenas uma linguagem em que se pode simplesmente expressar de modo exato relações quantitativas em alguma medida já acessíveis à experiência, mas um instrumento de formulação conceitual e, principalmente, uma *substituta* da própria realidade física. O caráter *instrumental* da Matemática na

---

do referencial considerado. O interessante em escrever as equações em forma tensorial é que, embora as componentes dos tensores variem de um sistema de referência a outro, as *equações* elas próprias permanecem invariantes; ou seja, as relações que elas expressam têm caráter *objetivo*, independentemente do sistema. Como qualquer outra entidade matemática que desempenha algum papel representacional em Física, esses tensores, associados à estrutura geométrica do espaço-tempo e à distribuição de matéria e energia no espaço-tempo, nada mais são do que montes de números expressando quantidades de algum tipo. A noção de quantidade é, como vimos, o elo mais básico entre realidade empírica e Matemática. A equação originalmente não continha o termo $\Lambda g_{\mu\nu}$, onde $g_{\mu\nu}$ é o tensor métrico e Λ a constante cosmológica, Einstein o introduziu para obrigar a equação a ter apenas soluções estáveis no tempo (universo estático). Quando se descobriu que o Universo está em expansão, Einstein considerou esse o pior erro da sua vida. Hoje, porém, a constante cosmológica representa a chamada "energia escura" responsável pela *aceleração* da expansão do Universo.

formulação de leis físicas e a quase obliteração do seu caráter *descritivo*, quando entidades matemáticas da teoria se referem a *algo* na realidade, aparecerão com evidência no próximo grande momento do desenvolvimento da Física, a formulação, também essa matemática, da Mecânica quântica, a ciência que buscará dar sentido a novos e surpreendentes fatos observados da realidade empírica.

g) Problemas no tratamento clássico da chamada radiação do corpo negro levam Max Planck a postular, em 1900, a natureza corpuscular (quântica) das interações energéticas entre radiação eletromagnética e matéria. Logo depois, em 1905, Einstein se utiliza dessa hipótese para explicar o efeito fotoelétrico. A incidência de radiação eletromagnética sobre matéria produz ejeção de elétrons cuja energia, porém, *não* depende da energia da radiação, mas da sua *frequência*. Apenas o número de elétrons ejetados está relacionado à energia da radiação incidente.

Se essa radiação transportasse energia em pacotes cuja energia E dependesse da frequência v segundo a fórmula $E = hv$, onde h é uma constante (chamada depois de constante de Planck), supôs Einstein, as peculiaridades do fenômeno seriam explicáveis. Assim, ficou estabelecido que, em geral, radiação energética transporta energia em "pacotes" indivisíveis, os quanta de energia. Essa suposição reintroduz a teoria corpuscular da luz: esses pacotes, os fótons, seriam os átomos de luz (e de qualquer radiação eletromagnética).

Ora, provavelmente pensou o físico francês Louis De Broglie, se fótons são partículas que se comportam como ondas, com propriedades ondulatórias como frequência de vibração, por que isso não seria verdadeiro para *todas* as partículas, como, por exemplo, elétrons? E foi isso precisamente o que ele propôs, que partículas são sempre acompanhadas por ondas-guia de tal modo que a energia E da partícula se relaciona com a frequência v da onda segunda a relação $E = hv$ e o momento linear da partícula p com o comprimento de onda da onda λ pela relação $p = h/\lambda$. Essas "ondas de matéria", note-se, são para De Broglie ondas *físicas*, no *espaço físico*.

A hipótese de Broglie oferece uma explicação bastante elegante para as órbitas estáveis discretas do átomo de hidrogênio, fato já

O QUE É E PARA QUE SERVE A MATEMÁTICA **259**

firmemente estabelecido empiricamente: essas órbitas corresponderiam a números inteiros das ondas-guia dos elétrons orbitantes; a estabilidade de certas órbitas e não de outras corresponderia, assim, a um fenômeno de ressonância ondulatória.[12]

Coube ao austríaco Erwin Schrödinger dar, em 1926, um tratamento matemático adequado a tudo isso. Ele se concentrou no átomo de hidrogênio e seu problema era encontrar uma equação cujas soluções fossem os níveis discretos de energia associados às órbitas eletrônicas estáveis. Isso poderia ser facilmente comparado com os valores observados. Se os níveis energéticos teoricamente previstos fossem consistentes com os observados, a equação estaria justificada. Inspirado por De Broglie, ele atacou o problema buscando uma equação para as ondas-guia do elétron do átomo de hidrogênio.

Vejamos como essa equação *poderia* ser encontrada. Comecemos com as relações $E = h\upsilon$ e $p = h/\lambda$; introduzindo o número de onda $k = 2\pi/\lambda$ e a frequência angular $\omega = 2\pi\upsilon$, tem-se $E = \hbar\omega$ e $p = \hbar k$, onde $\hbar = h/2\pi$. Suponhamos que ψ, a onda- guia, é uma onda sinusoidal estável com energia bem definida E, uma suposição aceitável para as ondas-guia dos elétrons nas órbitas estáveis do átomo de hidrogênio, que são, recordemos, ondas *estáveis*, independentes do tempo (ψ fornece a amplitude da oscilação como uma função das coordenadas espaciais apenas). ψ deve satisfazer a equação de Helmholtz $\Delta\psi + k^2\psi = 0$, onde Δ é o operador Laplaciano ($\Delta = \partial^2/\partial x^2 + \partial^2/\partial y^2 + \partial^2/\partial z^2$) e, portanto, $\Delta\psi + (p/\hbar)^2\psi = 0$. Mas $p^2 = 2mK$, onde m é a massa da partícula associada à onda e K é a sua energia cinética. Portanto, $\hbar^2/2m\,\Delta\psi + (E - V)\psi = 0$, onde E é a energia total e V a energia potencial da partícula. Essa foi a equação original de Schrödinger,

---

12 De Broglie mostrou que o princípio de Fermat da Óptica (um raio de luz segue o caminho que toma o menor tempo) aplicado à onda-guia do elétron atômico é idêntico ao princípio de mínima ação (a evolução de um sistema mecânico minimiza a ação, a diferença entre a energia cinética e potencial do sistema) aplicado ao elétron. Os raios da onda-guia fornecem, portanto, as trajetórias do elétron. Nota-se aqui, na nova Mecânica quântica, o mesmo profícuo diálogo entre Óptica e Mecânica já conhecido da Mecânica clássica.

em geral escrita como: $-\hbar^2/2m\ \Delta\psi + V\psi = E\psi$. As soluções dessa equação devem fornecer as equações das ondas-guia do elétron do átomo de hidrogênio correspondentes aos diversos níveis energéticos possíveis, e portanto também as energias associadas a eles, o que era conhecido experimentalmente. Se os resultados teóricos e experimentais coincidissem dentro de razoável "margem de erro", a equação de Schrödinger passaria no teste. Foi o que ocorreu; o sucesso foi bastante expressivo.

Porém, Schrödinger (1926a) segue um caminho um pouco diferente em *An Undulatory Theory of the Mechanics of Atoms and Molecules* [Uma teoria ondulatória da Mecânica de átomos e moléculas], de dezembro de 1926. Ele considera uma partícula se movendo num campo externo de forças e uma onda associada a ela e se pergunta qual deveria ser a equação de propagação dessa onda. Ele decide que o "mais simples" é supor a usual equação de propagação de onda $\partial^2\psi/\partial t^2 = \Delta\psi/u^2$, onde u é uma velocidade tal que $u^2 = E^2/2mK$. Supondo em seguida uma particular dependência de ψ no tempo, ele chega à equação $\partial^2\psi/\partial t^2 = -4\pi^2 E^2\psi/h^2$ e, portanto, a $\Delta\psi + 8\pi^2 m(E - V)\psi/h^2 = 0$. Ou seja, rearranjando os membros, $-\hbar^2/2m\ \Delta\psi + V\psi = E\psi$, exatamente a mesma equação do parágrafo anterior.

Qualquer que tenha sido a estratégia heurística adotada por Schrödinger para adivinhar a sua equação de onda, ela certamente envolveu analogias com a Mecânica clássica e pressuposições em algum grau não completamente justificadas. Porém, na verdade, as estratégias de descoberta, os procedimentos heurísticos que os cientistas frequentemente utilizam não são sempre logicamente seguros, é só a *descoberta* que deve ser justificada, não logicamente, mas pela observação, pela experiência. Se a equação encontrada for coerente com os dados experimentais conhecidos, nesse caso em particular os níveis de energia das órbitas eletrônicas do átomo de hidrogênio, o procedimento de descoberta será irrelevante.[13]

---

13 "De modo geral, buscamos por uma nova lei [da natureza] da maneira seguinte: Primeiro, nós adivinhamos. Depois, computamos as consequências da adivinhação para ver o que deveria acontecer se a lei que adivinhamos é correta.

O QUE É E PARA QUE SERVE A MATEMÁTICA **261**

O físico Felix Bloch, prêmio Nobel de Física de 1952, publicou um relato intitulado *Heisenberg and the Early Days of Quantum Mechanics* [Heisenberg e os primeiros dias da Mecânica quântica] (1976), com informações e anedotas sobre a invenção da equação de Schrödinger que me parecem interessantes e relevantes:

> Quando ele terminou [a referência é a uma conferência de Schrö-dinger sobre De Broglie], Debye observou casualmente que achava esse modo de falar bastante infantil. Como aluno de Sommerfeld, ele tinha aprendido que, para lidar com ondas de modo apropriado, era preciso ter uma equação de onda. Isso soava bastante trivial e não pareceu causar grande impressão, mas evidentemente Schrödinger pensou mais sobre o assunto posteriormente.
>
> Algumas semanas depois, ele deu outra conferência no colóquio [Bloch se refere aos colóquios de Física da Universidade de Zuri-que], em que começou dizendo: "Meu colega Debye sugeriu que tivéssemos uma equação de onda; pois bem, eu encontrei uma!". (ibidem, p.23-24, tradução minha)

Note que Schrödinger foi desafiado a encontrar uma equação para a onda-guia de Broglie, o assunto de sua conferência, e foi a esse desafio que ele respondeu em semanas.

Entretanto, desde o começo não estava claro, exatamente, a *que* a função de onda de Schrödinger se referia. Bloch menciona uma qua-drinha irônica composta a esse respeito: "*Gar Manches rechnet Erwin schon/ Mit seiner Wellenfunktion/ Nur wissen möch' man gerne wohl/ Was man sich dabei vorstell'n soll*" (na minha tradução livre: Erwin consegue fazer muita conta/ Com sua nova função de onda/ Embora continuemos todos sem saber/ O que ela realmente quer dizer).

Então, comparamos os resultados dos cálculos com a natureza, com experimen-tos ou com a experiência, diretamente com observações para ver se funciona. Se os resultados calculados estão em desacordo com as observações, eles estão errados. Nessa simples afirmação reside a chave da ciência" (Feynman, 1992, p.156, tradução minha).

262 JAIRO JOSÉ DA SILVA

Em princípio, as funções ψ deveriam ser funções de coordenadas *espaciais* e descrever as ondas-guia dos elétrons em suas órbitas estacionárias; ao fim e ao cabo, porém, ela se revelará coisa bem diferente, uma onda matemática num espaço matemático, apenas um constructo matemático que serve de *instrumento* para o cálculo de observáveis físicas. A única interpretação física que ela terá, pálido elo com a realidade, será dada por Max Born.

Estudando colisões de elétrons contra núcleos atômicos, Born constatou que a função de onda ψ determina apenas a *probabilidade* de o elétron ser desviado numa direção determinada. Ou seja, as supostas "ondas-guia" de Broglie parecem ter por única função determinar as probabilidades *a priori* de eventos. A interpretação probabilística da função de onda que proporá Max Born, e que irá se impor como ortodoxia, está ancorada em sólido raciocínio *analógico*. Como vimos, a luz tem caráter tanto corpuscular, fótons com energia e momento, quanto ondulatório, ondas com frequência e comprimento de onda. Sabe-se que o número de fótons por unidade de volume de um raio luminoso está diretamente relacionado à densidade média de energia da radiação no tempo. Quanto mais fótons no volume considerado, mais intensa é a radiação. No entanto, a energia transportada pela radiação luminosa é dada pelo *quadrado* da amplitude da onda. Isso deve valer também para as ondas ψ cuja amplitude é $|\psi|$; sua energia, portanto, é dada por $|\psi|^2$. Assim, deve haver uma correlação entre a densidade de *probabilidade* da localização espacial do elétron com o *quadrado* do módulo da sua função de onda.[14] Isso impõe uma "condição de realidade" às possíveis soluções da equação de Schrödinger, a saber, as funções ψ aceitáveis devem ser *normalizadas*, ou seja, a integral do quadrado do seu módulo deve ser igual a 1, que é a condição de toda distribuição de probabilidade (pois a soma de todas as probabilidades é a certeza).

---

14 Vê-se aqui o mesmo diálogo entre Óptica e Mecânica já explorado por De Broglie. Ver Jean Hladik, 2008, p.79, de resto uma excelente exposição, simplificada, mas rigorosa, do desenvolvimento da Mecânica quântica, das origens ao presente.

O QUE É E PARA QUE SERVE A MATEMÁTICA   **263**

A equação de Schrödinger "derivada" acima descreve os "estados estacionários" do sistema, não a sua evolução no tempo; outra equação, também derivada por Schrödinger, se encarregará disso. A função de onda ψ tem em Mecânica quântica o papel de uma função de estado, no sentido de conter todas as informações sobre o sistema naquele estado. Tudo o que podemos saber dele (em geral, nada mais do que *probabilidades*) nós derivamos da sua função de onda. *Portanto*, a evolução temporal dessa função deve envolver *apenas* a sua *derivada primeira* no tempo. Expliquemos. As soluções de uma equação diferencial com derivadas de ordem n dependem de n fatores arbitrários; para que uma solução seja especificada, são necessárias n informações adicionais. Se a equação de evolução temporal de ψ envolvesse derivadas de ψ no *tempo* de ordem maior do que um, então o estado *futuro* do sistema não dependeria apenas do seu estado *presente*, mas de outras informações. Ou seja, o estado presente não seria, por si só, determinante do estado futuro.

Considerando agora a função de onda ψ depende do tempo t, para que essa *restrição formal* seja satisfeita, é preciso que a derivada temporal de ψ seja um múltiplo de ψ. Isso exige que ψ seja uma função de tipo exponencial. Em seu artigo, Schrödinger (1926a, p.1.068) escreve ψ como $e^{sgn(iE/\hbar)t}$, onde sgn é igual a 1 ou -1 e, portanto, $\partial\psi/\partial t = sgn(iE\,\psi/\hbar)$, onde, claro, i é a unidade complexa, e E, a energia. Note que não há como escapar dos números complexos, uma vez que só eles oferecem o contexto aritmético-operatório adequado para expressar condições formais que se supõe que a realidade satisfaça (que o estado futuro depende *apenas* do estado passado).[15]

---

15 Os números complexos se impõem desde várias frentes. A observação de fenômenos quânticos como o experimento de dupla fenda já havia mostrado que em Mecânica quântica vale o *princípio de superposição*, a saber, a soma de dois estados possíveis e os múltiplos de um estado possível qualquer de um sistema quântico são, eles também, estados possíveis desse sistema. Isso obriga que os estados de um sistema quântico qualquer sejam representados por *vetores*. Mas não predetermina qual deve ser o conjunto de escalares desse espaço vetorial, os números reais ou os complexos. Entretanto, para que valha o princípio de relatividade de Galileu, ou seja, para que todos os referenciais inerciais sejam

264 JAIRO JOSÉ DA SILVA

Schrödinger (ibidem) observa que, desde que em si mesma a função de onda não tenha um significado físico, apenas o quadrado do seu módulo denota algo em certo sentido real, uma densidade de probabilidade, então é irrelevante o valor de sgn, 1 ou -1. Na verdade, se ψ é a função de onda do sistema, qualquer múltiplo $A\psi$ de ψ tal que $|A| = 1$ também serve.

Como $E\psi = -\hbar^2/2m\,\Delta\psi + V\psi$, tomando $sgn = -1$, temos que:

$\partial\psi/\partial t = -i/\hbar\,(-\hbar^2/2m\,\Delta\psi + V\psi)$, ou, $i\hbar\partial\psi/\partial t = -\hbar^2/2m\,\Delta\psi + V\psi$, que é a equação de Schrödinger dependente do tempo.

Como já dissemos, números complexos entram no formalismo por necessidade *matemática* e não são, eles próprios, diretamente, representantes de nada. Ademais, a equação de Schrödinger dependente do tempo deixa claro que ψ é uma função *complexa*, isto é, uma função cujos valores são números complexos e que, portanto, *não* descreve o comportamento de uma onda física no espaço físico, mas de uma onda matemática num espaço matemático.

A formulação de Schrödinger da Mecânica quântica em termos de funções de onda com explícitas equações de onda tanto independente quando dependente do tempo não foi a primeira formulação matemática dos fenômenos quânticos. Ela foi precedida em cerca de um ano pela formulação de Heisenberg, Born e Jordan, de 1925, a chamada *Mecânica matricial*.

Como os fenômenos observados então, em particular fenômenos de absorção e emissão de energia pelos átomos, desafiavam explicações pela Física clássica, Mecânica, Termodinâmica e Eletromagnetismo, que supostamente *descreviam* a realidade subjacente aos fenômenos, ainda que em termos quantitativos idealizados, Heisenberg julgou mais prudente, um pouco no espírito newtoniano, não avançar hipóteses sobre o que estava ocorrendo na natureza e fundamentar sua formulação apenas em dados observáveis, no seu caso, dados envolvendo transições quânticas entre níveis de energia do átomo de hidrogênio.

---

igualmente bons para descrever o sistema, faz-se necessário que o espaço dos estados do sistema seja um espaço vetorial *complexo*.

O QUE É E PARA QUE SERVE A MATEMÁTICA **265**

Ao ler o primeiro artigo de Heisenberg, Born se deu conta de que a teoria de matrizes sobre o corpo dos números *complexos* oferecia o contexto matemático adequado para a montagem de um esquema matemático que permitia calcular probabilidades de transição. Para eles, estava claro desde o início que essas matrizes eram apenas *instrumentos de cálculo,* que *elas próprias* não representavam nem queriam representar nada na realidade. À primeira vista, é surpreendente que uma teoria matemática desenvolvida em contexto puramente matemático, para resolver problemas matemáticos, tenha se mostrado adequada para fazer previsões corretas sobre o comportamento da natureza. A surpresa talvez arrefeça um pouco se nos lembrarmos de que também em Matemática matrizes são primariamente instrumentos de cálculo e que sendo formal a estrutura de domínios operacionais pode se manifestar em diferentes contextos, até no cálculo de probabilidades de transição entre níveis energéticos no átomo de hidrogênio. Tendo esse cálculo *necessariamente* uma estrutura matemática, não chega a ser um mistério que essa seja uma estrutura já conhecida da Matemática, tão ativa na exploração de estruturas possíveis. Imagine, numa analogia fantástica, que, como no conto de Borges, existe uma biblioteca infinita onde todas as possíveis sequências finitas de palavras de uma língua qualquer estão consignadas em livros. Qualquer livro que um falante dessa língua porventura escreva já existirá numa das infinitas prateleiras dessa biblioteca. Embora em escala humana, certamente bem menos eficiente do que os construtores da biblioteca de Babel, o matemático é um inventor de estruturas abstratas *a priori* disponíveis para uso em não importa qual contexto. E, se é descoberta uma estrutura eficiente para acomodar aspectos abstratos idealizados da realidade física que o matemático já conhecia, isso demonstra que ele fez bem o seu trabalho.

Em geral, na formulação de Heisenberg, estados são representados por vetores e observáveis por operadores lineares de um certo tipo (operadores hermitianos); os *autovalores* desses operadores – números de certa maneira associados a eles –, que no caso dos operadores hermitianos são números *reais,* uma vez que possuir apenas autovalores reais é uma característica de operadores desse tipo, correspondem a *valores possíveis* das observáveis representadas por esses operadores. Os *autovetores* associados a esses autovalores são vetores do espaço cujos elementos representam os estados do sistema que correspondem a estados em que a observável em questão tem um valor bem definido dado pelo autovalor associado a esse autovetor. A *probabilidade* de que a mensuração de uma dada observável (energia, momento linear, momento angular, spin, posição etc.) seja um determinado autovalor pode ser determinada pelo vetor que representa o estado do sistema e o autovetor associado a esse autovalor (ela é o quadrado do produto escalar desses dois vetores).

Em suma, a Álgebra linear fornece o instrumental matemático para o cálculo do que interessa, os *valores possíveis* de uma observável qualquer e as *probabilidades* respectivas de que esses valores sejam, se medidos, *efetivamente observáveis* num certo estado do sistema, sem que *os instrumentos de cálculo eles próprios*, vetores e operadores, tenham qualquer sentido físico.

Suponhamos então que estamos interessados em determinar, num certo instante, os estados em que um sistema quântico tem energia definida e que valores essa energia admite em cada um desses estados.[16] O problema se coloca, então, como um problema de autovalores: encontre um "operador energia" $\mathbf{H}$ e resolva a equação de autovalores $\mathbf{H}|\psi\rangle = E|\psi\rangle$ correspondente, onde $|\psi\rangle$ e E, que denotam respectivamente os autovetores e seus autovalores, são incógnitas. Para cada autovalor de $\mathbf{H}$ encontrado, ou seja, para cada valor *definido* de energia E do sistema, corresponde um autoestado, ou seja, um estado $|\psi\rangle_E$ com energia E tal que $\mathbf{H}|\psi\rangle_E = E|\psi\rangle_E$. Os

---

16 Em geral, os estados do sistema não têm *em si mesmos* energias bem definidas. No entanto, se medirmos a energia do sistema num estado de energia *a priori* indefinida, encontraremos sempre um valor, que pode ser *qualquer um* dos possíveis valores definidos de energia. O valor efetivamente encontrado pode variar de um sistema a outro no *mesmo estado*. *Previamente* à medida, só conhecemos as probabilidades associadas *nesse* estado a cada um dos valores *a priori* possíveis (em outros estados as probabilidades são outras). É como se, ao medir, obrigássemos o sistema a se decidir por uma das possibilidades, o que levanta uma série de questões sobre o que significa medir algo, nesse caso, a energia do sistema.

O QUE É E PARA QUE SERVE A MATEMÁTICA 267

autovalores do "operador de energia" **H** são todos os possíveis valores de energia do sistema e seus *autovetores*, os estados do sistema $|\psi\rangle$ com energia bem definida. Como Schrödinger (1926b) observou no artigo seminal de janeiro de 1926 "Quantisierung als Eigenwertproblem" [Quantização como um problema de autovalores], a *quantização* de grandezas físicas – nesse caso, a energia –, ou seja, a determinação de grandezas físicas e seus valores em contexto quântico, se apresenta, precisamente, como um problema de autovalores.

Vejamos como Schrödinger adivinhou a forma do operador **H**. Como os autovalores de **H** são valores *observáveis* de energia, ele deve ter algo a ver com a função hamiltoniana do sistema visto como um sistema *clássico*, pois o hamiltoniano *clássico* H de uma partícula num campo de forças é justamente dado por E + V, energia cinética mais energia potencial, ou seja, energia total. Em símbolos, $H = p^2/2m + V$, onde p e m são, respectivamente, momento e massa da partícula.

Seja **p** o vetor momento, então $H = \mathbf{p}.\mathbf{p}/2m + V$, onde $\mathbf{p}.\mathbf{p}$ é o produto escalar de **p** consigo mesmo. Assim, $H = (p_x^{\,2} + p_y^{\,2} + p_z^{\,2})/2m + V$, onde p_x, p_y, p_z são as componentes do momento linear (massa vezes velocidade) nas três direções do espaço. Imaginemos que o operador **H** pode ser escrito na forma $(\mathbf{px}^2 + \mathbf{py}^2 + \mathbf{pz}^2)/2m + \mathbf{V}$, onde **px**, **py**, **pz** e **V** são *operadores*.

Se olharmos agora para a equação de Schrödinger não mais como a equação de uma "onda-guia", mas simplesmente como uma equação de autovalores $\mathbf{H}|\psi\rangle = E|\psi\rangle$, ou seja, $\hbar^2/2m\,(\partial^2|\psi\rangle/\partial x^2 + \partial^2|\psi\rangle/\partial y^2 + \partial^2|\psi\rangle/\partial z^2) + V|\psi\rangle = E|\psi\rangle$ e compararmos com a forma de **H** acima, veremos que o operador de energia (operador hamiltoniano) **H** pode ser obtido do hamiltoniano *clássico* H do sistema simplesmente substituindo-se os momentos e o potencial pelos seus respectivos operadores assim definidos: o operador **V** é nada mais do que a multiplicação por V (os operadores de posição **x**, **y** e **z**, portanto, são a multiplicação por x, y, e z) e os operadores de momento são dados por $\mathbf{px} = -i\,\hbar\partial/\partial x$, $\mathbf{py} = -i\,\hbar\partial/\partial y$ e $\mathbf{pz} = -i\,\hbar\partial/\partial z$, onde i é a unidade *complexa* e o quadrado do operador é entendido como a *composição* dele consigo mesmo (duas aplicações sucessivas do mesmo operador). O número complexo *i* entra na história apenas para garantir que ao *quadrado* do operador seja atribuído um sinal *negativo*.

Entre seus artigos de janeiro e dezembro de 1926, mais precisamente em março, Schrödinger se dá conta de que, para passar da Mecânica clássica à Mecânica quântica, basta seguir esta "receita": escreva a função hamiltoniana clássica do sistema (H = energia cinética + energia potencial) e substitua momento e energia potencial pelos seus respectivos operadores, a expressão resultante fornece o operador **H**. A receita é supostamente *geral*, não vale só para o átomo de hidrogênio que fornecia até então orientação para as elucubrações teóricas e as justificava experimentalmente.

Os detalhes matemáticos das páginas imediatamente precedentes não são muito importantes, mas a moral que se pode extrair da história, sim. E ela é bastante clara: como mostra o desenvolvimento da Mecânica quântica, nem sempre o cientista usa a Matemática para representar a realidade empírica, ainda que apenas abstrata e idealmente. Mais frequentemente, ela lhe fornece contextos teóricos (por exemplo, a Álgebra linear, a teoria de operadores) para a ordenação racional da experiência, que, ademais, lhe dão acesso a sistemas de cálculo para a derivação de consequências em princípio observáveis. Nas situações em que a Matemática tem função *representacional*, os termos da teoria correspondem a *algo* na realidade, eles funcionam como *substitutos matemáticos do real*. A Matemática na Mecânica quântica, porém, não tem esse papel, a não ser bastante indiretamente, funcionando mais como um instrumento de manipulação simbólica, como um *cálculo*, tanto *lógico* quanto *operatório*, que permite conectar observações realizadas a observações realizáveis (predições). Por isso, quando se pergunta o que a Matemática da Mecânica quântica *representa*, a resposta usual é "cale-se e calcule!". A Matemática funciona aí antes como *instrumento computacional* do que como contexto de representação.

A formulação de Schrödinger eclipsou a princípio a de Heisenberg porque parecia oferecer o que esta explicitamente recusava, uma *descrição* da realidade. Afinal, a função de onda e as equações de Schrödinger pareciam a princípio descrever uma onda real e sua

O QUE É E PARA QUE SERVE A MATEMÁTICA **269**

evolução temporal e a Física ondulatória já era àquela época uma disciplina bastante bem estabelecida.

Quando ficou claro que a onda descrita pela função de onda de Schrödinger era uma onda num *espaço matemático*, não real, associada a uma distribuição de *probabilidades* (ou melhor, uma distribuição de *densidades* de probabilidade), ficou igualmente evidente que a formulação de Schrödinger não era mais descritiva da realidade subjacente aos fenômenos que aquela de Heisenberg. Ambas são instrumentos de cálculo e, ademais, matematicamente equivalentes, como se mostrou. E esse fato impõe uma moral: a existência de formulações matemáticas diferentes da mesma teoria física – e a Mecânica quântica tem mais do que essas duas – mostra que a Matemática que *extraímos* da realidade por abstração e idealização pode ser matematicamente elaborada de diferentes modos. A particular elaboração matemática de uma teoria física pode dever mais ao cientista do que à realidade.

A Mecânica quântica oferece o exemplo mais claro do *uso puramente instrumental da Matemática em ciência empírica*, em que os *termos* da teoria ou mesmo as *relações* abstratas entre eles não têm valor representacional, ainda que idealizado, servindo a teoria apenas como uma ponte entre dados observados e dados a serem observados, um instrumento de cálculo e predição.

Essa interpretação do formalismo quântico tornou-se *standard* sob a denominação de *interpretação de Copenhague*. O formalismo não é descritivo porque previamente à interação do sistema quântico com sistemas clássicos no processo de mensuração o seu estado referente à grandeza em questão pode não estar determinado e assim, pode não haver, a rigor, *nada* a ser descrito. Vetores ou funções de onda podem expressar estados *matematicamente* bem definidos que, porém, não representam estados *fisicamente* bem determinados, no sentido de estados em que *todas* as possíveis observáveis estão *em si mesmas* definidas, independentemente de qualquer observação.

Como vimos, os autovetores de um operador associado a uma observável qualquer expressam estados em que essa observável tem valor bem definido, já que sabemos *antes de fazer a medida* qual será o valor observado, o que satisfaz o critério de realidade enunciado por Einstein. Segundo ele (juntamente com Boris Podolsky e Nathan Rosen, no importante artigo, "Can Quantum-Mechanical Description of Physical Reality Be Considered Complete?", de 1935), "se, sem disturbar um sistema, nós podemos predizer com certeza (ou seja, probabilidade igual a 1) o valor de uma quantidade física, então existe um elemento de realidade física correspondente a essa quantidade física" (Einstein; Podolsky; Rosen, 1935, p.777). Desse modo, por esse critério, se o vetor que denota o sistema na formulação matricial da Mecânica quântica é um autovetor do operador associado a uma observável física, então a essa observável corresponde algo *real* no sistema nesse estado; a energia, o momento, seja qual for a observável em questão, ela está bem determinada nesse estado, ela é real.

No entanto, se o vetor que representa o estado do sistema *não* é um autovetor de uma dada observável, essa observável não está predeterminada no sistema; nós só podemos determiná-la medindo-a, o que disturba o sistema. *Antes* da mensuração, a observável não corresponde a algo *real* no sistema nesse estado.

De modo geral, dado um sistema num certo estado, denotado por um determinado vetor, só são reais no sistema as observáveis cujos operadores admitem o estado do sistema como autovetor. Mas há situações em que a um vetor capaz de representar um estado de um sistema em termos de uma grandeza física não corresponde *qualquer* elemento de realidade relativa a essa grandeza no sistema.

A estados que não são representados por autovetores de uma observável, mas por combinações desses autovetores – estados de *superposição*, como se diz –, não corresponde uma realidade bem definida relativa a essa observável. O famoso caso do gato de Schrödinger é um exemplo. *Antes* de a caixa ser aberta, o gato está num estado de superposição morto/vivo em que, do ponto de vista quântico, *não faz sentido dizer* que, das duas uma, *ou* o gato está vivo *ou* ele está morto. *Quanticamente falando*, antes de a caixa ser aberta, o estado do gato relativo a observável estado vital está *matemática, mas não fisicamente* determinado; o gato não está nem simultaneamente vivo e morto, nem simultaneamente nem vivo, nem morto. O formalismo

O QUE É E PARA QUE SERVE A MATEMÁTICA   271

quântico não diz rigorosamente *nada* sobre o estado vital do gato na caixa *fechada*, apenas oferece um *esquema matemático* para calcular as probabilidades de se encontrar o gato vivo ou o gato morto *uma vez aberta a caixa*.[17]

Há já um século os filósofos se digladiam discutindo *como deve ser* o mundo para que a Mecânica quântica, um *instrumento* tão bem afiado *de previsão*, seja também uma *descrição* do mundo. O que a discussão parece mostrar é que não há nem pode haver uma interpretação física da teoria quântica em termos das categorias ontológicas habituais. Ou seja, pelo menos no quadro ontológico tradicional, a Mecânica quântica não tem valor descritivo.

Por exemplo, se o elétron é uma partícula e sua função de onda é apenas um instrumento matemático para se calcular a probabilidade de encontrá-lo em uma determinada região do espaço, que *caminho* segue o elétron? Nada na teoria responderá a essa pergunta. A noção de caminho não está bem definida.

Se, por outro lado, o elétron é uma onda, de algum modo descrita pela sua função de onda, como explicar que essa onda colapse instantaneamente num ponto cada vez que detectamos experimentalmente a posição do elétron? O que *causa* esse colapso? Novamente, não há resposta.[18] A Mecânica quântica é incapaz de oferecer uma descrição do elétron no espaço em termos das noções ontologicamente bem estabelecidas de partícula, onda, posição e trajetória. Parece que a realidade empírica mais profunda subjacente à situação elétron no espaço escapa a essas categorizações ontológicas tradicionais e que,

---

17 Resta, porém, nesse caso, um aparente conflito entre a Física clássica e a Física quântica. Se do ponto de vista clássico o gato na caixa fechada está vivo ou está morto, sem qualquer ambiguidade, como parece ser óbvio, nós só não *sabemos* qual dos dois até que abramos a caixa; ou seja, se a indeterminação é apenas *epistêmica*, de conhecimento, enquanto na descrição quântica ela é *ontológica*, de realidade, então a Física quântica parece insuficiente para descrever a realidade como ela efetivamente é.

18 Ou não havia. Desenvolvimentos mais recentes, como a teoria da *decoerência*, se propõem a atacar esse problema, o chamado problema da medida.

se insistirmos em usá-las, como parece inevitável dado que elas descrevem bem o mundo que *efetivamente* percebemos, então só nos resta negar à Física quântica qualquer capacidade descritiva da realidade empírica em si mesma, cabendo-lhe apenas o papel instrumental de oferecer esquemas para o cálculo de probabilidades referentes à *manifestação* dessa realidade na percepção.

Cabe aqui uma reflexão. Na Física tradicional, dita clássica, que antecedeu o desenvolvimento da Física quântica, admitia-se, como já comentamos, que qualquer asserção empírica com sentido, ou seja, bem formada, expressa um significado, ou seja, uma situação possível do mundo. A situação é um *fato* se e apenas se a asserção que a expressa for verdadeira. Caso seja falsa, é a *negação* da asserção que expressa um fato. Admitia-se também que não há na realidade física situações objetivamente indeterminadas; ou seja, qualquer situação possível ou expressa um fato, se for verdadeira, ou não expressa, se for falsa, não havendo uma terceira possibilidade. E, finalmente, que qualquer situação possível é em princípio verificável. Isso tudo justificava o uso do princípio de bivalência em ciência, ou seja, qualquer asserção significativa é ou verdadeira, ou falsa, em cujo caso a sua negação é verdadeira.

Essas pressuposições parecem não ser mais sustentáveis em Física quântica. Enquanto em Física clássica uma partícula tem posição e momento bem determinados – a sua posição e o seu momento num dado instante determinam o seu estado nesse instante e todos os seus estados futuros se soubermos, além disso, as forças que agem sobre ela –, na Física quântica isso não é verdade, o *princípio de incerteza* de Heisenberg garante que um elétron, por exemplo, não tem posição e momento *simultaneamente* bem determinados nunca. Ou seja, a asserção "o elétron tem posição x e momento p no instante t", aparentemente bem formada, não expressa uma situação possível. Se medirmos a posição do elétron nesse estado encontraremos um valor x; se medirmos o seu momento encontraremos um valor p, mas não podemos dizer que o elétron tem posição x e momento p *simultaneamente* naquele estado. Isso leva a um colapso de algumas das leis da Lógica usual, dita clássica, no domínio quântico.

O QUE É E PARA QUE SERVE A MATEMÁTICA   **273**

Como fica então o pressuposto de completa determinação objetiva da realidade?

Parece que a melhor saída seria admitir que cabe à *teoria* determinar quais asserções da sua linguagem têm e quais não têm sentido.[19] O princípio de indeterminação de Heisenberg, por exemplo, um resultado puramente *teórico*, retira significação de asserções do tipo "o elétron tem posição x e momento p *simultaneamente* no instante t", entre outras. Sendo assim, elas não mais descrevem situações possíveis e, portanto, verificáveis. O domínio clássico e o domínio quântico de experiência não têm, portanto, a mesma estrutura lógica; contrariamente àquele, nesse, a conjunção lógica de asserções significativas *não* é necessariamente uma asserção significativa.

Embora as limitações descritivas da Matemática subjacente a teorias científicas matematizadas se manifestem mais dramaticamente na teoria quântica, elas não são exclusividade sua. Vejamos.

O que significa dizer que uma teoria *descreve uma situação real?* Primeiro, que seus termos – nomes de objetos e nomes de relações, basicamente – denotam ou nomeiem objetos e relações reais do mundo e, segundo, que as afirmações da teoria são verdadeiras sobre o mundo, ou seja, que as asserções da teoria correspondem a situações reais do mundo via a correspondência entre os termos denotacionais da teoria e coisas reais. A teoria é *verdadeira* daquela porção do mundo a que ela corresponde ou que ela *denota*, ou, equivalentemente, o mundo é uma interpretação válida da teoria.

---

19 Em seu *Physics and Philosophy: The Revolution of Modern Science* [Física e filosofia, a revolução da ciência moderna], Heisenberg (2007, p.59) afirma, refletindo explicitamente sobre critérios de significação de asserções científicas, que eles só são possíveis no contexto de sistemas fechados de conceitos e axiomas, conceitos bem definidos e axiomas que lhes fixam o significado, o que raramente é, se alguma vez foi, o caso da ciência empírica. Dito de outra forma, asserções científicas recebem seu significado no interior de teorias científicas que, porém, estão em constante reelaboração. Se critérios de significação e com eles a lógica da razão científica estão, como acredito, ligados à constituição da realidade empírica, então ambos são apenas em parte *a priori*.

274 JAIRO JOSÉ DA SILVA

Como funções de onda, vetores de estado, operadores e outros termos da teoria quântica não denotam nada no mundo, a Mecânica quântica não tem valor representacional, apenas instrumental. Mas isso não é novidade, a relação semântica de representação como definida há pouco nunca foi plenamente satisfeita na ciência moderna.

Sabemos, por exemplo, que qualquer domínio formalmente semelhante ao domínio de uma teoria, ou seja, aquilo que ela descreve no mundo, em particular, qualquer domínio isomorfo a ele é, ele também, descrito pela teoria, se mudarmos de modo conveniente os referentes dos termos da teoria. Nesse sentido, como já observei antes, uma teoria, matematizada ou não, descreve apenas aquilo que se manifesta identicamente em *todos* os domínios formalmente equivalentes (em particular, isomorfos) ao seu domínio (a sua interpretação privilegiada). Em particular, teorias matemáticas da realidade descrevem apenas a estrutura formal-quantitativa dos seus domínios e todos os domínios que também as satisfazem.

Ora, como essa é uma estrutura abstrata e ideal apenas aproximadamente instanciado no mundo real, pode-se dizer que, a rigor, *nenhuma* teoria matematizada da realidade descreve, realmente, *nada* real, apenas estruturas ideais que correspondem mais ou menos frouxamente a estruturas abstraídas da experiência da realidade. Atribuir realidade à estrutura idealizada em detrimento da estrutura percebida, com frequência estruturalmente mais pobre que aquela, já que estruturas matemáticas são quase sempre arbitrariamente enriquecidas para fins teóricos, é o erro do platonismo.

Assim, a função representacional, se não completamente prejudicada, está desde o início comprometida na ciência moderna, caracterizada pela matematização. Mas, antes que um defeito, isso explica o sucesso da ciência. Concentrando-se apenas nos aspectos *matematizáveis*, ainda que não propriamente matemáticos da estrutura abstrata da realidade, convenientemente idealizada segundo direções *sugeridas* pela experiência, mas também frequentemente enriquecida matematicamente de modo mais ou menos arbitrário, a ciência pode lançar mão da Matemática como um instrumento metodológico multifuncional. A Matemática funciona ao mesmo

O QUE É E PARA QUE SERVE A MATEMÁTICA 275

tempo como meio de representação e expressão (uma linguagem), como um esquema conceitual, como um instrumento de manipulação simbólica e de predição (um cálculo operacional ou lógico) e como ferramenta heurística, ou seja, um oráculo, ainda que estritamente matemático-formal e nem sempre confiável. A matematização, além disso, permitiu o uso de modelos físicos e matemáticos com fins representacionais e heurísticos. Uma vez que apenas a estrutura matematizável da realidade é cientificamente relevante, pode-se transferir a investigação dessa estrutura para qualquer contexto material onde ela esteja igualmente instanciada. Ou seja, pode-se estudar a realidade estudando-se modelos matematicamente semelhantes à realidade, *ainda que ficcionais.*

Se a pretensão da ciência de representar fidedignamente a realidade empírica, perceptual, já deve ser tomada com alguns grãos de sal, mais precavidos devemos estar contra a crença de que ela é capaz de atingir a realidade transcendente *independentemente dada* supostamente subjacente à experiência. A ciência empírica tem a *experiência* como condição inicial e critério de validação; matemática ou não, a ciência começa e termina na experiência. Se se supõe que a realidade que a ciência descreve é a realidade "lá fora", que existe independentemente de nós, a realidade transcendente, como a chamamos, mas tudo a que ela tem acesso é a realidade empírica, ou seja, perceptual, então, para que a ciência represente a realidade transcendente, deve haver identidade material e formal entre essa realidade e a realidade perceptual.

Mas essa identidade não pode nunca ser *verificada*, uma vez que não existe um lugar fora da percepção de onde verificar (perceptualmente, é evidente) se ela é ou não fiel à realidade transcendente. Há uma insanável contradição nessa fantasia.

Nós percebemos a realidade como podemos, segundo as possibilidades e limitações do nosso aparato perceptual selecionado na história evolutiva da espécie não para *compreender* o mundo, mas para *sobreviver*, pelo menos até a idade de procriação. Acreditar que a realidade empírica seja uma cópia exata, material e formalmente idêntica à realidade transcendente não é senão um pressuposto *metafísico*. Uma ciência livre de pressupostos metafísicos só pode esperar representar, na melhor das hipóteses, a realidade perceptual.

Mas não é apenas nosso aparato perceptual que pode "falsificar" à realidade transcendente com suas formas de perceber, que são, talvez, só nossas. Nosso aparato cognitivo também tem suas peculiaridades, formas de *conceber* que são provavelmente, elas também, só nossas. Ele pode já estar provido, pelo menos até certo ponto, de categorias próprias cuja imposição à realidade transcendente é uma precondição necessária de *compreensão* (assim como a conformidade a formas próprias de perceber é condição necessária de percepção).

Kant acreditava nisso. Segundo ele, tanto a intuição (a percepção) quanto o entendimento (a compreensão) têm formas próprias de moldar o que nos chega da realidade transcendente. Enquanto aquela lhe impõe as formas do espaço e do tempo, que, segundo ele, não têm realidade transcendente, o entendimento lhe impõe categorias que não têm origem na percepção mas a predeterminam, como as de causalidade e quantidade, sem as quais a ciência é inconcebível. Se ele estiver certo, não se pode ter certeza de que seres inteligentes não humanos, se existem, tenham uma noção de explicação científica baseada na ideia de causa, que sua ciência seja matematizada ou sequer que tenham a noção de movimento, que é mudança de posição espacial no tempo, se eles não percebem a realidade transcendente segundo as formas do espaço e do tempo.

Não apenas *nossa* ciência matematizada só pode expressar certos aspectos formais-abstratos da realidade (e, mesmo assim, já lhes impondo uma certa "falsificação", a idealização), também essa realidade só pode ser a realidade empírica, não necessariamente a transcendente.

Na verdade, a ciência moderna nunca pautou seus esforços pela fidelidade descritiva. Sempre que pôde, ela lançou mão de fantasias que só tinham função como elos do maquinário científico. Retornemos por um momento a Newton, um dos pais fundadores da ciência moderna.

Newton se deu conta de que corpos colocados na presença de outros corpos suficientemente grandes sofrem uma *aceleração* que

O QUE É E PARA QUE SERVE A MATEMÁTICA **277**

se pode perceber (e medir). Esse é o caso de uma maçã deixada livre no espaço na vizinhança da Terra. Ele conjecturou, então, que também os corpos celestes influenciam uns aos outros. Não deve ter custado muito esforço ao seu gênio se dar conta de que a capacidade de causar aceleração uns nos outros era uma propriedade de todos os corpos materiais. Talvez ele tenha pensado bastante em *como* isso se dava, talvez tenha imaginado que o Universo estivesse cheio de uma matéria sutil, invisível, em que o movimento dos corpos causasse turbilhões que empurravam outros corpos, como conjecturou Descartes. Afinal, até então só se concebia a ação mecânica por contato e mesmo a explicação da ação magnética conhecida desde os gregos envolvia alguma espécie de fluido. Não sabemos.

O fato é que Newton entendeu que explicações desse tipo eram supérfluas se se queria apenas saber qual era a aceleração que um corpo sofria em presença de outro e do que essa aceleração dependia. Para isso, basta introduzir uma entidade *fictícia*, que ele chamou de força, cuja natureza não interessa, mas que é capaz de causar aceleração nos corpos. Essa é a sua segunda lei: uma força exercida sobre um corpo causa uma mudança do estado de movimento desse corpo, uma aceleração, que é proporcional à sua disposição para mudar seu estado dinâmico, ou seja, a sua massa. Essa, como Newton entendia, era uma medida da quantidade de matéria presente no corpo.

A questão que se coloca é se a segunda lei de Newton é *descritiva*. Segundo nossa caracterização, só o seria se à noção de força correspondesse algo *real*. Podemos pensar que a "algo" na realidade ela deve corresponder, já que percebemos o seu *efeito* acelerador sobre os corpos. Mas o *que* é esse algo? A resposta de Newton a essa questão irá marcar todo o desenvolvimento posterior da ciência física: não sabemos, nem importa saber, *hypotheses non fingo*; tudo o que interessa é *como* ele se manifesta *quantitativamente*.

Na teoria einsteiniana da atração gravitacional a força gravitacional é substituída pela Geometria, ou seja, por pura Matemática. A presença de corpos no espaço, ou melhor, a distribuição de matéria e energia, determina a Geometria do espaço. Os corpos apenas seguem os caminhos geodésicos, ou "naturais", dessa Geometria, não

278 JAIRO JOSÉ DA SILVA

há "forças" agindo sobre eles. A teoria de Einstein reduz a força gravitacional de Newton a um modo de falar, a uma força "fictícia". E, se modos de falar não têm realidade física, a segunda lei de Newton não é, a rigor, descritiva. Na teoria newtoniana, forças são constructos matemáticos com valor instrumental, não descritivo; pelo menos não na mesma extensão que grandezas *diretamente* observáveis como posição, velocidade ou aceleração.

Entretanto, precisamente por admitir a possibilidade de enriquecimento matemático desprovido de valor representacional de suas teorias, a ciência moderna pode erigir monumentos teóricos como o *Principia*, de Newton. A fiel representação da realidade, ainda que apenas a realidade perceptual e ainda que apenas da sua estrutura matemático-formal, se imposta a ferro e fogo, pode pôr a perder a efetividade instrumental e preditiva da ciência.

Talvez seja temerário citar Nietzsche nesse contexto, mas ele diz algo interessante e, creio, verdadeiro sobre a ciência em *Além do bem e do mal*, § 14:

> Talvez esteja ficando claro para cinco ou seis mentes que a filosofia natural [isto é, a ciência natural] é apenas uma exposição e uma organização do mundo (da nossa perspectiva, diga-se) e não uma explicação do mundo; porém, porque ela está baseada na crença nos sentidos, ela é vista e será por muito tempo necessariamente vista como algo mais, ou seja, como uma explicação. (Nietzsche, 1886, p.20)

Nietzsche (ibidem) está aqui dizendo várias coisas; uma, que o mundo da ciência é o mundo *da perspectiva humana*, de alguma maneira moldado pelas capacidades perceptivas e intelectuais humanas; duas, que, em vez de uma *explicação* da realidade, a ciência é apenas uma forma de *apresentar* e *organizar* a experiência da realidade; três, que a crença na capacidade explicativa da ciência reside em nossa crença na fidelidade do testemunho dos sentidos. Embora eu não esteja discutindo aqui a capacidade explicativa, mas descritiva da ciência, a distância que assinalei entre realidade perceptual e realidade transcendente, o exclusivo acesso da ciência à realidade

O QUE É E PARA QUE SERVE A MATEMÁTICA 279

perceptual, a recusa da ciência moderna em desempenhar um papel meramente descritivo e, finalmente, o pressuposto metafísico implícito na crença da identidade entre realidade em si e realidade percebida ecoam de alguma forma esses temas nietzschianos.

Essa viagem pela história da ciência moderna, ainda que rápida, foi capaz de nos oferecer alguns exemplos dos usos científicos da Matemática, que são mais variados do que simplesmente uma linguagem para a descrição da natureza.

Isso não deveria causar surpresa, porque nem a linguagem natural é meramente um instrumento para expressar o mundo. Apesar das diferenças evidentes, há semelhanças, algumas não tão evidentes, entre a linguagem natural e a linguagem matemática. Ambas, por exemplo, servem para elaborar fantasias sobre o mundo, que nos ajudam, porém, a melhor compreendê-lo. Fantasias literárias naquela, fantasias científicas nesta.

Dizer que um sistema simbólico é uma linguagem é dizer que ele é um meio de expressão, ou seja, que podemos construir expressões simbólicas no sistema, com as regras do sistema, que são *verdadeiras* em algum contexto semântico determinado. As *expressões bem construídas* do sistema são aquelas que fazem sentido, ou seja, que são afetadas de uma polaridade verdadeiro-falso; são verdadeiras se expressam os fatos do domínio ao qual se referem como eles são, são falsas se os expressam como eles não são.

Por exemplo, a expressão "ou antes assim a mim depois" é só um amontoado de palavras sem sentido, que não significa nada, que não expressa uma possibilidade factual, que não tem, em princípio, nenhum valor de verdade. Ela não é nem verdadeira, nem falsa. Ela não é formalmente significativa e, portanto, também não é materialmente significativa. Formalmente, por não obedecer às regras gramaticais para a formação de expressões bem formadas; materialmente, por não expressar uma situação possível em princípio.

A expressão "o número 2 é triste", por outro lado, obedece às regras gramaticais e, portanto, é formalmente bem formada. Entretanto, ela também não tem polaridade verdadeiro-falso; ela não é verdadeira, evidentemente, mas também não é falsa. Se o fosse, a sua negação seria verdadeira, mas há algo bizarro em dizer que "o número 2 *não* é triste" expressa um fato sobre números. Na verdade, por atribuir ao número 2 uma propriedade que não pode, *pela própria natureza dos números*, lhe ser atribuída, a expressão é *materialmente* sem sentido.

Apenas expressões material e formalmente significativas são bem formadas e expressam algo, uma verdade ou uma falsidade, mas não ambas as coisas, evidentemente. Expressar algo é dizer algo que pode ser ou verdadeiro, ou falso.

Mas, para que expressões possam expressar o que quer que seja, elas precisam se *referir* a algo; é necessário que uma *correspondência* se estabeleça entre *símbolos* e *coisas*, objetos, relações e que tais. A expressão "3 é um número primo" expressa um fato numérico, algo verdadeiro, porque, primeiro, ao *numeral* 3, o símbolo, corresponde o *número* 3, o objeto ideal, e ao *nome* "primo" corresponde a *propriedade* de ser divisível apenas por si mesmo e pela unidade e, segundo, de fato, o número 3 é divisível apenas por si mesmo e pela unidade.

Analogamente para as linguagens naturais. "A grama é verde" *refere-se* a uma situação do mundo, um fato possível; "grama" e "verde" são *nomes* de, respectivamente, algo no mundo e uma propriedade de coisas do mundo. Como a expressão inglesa *"grass is green"* refere-se à *mesma* coisa, atribuindo-lhe a *mesma* propriedade, dizemos que ambas as expressões expressam o *mesmo* significado. Essas expressões são verdadeiras na medida em que aquilo que elas expressam é um fato real.

A questão que se coloca é como ou em que sentido pode a linguagem matemática se *referir* ao mundo físico de modo a poder expressar *fatos* desse mundo. Símbolos matemáticos se referem a objetos matemáticos e objetos matemáticos não são objetos do mundo físico; logo, a Matemática não pode, *por princípio*, expressar fatos do mundo empírico.

Aqui reside o golpe de gênio de Galileu e dos inventores da ciência moderna: *substituir* o mundo físico por uma *cópia* matemática

O QUE É E PARA QUE SERVE A MATEMÁTICA   **281**

dele, de modo a poder expressar *matematicamente* fatos do mundo expressando fatos matemáticos dessa cópia matemática do mundo.

Isso requer escolhas, pois nem tudo no mundo empírico admite uma idealização matemática. Por isso, evidentemente, uma cópia matemática do mundo só pode ser uma *idealização* matemática de *alguns* aspectos *abstratos* do mundo.

Há um aspecto do mundo empírico que se oferece naturalmente à representação matemática idealizada, o aspecto *quantitativo*. Há coisas do mundo que se podem quantificar imediatamente, como distâncias no espaço e intervalos de tempo, e coisas que se podem quantificar indiretamente no contexto de teorias sobre o mundo, como a massa dos corpos, cuja mensuração pressupõe, por exemplo, a conservação da quantidade de movimento (para a massa inercial) ou que massas iguais produzem o mesmo torque em balanças de braços iguais (para a massa gravitacional).

Há ainda coisas que só se podem quantificar com o auxílio da Matemática. Por exemplo, os conceitos de velocidade e aceleração *instantâneas* dos corpos. Apenas por intermediação do conceito matemático de limite podemos falar do *limite* da razão entre, respectivamente, intervalos de distância ou de velocidade e intervalos de tempo quando estes se aproximam de zero. Mesmo as noções de velocidade e aceleração *médias* envolvem a noção matemática de quociente entre dois números, a distância percorrida ou a variação de velocidade no intervalo de tempo considerado, respectivamente.

A própria noção de temperatura, que, como vimos, é a tradução científico-matemática das noções perceptuais de "quente" e "frio", só se oferece à quantificação pela intermediação de *termômetros*, cuja definição envolve uma série de idealizações e pressupostos, como a *lei zero da Termodinâmica*, segundo a qual corpos em equilíbrio térmico com um terceiro estão em equilíbrio térmico entre si, e relações métricas entre variações de temperatura e variações quantitativas de alguma propriedade facilmente mensurável correlacionada de algum modo regular e conhecido a variações de temperatura. Ou a noção termodinâmica de entropia, que exige um contexto teórico-matemático bastante desenvolvido para que possa ser definida e medida.

Em suma, a quantificação é um processo que apenas em poucas instâncias pode ser levado a cabo independentemente de prévias quantificações e alguma teoria já desenvolvida e matematicamente expressa. Por seu intermédio, algo da realidade empírica se manifesta em números, não diretamente, mas *indiretamente* por idealização. Como vimos, um número *real não* denota, em geral, uma relação quantitativa *real* entre quantidades, a quantidade medida e a quantidade tomada como unidade, mas uma relação quantitativa *ideal* que a relação real apenas aproxima. Isso não quer dizer, como já enfatizei, que a realidade é *em si mesma* matemática e que nossos sentidos são impotentes para captá-la, mas que a realidade empírica – pois essa é a *definição mesma de realidade empírica* – é a realidade perceptual e a sua idealização matemática apenas uma pseudorrealidade inventada para fins teóricos.

Não é o ideal que existe em si mesmo, sendo o perceptual uma falsificação dele, mas é o perceptual que é real e o ideal, uma falsificação útil dele, fugindo do platonismo inerente a certas interpretações da ciência moderna.

Assim, números e relações entre números podem expressar fatos idealizados da realidade, sendo a Matemática nesse sentido uma linguagem em que certos aspectos abstratos do mundo empírico, aspectos quantitativos precisamente, se expressam. Aspectos quantitativos da realidade são abstratos na medida em que são ontologicamente dependentes de outros aspectos. Quantidades são relações e, como tais, dependentes daquilo que está relacionado. Não se pode dizer que uma distância mede 2 metros se não há um objeto – uma "régua" – que liga os pontos extremos da distância considerada e que contém *exatamente* duas cópias do metro padrão (a idealização envolvida na mensuração aparece precisamente nesse "exatamente"). A relação real é entre a "régua" e o metro, o número 2 expressa apenas o aspecto quantitativo abstrato e idealizado dessa relação.

Uma teoria matemática da realidade começa quase sempre estabelecendo-se relações entre variáveis que representam de modo

O QUE É E PARA QUE SERVE A MATEMÁTICA   **283**

matemático idealizado o mundo do ponto de vista da quantidade e da variação quantitativa. Variáveis se relacionam matematicamente a variáveis por fórmulas com base em correlações observadas, mas supostamente válidas para além do efetivamente observado, podendo assim funcionar como instrumentos de *previsão*. Aqui a Matemática extrapola a função meramente descritiva, abrindo o horizonte das experiências possíveis, mas ainda não vividas, do sujeito.

Consideremos um exemplo que já encontramos anteriormente. Definida a noção quantitativa de temperatura, podemos expressar numa fórmula, isto é, numa relação entre variáveis numéricas, o fato observável que corpos, em qualquer estado, respondem ao aumento (ou diminuição) de temperatura com o aumento (ou diminuição) de suas dimensões, lineares, superficiais ou volumétricas.

O comprimento de um fio sólido, por exemplo, varia de uma quantidade Δl com uma variação ΔT da temperatura. Observa-se que essa dependência é linear, ou seja, que variações iguais de temperatura produzem variações iguais de comprimento e que a variação de dimensão depende do comprimento inicial do fio, ela é tão maior quanto maior for o fio. Esses fatos podem ser expressos na fórmula $\Delta l = l_0.\alpha.\Delta T$, onde l_0 é o comprimento inicial do fio e α um fator de proporcionalidade.

Não sabemos *a priori* que coisas influenciam o valor de α, ele pode depender do material com que o fio é feito, mas também, em princípio, da temperatura ou do comprimento iniciais. Apenas a observação pode responder a essas questões. Constata-se que, na realidade, α depende apenas do material, caracterizando-o; α é dito o *coeficiente de expansão térmica linear* do material e pode ser encontrado em tabelas para uso de engenheiros, que são, evidentemente, compiladas experimentalmente.

Note que em nenhum momento se explica *em que* consiste o fenômeno de expansão térmica, *o que* ocorre no material que faz que suas dimensões variem com a temperatura. Claro que há teorias que fazem isso, explicando, por exemplo, o aumento das dimensões do corpo em termos do aumento do espaçamento médio entre os constituintes elementares do material em razão do aumento da energia cinética desses componentes com o aporte de calor. Esse é um exemplo de como a matematização pode evitar questões de natureza substancial concentrando-se nas de natureza formal, nesse caso, quantitativas.

Evidentemente, nossa fórmula não foi encontrada calculando-se *todas* as variações de comprimento devidas a *todas* as variações de temperatura para *todos* os possíveis comprimentos iniciais; isso seria impossível. O cientista experimental mediu as variações de comprimento causadas por *algumas* variações de temperatura para *alguns* comprimentos iniciais de *alguns* fios e *inferiu* a linearidade da dependência expressa na fórmula. Ela é, portanto, em parte, uma *descrição* de fatos observados e em parte uma *projeção* de fatos não observados. Há embutida na fórmula uma *predeterminação* da experiência possível futura. Essa é sua delícia e sua cruz.

Ainda que bem fundada, e tão mais bem fundada quanto maior a base inferencial, a inferência do cientista não é logicamente justificada; ela tem, portanto, que ser *constantemente* submetida ao teste da experiência. Não é possível uma comprovação definitiva da fórmula. Talvez ela falhe a temperaturas extremas, talvez só seja válida para variações pequenas de comprimento com relação ao comprimento inicial.

Mas, até que se verifique a sua inadequação em face dos fatos ou até que se delimite um campo de aplicabilidade para ela, a fórmula pode, em princípio, ser utilizada em qualquer caso como um instrumento de *predição*. E, mesmo que seu escopo de validade tenha que ser limitado, dentro dele ela ainda desempenha esse papel. De qualquer modo, a fórmula sempre pode ser aperfeiçoada para cobrir casos excepcionais.

A Matemática, nesse caso, forneceu o contexto adequado para *exprimir* numa fórmula fatos empíricos de natureza *quantitativa* envolvendo grandezas físicas convenientemente matematizadas – reduzidas, nesse caso, à pura quantidade –, fórmula que funciona também como um instrumento de *predição* ou *predeterminação* da experiência, ainda que restrita ao domínio de expressividade da fórmula, ou seja, a pura determinação quantitativa.

O QUE É E PARA QUE SERVE A MATEMÁTICA   285

Sem o trabalho prévio de quantificação e sem o auxílio da Matemática, nada disso seria possível. Vejamos como se poderia expressar em linguagem natural o fenômeno de dilatação térmica linear. Talvez assim: quanto mais se aquece (resp., se resfria) um corpo, tão maior (resp., menor) ele fica; o comprimento de um fio, por exemplo, aumenta ou diminui em função de quanto mais se o aquece ou resfria, um pouco mais quente (resp., mais frio) o fio, um pouco maior (resp., menor); muito mais quente (resp., mais frio), tanto maior o aumento (resp., a diminuição) do seu comprimento.

Mesmo nessa versão, a expressão do fenômeno envolve terminologia protomatemática, como *mais* e *menos*, *maior* e *menor*, mas apenas com a objetificação e a quantificação das noções subjetivas de quente/frio e comprimento através das noções de temperatura e comprimento matematicamente determinável e a abstração e idealização de ambas em variáveis numéricas, uma *fórmula* que expressa o fenômeno pode ser escrita.

Como essas variáveis podem, em princípio, tomar quaisquer valores reais ou, pelo menos, valores num domínio mais ou menos bem determinado pela experiência, a fórmula pode ser usada para prever variações de comprimento de objetos quaisquer em função de variações arbitrárias de temperatura. Mas *apenas* porque temos associado ao contexto matemático um *cálculo*. Nossa fórmula se expressa num contexto *aritmético*, associado a uma tecnologia de cálculo, as usuais operações elementares, e é essa tecnologia que nos permite usar a fórmula para *prever* futuras experiências: dado um fio de material conhecido, com um comprimento conhecido, uma dada variação de temperatura e a fórmula, é só uma questão de cálculo derivar qual deve ser a variação de comprimento correspondente.

Esse exemplo é bastante trivial, mas contém o essencial de pelo menos *duas* aplicações da Matemática em ciência empírica, o fornecimento de uma *linguagem* para a *expressão idealizada* de certos *aspectos abstratos* da realidade empírica e um *cálculo* para a predeterminação, também idealizada, desses aspectos em experiências futuras.

Nem toda fórmula é tão simples e nem sempre tão solidamente ancorada na experiência. A Matemática oferece possibilidades de voos teóricos bem mais audazes, mas em geral sempre num compromisso aceitável entre dados observacionais e expressividade matemática.

Uma descrição completa na Mecânica clássica de um *sistema* de corpos num certo instante consiste numa descrição das posições e velocidades (ou momentos) dos corpos do sistema nesse instante juntamente com uma descrição das forças que agem sobre eles naquele instante, convenientemente reduzidas todas essas grandezas às suas determinações puramente quantitativas idealizadas. Conhecidas essas coisas, ou seja, o *estado* do sistema no instante dado e as forças que agem sobre ele naquele instante, pode-se determinar posição e velocidade desses mesmos corpos, ou seja, o estado do sistema, em qualquer instante futuro. Essa determinação é possibilitada pela teoria newtoniana e pelo contexto *matemático* no qual ela se expressa, a saber, o Cálculo infinitesimal, com o qual podemos escrever as leis da teoria, como a segunda lei de Newton, e resolver, pelo menos em princípio, se não sempre na prática, as equações diferenciais cuja solução determinam o estado futuro ou mesmo pregresso do sistema. Novamente, mais que apenas uma linguagem, a Matemática fornece para a ciência um *cálculo* que *a linguagem natural não fornece*.

O desenvolvimento da Matemática nos séculos XVIII e XIX, mormente na França, permitiu maior flexibilidade e conveniência matemática no tratamento da Mecânica pela introdução de noções mais abstratas de estado e melhores e mais adequados contextos de cálculo. Enquanto posição e velocidade são, em geral, determinadas em referenciais predeterminados fixos, nem sempre os mais convenientes, funções de estado como o lagrangeano e o hamiltoniano utilizam coordenadas generalizadas, que levam em consideração as especificidades do sistema considerado, em particular as suas simetrias e graus de liberdade. Enquanto em Mecânica newtoniana a evolução do sistema é determinada pela aplicação da segunda lei de Newton, que relaciona forças, massas e acelerações, em Mecânica lagrangeana, por exemplo, ela é dada por equações derivadas de um princípio equivalente às leis de Newton, mas mais abstrato que elas, o *princípio de mínima ação*, que exige um

O QUE É E PARA QUE SERVE A MATEMÁTICA **287**

sofisticado contexto matemático para ser formulado e aplicado, o *cálculo de variações*.

Independentemente da engenhosidade e da maior ou menor complexidade matemática envolvidas, quer se trate de uma simples fórmula algébrica, como a lei de expansão térmica linear, e um contexto tão elementar de manipulação matemática como a Aritmética, quer se trate de toda a ciência mecânica, em formulação newtoniana, lagrangeana ou hamiltoniana, e contextos matemáticos tão sofisticados como o Cálculo infinitesimal e o Cálculo de variações, a situação é essencialmente a mesma, um contexto matemático que serve como meio de expressão, não importa quão indireta, de fatos empíricos e instrumento de articulação e manipulação puramente matemáticas com o qual se pode derivar consequências matemáticas interpretáveis na semântica subjacente como fatos empíricos em princípio observáveis.

E aqui cabe um esclarecimento importante. Quando abstraímos a *forma* dos fatos empíricos que queremos representar matematicamente, em particular a *forma quantitativa*, exprimível em números e termos matematicamente mais complexos, mas que se reduzem, ao fim e ao cabo, a números (como os tensores da teoria geral da relatividade) e relações aritméticas ou matemáticas mais complexas, e que será convenientemente idealizada ou exatificada para esse fim, nós não abandonamos a *matéria* abstraída, ou seja, os fatos concretos e reais com os quais nos ocupamos. Embora a massa de um corpo, por exemplo, entre na teoria apenas como uma constante ou variável numérica, nós não esquecemos *o que* esse número *significa*. Se o único significado do conceito de massa que conta na teoria física é o seu significado formal, ou seja, uma constante ou variável numérica que se relaciona quantitativamente a outras constantes ou variáveis numérica, como força, de tal e tal maneira, o significado material do conceito, ou seja, o que esse número significa, está sempre à disposição para interpretarmos os dados numéricos da teoria.

Assim, o processo de abstração, que extrai a forma da matéria, ao mesmo tempo que isola a forma para tratamento *matemático*, o que exige, não nos esqueçamos, a idealização matemática da forma abstraída, preserva a matéria como contexto de interpretação, como a semântica privilegiada da teoria matematizada. Na fórmula de expansão linear térmica, por exemplo, T significa sempre temperatura, que é a noção que captura de forma idealizada e matematizada nossa percepção de quente e frio. Ainda que de um ponto de vista estritamente matemático T possa tomar qualquer valor, a semântica *standard* subjacente, que atribui *significado* a esse valor, impõe, por exemplo, limites aos valores *significativos* que T pode tomar. T não pode, por exemplo, ser menor que o zero absoluto de temperatura. Nós veremos no capítulo seguinte, porém, como possibilidades puramente formais reveladas no contexto teórico podem *sugerir mudanças semânticas que conduzem a descobertas empíricas*. Ou seja, há um papel reservado à Matemática na dinâmica *heurística* da ciência, que merece, entretanto, um tratamento cuidadoso para não cairmos na tentação de atribuir a função heurística da matemática em ciência *apenas* à matemática. Sozinha, a Matemática não descobre nada.

Por enquanto consideramos apenas os papéis *representacional*, *instrumental* e *preditivo* da Matemática em ciência empírica. Ou seja, como a Matemática pode oferecer à ciência uma linguagem em que certos aspectos formais da realidade podem, se convenientemente idealizados, ser expressos, e um contexto teórico e computacional em que termos teóricos podem ser introduzidos e derivações matemáticas levadas a cabo que, em particular, produzem expressões que, se interpretáveis na semântica *standard* subjacente, representam fatos em princípio observáveis.

Mas linguagens não são usadas só para expressar o que se percebe ou se pode perceber, mas também para elaborar *fantasias*, que podem, porém, desempenhar importante papel no conhecimento. *Termos puramente teóricos* podem ser inventados no contexto matemático de uma teoria científica que não têm *necessariamente* uma função descritiva, criados apenas para o benefício da teoria e das manipulações matemáticas por ela requeridas. Aqui a Matemática deixa de ser apenas uma linguagem *que descreve* (além de um cálculo) para ser também uma linguagem *que inventa*.

O QUE É E PARA QUE SERVE A MATEMÁTICA **289**

Há um paralelo interessante entre essa função criativa da Matemática em ciência, para além de sua função descritiva, e a uso ficcional das linguagens naturais.

Costuma-se dizer, com razão, que Dostoievski, Proust ou Flaubert foram grandes psicólogos, embora nenhum deles tenha escrito um livro ou artigo sequer sobre psicologia. Apesar disso, eles nos fornecem em seus livros um mergulho na psicologia humana. Nós aprendemos muito sobre o ciúme acompanhando as aventuras amorosas de Marcel e Albertine e adentramos recessos obscuros da alma humana com Raskólnikov e Frédéric.

Mas como, se esses são personagens fictícios, não seres humanos reais? A resposta é simples. Apesar de ficcionais, os personagens e suas histórias *exemplificam* situações *reais*; outros personagens e outras histórias, mas formalmente análogos aos personagens e situações ficcionais. Marcel e Albertine não existem, sua história não existe, mas as pessoas reais *se comportam como* eles, ou aproximadamente como eles, em situações reais. Por isso, podemos aprender sobre a psicologia do ciúme lendo o grande romance de Proust em que Marcel e Albertine são personagens.

A linguagem matemática pode desempenhar função análoga. Lembre-se da nossa fantasia sobre seres unidimensionais vivendo num mundo unidimensional. Nós supomos que esses seres observam um ponto luminoso aparecendo alternadamente em dois lugares, A e B, do seu mundo a intervalos regulares de um segundo. Ele surge em A, depois de um segundo em B, depois de mais um segundo novamente em A, e assim sucessivamente. Os cientistas de lá procuram uma *descrição* adequada do fenômeno.

Um deles sugere que nosso mundo é uma reta imersa em um plano bidimensional que não podemos perceber. Essa reta pode ser pensada como o eixo real de um plano complexo, ou seja, a reta dos componentes reais (dos a's) dos números complexos da forma $a + bi$, onde a e b são números reais e i a unidade imaginária. O eixo complexo (dos b's) é perpendicular ao nosso mundo pelo ponto O que está localizado exatamente no ponto médio entre A e B, de modo que A é o ponto $(1, 0)$ e B o ponto $(-1, 0)$.

290 JAIRO JOSÉ DA SILVA

Ora, diz ele, há nesse plano uma fonte luminosa girando constantemente num círculo com centro em O segundo a expressão $\mathbf{r} = (\cos \pi t, i \operatorname{sen} \pi t)$, onde t é o tempo. No instante inicial $t = 0$, o ponto luminoso está em $(1, 0)$, ou seja, em A; no instante $t = 1$, ele está em $(-1, 0)$, ou seja, em B; em $t = 2$, em $(1, 0)$, ou seja, novamente em A, e assim sucessivamente. Sempre que t assume um valor não inteiro, o ponto luminoso está fora do nosso mundo e é, portanto, invisível.

Essa descrição pode parecer a alguns pura alucinação. Ele fala de mundos imaginários, onde ocorrem fenômenos imaginários, descritos por uma Matemática envolvendo números imaginários. No entanto, ela *descreve* (sem explicar, porém) o misterioso aparecimento e desaparecimento regular e periódico de um ponto luminoso no mundo real. Um cientista que fizesse questão absoluta de só levar em consideração os fatos observados teria que, talvez, prover, além de outra descrição, certamente menos elegante, também uma explicação de *por que* o ponto luminoso aparece e desaparece a intervalos regulares. Já o cientista matematicamente mais criativo consegue evadir esse problema: o ponto não aparece e desaparece *realmente*, ele apenas *parece* agir assim. Tudo se passa *como se* a fantasia fosse realidade. Ou seja, do ponto de vista formal, fantasia e realidade são indistinguíveis.

Talvez algum cientista daquele mundo contestasse o uso de números imaginários. Se o plano imaginário fosse um plano real, com dois eixos reais, e o raio-posição do ponto luminoso fosse dado por $\mathbf{r} = (\cos \pi t, \operatorname{sen} \pi t)$, ele argumenta, daria na mesma. Mas, retruca o outro, se o plano é imaginário, por que não o descrever com números imaginários? Fica mais coerente assim, ele diz. Enfim, questão de gosto.

A situação não é muito diferente daquela da Mecânica quântica. Tudo o que se *observa* são números *reais* (ou melhor, relações quantitativas que podem ser *idealizadas* como números reais), que nos informam sobre distâncias, intervalos de tempo, valores de energia, componentes do momento linear ou do spin, enfim, quantidades mensuráveis, mas o formalismo menciona espaços complexos (espaços de Hilbert completos), funções complexas, como a função de

O QUE É E PARA QUE SERVE A MATEMÁTICA   **291**

onda, operadores hermitianos, equações com coeficientes complexos, como a equação de Schrödinger, e coisas do gênero. Nada disso corresponde diretamente a nada de real, o formalismo é, num certo sentido, uma ficção, que, porém, fornece uma estruturação adequada, ainda que *exclusivamente matemática*, dos fatos observados e um instrumento de previsão, ainda que apenas de probabilidades. E, se os números complexos da descrição do fenômeno luminoso no mundo unidimensional do exemplo podem ser dispensados, em Mecânica quântica eles são necessários, não porque denotam qualquer coisa de real, mas porque fornecem o contexto matemático *adequado* para o formalismo.

Há outra dessemelhança notável entre nosso exemplo e a Mecânica quântica. Enquanto o cientista unidimensional ao menos inventa um mundo formalmente possível descritível com conceitos usuais – pontos que descrevem trajetórias circulares –, o formalismo da Mecânica quântica não descreve nada que se possa sempre subsumir a conceitos usuais, como os de partícula, onda, trajetória, posição etc. Se há algo no mundo que o formalismo quântico *representa*, são necessários novos conceitos e categorias ontológicas para descrevê-lo.

A Matemática pode operar em ciência oferecendo descrições ficcionais *porque* à Matemática só interessa o formal, não o material dos fenômenos. A única coisa que importa na descrição *matemática* da realidade é a semelhança formal com a realidade.

Isso esclarece em particular a eficiência científica dos modelos. Modelos são constructos formalmente semelhantes, ainda que materialmente distintos dos fenômenos estudados; são outras coisas, mas com o mesmo comportamento ou análoga estrutura formal das coisas que interessam. Modelos podem existir realmente no mundo físico ou ser meras ficções, não importa, desde que sejam formalmente semelhantes aos fenômenos em estudo. Eles podem até ser constructos puramente matemáticos, envolvendo apenas objetos matemáticos, não reais.

A Matemática, portanto, é capaz de fornecer contextos de instanciação de estruturas formais reais sem que os objetos matemáticos envolvidos tenham qualquer papel representacional. Por exemplo, podemos representar a estrutura geométrica do espaço físico idealizado por um sistema de ternas de números sem que esses números denotem quantidade, funcionando essas ternas apenas como arbitrários *nomes* de pontos. Se queremos, por exemplo, representar apenas a estrutura topológica do espaço, temos apenas que cuidar para que as relações topológicas entre ternas de números sejam *as mesmas* daquelas entre os pontos que elas nomeiam. Analogamente para a estrutura métrica. Como estruturas matemáticas são objetos abstratos, a *mesma* estrutura pode se manifestar em sistemas estruturados materialmente diferentes. De um lado, pontos, do outro, ternas de números, mas ambos com a *mesma* estrutura topológica ou métrica.

Se nosso interesse científico está confinado à estrutura formal do mundo físico – o que se impõe se queremos utilizar a Matemática como uma linguagem para a ciência, uma vez que o único aspecto do mundo que pode ser matematicamente representado é o aspecto formal (convenientemente idealizado) –, então podemos utilizar a Matemática para construir mundos ficcionais cujo único requisito é a semelhança formal com o mundo físico, ou ainda utilizar modelos físicos com essa mesma propriedade. Ficções matemáticas e modelos físicos não precisam ser formalmente *idênticos* à realidade que representam formalmente, basta que se possa *inferir* do conhecimento da estrutura formal dos representantes conhecimento sobre a estrutura formal da realidade representada.

No capítulo seguinte veremos como representantes físicos ou matemáticos de aspectos formais da realidade podem também desempenhar um papel relevante na dinâmica heurística da ciência, ou seja, na descoberta científica.

5
O PAPEL HEURÍSTICO DA MATEMÁTICA EM CIÊNCIA

Como dissemos, a Matemática serve entre outras coisas para fazer previsões sobre o mundo empírico no contexto de teorias físicas matematizadas.

Depois que certos aspectos abstratos do mundo empírico, uma vez idealizados, encontram expressão matemática (quando a Matemática aparece em função representacional), em particular aspectos quantitativos e formais (caso esse em que a estrutura formal do mundo é instanciada como estrutura matemática), a Matemática entra em cena como elemento de articulação (inclusive articulação conceitual, fornecendo contextos teóricos adequados para a definição de conceitos convenientes) e derivação. Derivações matemáticas são essencialmente manipulações simbólicas no contexto de cálculos regrados, quer meramente computacionais, como os cálculos aritmético e algébrico, quer lógico-matemáticos, como toda teoria física matematizada. Nesse caso, dizemos que a Matemática desempenha função instrumental.

Como contexto de articulação conceitual e derivação simbólica, a Matemática tem a liberdade de introduzir termos na linguagem que não têm necessariamente papel representacional, termos, por assim dizer, auxiliares, que desempenham mais ou menos o papel dos termos sincategoremáticos na linguagem natural, ou seja, elementos sem significado próprio que entram, porém, na articulação do discurso. Um exemplo são as "observáveis" da Mecânica quântica, operadores matemáticos de um determinado tipo que em si mesmos não representam diretamente nada no mundo, mas aos quais estão associados números que, estes sim, denotam possíveis valores observáveis das grandezas físicas associadas aos operadores.

Cálculos e derivações matemáticas fornecem como produto expressões matemáticas, que, porém, só podem ser vistas como asserindo algo *sobre* o mundo se *todos* os seus termos são significativos, ou seja, se todos eles denotam algo na realidade mundana (em cujo caso a Matemática desempenha função preditiva). Note, como já dissemos, que, ao abstrairmos a forma dos fenômenos empíricos para representá-la matematicamente, a matéria é deixada de lado, mas não é abandonada. Ela permanece como o contexto *standard* de interpretação, a semântica intencionada.

A questão que quero abordar agora é esta: e se derivações matemáticas em contextos que admitem termos "teóricos" não representacionais, contextos por assim dizer que *recobrem* propriamente contextos puramente representacionais, fornecerem previsões "absurdas", isto é, previsões que envolvem *apenas* termos significativos, mas que não correspondem a *nada* conhecido, isto é, nada na semântica *standard* que representa a realidade *conhecida*, como interpretá-las? Como subprodutos descartáveis do formalismo matemático, como "lixo", ou como manifestações *formais* de aspectos *desconhecidos* da realidade num contexto matemático que se revela adequado à sua expressão? A história da ciência mostra que algumas vezes "previsões" aparentemente absurdas derivadas no contexto de teorias matemáticas que "acomodam" a estrutura idealizada abstraída da realidade empírica mas que são, em geral, matematicamente muito mais ricas do que elas, *sugerem extensões* da semântica subjacente, ou seja, *possibilidades* físicas reais capazes de conferir significado representacional a tais "previsões". Se essas extensões correspondem realmente à realidade, então, e só então, podemos dizer que a Matemática desempenhou papel *heurístico* em ciência, ainda que restrito ao desvelamento da *forma matemática* de algum

O QUE É E PARA QUE SERVE A MATEMÁTICA **295**

aspecto desconhecido do mundo no contexto de um formalismo que desempenha papel representacional nas vizinhanças dessa zona desconhecida da realidade.

O que *exatamente* corresponde a esse aspecto formal no mundo a Matemática é *incapaz* por si só de determinar. Descobertas são extensões semânticas, enriquecimentos da realidade até então conhecida, e esse *não* é papel da Matemática, mas do cientista. À Matemática em função heurística cabe apenas dizer ao cientista como essa extensão, se real, se *manifesta* no formalismo matemático. Como realidades matematicamente análogas se manifestam matematicamente da mesma forma, o cientista que conjectura como deve ser a realidade, para que "previsões" absurdas no contexto semântico original sejam verdadeiras no contexto semântico estendido, tem em geral várias escolhas à disposição. Nessas *escolhas* a Matemática não tem *nada* a dizer.

Analisemos alguns casos *standard* de descobertas científicas em que a Matemática desempenhou papel heurístico e que papel foi esse.

A DESCOBERTA DAS ONDAS ELETROMAGNÉTICAS Lembremos as equações originalmente derivadas por Maxwell:

(a) rot $\mathbf{E} = -\partial\mathbf{B}/\partial t$. Essa equação diz, essencialmente, que um campo de indução magnética variável no tempo dá origem a um campo elétrico.

(b) rot $\mathbf{H} = \mathbf{J}$. Uma corrente elétrica gera um campo magnético.

(c) div $\varepsilon_0 \mathbf{E} = \rho$. Uma distribuição de cargas elétricas (com densidade ρ) gera um campo elétrico (ε_0 denota a permissividade elétrica do vácuo).

(d) div $\mathbf{B} = 0$. Não há monopolos magnéticos.

Cargas elétricas são coisas aparentemente bastante concretas e faz sentido supor que elas não aparecem e desaparecem do nada, ou seja, que elas são *conservadas*. Se erigirmos essa suposição em princípio, que chamaremos convenientemente de *princípio de conservação da carga elétrica*, sua expressão matemática será div $\mathbf{J} = -\partial\rho_c/\partial t$. Essa equação "diz" simplesmente que a densidade elétrica só aumenta ou diminui com aporte ou subtração de carga elétrica, respectivamente (o movimento de carga elétrica numa ou noutra direção se manifesta como uma corrente elétrica). Ou, equivalentemente, que um fluxo elétrico através de uma superfície fechada é necessariamente "compensado" pela variação de densidade de carga elétrica no interior dessa superfície. Ou seja, se cargas saem, a densidade de carga dentro diminui e vice-versa; isso quer dizer que cargas não são criadas nem extintas. Assim, essa equação, chamada de *equação de continuidade*, expressa o princípio de conservação da carga elétrica.

Mas não é preciso muito para darmo-nos conta, como Maxwell se deu, de que as equações $(a) - (d)$ são *inconsistentes* com a equação de continuidade. Vejamos:

De (b) segue que div $\mathbf{J}$ = div rot $\mathbf{H}$, mas, para qualquer campo vetorial $\mathbf{V}$, div rot $\mathbf{V}$ = 0. Logo, div $\mathbf{J}$ = 0 *sempre*, o que é inconsistente com a equação de continuidade quando há variação temporal de densidade de carga elétrica, ou seja, quando $\partial\rho_c/\partial t \neq 0$.

Vamos *manter* a pressuposição de que a carga elétrica se conserva e ver como podemos modificar as equações $(a) - (d)$ de modo a fazer desaparecer a inconsistência. Aqui a Matemática pode nos ajudar.

Podemos supor que há um termo $\mathbf{X}$ a mais a equação de Ampère, a equação (b), de modo que rot $\mathbf{H} = \mathbf{J} + \mathbf{X}$. Vejamos o que $\mathbf{X}$ deve ser.

Dessa equação segue que 0 = div rot $\mathbf{H}$ = div $\mathbf{J}$ + div $\mathbf{X}$ (o operador div é linear). Portanto, div $\mathbf{X}$ = -div $\mathbf{J}$ e, levando em consideração a equação de continuidade, div $\mathbf{X} = \partial\rho_c/\partial t$ (i). Segue da equação de Poisson (equação c) que $\partial\rho_c/\partial t = \partial/\partial t(\text{div } \varepsilon_0 \mathbf{E})$ = div $(\varepsilon_0 \partial\mathbf{E}/\partial t)$ (ii).

Comparando (i) e (ii): $\mathbf{X} = \varepsilon_0 \partial\mathbf{E}/\partial t$.

Assim, se a equação (b) for modificada para: (b') rot $\mathbf{H} = \mathbf{J} + \varepsilon_0 \partial\mathbf{E}/\partial t$, o sistema de equações de Maxwell se torna *consistente* com o princípio de conservação de carga elétrica.[1]

A nova equação (b') diz que *também* um *campo elétrico variável*, não apenas uma corrente elétrica, gera um campo de indução magnética. Ou seja, $\partial\mathbf{E}/\partial t$ é uma espécie de corrente elétrica,

---

1 Em termos do fluxo magnético $\mathbf{B}$, essa equação tem a forma rot $\mathbf{B} = \mu_0.\mathbf{J} + \mu_0.\varepsilon_0. \partial\mathbf{E}/\partial t$.

O QUE É E PARA QUE SERVE A MATEMÁTICA **297**

chamada de *corrente de deslocamento*, ao lado de correntes "reais", as *correntes de condução*.

Com a modificação introduzida por (b'), as equações de Maxwell assumem a sua forma definitiva. Alguns cálculos a partir dessas equações mostram que $\Delta \mathbf{E} = \mu_0.\varepsilon_0.\partial^2\mathbf{E}/\partial t^2$ e $\Delta \mathbf{B} = \mu_0.\varepsilon_0.\partial^2\mathbf{B}/\partial t^2$, onde Δ é o operador laplaciano ($\Delta \mathbf{V} = \mathrm{grad}(\mathrm{div}\mathbf{V}) - \mathrm{rot}(\mathrm{rot}\mathbf{V})$, para qualquer campo vetorial $\mathbf{V}$).

Ambas as equações descrevem fenômenos ondulatórios, ou seja, tanto o campo elétrico quanto o campo de indução magnética se deslocam no vácuo como ondas com a mesma velocidade $c = \sqrt{1/\mu_0.\varepsilon_0}$. Introduzindo nessa equação os valores conhecidos de μ_0 e ε_0 tem-se que $c = 2,99 \cdot 10^8$ m/s, ou seja, cerca de 300 mil quilômetros por segundo, a velocidade de propagação da luz no vácuo. Como os valores de μ_0, ε_0 e c são medidos independentemente, a coincidência entre as velocidades de propagação dos campos elétrico e magnético e da luz indica que esses fenômenos estão correlacionados.

A interdependência entre os campos $\mathbf{E}$ e $\mathbf{B}$, evidente nas equações (a) e (b'), e a velocidade comum de propagação ondulatória dos campos elétrico e magnético levaram Maxwell à conclusão de que eletricidade e magnetismo são só dois aspectos do mesmo fenômeno, o eletromagnetismo, e que distúrbios eletromagnéticos se deslocam como ondas à velocidade da luz. Assim, foram descobertas as *ondas eletromagnéticas*. Ademais, a coincidência da velocidade de propagação das ondas eletromagnéticas com a velocidade da luz levou-o a uma segunda conclusão, a saber, que a luz é uma radiação eletromagnética que obedece às leis do eletromagnetismo. Assim, em dois golpes, Maxwell descobre a existência de ondas eletromagnéticas e reduz a Óptica ao Eletromagnetismo.

A teoria eletromagnética da luz fornece uma explicação para fenômenos como reflexão, refração e polarização e constitui um dos grandes trunfos da magnífica síntese de Maxwell. As ondas eletromagnéticas foram detectadas por Heinrich Hertz trinta anos depois de previstas por Maxwell e dez anos após a morte deste, em 1879.

A Matemática desempenhou, evidentemente, um papel essencial na descoberta das ondas eletromagnéticas e da natureza eletromagnética da luz e dificilmente se poderia encontrar um exemplo mais eloquente do papel heurístico da Matemática em ciência. Como isso se deu?

Em primeiro lugar, foi preciso que todos os fenômenos fossem traduzidos em linguagem matemática, o que exigiu, não custa repetir, um processo de abstração e idealização matemáticas dos fenômenos, em particular, a quantificação de todas as grandezas envolvidas. Até aqui a Matemática é apenas uma *linguagem* com a qual a natureza de alguma forma se expressa, ainda que com auxílio da consciência intencional humana que abstrai e idealiza.

Em seguida, uma vez todos os fenômenos traduzidos em linguagem matemática, uma *hipótese física* é introduzida e *traduzida* no contexto matemático subjacente, a conservação da carga elétrica.

Com todos os atores em cena, o maquinário matemático é posto em ação. Primeiramente, para descobrir que termo deve ser introduzido na equação (*b*) para harmonizar as descrições com a hipótese. Na semântica *standard*, esse termo expressa uma contribuição para o campo magnético da taxa de variação no tempo do campo elétrico, *como se* essa variação fosse uma espécie de corrente elétrica. Tudo se passa *como se* o balanço de cargas elétricas não satisfeito nas equações originais de Maxwell fosse recuperado nas equações modificadas por uma nova corrente elétrica, a corrente de deslocamento.

Aqui a Matemática, na forma de um *cálculo*, funciona como *contexto de derivação*, onde consequências matemáticas de fatos e hipótese físicos convenientemente traduzidos matematicamente podem ser obtidas. A semântica subjacente *original* não contém nenhuma corrente real (de condução) que daria *sentido físico* ao termo que harmoniza as equações originais de Maxwell com o princípio de conservação de carga elétrica. A Matemática, porém, *sugere* a existência de "algo" real que se comporta matematicamente como uma corrente; esse "algo" recebe o nome de corrente de deslocamento. A Matemática, portanto, *por si só*, não é responsável pela descoberta da corrente de deslocamento, ela apenas mostra como esse algo, seja o que for, *se existir realmente*, se manifesta matematicamente. Se estamos seguros, como de fato estamos, que o princípio de conservação de carga elétrica é verdadeiro, então deve *necessariamente* existir algo na realidade que se manifesta matematicamente *como se fosse* uma corrente elétrica e que se expressa matematicamente como a taxa de variação do campo elétrico no tempo. Ora, como nas equações de Maxwell correntes elétricas reais, de condução, produzem campos magnéticos, então campos elétricos variáveis, as correntes de deslocamento, também os produzem. Falar de correntes de deslocamento seria então apenas um modo de falar.

Uma vez corrigidas as equações originais à luz da hipótese de conservação de carga elétrica, usando-se novamente a Matemática como *contexto de derivação*, duas equações de onda são obtidas, uma para o campo elétrico e outra para o campo de indução magnética, respectivamente, indicando que ambos os distúrbios têm natureza ondulatória e se propagam à mesma velocidade, que acontece ser a velocidade da luz. Maxwell saberá inferir as consequências disso, a existência de ondas eletromagnéticas e a natureza eletromagnética da luz.

O papel heurístico que a Matemática desempenhou no processo foi mostrar que as equações originais de Maxwell precisavam, à luz do princípio de conservação de carga elétrica, ser *formalmente* corrigidas. Isso mostrava a necessidade da existência de *algo* na realidade (extensão semântica) que se manifesta matematicamente como o termo adjunto à equação (*b*). Maxwell deve intervir agora para dizer que algo é esse. Sua escolha é dizer que *não apenas* correntes reais, de condução, produzem campos magnéticos, mas que campos elétricos variáveis *também* o fazem, e que por isso variações do campo elétrico têm a natureza de correntes elétricas, as correntes de deslocamento. Tudo isso leva à conjectura de existência de ondas eletromagnéticas que, *se detectadas*, como efetivamente o foram por Hertz, justificam as escolhas feitas e validam a démarche heurística.

Tudo muito bem, mas não foi assim que Maxwell descobriu a corrente de deslocamento; *poderia ter sido assim*, mas não foi. A história contada nas páginas anteriores é uma falsificação.

Maxwell foi conduzido em suas descobertas por *analogias formais* entre fenômenos eletromagnéticos e fenômenos mecânicos e hidrodinâmicos. *Semelhanças formais* entre ambos os tipos de fenômenos, que se expressam matematicamente da *mesma* forma, possibilitam a busca por leis que regem fenômenos de um tipo, exprimíveis no contexto matemático comum, examinando fenômenos *do outro tipo* e que lhes servem, portanto, de *modelo*. Dentro evidentemente dos limites em que ambos os fenômenos são formalmente análogos.

O procedimento heurístico de Maxwell foi todo ele baseado em modelos.[2]

No modelo *mecânico* dos fenômenos eletromagnéticos que Maxwell inventou, representava-se o fluxo magnético fluindo ao longo de vórtices (formalmente) análogos a vórtices em um fluido. Que esse modelo valesse também para o fluxo magnético no vácuo, onde não poderia haver nenhum fluido material, deixa claro que o modelo valia apenas, esperava-se, como uma analogia formal. Para eliminar o atrito entre vórtices, Maxwell incluiu no modelo pequenas esferas que podiam girar livremente entre eles. Ele identificava o fluxo dessas esferas à corrente elétrica.

Como esse modelo mecânico exibia suficiente analogia formal com fenômenos eletromagnéticos *conhecidos*, Maxwell usou-o para explicar o armazenamento de energia elétrica em dielétricos. Sob a ação de um campo elétrico $\mathbf{E}$, as pequenas esferas cujo deslocamento ele associava a correntes elétricas seriam *deslocadas* das suas posições de equilíbrio armazenando energia potencial. Quando o campo $\mathbf{E}$ variava, essas partículas sofriam pequenos deslocamentos que apareceriam macroscopicamente como pequenas correntes elétricas através do meio. Estava descoberta a corrente de *deslocamento*.

O deslocamento $\mathbf{r}$ das partículas era, evidentemente, proporcional ao campo $\mathbf{E}$; portanto, a corrente de deslocamento, ou seja, a taxa de variação de $\mathbf{r}$ no tempo, $\partial\mathbf{r}/\partial t$, é proporcional à taxa de variação de $\mathbf{E}$ no tempo, $\partial\mathbf{E}/\partial t$, precisamente o fator de correção que torna as equações originais de Maxwell consistentes com a preservação de carga elétrica.

---

2 Ver Longair, 2003, p.88-103.

O QUE É E PARA QUE SERVE A MATEMÁTICA   301

Sobre tais analogias, Maxwell se manifestou nos seguintes termos:

> A concepção de uma partícula tendo seu movimento ligado ao de um vórtice por perfeito rolamento pode parecer estranha. Não a ofereço, porém, como um modo de conexão realmente existente na natureza [...]. No entanto, esse é um modo de conexão mecanicamente possível e serve para trazer à luz conexões mecânicas reais entre fenômenos eletromagnéticos conhecidos. (Maxwell apud Longair, 2003, p.97, tradução minha)

Está claro nessa citação que Maxwell considerava o seu modelo mecânico uma fantasia. Mas uma fantasia que trazia à tona aspectos *formais* reais de fenômenos eletromagnéticos e que, portanto, poderia servir como guia heurístico.

Se um modelo materialmente distinto dos fenômenos estudados é, no entanto, formalmente análogo a eles em um domínio limitado, é razoável supor que essa analogia se estenda para domínios mais amplos ainda não explorados e usar o modelo como guia para a investigação da estrutura formal dos fenômenos de interesse. Como a Matemática só é capaz de expressar relações formais, essa estratégia pode abrir as portas para a teoria matemática desses fenômenos, que deve ser a *mesma* do modelo usado. Como vimos, ainda que não haja nenhum deslocamento real das partículas imaginadas por Maxwell, simplesmente porque elas não existem, esse deslocamento tem a mesma expressão matemática da supostamente real corrente de deslocamento que entrará nas equações de Maxwell.

Nisso consiste a eficiência heurística de modelos, largamente utilizados em ciência empírica. O raciocínio analógico, muitas vezes, é o único guia disponível para o desbravamento de domínios inexplorados da natureza. Nós o vimos em ação na origem da Mecânica quântica, quando, por exemplo, se buscou uma equação de onda que, na realidade, não descreve onda real alguma. A própria formulação hamiltoniana da Mecânica clássica foi um guia indispensável para a formulação teórica da Mecânica quântica e muito se explorou

302 JAIRO JOSÉ DA SILVA

a analogia entre os parênteses de Poisson da Mecânica clássica e os comutadores da Mecânica quântica.

A história da descoberta da corrente de deslocamento nos possibilitou examinar mais de perto duas estratégias heurísticas em ciência empírica, o uso de princípios gerais – no caso, o princípio de conservação de carga elétrica – e o uso de modelos, e o papel que a Matemática desempenha em cada uma delas. Na primeira, como vimos, a Matemática oferece o contexto de articulação do princípio, de derivação das suas *consequências matemáticas* que receberão um conteúdo material, um significado físico, por uma extensão da semântica subjacente. Na segunda, ela fornece a linguagem comum de expressão da estrutura formal supostamente idêntica do domínio em estudo e do seu modelo. Em ambos os casos, a Matemática é capaz de desempenhar uma função heurística. Vejamos mais um exemplo.

A DESCOBERTA DO NEUTRINO O neutrino é uma partícula constituinte da matéria que, sabe-se hoje, existe em três variedades (ditos "sabores"), o neutrino do elétron, do múon e do táuon (múon e táuon são parentes mais pesados do elétron). Eles são, como o nome indica, eletricamente neutros e têm, como o elétron, spin ½. Originalmente se acreditava que os neutrinos tinham massa nula, hoje se admite que eles têm uma massa, porém extremamente pequena. Uma característica dos neutrinos é interagir muito pouco com a matéria, sendo, portanto, de difícil detecção. Outra característica é a capacidade do neutrino de mudar de "sabor", ou seja, de uma variedade a outra. Como todas as partículas, o neutrino tem uma antipartícula, o antineutrino, que difere dele não pela carga, mas pelo caráter helicoidal. O nome "neutrino" foi-lhe dado pelo físico Enrico Fermi e significa, em italiano, o "neutrinho" ou "pequeno neutro", para diferenciá-lo do nêutron (que foi, na verdade, descoberto depois dele).

A radiação β é uma emissão de elétrons (β^-) ou pósitrons (β^+, pósitrons são antielétrons ou elétrons positivamente carregados) do núcleo atômico em virtude do decaimento radioativo. Até 1932, quando se descobriu o nêutron, acreditava-se que um núcleo atômico de número atômico Z e número de massa A era formado por A

O QUE É E PARA QUE SERVE A MATEMÁTICA 303

prótons e $A - Z$ elétrons e que a radiação β era constituída por esses elétrons nucleônicos.

Logo, a energia dos elétrons emitidos deveria ser, *pelo princípio de conservação de energia*, igual à diferença de energia do núcleo antes e depois da emissão, mas a experiência mostrava que esses elétrons admitiam um espectro contínuo de energias e saíam do núcleo atômico com energias *menores* que a esperada. A Aritmética não batia. *Alguma coisa*, invisível no processo, estava carregando energia ou o princípio de conservação de energia não valia.

Wolfgang Pauli ofereceu uma solução para o problema, abraçando a primeira alternativa, em 1930. Segundo ele, o núcleo atômico continha, além de prótons, partículas eletricamente neutras, que ele chamou de nêutrons, que eram emitidas junto com os elétrons no decaimento β^-, de modo que a soma das energias dos elétrons e dessas novas partículas seria igual à energia perdida pelo núcleo.

Com a descoberta do verdadeiro nêutron em 1932, uma nova teoria da emissão β foi proposta por Pauli em 1934, em que a partícula cuja existência ele havia conjecturado, chamada agora de neutrino, desempenhava papel *essencial*.

A radiação β^- seria essencialmente devida à desintegração do nêutron em um próton, um elétron e um antineutrino do elétron: $n \rightarrow p + e + v_{ae}$. Essa partícula conjecturada por Pauli só foi efetivamente detectada em 1956.

Segundo, Michel Patty (1988, p.329-335), o neutrino entra na história da Física primeiramente apenas como "um pequeno grão matemático de energia e spin", uma "ausência" física preenchida pela Matemática. Mas, pela sua incorporação na teoria de Pauli da emissão β e, em geral, da interação dita fraca envolvida nesse processo, o neutrino ganhará existência física, ainda que meramente putativa, pois não experimentalmente manifesta.

Nas palavras de Patty (ibidem, p.332): "Sem dúvida, é a sua inserção numa teoria das interações fracas que, tornando-o indispensável, faz do neutrino outra coisa além de um fantasma: um dos nós de um sistema de conceitos teóricos que no conjunto possui forte poder preditivo". A opinião de Patty é que a eficiência teórico-preditiva,

304 JAIRO JOSÉ DA SILVA

até *mais* do que a detecção experimental, tem o poder de tornar real uma conjectura que, inicialmente, tem caráter apenas matemático.

Assim como a corrente de deslocamento poderia ter sido descoberta por manipulações matemáticas no contexto da teoria eletromagnética a partir de uma hipótese *física*, a conservação de carga elétrica, o neutrino aparece no contexto teórico-matemático sob a pressuposição, também de natureza física, da conservação de energia (além de outras grandezas como momento angular).

Mas se conjecturas físicas podem, frequentemente, ser aventadas apenas para que a Matemática funcione e a teoria se adéque à experiência, como a hipótese quântica de Planck, proposta para evitar a chamada "catástrofe ultravioleta" na teoria eletromagnética clássica da radiação do corpo negro (um "corpo negro" é um corpo que absorve toda a radiação que incide sobre ele), é pela inscrição dessas conjecturas em teorias com forte valor *explicativo* e *preditivo* que elas adquirem realidade. A hipótese de Planck, por exemplo, se fortalece na teoria de Einstein do efeito fotoelétrico, a hipótese do neutrino na teoria das interações fracas de Pauli e a corrente de deslocamento, o suposto efeito magnético de campos elétricos variáveis, na subsequente teoria eletromagnética da luz.

Entretanto, a princípio, essas hipóteses foram tão somente, ou quase somente, ajustes matemáticos e só poderiam vir à tona num contexto matemático fortemente marcado pela quantificação. Nesses casos, a Matemática pode desempenhar papel essencial, se bem que não isolado, na descoberta física, tendo assim função heurística.

Há situações, porém, nas quais a Matemática assume papel protagonista na descoberta científica, ainda que nunca como ator único – há atores secundários quase tão importantes quanto ela. Vejamos um exemplo paradigmático.

A DESCOBERTA DA ANTIMATÉRIA Existe uma "receita", chamada quantização, para se passar da descrição clássica para a descrição quântica de um sistema: escreva primeiramente o hamiltoniano *clássico* do sistema, ou seja, a função energia total em termos das variáveis $\mathbf{x}$ e $\mathbf{p}$, respectivamente, posição e momento. Substitua

O QUE É E PARA QUE SERVE A MATEMÁTICA **305**

essas variáveis pelos respectivos operadores, $\mathbf{X}$ e $\mathbf{P}$, a componente j do operador $\mathbf{X}$ sendo simplesmente a multiplicação por x_j, a componente j de $\mathbf{x}$, e a componente j de $\mathbf{P}$ sendo $-i\,\hbar\,\partial/\partial x_j$. Com essas substituições, tem-se um operador $\mathbf{H}$ atuando num espaço vetorial, o espaço de estados do sistema.

A equação de Schrödinger *independente* do tempo $\mathbf{H}\psi = E\psi$ fornece os autovalores e autoestados de $\mathbf{H}$ em termos dos quais a função de onda ψ, que descreve o estado do sistema, se expressa como uma combinação linear de estados com energia bem definida. A equação de Schrödinger *dependente* do tempo, $i\,\hbar\,\partial\psi/\partial t = \mathbf{H}\psi$, diz como ψ varia no tempo.

Para se obter a descrição *relativística* de um sistema, portanto, parece razoável fazer a mesma coisa a partir da equação relativística da energia em função das variáveis posição e momento. Essa equação para uma partícula *livre* é $E^2 = c^2(p^2 + m^2c^2)$, onde c é a velocidade da luz no vácuo, m a massa e p o momento da partícula. Substituindo E p pelos seus respectivos operadores, temos a *equação de Klein-Gordon*:[3] $(\mathbf{p4}^2 - (\mathbf{p1}^2 + \mathbf{p2}^2 + \mathbf{p3}^2) - m_0^2c^2)\,\psi = 0$, onde $\mathbf{p1}$, $\mathbf{p2}$ e $\mathbf{p3}$ são as componentes do operador de momento, $\mathbf{p4}$ o operador de energia e m_0 a massa de repouso da partícula (medida no referencial onde a partícula está em repouso).

Essa equação pode ser generalizada para incluir a energia potencial (devida, por exemplo, à presença de um campo eletromagnético) e, assim, ser aplicada, ao elétron do átomo de hidrogênio.

Há, porém, alguns problemas sérios com essa equação. Por exemplo, a função $|\psi|^2$ não representa, como para a função de onda habitual, uma densidade de probabilidade de localização da partícula. O físico inglês Paul Dirac, crítico da equação de Klein-Gordon, irá propor outra equação quântica relativística, baseada em alguns *pressupostos formais*.

Primeiramente, para Dirac, a função de onda do sistema num instante deve ser suficiente para determinar a função de onda desse sistema em qualquer outro instante, ou seja, o que se sabe sobre um sistema num momento dever bastar para determinar tudo o que se

---

3 Ver Jean Hladik, 2008, p.171-183.

306 JAIRO JOSÉ DA SILVA

pode saber sobre ele em outros momentos. *Matematicamente*, essa imposição formal se traduz na exigência que a equação buscada seja *linear*, onde os operadores têm expoente igual a 1, não 2, como na equação de Klein-Gordon.

Em segundo lugar, levando em consideração que na teoria da relatividade as variáveis de espaço e tempo são *formalmente análogas* (o tempo sendo tratado apenas como uma dimensão do espaço-tempo quadrimensional), a equação buscada deve ser *linear nos quatro operadores* (enquanto **p1**, **p2** e **p3** envolvem derivadas nas variáveis espaciais, **p4** envolve derivada no tempo).

Logo, a equação deve ter a forma $(\mathbf{p4} + \alpha_1\mathbf{p1} + \alpha_2\mathbf{p2} + \alpha_3\mathbf{p3} + \alpha_4 m_0 c)\,\Psi = 0$, onde α_1, α_2, α_3 e α_4 são *matrizes* n x n arbitrárias e Ψ uma matriz n x 1 cujas componentes ψ_1, ..., ψ_n obedecem à equação de Klein-Gordon. A suposição de Dirac de que a função de onda Ψ deve ter *vários* componentes (sem determinar *a priori* quantos seriam) inspirou-se em Pauli, que havia suposto que a função de onda do elétron deve ter *dois* componentes para expressar cada uma um estado de spin.[4]

As restrições impostas implicam as seguintes relações: $\alpha_i^2 = \mathbf{1}$, para $i = 1, 2, 3$ e 4, e $\alpha_i\alpha_j + \alpha_j\alpha_i = \mathbf{0}$, para $i, j = 1, ..., 4$, onde $\mathbf{0}$ e $\mathbf{1}$ são, respectivamente, a matriz nula e a matriz identidade.

Dirac irá verificar que essas relações só são satisfeitas para matrizes com *no mínimo* dimensão igual a 4 (matrizes 4 x 4). As matrizes mais simples 4 x 4 que satisfazem as condições impostas são as chamadas *matrizes de Dirac*. Uma propriedade fundamental da equação

---

4 O físico francês Jean-Marc Lévy-Leblond, em 1967, por uma linearização da equação de Schrödinger, obtém a equação de Pauli, uma generalização da equação de Schrödinger, cujas soluções admitem componentes que correspondem aos diferentes estados de spin da partícula. Ou seja, a hipótese de que a equação de onda deve ser *linear* permite que o spin se revele como uma propriedade intrínseca de partículas quânticas no contexto mesmo da eletrodinâmica *clássica* (ver Hladik, ibidem, p.178-179). Nesse caso, a Matemática, como contexto de representação e articulação, *permite que a expressão formal* de propriedades *físicas* se revele como *consequência formal* de *imposições formais*, no caso, a linearidade da equação.

O QUE É E PARA QUE SERVE A MATEMÁTICA   307

de Dirac, essencial para qualquer equação que se quer relativística, é a sua *invariância pelas transformações de Lorentz*.

As soluções Ψ da equação de Dirac, porém, *não* são vetores, mas objetos um pouco mais complicados que se transformam com mudanças de referencial de modo diferente dos vetores. São os chamados *spinores*, que já haviam sido estudados por Élie Cartan em 1913. A representação matemática da realidade empírica encontra novamente a Matemática pura desenvolvida para fins estritamente matemáticos independentemente da observação da realidade.

Isso não chega a ser tão surpreendente quanto às vezes se supõe. Não há nada de "mágico" no fato de dois domínios matemáticos materialmente distintos terem a mesma estrutura formal, ainda que um deles seja uma representação matemática idealizada de um aspecto abstrato da realidade empírica. Isso talvez seja apenas um sinal da "pobreza" dos nossos esquemas estruturais, da nossa tendência em ver as coisas, do mundo ou da Matemática, segundo formas mais ou menos *standard*. Afinal, a ontologia matemática, isto é, as categorias básicas de estruturação matemática a serviço tanto da Matemática pura quanto da aplicada, é sempre a mesma, contituída essencialmente por objetos, propriedade de objetos e relações entre objetos.

A busca por Dirac de uma equação quântico-relativística foi fortemente condicionada por pressupostos formais que, porém, não eram gratuitos. A linearidade da equação apenas refletia o pressuposto de que o conhecimento de uma função de estado num instante deveria ser suficiente para determiná-la num outro instante qualquer e o tratamento igualitário de variáveis espaciais e temporais era, afinal, como a teoria da relatividade se faria presente. Os pressupostos eram razoáveis e tinham função meramente heurística; a equação obtida teria que mostrar o seu valor no confronto com os fatos empíricos.

Pois bem, a equação de Dirac para o elétron admite *duas* soluções associadas a estados com energia *positiva* e *duas* outras associadas a estados com energia *negativa*. Afinal, a expressão para a energia $E^2 = c^2(p^2 + m^2c^2)$ admite essas duas possibilidades, $E = +c\sqrt{(p^2 + m^2c^2)}$

$e = -c\sqrt{(p^2 + m^2c^2)}$. As soluções com energia positiva correspondem aos dois estados possíveis para o spin do elétron, ½ e -½, o problema é como interpretar as soluções com energia *negativa*.

A situação é um pouco diferente daquela envolvendo tanto o neutrino quanto a corrente de deslocamento. Nesses casos, o objeto que se revelava matematicamente *precisava existir* para que os princípios físicos que orientaram a derivação matemática, conservação da carga elétrica e conservação da energia, permanecessem válidos. No caso de Dirac, não havia uma necessidade *física* para que as soluções com energia negativa correspondessem a algo real, apesar do papel que desempenhavam no interior do formalismo. Essas soluções poderiam muito bem ser interpretadas como um indicativo de fracasso, que a tentativa de Dirac não tinha sido bem-sucedida.

Porém, alguns fatores contavam a seu favor. Um, o aparecimento natural do spin nas soluções da equação; outro, o sucesso da equação na previsão do espectro energético do átomo de hidrogênio. O bom desempenho da equação de Dirac sugeria que, talvez, algo real correspondesse às soluções com energia negativa. Afinal, se ela redescobrira o spin, não poderia haver algo mais escondido ali, algo que as condições formais que presidiram à sua derivação *impunham* e que, portanto, *tinham* que aparecer no contexto matemático?

Dirac achou que sim e sugeriu que as soluções com energia negativa *realmente* descreviam elétrons com energia negativa. A primeira pergunta que se coloca, então, é por que não vemos elétrons com energia positiva emitindo energia e decaindo para estados com energia negativa. Dirac responde que não vemos isso porque *todos* os estados com energia negativa já estão ocupados e, como se sabe, *no máximo* dois elétrons podem ocupar o mesmo estado energético, e mesmo assim só quando têm spins contrários. Com essa hipótese do "mar de elétrons", Dirac preclude que elétrons com energia positiva transitem para estados com energia negativa.

A pergunta seguinte, claro, é o que acontece na situação inversa, quando elétrons com energia negativa absorvem energia e transitam para estados com energia positiva. Nesse caso, diz Dirac, abre-se um "buraco" no mar de elétrons que ao ser "preenchido" por outros

O QUE É E PARA QUE SERVE A MATEMÁTICA **309**

elétrons "se move" como se fosse um elétron com energia e carga *positivas*. Ou seja, deve existir *algo* na natureza que se comporta como um elétron com carga positiva. *O que precisamente esse algo é, o que corresponde na realidade a esse "buraco" no mar de elétrons, a equação não diz.* A equação funciona como um instrumento de exploração *formal*, não *material*. A Matemática não consegue ir mais adiante na aventura da descoberta científica.

Note que mesmo as suposições de Dirac, o mar de elétrons ocupando todos os níveis de energia negativa abertos pela equação, apesar de coerentes com a equação não são impostas por ela, que só diz que soluções com energia negativa são *possíveis*, nada mais. Há alternativas. Por exemplo, a interpretação de Feynman-Stuckelberg, segundo a qual as soluções com energia negativa correspondem a elétrons normais, com carga negativa, movendo-se *para trás* no tempo.

Seja como for, a especulação de Dirac era uma possibilidade, mas, de modo nenhum, uma realidade. Dirac não havia feito nenhuma *descoberta*. Ele chegou a sugerir que o próton seria o correspondente real do "buraco" formal que ele tinha conjecturado. Sugestão que não se manteve por causa da grande massa do próton comparada a do elétron.

Finalmente, em 1932, apenas quatro anos depois da derivação da equação de Dirac (1928), o norte-americano Carl Anderson detecta experimentalmente a primeira antipartícula, o antielétron ou pósitron, um elétron com carga positiva que encarna à perfeição o "buraco" conjecturado por Dirac. Anderson dirá, porém, que a hipótese de Dirac não desempenhou nenhum papel na sua descoberta.

A leitura *post factum* de que Dirac havia "previsto" o pósitron usando apenas Matemática, como se vê, não se sustenta. Dirac não previu nada, ele apenas explorou possibilidades materiais que dariam algum sentido físico a uma possiblidade meramente *formal* descortinada pela sua equação como consequência das pressuposições *formais* que guiaram a sua derivação.

O contexto matemático de uma teoria física admite, às vezes, constructos formais que não podem ser materialmente interpretados na semântica subjacente, aquela deixada em reserva como contexto

310 JAIRO JOSÉ DA SILVA

de interpretação do formalismo, mas que admitem alguma interpretação num contexto semântico mais largo. Que contexto é esse o formalismo não pode, evidentemente, dizer; essa é uma tarefa que cabe exclusivamente ao cientista. A Matemática pode apenas indicar possibilidades formais, cuja *possível* realidade deve ser avaliada diante do sucesso da teoria *vis-à-vis* a experiência. Uma boa teoria de um domínio qualquer pode abrir possiblidades formais que indicam que ela continua sendo boa num domínio estendido. Como estender o domínio original para realizar essas possibilidades formais é uma tarefa que cabe ao cientista e à qual a Matemática subjacente à teoria, em que essas possibilidades formais foram expostas, não tem como prestar assistência.

Nada pode ser *descoberto* no mundo empírico *apenas* por manipulações matemáticas. Consideremos mais um exemplo.

SIMETRIAS, GRUPOS E PARTÍCULAS Ao se estruturar matematicamente os dados da experiência, por simples classificação sistemática (em que a noção matemática prevalente é a de classe ou conjunto), por ordenação (em que já aparece a noção de conjunto ordenado), ou por formas mais complexas (em que aparecem conceitos matemáticos mais sofisticados, como o de grupo, por exemplo), às vezes ocorre que o formalismo matemático por si só sugere possibilidades materiais até então desconhecidas, desempenhando assim função heurística.

A forma mais elementar de estruturação matemática é, de fato, a *classificação sistemática*, a repartição em classes, extensivamente usada em ciências naturais como Zoologia e Botânica. Uma primeira classificação separa os objetos do domínio de interesse da ciência em questão de todos os outros. Por exemplo, a classificação dos objetos do mundo em seres animados e seres inanimados circunscreve o domínio da Biologia, a classe dos seres vivos. Uma ulterior subdivisão que separa vegetais de não vegetais, e que analogamente à distinção entre seres vivos e inanimados não seja talvez tão nítida, circunscreve o domínio da Botânica, o reino vegetal. Divisões mais refinadas nos dão sucessivamente os filos, as classes, as ordens, as

O QUE É E PARA QUE SERVE A MATEMÁTiCA 311

famílias, os gêneros e, finalmente, as espécies como *tipos* básicos do reino vegetal.

Munido dessa classificação sistemática, o botânico tem um instrumento de identificação em princípio de qualquer exemplar vegetal que porventura encontre na natureza, capaz também de lhe indicar a descoberta de novas espécies quando e se isso ocorrer. Mas a classificação oferece também um instrumento de previsão, pois, ao identificar num exemplar algumas características de um gênero ou de uma família, o botânico pode prever outras propriedades que esse exemplar provavelmente terá.

Classificações, porém, são instrumentos matemáticos muito rudimentares; há outros mais potentes. A *ordenação* talvez seja o melhor imediatamente depois da simples classificação. Ela consiste na imposição de uma ordem nos dados da experiência, em geral orientada pela própria experiência, que, além de apontar para um princípio *interno* de ordenação que subjaz aos critérios *externos* puramente fenomenológicos ou observacionais – abrindo assim uma dimensão teórico-explicativa –, tem importante papel heurístico.

Se uma ordenação de coisas conhecidas se impõe naturalmente segundo algum critério que se oferece diretamente na observação, então a *teoria* desse domínio de coisas deve revelar algum princípio ordenador que subjaz ao critério puramente fenomenológico. Caso contrário, a ordenação não é cientificamente interessante.

Uma situação potencialmente heuristicamente rica se apresenta quando a ordenação apresenta vacâncias, lugares vazios ocupados por nada conhecido. Nesse caso, podemos conjecturar que algo desconhecido existe que ocupa esses lugares. Podemos inclusive prever que propriedades devem ter essas coisas no contexto das propriedades fenomenológicas que orientam a ordenação. Um exemplo paradigmático da ordenação como recurso metodológico e instrumento heurístico é a *tabela periódica dos elementos* de Mendeleev.

O químico russo Dmitri Mendeleev, entre outros, propôs em 1869 uma ordenação dos elementos químicos conhecidos à época numa tabela cujas vacâncias indicavam a existência de elementos químicos desconhecidos e permitiam previsões de quais seriam as

312   JAIRO JOSÉ DA SILVA

propriedades químicas deles. Esses elementos foram posteriormente descobertos e suas propriedades conjecturadas verificadas. Apenas com o desenvolvimento da teoria quântica de átomos e moléculas, em particular o estabelecimento do princípio de exclusão de Pauli que rege a disposição dos elétrons atômicos em orbitais, revelou--se o princípio ordenador subjacente ao princípio fenomenológico de que Mendeleev lançou mão, a saber: *distribua os elementos em linhas segundo o seu peso atômico e em colunas segundo as suas semelhanças químicas.*

Assim, a tabela começa com o elemento hidrogênio (H) de peso atômico igual a 1, continua com o Hélio (He) de peso atômico igual a aproximadamente 4, depois vem o lítio (Li) de peso atômico igual a aproximadamente 6,9. Porém, o Li é quimicamente aparentado ao H e é, portanto, posto na coluna do H, a coluna dos metais alcalinos, logo abaixo dele, e assim por diante. Desse modo, constituem-se as famílias químicas, dos metais alcalinos, dos halogênios, dos gases raros etc.

Ora, essa classificação deixou espaços abertos na tabela que convidava de modo quase irrecusável a hipótese de que elementos deveriam existir que os ocupassem. A pertença desses elementos hipotéticos a particulares famílias fornecia, ademais, informações sobre as suas possíveis propriedades químicas. Mendeleev previu a existência de três deles, todos descobertos ainda durante a sua vida, o gálio (Ga), o escândio (Sc) e o germânio (Ge).

Apenas com o aparecimento da Mecânica quântica, com o desenvolvimento do modelo do átomo de Bohr-Sommerfeld, foram compreendidas as razões físicas da eficiência explicativa e heurística da ordenação de Mendeleev. Os pesos atômicos, na verdade, estão intimamente associados a números atômicos, o número de prótons no núcleo do átomo da substância, que determina por sua vez o número de elétrons da coroa eletrônica que envolve o núcleo e que é responsável pelas propriedades químicas da substância.

Os elétrons da coroa eletrônica se distribuem em órbitas associadas a particulares níveis de energia e subórbitas ou orbitais associados a outras propriedades físicas que são também, como a energia,

O QUE É E PARA QUE SERVE A MATEMÁTICA   313

quantizadas. Cada orbital admite um número máximo de elétrons e os elétrons do átomo se distribuem nos orbitais obedecendo a essa limitação. O importante, do ponto de vista químico, é quantos elétrons estão disponíveis no último orbital, chamado de *orbital de valência*, o mais energético e, portanto, aquele cujos elétrons estão mais dispostos a interagir com os elétrons da camada de valência de outros átomos da mesma ou de outras substâncias. É dessa interação que nascem as ligações químicas; átomos se "ligam" compartilhando elétrons para preencher o orbital de valência.

Elementos da mesma família tem o mesmo número de elétrons no orbital de valência, o que explica a similaridade de suas propriedades químicas. Os gases nobres, por exemplo, têm esse orbital já totalmente ocupado, o que explica a sua pouca reatividade química (daí o qualificativo; como os nobres, eles não gostam de se misturar).

Evidentemente, estruturações matemáticas ainda mais ricas em não importa quais domínios das ciências naturais matematizadas podem em princípio fornecer indicações heurísticas ainda mais sólidas. Os *grupos* provêm estruturações matemáticas particularmente importantes, mormente do ponto de vista heurístico. Como já vimos, um grupo é simplesmente um conjunto em que está definida uma operação binária (que a cada dois elementos do grupo associa um terceiro, o resultado da operação) com certas propriedades bastante naturais, a saber: (1) a operação é *fechada* no grupo, isto é, a operação com dois *quaisquer* elementos do grupo produz sempre um elemento do grupo; (2) existe um elemento do grupo que operado com qualquer outro resulta nesse outro, ou seja, um *elemento neutro* da operação; (3) todo elemento do grupo admite um *elemento inverso* que operado com ele resulta no elemento nulo; e (4) a operação é *associativa*, isto é, não importa a ordem em que é realizada.

Existe uma íntima conexão entre a noção de grupo e a noção de simetria e entre esta e princípios de conservação, as pedras basilares da Física.[5]

---

5 Cabe aqui uma reflexão. A noção de simetria desempenha papel importante em nossa vida prática. Sinal disso é que a simetria é um traço distintivo da

314 JAIRO JOSÉ DA SILVA

Uma *simetria*, basicamente, é qualquer coisa que não varia sob uma determinada transformação qualquer, ou melhor, sob um determinado *grupo* de transformações. Por exemplo, as propriedades métricas de qualquer figura geométrica não variam se essa figura for submetida a qualquer movimento *rígido* no espaço, ou seja, qualquer movimento que transforma essa figura numa figura congruente a ela. Desse modo, podemos definir a Geometria euclidiana *métrica* como a ciência que estuda as simetrias do espaço segundo o *grupo* de movimentos rígidos.

Consideremos um exemplo *standard* de grupo, o grupo das simetrias rotacionais de um quadrado no plano que o contém, ou seja, todas as rotações de um quadrado no seu plano ao redor do seu centro que o levam a um quadrado congruente consigo próprio. Evidentemente, esse grupo contém a rotação de 90 graus ao redor do seu centro, em qualquer sentido, horário ou anti-horário. Mas essa não é a única rotação *no plano* que leva o quadrado congruentemente a si próprio. As rotações de 180 graus, 270 graus e 360 graus em qualquer sentido, horário ou anti-horário, ao redor do centro do quadrado também o fazem. Mas, veja, uma rotação de 180 graus em sentido horário nada mais é do que a composição de *duas* rotações de 90 graus nesse sentido e uma de 270 graus, a composição de *três* rotações de 90 graus realizadas em sequência.

---

nossa concepção de beleza, que é um instrumento relevante em nossa luta pela sobrevivência. A beleza é um indicativo do que é bom para nós, como indivíduos e como espécie. Isso talvez explique em parte o que muitos cientistas repetem sem maiores considerações, que belas teorias têm maiores chances de estar corretas. Teorias que exploram simetrias naturais, as quais se refletem na estrutura mesma dessas teorias, elas também de alguma forma simétricas, nos parecerão, portanto, mais bonitas. E, como simetrias estão intimamente associadas a princípios fundamentais da ciência natural, essas teorias parecerão também mais apropriadas à descrição da realidade. Assim, verdade e beleza se irmanam. Mas, se a noção de simetria tem, como parece, um traço distintivamente antropocêntrico, então nossas teorias científicas preferidas parecem ser antes descrições da *nossa* forma de ver o mundo do que exposições de uma realidade transcendente altivamente indiferente à nossa existência e nossas idiossincrasias perceptuais.

O QUE É E PARA QUE SERVE A MATEMÁTICA   **315**

Imaginemos então o conjunto de *todas* as rotações no plano de um quadrado ao redor do seu centro que o transforma numa figura congruente a si próprio. Há, claro, a rotação nula, que não faz nada, e as rotações de 90 graus, 180 graus e 270 graus nos dois sentidos, horário e anti-horário. Note que as rotações de 360 graus em qualquer dos dois sentidos são idênticas à rotação nula e, portanto, não acrescentam nada. Mas há ainda outros elementos supérfluos; note que qualquer giro no sentido horário é idêntico a algum giro no sentido anti-horário, 90 graus no sentido horário é idêntico a 270 graus no sentido anti-horário, e assim por diante. No fim, restam apenas quatro rotações irredutíveis, a rotação nula e as de 90 graus, 180 graus e 270 graus no sentido anti-horário.

Denotemos por R_θ a rotação no plano do quadrado ao redor do seu centro de um ângulo θ. O conjunto $R = \{R_0, R_{90}, R_{180}, R_{270}\}$ com a operação de composição de rotações (rotações são compostas realizando-se uma em seguida da outra) é, portanto, um *grupo*, como se pode facilmente verificar. Evidentemente, a composição de rotações do conjunto R é uma rotação do conjunto R (*fechamento*), a rotação R_0 é o *elemento neutro* do grupo e existe o *elemento inverso* de qualquer rotação de R. R_{90} é o inverso de R_{270}, por exemplo, uma vez que a composição (denotada pelo símbolo ○) $R_{270} \circ R_{90} = R_0$ e analogamente para todos os outros elementos de R. Finalmente, para quaisquer θ, φ e ψ iguais a 90, 180 ou 270, $R_\theta \circ (R_\varphi \circ R_\psi) = (R_\theta \circ R_\varphi) \circ R_\psi$, ou seja, a operação de composição é *associativa*. Note que, ademais, para quaisquer θ e φ, tem-se que $R_\theta \circ R_\varphi = R_\varphi \circ R_\theta$, ou seja, a composição é também *comutativa*, o que torna R um grupo comutativo ou abeliano, uma propriedade que *nem todo* grupo possui. Grupos de permutação, por exemplo, não são em geral comutativos e foi precisamente com grupos de permutação de raízes de equações algébricas que o conceito de grupo veio à luz com Lagrange no século XVIII.

Um grupo de permutações é um conjunto de bijeções de um conjunto qualquer de n elementos nele próprio com a operação de composição, em que compor permutações consiste em realizá-las em sequência. Uma bijeção de um conjunto em si próprio é uma associação que a cada elemento de um conjunto faz corresponder *um*

316 JAIRO JOSÉ DA SILVA

único elemento desse mesmo conjunto, a sua imagem, de modo que *todo* elemento do conjunto seja a imagem de alguém. Por exemplo, a bijeção que associa 1 a 2, 2 a 3, 3 a 4 e 4 a 1 é uma permutação do conjunto 1, 2, 3, 4. Se τ é essa permutação, que usualmente denotamos por $\tau(1, 2, 3, 4) = (2, 3, 4, 1)$, e σ é a permutação $\sigma(1, 2, 3, 4) = (2, 1, 4, 3)$, então a composição $\tau.\sigma(1, 2, 3, 4) = \tau(2, 1, 4, 3) = (3, 2, 1, 4)$. Note que $\sigma.\tau(1, 2, 3, 4) = \sigma(2, 3, 4, 1) = (1, 4, 3, 2)$; ou seja, $\tau.\sigma \neq \sigma.\tau$, a composição não é comutativa.

Como esses números podem ser usados como *nomes* de quaisquer coisas, podemos *interpretá-los* como nomes de vértices de um quadrado e as permutações como movimentos do quadrado que o levam a uma posição congruente consigo próprio. Por exemplo, se (1, 2, 3, 4) denotam os vértices do quadrado □ em sequência horária a partir do vértice acima à esquerda, τ denota a rotação do quadrado de 90 graus ao redor do seu centro no sentido horário e σ uma rotação do quadrado de 180 graus ao redor da mediana comum aos lados 12 e 34. $\tau.\sigma$ denota uma reflexão de 180 graus do quadrado ao redor da diagonal 24 e $\sigma.\tau$ a mesma rotação, mas ao redor da diagonal 13.

Voltando a R. Como vemos, ele é um *grupo de simetria* do quadrado, pois todas as transformações de R, no caso, rotações ao redor do centro de múltiplos de 90 graus no sentido anti-horário, produzem figuras congruentes; ou seja, esse grupo preserva a propriedade de autocongruência do quadrado, que é a simetria em questão. R é um grupo *discreto*, *finito* (todo grupo finito é discreto, mas nem todo grupo discreto é finito) e *cíclico*, uma vez que todos os seus elementos são gerados pela composição de um único elemento consigo próprio. No caso, o *elemento gerador* do grupo é R_{90}, uma vez que $R_{90}{}^0 = R_0$, $R_{90}{}^2 = R_{90} \circ R_{90} = R_{180}$ e $R_{90}{}^3 = R_{270}$.

Agora, se em vez do quadrado tivéssemos escolhido a *circunferência*, o grupo de simetrias seria bem mais complicado. Ele seria *infinito*, pois para *qualquer* ângulo θ, R_θ, a rotação de θ graus da circunferência ao redor do seu centro, leva a circunferência congruentemente sobre si própria, e *contínuo*, pois o ângulo θ pode variar continuamente no intervalo entre 0 grau e 360 graus (com a ressalva de que $R_0 = R_{360}$). Podemos indiferentemente pensar em rotações

O QUE É E PARA QUE SERVE A MATEMÁTICA **317**

como rotações *ativas*, ou seja, das figuras no plano *fixo*, ou *passivas*, como rotações do próprio plano que carrega as figuras fixas nele. Da perspectiva passiva, nossos grupos descrevem rotações do plano ao redor de um dos seus pontos. O grupo *contínuo* de *todas* as rotações do plano em torno de um ponto fixo recebe um nome especial, *SO(2)*. Como o grupo R está contido em *SO(2)*, dizemos que ele é um *subgrupo* de *SO(2)*.

SO(2) tem uma propriedade muito importante: ele preserva ângulos e distâncias. De modo geral, se *r(F)* é a figura resultante da ação de um elemento *r* de *SO(2)* sobre a figura *F*, então *F* e *r(F)* são essencialmente a mesma figura, apenas em posições diferentes. Ou seja, do ponto de vista da Geometria euclidiana, *F* e *r(F)* são indistinguíveis, ambas têm as *mesmas* propriedades geométricas, inclusive as propriedades *métricas*, relativas a medidas. Mas esse não é o único grupo de transformações do plano que preserva propriedades métricas, o grupo das *translações* sem rotação do plano também o faz. Uma translação do plano é um movimento de *todo* o plano ao longo de uma direção por uma distância determinada. Não é difícil ver que o conjunto infinito das translações, cada uma delas determinada por dois fatores, direção e distância, forma um grupo com a composição de translações (uma executada depois da outra). Esse grupo também preserva medidas. A união desses dois grupos constitui o grupo de todas as transformações *rígidas* ou *movimentos* do plano, que são todas as transformações *contínuas* do plano sobre si mesmo que preservam distâncias e ângulos. Há outras transformações do plano que também preservam distâncias e ângulos, como a rotação de 180 graus de todo o plano *no espaço* ao redor de uma sua reta qualquer (o eixo de rotação); essa transformação, que chamamos de *reflexão* (note que ele troca esquerda por direita e sentido horário por anti-horário, como um espelho), *não é*, porém, uma transformação contínua; não podemos sobrepor, por exemplo, mão esquerda e mão direita por movimentos contínuos no plano onde elas se encontram. O movimento no espaço que sobrepõe mão direita a mão esquerda aparecerá no plano como um salto descontínuo. Finalmente, se juntarmos aos movimentos do plano as *homotetias*, que preservam

318 JAIRO JOSÉ DA SILVA

ângulos mas aumentam distâncias de um fator determinado e que, portanto, não mais levam figuras congruentemente umas sobre as outras, embora preservem a *semelhança* entre elas, temos o grupo que importa à Geometria euclidiana. Esse grupo, na verdade, *caracteriza* a Geometria euclidiana plana, *definida* como aquela que estuda as propriedades e relações que permanecem invariantes por ação do grupo que inclui todos os movimentos rígidos (rotações e translações) e todas as homotetias e apenas essas transformações, a saber, propriedades e relações métricas e de semelhança. Essas relações são *preservadas* por ação das transformações euclidianas, sendo, portanto, as *simetrias* do plano da perspectiva euclidiana.

O chamado *programa de Erlangen*, proposto pelo matemático Felix Klein em 1872, traz o conceito de grupo para o centro da Geometria, fornecendo-lhe um instrumento poderosíssimo de classificação e ordenação. Para Klein, uma Geometria nada mais é do que o estudo dos invariantes de um determinado grupo, ou seja, das relações e propriedades que permanecem inalteradas pela ação desse grupo. Para a Geometria euclidiana, esse é o grupo das similaridades (rotações, translações e homotetias), do qual o grupo dos movimentos (rotações e translações) é um subgrupo; para a Geometria projetiva, o grupo das projeções; para a topologia, o grupo das transformações contínuas etc.

Ao se expandir para toda a Matemática, o conceito de grupo se mistura com conceitos próprios de outras disciplinas como, por exemplo, a análise matemática, que oferece o contexto adequado para o estudo dos grupos contínuos, os ditos grupos de Lie, que têm enorme importância em Física.

O conceito de invariância sob algum tipo de transformação é central em Física por uma razão muito simples, que tem a ver com a matematização do espaço, do tempo e de todas as grandezas mensuráveis. Como vimos, na ciência matematizada da realidade empírica, grandezas se reduzem ultimamente a variáveis numéricas, que dependem, porém, de algum *particular* sistema de coordenadas. Podemos ver cada sistema de coordenadas como uma perspectiva *subjetiva* da realidade matematizada. Ora, a *objetividade* que

O QUE É E PARA QUE SERVE A MATEMÁTICA **319**

atribuímos à realidade impõe que só é objetivamente real aquilo que permanece invariante sob transformações que nos levam de um sistema de coordenadas a outros que lhe são equivalentes.[6]

Galileu já havia notado que sistemas de coordenadas espaço-temporais em repouso ou movimento retilíneo uniforme em relação uns com os outros são equivalentes para a descrição dos fenômenos *mecânicos*. Em referenciais acelerados uns em relação aos outros esse não é o caso, uma vez que "forças" aparecem num, mas não no outro (por exemplo, forças centrífugas em referenciais em rotação. Uma pessoa fechada num quarto que gira ao redor do seu centro sem que ela o saiba sentirá a ação de uma força "misteriosa" que a empurra contra a parede).

Assim, as leis da Mecânica galileana-newtoniana devem necessariamente ser invariantes com relação às transformações que levam de um a outro referencial equivalente, ou seja, de um a outro referencial *inercial*, em que, *por definição*, um corpo sobre o qual não age nenhuma força está em repouso ou em movimento retilíneo uniforme. A primeira lei de Newton, segundo a qual se sobre um corpo não age nenhuma força, então ele está em repouso ou em movimento retilíneo uniforme, é na verdade uma definição de referencial inercial: chama-se inercial o referencial em que vale a primeira lei de Newton. O *princípio de relatividade* de Galileu sustenta que as leis da Mecânica são invariantes sob certas transformações entre referenciais inerciais, as chamadas transformações de Galileu, que formam um grupo e essencialmente nos dizem como corrigir medidas de *posição* quando passamos de um referencial inercial a outro. O *tempo* supostamente é sempre o mesmo, o tempo universal de Newton. Assim, do ponto de vista de Klein, a Mecânica nada mais é do que o estudo dos invariantes do movimento pelas transformações do grupo de Galileu.

---

6 Para uma discussão do conceito de objetividade física no contexto da teoria de grupos, assim como para uma perspectiva magistral e extremamente original da filosofia da Física e da Matemática, ver a obra-prima de Hermann Weyl (2009).

320 JAIRO JOSÉ DA SILVA

A teoria especial da relatividade de Einstein estende o princípio de relatividade de Galileu para *toda* a Física, em particular a eletrodinâmica, e acrescenta um novo axioma, que a velocidade da luz no vácuo é um invariante físico, a mesma em qualquer referencial inercial. Tanto a extensão do princípio quanto o axioma são fortemente justificados por observações empíricas. Esse axioma tem como consequência que as transformações entre referenciais inerciais não podem mais ser as de Galileu, mas outras, chamadas de *transformações de Lorentz*, que também formam um grupo. A relatividade especial, então, é o estudo das relações e propriedades da realidade física invariantes pelo grupo das transformações de Lorentz.

Contrariamente às transformações de Galileu, as de Lorentz não separam transformações espaciais de transformações temporais; nelas, tempo e espaço estão interligados. Por isso, Hermann Minkowski, um ex-professor de Einstein, propôs num artigo "Espaço e tempo", de 1908, que espaço e o tempo sejam considerados na teoria especial da relatividade como unidos numa entidade única, o espaço-tempo quadrimensional (três dimensões espaciais, uma dimensão temporal). Só o espaço-tempo tem realidade física, medidas separadas de distância e intervalos temporais dependem do referencial considerado e são, portanto, *relativas*, variando de referencial para referencial (donde o nome da teoria).

As transformações de Lorentz constituem (como as de Galileu) um grupo, denotado por $SO(1,3)$, que podemos pensar como descrevendo "rotações" no espaço-tempo (os índices 1 e 3 se referem, respectivamente, às dimensões temporal e espacial). Os invariantes da teoria especial da relatividade, seus objetos de estudo, são precisamente os invariantes do espaço de Minkowski sob a grupo de Lorentz. Por isso, os objetos da teoria são aqueles que se expressam em diferentes referencias inerciais por entidades matemáticas tais que identidades que os envolvem permanecem invariantes pelas transformações de Lorentz, quadrivetores e tensores de um certo tipo, não mais os vetores da Mecânica newtoniana.

Como vemos, a teoria de grupos oferece à Física, e não apenas à Matemática, uma *linguagem* em que teorias podem ser expressas.

O QUE É E PARA QUE SERVE A MATEMÁTICA **321**

Mas, como sempre, a Matemática não é somente uma linguagem com a qual *dizer*, mas também um sistema conceitual com o qual *pensar* e, em particular, *conjecturar* sobre a realidade física.

O conceito de grupo passa a ocupar posição central em Física em virtude de um fato à primeira vista surpreendente, a existência de uma íntima conexão entre simetrias físicas e princípios de conservação que desempenham papel central na teoria física. Isso nos foi revelado por um famoso teorema da matemática alemã Emmy Noether (1882-1935), a criadora da Álgebra moderna.

Em geral, a descrição matemática de um sistema físico se resume a uma função conveniente de que se pode extrair, evidentemente por meios matemáticos, informações sobre as observáveis físicas do sistema, ou melhor, sobre os representantes matemáticos dessas grandezas. Uma dessas funções é o lagrangeano. No caso particular de sistemas materiais em Mecânica clássica, ele se escreve como a diferença entre a energia cinética e a energia potencial totais do sistema, expressas em termos de coordenadas generalizadas, uma para cada grau de liberdade do sistema, e suas derivadas, as velocidades generalizadas. No caso de campos, clássicos, relativísticos ou quântico-relativísticos, o lagrangeano tem outras formulações. Em geral, no caso de campos contínuos, descritos por funções contínuas, o que importa é a função densidade lagrangeana, com a qual se calcula a *ação* cuja minimização nos dá, pelo *princípio de mínima ação*, as equações de movimento.

O lagrangeano pode variar no tempo sem variar *explicitamente* no tempo se as variáveis dinâmicas de que depende (por exemplo, posição e velocidade) variam no tempo, mas pode também variar explicitamente no tempo se a variável tempo aparece *explicitamente* na função.

O teorema de Noether afirma que em toda simetria *contínua* do lagrangeano que deixa invariantes as equações de movimento há uma grandeza física que é *conservada*. Por exemplo, se as equações de movimento permanecem inalteradas por um acréscimo *uniforme* no valor de todas as coordenadas, ou seja, por *translações* no espaço, então a grandeza conservada é o *momento linear total* do sistema e se

322 JAIRO JOSÉ DA SILVA

ele não se altera por *rotações* no espaço, então o *momento angular total* se conserva. Ademais, se o lagrangeano não depende explicitamente do *tempo*, ou seja, se ele não se altera por *translações temporais*, por meramente considerar o *mesmo* sistema num outro instante, então a *energia total* do sistema é conservada.[7] Esse teorema explicita a íntima conexão entre as simetrias de um sistema físico, entendidas em termos da invariância das equações de movimento por certas transformações dos parâmetros do lagrangeano, e princípios de conservação.

Como quem diz simetria se refere a grupo, a importância física de grupos associados a simetrias torna-se patente. Mas é importante entender o que de fato se passa aqui. O lagrangeano é uma descrição *matemática* de um aspecto da realidade como ela se apresenta *a nós*, sua invariância por certas transformações significa que essa descrição admite alguma flexibilização, ela permanece válida, ainda que transformada por ação dos elementos de um determinado grupo de transformações. O teorema de Noether afirma que essa particular flexibilização aparece na descrição matemática como invariância de uma certa expressão matemática que corresponde na semântica subjacente a alguma grandeza física. Ou seja, o princípio *físico* de conservação associado à simetria *matemática* é como a realidade se apresenta a *nós* no *contexto matemático* em questão. Não sabemos se é a natureza *em si mesma* que obedece a princípios de conservação, mas é assim que ela se *expressa* quando descrita no *nosso* formalismo matemático.

Como obrigamos a natureza a responder a nossas perguntas em linguagem matemática, ela não se faz de rogada e responde. Isso não quer dizer, porém, que essa é a *única* linguagem em que ela pode se

---

7 Isso explica por que o princípio de conservação de energia não vale num universo em expansão. De fato, a expansão do espaço alonga o comprimento de onda das radiações eletromagnéticas e, portanto, diminui a sua frequência (o *redshift* nos espectros eletromagnéticos de galáxias distantes mostra precisamente que o Universo está em expansão). Como a energia transportada por uma radiação eletromagnética depende diretamente da sua frequência ($E = h.v$, onde E, h e v são, respectivamente energia, a constante de Planck e frequência), queda de frequência é perda de energia. O teorema de Noether fornece a explicação, a expansão do Universo quebra a simetria temporal do lagrangeano.

expressar, nem que a linguagem que nós lhe oferecemos é a melhor que nós lhe poderíamos oferecer. Talvez haja uma Matemática mais apropriada à expressão da natureza. Na verdade, a crescente sofisticação matemática de teorias físicas faz crer que uma Matemática futura ainda desconhecida será mais adequada que a que temos hoje para a expressão das verdades da ciência. Poderíamos ir mais longe e afirmar que talvez linguagens para nós inconcebíveis e impensáveis, quiçá criadas por inteligências mais desenvolvidas do que as nossas, sejam incomparavelmente mais eficientes para a expressão da experiência *deles* do mundo, e mesmo, talvez, a da *nossa* experiência da realidade. Tanto nossa ciência quanto nossa Matemática são criações nossas e a expressão matemática dessa ciência é apenas a nossa forma de descrever o que percebemos do modo que podemos.

Um dos primeiros cientistas a utilizar simetrias como formas de expressão foi Hermann Weyl. Sua intenção original era encontrar, à maneira de Einstein com relação à gravitação, uma teoria geométrica do Eletromagnetismo, relacionando os campos elétrico e magnético a aspectos da Geometria do espaço da mesma forma que Einstein relacionou o campo gravitacional à métrica espacial e esta à distribuição de substância no espaço. Isso produziria uma unificação das forças gravitacional e eletromagnética. Infelizmente, essa tentativa original fracassou, mas deixou clara a importância de certos grupos de simetria para a expressão matemática de determinados fatos físicos.

Um desses grupos, denotado por *U(1)*, é o conjunto dos números imaginários z da forma $\cos\theta + i\operatorname{sen}\theta$, com θ entre 0 e 360 graus, também escrito como $z = \exp(i\theta)$, com o produto como composição. Note que se $z^* = \exp(-i\theta) = \cos\theta - i\operatorname{sen}\theta$, então $z.z^* = \cos^2\theta + \operatorname{sen}^2\theta = 1$. É a essa propriedade que o termo *U*, unitário, se refere. É fácil se convencer de que esses números com o produto usual de complexos formam um grupo.

U(1) age sobre os números complexos provocando uma rotação no sentido anti-horário. Ou seja, se $z = \exp(i\theta)$ pertence a *U(1)* e $\omega = r(\cos\varphi + i\operatorname{sen}\varphi)$ é o número complexo à distância r da origem que forma um ângulo φ com o eixo horizontal, então $z.\omega = r(\cos(\theta + \varphi)$

324 JAIRO JOSÉ DA SILVA

+ $i$sen $(\theta + \varphi))$. Ou seja, o resultado da ação de z sobre ω é o número complexo obtido de z por uma rotação de φ no sentido anti-horário. $U(1)$ age sobre funções que descrevem movimentos ondulatórios produzindo uma mudança de fase e nisso reside a sua relevância para o Eletromagnetismo. Weyl denominou os elementos de $U(1)$ de *transformações de gauge*. A invariância do lagrangeano do campo eletromagnético por transformações de gauge *locais* (ou seja, transformações do tipo $\exp(i\theta(x))$ em que o ângulo θ depende da variável espacial) implica a conservação da *carga elétrica*. O caminho estava aberto para que grupos entrassem com força na teoria quântica de campos que subjaz à teoria de partículas elementares em que princípios de conservação desempenham papel central funcionando não apenas como princípio ordenador, mas também heurístico.[8]

Vamos tentar dar uma ideia de como a teoria de grupos entra na história sem nos envolvermos com detalhes técnicos da teoria de grupos.

Nos primórdios da teoria atômica, no começo do século XX, chegou-se a acreditar que o próton e o elétron fossem os componentes primordiais de toda a matéria, como o próprio nome "próton" indica. Mas a descoberta de novas partículas "elementares", que

---

8 Na teoria quântica de campos, a cada partícula elementar (elétrons, quarks, neutrinos etc.) corresponde um campo. A esses campos estão associados grupos de simetria que correspondem a transformações locais do campo que não alteram o seu significado físico. Como essas transformações não são as mesmas em todos os pontos do espaço, é necessário introduzir outro campo, dito o campo de gauge, que permite comparar os valores do campo original em diferentes pontos do espaço. São as excitações do campo de gauge que aparecem como as forças que agem sobre as partículas. Por exemplo, no caso do campo associado a quarks em função da sua "cor" ("cores" são simplesmente estados possíveis de um quark e há três deles, "verde", "vermelho" e "azul"), o grupo de simetria é SU(3). Isso quer dizer que uma transformação de tipo SU(3) entre as "cores" básicas não altera o estado do quarks (é como se fosse uma mera mudança de coordenadas). Há oito tipos de bósons que transportam a força forte que age entre quarks mantendo-os unidos no interior de prótons, nêutrons e outra partículas. Esse número não é mero acidente, ele corresponde precisamente aos oito geradores do grupo SU(3). Novamente, e como sempre, a natureza se expressando na linguagem em que a obrigamos a se expressar.

O QUE É E PARA QUE SERVE A MATEMÁTICA   325

logo ultrapassou a centena, e a observação de reações naturais (decaimentos como a radiação beta e bombardeamento por radiação cósmica) ou induzidas (reatores nucleares cada vez mais potentes) que as faziam se transformar umas nas outras deixaram claro que não se tratava evidentemente de componentes indivisíveis de matéria, mas entidades complexas, cuja estrutura demandava investigação.

Cuidadosas observações levaram por fim à classificação das partículas conhecidas em três grandes grupos, os léptons como o elétron, o múon e o táuon com seus respectivos neutrinos e suas antipartículas; os hádrons, divididos em dois grupos, os bários e os mésons; e os bósons. Os léptons experimentam a força fraca e a força eletromagnética (que acabaram unificadas como expressões de uma mesma força, dita eletrofraca), mas não a força forte. Os hádrons experimentam as três forças, a força gravitacional, entretanto, muita fraca para desempenhar algum papel significante em fenômenos nessa escala está ausente do esquema. Os bósons são os intermediários das reações, os portadores de força, fraca, eletromagnética e forte.

Cada uma dessas partículas tem propriedades bem determinadas como massa de repouso, carga elétrica, spin etc. Por exemplo, todos os léptons e bários têm spin ½, sendo, portanto, férmions; os bósons portadores de força têm todos spin inteiro.

As observações também permitiram associar números quânticos às partículas que, junto com princípio de conservação a eles associados, explicavam por que certas reações em princípio possíveis nunca eram observadas. Entre estas, o número leptônico e o número bariônico, que supostamente são conservados em todas as reações: a soma dos números leptônicos (resp., bariônicos) dos "reagentes" é sempre igual à soma dos números leptônicos (resp., bariônicos) dos "produtos". Esses números são escolhidos precisamente para que valham princípios de conservação.

Outro número, associado aos bários, é a *estranheza*. Ele também é um número inteiro positivo, 0 ou negativo, atribuído à partícula que se supõe preservado em todas as reações *fortes*, ou seja, reações em que intervém a força dita forte, responsável por manter o núcleo atômico estável. Essa força é "forte" o suficiente para vencer a força de repulsão eletrostática entre os prótons positivamente carregados (donde o nome). A soma das estranhezas dos bários que entram numa reação possível deve ser sempre igual à soma das estranhezas dos que saem dela. O próton, o nêutron e o píon, partículas "normais", tem estranheza igual a 0, já partículas mais "estranhas" têm estranheza não nula, como a partícula K, com estranheza igual a +1.

Em 1961, Murray Gell-Mann se deu conta, um pouco como Mendeleev, de que ele poderia, baseado em representações do grupo $SU(3)$ das matrizes $3x3$ unitárias de determinante igual a 1, estruturar bários e mésons em curiosos arranjos geométricos. Ele denominou essa estratégia de "o óctuplo caminho" numa referência bem-humorada ao caminho óctuplo do budismo. Essa estruturação acabou por manifestar, como a tabela periódica, agradáveis propriedades heurísticas.

Se colocarmos nove conhecidos bários que se supunha serem intimamente conectados em razão dos valores de suas massas, próximas umas das outras, num gráfico onde marcamos sobre o eixo-y o valor da hipercarga de cada um deles (a soma da carga bariônica e da estranheza) e sobre o eixo-x o valor da componente-z do isospin (uma propriedade que diferencia prótons e nêutrons, considerados como duas versões da mesma partícula da perspectiva da força forte), obteremos um triângulo invertido em três níveis, quatro bários igualmente espaçados sobre a base, sendo dois deles sobre os vértices, todos com estranheza igual a 0. No nível seguinte, três bários com estranheza igual a -1, um sobre cada um dos dois lados do triângulo e um no centro. No penúltimo nível, dois bários com estranheza igual a -2, um sobre cada lado do triângulo. Os tipos estão dispostos nessa configuração de modo tal que aqueles que estão sobre as diagonais do triângulo traçadas paralelamente a um dos lados têm as mesmas cargas, -1 para aqueles que estão sobre o lado e, sucessivamente, 0, 1 e 2 ao longo das diagonais restantes, até a última, degenerada, que contém apenas um vértice da base. O arranjo é agradavelmente simétrico.

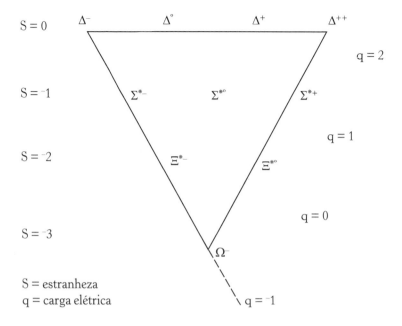

Todas as nove posições assim descritas estão ocupadas, menos o vértice do triângulo, que deveria, em princípio, ser ocupado por um bário, com carga igual a -1 e estranheza igual a -3. Essa partícula não era conhecida, mas a Matemática indicava que ela *poderia* existir. Daí à conjectura de que ela, de fato, existe é um passo, logo dado. Gell-Mann previu a sua existência e ainda disse como ela poderia ser encontrada. De fato, a partícula, apelidada de Ω^-, foi descoberta em 1964 com as propriedades previstas.

Mas a Matemática pode nos levar ainda mais longe. Ela nos diz, por exemplo, que podemos obter exatamente *dez* coleções com três elementos cada uma a partir de *três* elementos se se permitem repetições de elementos, sem levar em conta a ordem. Vejamos, sejam esses elementos denotados pelas letras u, d e s. As dez coleções são: $\{u, u, u\}$, $\{u, u, d\}$, $\{u, u, s\}$, $\{u, d, s\}$, $\{u, d, d\}$, $\{u, s, s\}$, $\{d, s, s\}$, $\{s, d, d\}$, $\{d, d, d\}$ e $\{s, s, s\}$.

Esse fato matemático, *combinatório*, abre uma fascinante *possibilidade física*, a saber, que cada um dos dez bários arranjados sobre o triângulo são compostos, cada um, por três componentes mais elementares, denotadas por *u*, *d* e *s*. Gell-Mann conjecturou a existência, então, de um tipo de partícula, que chamou de *quark*, que vinha em três variedades, *up* (*u*), *down* (*d*) e *strange* (*s*), cada uma com a carga e a estranheza adequadas para dar conta do fato de que cada um dos dez bários em questão é composto por três quarks, não importa a variedade. Isso quer dizer que *u* tem que ter carga igual a +2/3, *d* e *s* cargas iguais a -1/3, *d* e *u* estranheza igual a 0 e *s* estranheza igual a -1. Assim, o próton, com dois *u* e um *d*, tem carga igual a $2/3 + 2/3 - 1/3 = 1$ e estranheza igual a $0 + 0 + 0 = 0$, e o nêutron, com dois *d* e um *u*, tem carga igual a $2/3 - 1/3 - 1/3 = 0$. O que é correto. A partícula Ω^-, com três *s*, tem, portanto, carga igual a $-1/3 - 1/3 - 1/3 = -1$ e estranheza igual a $-1 - 1 - 1 = -3$, como de fato.

A hipótese dos quarks, com a posterior introdução de mais membros na família com suas respectivas antipartículas, possibilitou a explicitação da estrutura interna de todos os hádrons, bários e mésons: aqueles são constituídos por três quarks, estes por um quark e um antiquark. A Matemática, novamente, indicando caminhos sem, no entanto, nos dizer como percorrê-los, ou mesmo se vale a pena percorrê-los. No caso em questão, numa teoria toda articulada em termos de simetrias e princípios de conservação, a Matemática, representada pela teoria de grupos, *não poderia não ter* relevante papel organizacional (representacional, instrumental, previsional) e, portanto, também, heurístico.

RELAÇÕES MATEMÁTICAS COMO INDICATIVAS DE RELAÇÕES CAUSAIS E HOMOGENEIDADE DIMENSIONAL COMO INSTRUMENTO HEURÍSTICO Suponha que observamos que um fio metálico deixado ao sol se aquece e se dilata. Curiosos, nós expomos ao sol diferentes fios, feitos de diferentes materiais, com diferentes comprimentos, e observamos que eles também se dilatam, diferentemente uns dos outros, porém. Sentimo-nos confiantes para afirmar que sempre que o sol aquece um fio material, seja ele qual for, ele se dilata, seu comprimento aumenta. Em outras palavras,

O QUE É E PARA QUE SERVE A MATEMÁTICA **329**

identificamos uma série de *relações causais*: a exposição ao sol *causa* o aquecimento do fio, o aumento da temperatura do fio *causa* a sua dilatação.

O filósofo escocês David Hume, porém, diria que nada no fenômeno observado justifica essa asserção. Nós não observamos a *relação causal* ela mesma, apenas a sucessão temporal regular de certos fenômenos, exposição ao sol, aquecimento do fio, dilatação do fio. Para ele, a causalidade é tão somente um hábito, uma espécie de "vício" mental.

Immanuel Kant aceitou a argumentação de Hume de que a causalidade não seria uma relação intrínseca aos fenômenos, mas recusou que ela fosse tão somente um hábito mental. Para Kant, ainda que causalidade possa não ser parte da realidade *transcendente*, independente de nós, ela é um elemento constitutivo da realidade *fenomênica*, a realidade percebida por nós. E é da realidade fenomênica que trata a ciência.

Mas como reconhecer a relação causal numa série temporal de fenômenos, como distingui-la da mera correlação circunstancial? Suponhamos que o número de casos de câncer do estômago aumentou de 1950 para cá e que esse crescimento se deu mais ou menos da mesma ordem que o aumento do número de geladeiras vendidas. Isso só não nos habilita a dizer que o uso de geladeira causa câncer do estômago.

Devemos mostrar, Kant ensina, que a correlação é subsidiada por uma *regra*, que deve haver um elo *explicativo* entre causa e efeito. Se acharmos que o uso de geladeira causa câncer do estômago, devemos estar preparados para responder *por quê*, explicitar uma *regra* que liga o uso de geladeira à doença, desenvolver, talvez, uma *teoria* dos efeitos cancerígenos do consumo de alimentos congelados.

No caso do fio aquecido ao sol que se dilata, há uma explicação: o sol emite energia em forma de calor, que, absorvido pelo fio, faz que ele se aqueça, ou seja, que a energia cinética média dos átomos que o constituem aumente, o que faz que a distância média entre eles também aumente, o que aparece macroscopicamente como uma dilatação do fio. Essa explicação fundamenta a série causal: a exposição ao sol *causa* o aquecimento do fio, o aquecimento do fio *causa* a sua dilatação.

Mas isso quer dizer que apenas uma teoria científica completa justifica a atribuição de causalidade a séries correlacionadas de eventos? Não seria exigir demasiado?

O fenômeno de dilatação térmica, para ficarmos em nosso exemplo, admite quantificação e redução a uma série de variáveis *numéricas*, o comprimento do fio, o tempo de exposição do fio ao sol, o aumento de temperatura do fio, o seu correspondente aumento de comprimento. Ora, se pudermos encontrar uma precisa e *simples* correlação *matemática* entre essas variáveis, uma *fórmula elegante* que correlacione o comprimento de um fio dilatado em função do seu comprimento inicial e do seu aumento de temperatura, teremos encontrado uma *regra* que liga aumento de temperatura e aumento de comprimento, ou seja, teríamos encontrado, ou assim parece, uma *justificativa* para atribuir ao aumento de temperatura do fio a *causa* da sua dilatação.

Com a lupa matemática, podemos frequentemente distinguir a mera correlação circunstancial da correlação causal, e sempre que uma correlação aparentemente circunstancial mostra uma afinação matemática *notável* nós tendemos a vê-la como causal.[9]

Em resumo, a Matemática pode servir como contexto de explicitação de relações causais e, portanto, exploração heurística.

David Harriman (2010) oferece alguns exemplos interessantes. Um deles é a identificação do Sol como causa eficiente do movimento planetário que se manifesta na *Matemática* subjacente à teoria de Kepler.

No modelo heliocêntrico, acredita-se que os astros se movem em círculos em torno da Terra porque o círculo é a figura geométrica perfeita. Supõe-se que, pela dignidade dos seus habitantes, a Terra

---

9 No caso das geladeiras e do câncer de estômago, a correlação matemática, pois que *sempre* alguma correlação matemática há entre quaisquer duas séries numéricas, não tem as propriedades matemáticas indicativas de correlação causal, não meramente circunstancial. Assim, mais que a mera existência de correlação matemática, é a *qualidade* dessa correlação que conta.

O QUE É E PARA QUE SERVE A MATEMÁTICA   **331**

está no centro do Universo e que o movimento circular em torno do centro deste é um movimento natural. Essas são *razões*, mas não são, a rigor, *causas*.

Esse modelo não dava conta, evidentemente, do movimento observado dos planetas, que mais pareciam errar pelos céus que seguir uma hierática revolução circular ao redor da Terra imóvel. Para adequar o modelo aos fatos, foi necessário sobrecarregá-lo com epiciclos, equantes e que tais. Ao fim, o pesado sistema ptolomaico servia para calcular, mas para mais nada.

Ao buscar uma *racionalidade matemática* nos dados observacionais de Tycho Brahe no contexto *heliocêntrico*, Kepler foi capaz de explicitar o papel do Sol como *agente causal* do movimento planetário, abrindo caminho para a teoria da gravitação universal de Newton.

A primeira lei de Kepler diz que os planetas descrevem órbitas elípticas ao redor do Sol, que está localizado num dos focos dessas elipses, e a segunda, que o raio que liga o planeta ao Sol varre áreas iguais em tempos iguais. Como não há nenhuma razão "metafísica" para que os planetas orbitem o Sol, essas leis já indicam que o Sol deve exercer alguma *ação* sobre os planetas para mantê-los nessa dança regular e matematicamente elegante ao redor dele (Kepler pensava que essa ação era de natureza magnética; não havia ainda a noção de ação gravitacional, que só aparece com Newton).

Mas é a terceira lei a mais importante na identificação do Sol como agente *causal* do baile planetário. Segundo essa lei, o cubo da distância média do planeta ao Sol dividido pelo quadrado do período de translação ao redor do Sol é uma *constante*, a mesma para *todos* os planetas. Isso implica que quanto mais distante do Sol está o planeta, mais lenta é a sua translação, o que indica um "decaimento" da ação solar sobre o planeta em função da sua distância. De fato, como irá mostrar Newton, a força gravitacional que o Sol exerce sobre os planetas varia na razão direta do produto das massas do Sol e do planeta e na razão inversa do quadrado da distância entre eles. Como a massa do Sol é muito maior do que a dos planetas, a força gravitacional que mantém os planetas em órbita depende quase só da massa do Sol e da distância dele aos planetas e é tão menor quanto mais longe o planeta está.

Sem a explicitação de relações *matemáticas* notáveis na dança dos planetas ao redor do Sol, não estaria tão explícito que, *de alguma forma*, é o Sol que toca o baile. Será Newton que irá explicitar, com a noção de *força gravitacional*, que forma é essa.

Essa aplicação científica da Matemática não seria possível se o sistema objeto da Astronomia planetária – o Sol, os planetas e os seus eventuais satélites – não tivesse sido reduzido a objetos matemáticos, massas pontuais ocupando posições no espaço variáveis no tempo, caracterizados por grandezas numéricas como velocidade, período, distância média ao Sol etc., e todo o sistema redutível a uma configuração geométrica dinâmica caracterizada por particulares relações métricas.

Em nenhum momento considerou-se a natureza física material dos astros, sua composição, por exemplo. Nem mesmo a natureza da força que mantém os planetas em órbita solar desempenhou qualquer papel nas análises de Kepler. O próprio Newton, que logrou dar a expressão numérica dessa força em termos de grandezas como massa e distância, estas também de natureza puramente quantitativa, se atreveu a dizer qual era a sua natureza material. Na ciência matemática de Galileu, Kepler e Newton, a substância do mundo não interessa, apenas a sua forma abstrata idealizada, ou seja, matematizada, importa, e só por isso a Matemática pode ser aplicada à ciência. E, ainda que a Matemática possa ajudar na indicação de causas de fenômenos observados, elas só se podem revelar como *grandezas quantificadas*. A força gravitacional exercida pelo Sol cuja existência os cálculos de Kepler indicam, por exemplo, será posta a nu por Newton, mas apenas quantitativamente, não qualitativamente.

Além de causas, a Matemática pode também revelar *propriedades físicas*. Já toquei nesse assunto antes, mas recapitulemos.

O estudo quantitativo do fenômeno de dilatação térmica revelou que corpos materialmente distintos se dilatam em diferentes graus com o aumento de temperatura. Isso levou à identificação de

O QUE É E PARA QUE SERVE A MATEMÁTICA **333**

certas propriedades característica dos corpos, dependentes apenas da substância de que são feitos, os coeficientes de dilatação térmica. A Matemática diz *como* medi-los, mas é silente sobre *o que* eles são, a sua natureza material intrínseca.

Evidentemente, com o desenvolvimento da teoria atômica da matéria, foi possível dar uma explicação para os diferentes coeficientes de dilatação, mas novamente, exclusivamente no contexto matemático-formal dessa teoria, em termos de forças internas exprimíveis apenas quantitativamente. Propriedades físicas como a entropia já mencionada antes, entre tantas outras, podem se revelar matematicamente, mas sempre apenas como propriedades matemáticas, em geral quantitativas.

O mundo se apresenta a nós como um grande sistema de objetos dotados de propriedade e em diferentes tipos de relação uns com os outros. O objetivo último da ciência é descobrir as leis que regem a dependência recíproca das propriedades em um mesmo ou em diferentes corpos e a evolução temporal dessas propriedades e relações. Como a temperatura de um gás, o seu volume e a pressão que ele exerce sobre as paredes do vaso que o contêm se relacionam? Como a eletricidade contida num corpo é capaz de influenciar o estado de movimento de outro corpo eletrificado? Porém, para que corpos, propriedades e relações diferentes possam ser comparados, é necessário encontrar um denominador comum, um conceito omnienvolvente em termos do qual comparações possam ser feitas. Esse conceito é o de *quantidade*.

Qualquer grandeza capaz de apresentar diferentes graus pode ser pensada como uma quantidade, desde que diferentes graus de intensidade dessa grandeza possam ser comparados a um dado grau de intensidade tomado como unidade. O processo pelo qual isso é feito, chamado de *mensuração*, é, portanto, o procedimento científico mais fundamental, do qual todos os outros dependem. A mensuração, a rigor, *não* produz números, mas intervalos numéricos abertos mais ou menos difusos que, porém, nós interpretamos como expressões de "erros" na avaliação quantitativa. *Em si mesmas*, supomos, as relações quantitativas podem ser expressas *exatamente* por *números*

334 JAIRO JOSÉ DA SILVA

bem determinados. Isso, como já repetimos tantas vezes, é uma idealização e é essencial no processo de quantificação.

Assim, as grandezas, ou seja, quaisquer coisas passíveis de mensuração, reduzem-se a variáveis sobre domínios numéricos bem determinados. Daí, objetos podem ser localizados no espaço e no tempo em função de suas distâncias espaciais e temporais a localizações espaciais e temporais prefixadas; propriedades físicas como temperatura, dureza, peso, permeabilidade magnética, condutividade elétrica, capacidade térmica, entre tantas outras podem ser quantificadas; a energia, o momento linear, o momento angular de um sistema de corpos podem ser calculados e sua variação temporal aferida, o que leva a importantes princípios com forte poder explicativo e preditivo, como os muitos princípios de conservação. Enfim, a ciência pode fazer o seu trabalho.

Nem sempre grandezas podem ser expressas apenas por números; às vezes outras determinações são necessárias, como direção espacial, no caso, por exemplo, de velocidade e aceleração. Mas direções espaciais também podem ser representadas por objetos matemáticos, vetores, que, porém, são eles próprios numericamente representáveis, não por um, mas, no caso do espaço físico usual, por três números, cada um deles dando a variação quantitativa da grandeza em questão numa dimensão do espaço. Outros objetos matemáticos, ainda mais complicados, podem ser exigidos, como tensores, por exemplo, para representar grandezas como a curvatura de espaços matemáticos generalizados, formas abstratas gerais da noção de espaço como sistema de relações julgadas adequadas para a representação matemática da realidade perceptual. Enfim, a representação matemática de grandezas físicas requer e pressupõe a mensuração e a quantificação; esses são os procedimentos científicos mais fundamentais.

O cientista pode agora representar a *dependência* entre grandezas *quaisquer* por *equações* da forma $A = B$. Sob uma precondição fundamental: só podem ser *iguais* grandezas de mesma natureza. Números puros podem sempre ser comparados, mas os números da ciência não são, em geral, puros, eles *representam* alguma coisa. Assim, na

O QUE É E PARA QUE SERVE A MATEMÁTICA **335**

equação mencionada, A e B têm que ser objetos matemáticos do mesmo tipo (números, vetores, tensores etc.) e suas unidades têm que ser as mesmas, ou seja, eles devem representar a *mesma* grandeza. A equação, então, é apenas a forma de a ciência dizer que coisas que aparecem sob formas distintas são essencialmente a mesma coisa, desde que consideradas apenas quantitativamente.

Esse princípio *de homogeneidade dimensional* das equações também pode funcionar heuristicamente em ciência. Suponha que alguém – Galileu, por exemplo – observou que a altura h da qual um corpo cai em queda livre na superfície da Terra está diretamente relacionada ao quadrado do tempo t que ele leva para cair, independentemente da natureza, tamanho ou peso do corpo. Numa fórmula, $h = kt^2$, onde k é uma constante, a mesma para *todos* os corpos. Ora, para que haja uniformidade de *dimensão*, para que ambos os termos da equação representem a *mesma* grandeza, k não pode ser um número puro. Como h é medido em unidade de *distância* e t em unidades de *tempo*, k tem que ser medido em unidades de distância sobre tempo *ao quadrado*, ou seja, em unidades de *aceleração*. k designa, portanto, uma aceleração. O cientista poderia, então, levantar a hipótese de que essa aceleração é *causada* pela Terra e formular a hipótese assim: a Terra atrai os corpos, imprimindo-lhes uma aceleração, *a mesma para todos eles.*

Ele poderia também conjecturar que essa aceleração é exatamente igual a k, mas essa não seria uma inferência justificada. Tudo o que ele pode dizer é que a aceleração impressa pela Terra aos corpos em queda livre é um múltiplo de k. Numa fórmula, $g = \alpha k$, onde g é a aceleração terrestre e α um número puro (sem unidade).

Suponhamos agora que nosso cientista conhece o Cálculo e sabe que pode deduzir a velocidade com a qual o corpo chega ao solo simplesmente derivando a equação citada. Ou seja, $v = dh/dt = 2kt$. Como $g = v/t$, tem-se que $g = 2k$. Ou seja, ao fim e ao cabo, valem as seguintes equações; $h = 1/2gt^2$ e $v = gt$. A Matemática, como se vê, ofereceu mais que um mero contexto de representação, uma *linguagem* com a qual expressar quantidades e relações quantitativas; ela ofereceu também o cálculo aritmético e a ciência do Cálculo como

336 JAIRO JOSÉ DA SILVA

instrumentos com os quais se pode *prever* e *descobrir*. Ela permitiu a explicitação de possíveis *relações causais* e a formulação de *leis*, no caso, a lei de que a Terra atrai os corpos imprimindo-lhes uma aceleração que independe da natureza deles. Isso já é parte do caminho para a formulação de uma lei de atração universal.

Números em Física, enfim, quando não são puros, são afetados de uma *dimensão*, que diz *o que* eles medem. A dimensão é uma espécie de resíduo material da quantificação. Por exemplo, velocidades têm a dimensão espaço/tempo ou LT^{-1}, pois velocidades medem a variação do espaço, ou distância, no tempo; acelerações têm dimensão espaço/tempo^2 ou LT^{-2}, pois acelerações medem variações de velocidade no tempo e, portanto, têm dimensão LT^{-1}/T ou LT^{-2} e assim sucessivamente. Três dimensões, de distância (L), tempo (T) e massa (M), estão entre as mais fundamentais. Força, por exemplo, que é definida como o produto de massa pela aceleração, tem, portanto, dimensão MLT^{-2}. A dimensão de uma grandeza nos diz em termos de que grandezas ela é definida.

O fato de que equações devem ser dimensionalmente coerentes, ou seja, que ambos os lados de uma equação física devem ter a *mesma dimensão* ou serem ambos números puros, desempenha também papel relevante na descoberta de *relações funcionais* entre observáveis físicas. Vejamos mais alguns exemplos:

Suponha que queremos a expressão matemática que fornece o período de oscilação de um pêndulo simples, ou seja, o tempo que ele gasta para completar uma oscilação completa. A observação mostra que essas oscilações tendem a ser gradativamente amortecidas até o repouso em consequência da perda de energia do pêndulo por atrito com o meio. No entanto, se idealizamos a situação supondo completa ausência de atrito, o pêndulo manterá constante o seu período. Claro que se pode derivar a equação procurada pelas leis do movimento, mas quero aqui mostrar que se pode descobri-la a menos de uma constante apenas com a observação e a análise dimensional.

Supomos apenas pequenas oscilações do pêndulo. Observações mostram que o período buscado depende diretamente do comprimento do fio que constringe o peso a se movimentar ao longo de

O QUE É E PARA QUE SERVE A MATEMÁTICA 337

um pequeno arco de círculo, quanto maior o comprimento do fio, maior o período. Poderíamos pensar que quanto mais pesado o corpo oscilante, menor o período de oscilação. A observação, porém, mostra que, assim como corpos com diferentes pesos caem livremente com a mesma aceleração, corpos com diferentes pesos têm o mesmo período de oscilação se o comprimento do fio for o mesmo. Evidentemente, a única responsável pela oscilação é a aceleração da gravidade, não a massa do corpo oscilante. Obviamente, o período varia inversamente à aceleração da gravidade, quanto maior esta, menor aquele.

Assim, sabemos que o período T deve ser uma função do tipo $T = k\,(L^r/g^s)^u$, onde k é uma constante sem dimensão, T o período em segundos, L o comprimento do fio em metros, g a aceleração da gravidade em metros por segundo ao quadrado e r, s e u números reais. Ora, a dimensão à esquerda da equação é T, tempo; à direita é $L^{r.u}/L^{s.u}.T^{2s.u}$. Portanto, $r.u = s.u$ e $-2s.u = 1$. Daí, $r = s$ e a equação se simplifica: $T = k(L/g)^v$, onde $v = r.u = s.u$. Mas $2s.u = 2v = -1$ e, portanto, $v = -\frac{1}{2}$. Logo, a equação procurada é $T = k\sqrt{L/g}$. Se deduzirmos essa equação aplicando as leis do movimento obtemos $T = 2\pi\sqrt{L/g}$, o que mostra a correção das nossas análises e o poder heurístico da análise dimensional.

Suponha agora que queremos expressar a velocidade v de uma esfera sólida de diâmetro d e densidade ρ_s caindo sob ação da gravidade g através de um fluido de densidade ρ e viscosidade μ.[10] Ou seja, queremos descobrir uma função f tal que $v = f(d, \rho_s, \rho, \mu, g)$. A dimensão de v é, como já vimos, LT^{-1}; portanto, essa deve ser também a dimensão de $f(d, \rho_s, \rho, \mu, g)$, o que reduz as possibilidades de combinação dessas cinco variáveis independentes na expressão de f.

Se, agora, em vez da velocidade v, nós quisermos expressar um número puro, por exemplo $v/\sqrt{gd}$ (note que gd tem dimensão L^2T^{-2}; logo, $\sqrt{gd}$ tem dimensão LT^{-1} e, portanto, $v/\sqrt{gd}$ é um número puro, sem dimensão) como uma função h das cinco variáveis, ou seja, $v/\sqrt{gd} = h(d, \rho_s, \rho, \mu, g)$, então as combinações dessas variáveis na

---

10 Esse exemplo é oferecido por Hans G. Hornung (2006).

338   JAIRO JOSÉ DA SILVA

expressão de h devem ser também números puros. Ora, podemos usar uma dessas variáveis para eliminar uma das dimensões; assim, o número de combinações *independentes* das cinco variáveis em expressões *sem dimensão* deve ser igual ao número de variáveis menos o número de dimensões: $5 - 3 = 2$.

Portanto; $v/\sqrt{gd} = h(\rho_s/\rho, d\rho\sqrt{gd}/\mu)$, onde as variáveis independentes foram reduzidas a apenas *duas* em vez de *cinco*, o que facilita a busca da expressão h. Ademais, como a expressão só envolve números puros, sem unidades (ρ_s/ρ e $d\rho\sqrt{gd}/\mu$), ela vale para todas as situações *dinamicamente similares*, ou seja, em que esses números são os *mesmos*, o que justifica a busca experimental por h usando *modelos em escala*.

A análise dimensional não fornece a expressão desejada, mas facilita bastante o trabalho de encontrá-la, justificando, inclusive, o uso de modelos convenientes do fenômeno em estudo. Nada disso seria possível se não estivéssemos interessados *apenas* em relações numéricas, quantitativas, se não tivéssemos logrado reduzir o mundo perceptual a um domínio de variáveis numéricas interligadas sob a égide do conceito de *quantidade*.

Ainda que o mundo *perceptual* não seja, *em si mesmo*, um domínio matemático, mas apenas pré-matemático em suas relações quantitativas e formais, e que apenas uma abstração matematicamente idealizada do mundo seja propriamente matemática, o golpe de gênio que foi a *substituição* de um pelo outro deu origem à ciência moderna e permitiu o uso científico da Matemática, como linguagem, mas também como cálculo e contexto teórico-conceitual.

Uma citação de Harriman enfatiza, para além de qualquer hesitação, a função essencial que a quantificação desempenha em ciência empírica moderna:

> Desse modo, adquirimos conhecimento do mundo físico por meio de duas formas de mensuração: aproximativa e pré-conceitual e então numérica e conceitual. *A consciência humana é inerentemente um mecanismo quantitativo*. Ela apreende a realidade – isto é, os atributos das entidades e as relações causais de umas com

O QUE É E PARA QUE SERVE A MATEMÁTICA **339**

as outras – apenas através da apreensão de dados quantitativos. Nesse sentido, a quantidade tem precedência epistemológica sobre a qualidade. [...] nós só podemos apreender relações causais entre entidades e ações através da apreensão de relações quantitativas entre elas. (Hariman, 2010, p.231, tradução minha)

Os exemplos que analisamos mostram que a Matemática tem um papel não desprezível na descoberta científica, que não é, porém, nem de longe, o mistério que muitos apregoam ser. Em alguns casos, ela funciona apenas como meio de derivação das consequências matemáticas necessárias de hipóteses ou pressupostos físicos como, por exemplo, princípios de conservação. Uma vez estando tudo expresso em linguagem matemática, princípios e pressupostos, cabe à Matemática inferir consequências. Não lhe cabe, entretanto, determinar o *significado* das expressões que seu mecanismo dedutivo produz, quando se lhes pode dar um; este deve ser buscado fora dela, numa semântica subjacente, que pode ser a semântica *standard* ou uma que a estenda. Porém, se a atribuição de significados depender de uma extensão semântica, a tarefa de encontrá-la não cabe à Matemática.

Ela não é capaz de dizer, por exemplo, *o que* é responsável pela perda de energia nas emissões β, mas apenas, *se* essa perda for devida a uma partícula desconhecida, quais são os valores de energia, carga elétrica, spin etc., que essa partícula *deve* ter para que a sua existência seja matematicamente coerente com o que já se sabe. A hipótese de existência do neutrino é toda ela devida a Pauli; a Matemática apenas lhe indicou a necessidade matemática de correções na teoria. O significado da teoria – que essa era uma teoria de emissões atômicas – apontava naturalmente para a hipótese de existência de uma nova partícula, mas o significado de uma teoria, do *que* ela trata, não é nunca dado pela sua Matemática. A Matemática é indiferente às interpretações que lhe são atribuídas e admite em princípio várias.

O caso do pósitron não é essencialmente diferente. Se a equação de Dirac admitia soluções com energia negativa que não podiam ser desprezadas e as evidências indicavam que a equação funcionava, ou se achava um meio de contornar esse inconveniente formal ou se lhe dava algum sentido físico. Dirac, evidentemente, preferiu a segunda alternativa, cientificamente mais rica. Agora, das duas uma, ou a partícula gêmea do elétron, mas com carga positiva, se manifestava, ou a teoria precisaria, em algum momento, ser corrigida para bloquear o "lixo" formal-matemático.

Ou não, poder-se-ia também, como fizeram os algebristas do século XVII com os números imaginários, usar o formalismo matemático sem se preocupar em atribuir sentido a tudo. Dirac poderia atribuir às soluções com energia negativa um papel meramente instrumental sem lhes dar nenhuma significação física, pelo menos enquanto a equação pudesse ser utilizada para dar conta de partículas *conhecidas* em contexto relativístico.

Pois a Matemática também se presta a isso, oferecer contextos em que teorias podem ser formuladas e articuladas, mas nas quais nem todo termo admite significado empírico (a teoria quântica é um exemplo). Cada vez que uma teoria é confrontada com a realidade através das suas consequências fisicamente significativas, é *toda* a teoria que é posta à prova, é *toda* ela que passa ou falha o teste. Em caso de falha, a teoria tem que ser modificada, mas não há uma receita de como fazê-lo; os pressupostos da teoria, a sua Matemática e até a sua lógica estão, em princípio, *sub judice*. O bom senso recomenda que as correções sejam as mais conservadoras possíveis até que algum insight adicional permita superar a teoria numa teoria talvez radicalmente distinta. Ainda que, como nos primórdios da teoria quântica, se tenha que lançar mão de hipóteses *ad hoc* e injustificáveis como o quantum de energia. Não há uma lógica para a invenção de hipóteses ou teorias científicas.. A Matemática pode ajudar oferecendo indícios formais, mas não lhe cabe dizer ao que eles correspondem na realidade, se é que correspondem a alguma coisa.

Assim, como instrumento de predição no contexto de teorias científicas matematizadas, a Matemática serve simultaneamente a dois propósitos. Um, de predição propriamente dita, quando as consequências derivadas são *interpretáveis na semântica subjacente*. Nesse caso, a Matemática simplesmente explicita as consequências

O QUE É E PARA QUE SERVE A MATEMÁTICA **341**

empíricas necessárias da teoria em questão, o que *tem* que ser verdadeiro, e portanto observável, *se* a teoria for, de fato, correta. Outro, de natureza heurística, quando essas consequências *não* são interpretáveis na semântica subjacente, mas essa semântica pode ser *estendida* de modo a poder-se atribuir às consequências derivadas, sem sentido no contexto original, um conteúdo material, uma interpretação física.

Quando em função exclusivamente *instrumental* em ciência, isto é, quando utilizada como contexto de elaboração conceitual e cálculo lógico ou operatório, a Matemática pode lançar mão de elementos sem função representativa. Pode haver termos da linguagem matemática relevantes como elementos de articulação da teoria científica expressa nessa linguagem que não são, porém, interpretáveis na semântica subjacente, o domínio de interpretação da teoria, isto é, o domínio *físico* abstrato e matematicamente idealizado. A *utilidade* de um termo sem significado como instrumento de articulação teórica pode, entretanto, ser indicativo de que *algo* deve existir na realidade que corresponde a ele, sugerindo uma *extensão* da semântica até então *standard*. *Qual* semântica é essa, se é que há uma efetivamente, porém, não compete à Matemática dizer; ela é incompetente para tanto.

No que diz respeito à função representativa da Matemática em ciência, algumas questões se apresentam naturalmente: como são escolhidas as linguagens e teorias matemáticas da ciência? Há algum pré-requisito de ordem lógico-epistemológica?

A resposta curta é que, como o processo de descobrimento, não há regras *a priori* para a matematização de teorias científicas. Os cientistas simplesmente escolhem o contexto linguístico-conceitual matemático que lhes parece mais adequado para expressar os fatos observados.

A Mecânica quântica, por exemplo, pode se expressar na linguagem da Álgebra linear, dos espaços vetoriais complexos e dos operadores lineares. Por quê?

Suponhamos que a mensuração de certa quantidade, por exemplo, a energia, em cada um de uma coleção de sistemas quânticos preparados do mesmo modo e, portanto, no mesmo estado, não oferece um único valor, mas um espectro de valores, cada um deles afetado por uma frequência bem determinada. *Antes* da medida de uma quantidade, a energia, em nosso exemplo, num sistema no estado considerado, o único que podemos dizer é que o resultado será um dos valores desse espectro segundo uma certa probabilidade calculável pelas frequências observadas. Suponha também que a repetição da mensuração do valor da energia num sistema dessa coleção *logo depois* de ela ter sido medida sempre fornece o valor anteriormente obtido.

A situação sugere que, contrariamente ao caso clássico tradicional, a energia desse sistema nesse estado, *antes* de qualquer aferição, não é um *número* intrinsecamente bem determinado, mas uma *série* de números *possíveis* afetados cada um deles de uma *probabilidade de ocorrência* quando da efetiva mensuração. Como representar, então, a energia desse sistema? Que objeto matemático pode fazê-lo?

A Álgebra linear é a ciência dos espaços vetoriais, coleções de vetores e operações entre vetores caracterizadas por certas propriedades formais. Vetores são objetos matemáticos um pouco mais complexos do que números com os quais se pode operar, como com números. Uma dessas operações é a multiplicação de vetores por números, reais ou complexos (o que faz do espaço um espaço vetorial respectivamente real ou complexo), outra é a soma de vetores. Pode-se, além disso, sempre selecionar conjuntos de vetores num espaço vetorial em termos dos quais todos os vetores desse espaço podem se expressar, são as chamadas *bases* do espaço. Todo vetor do espaço pode ser escrito como a soma de parcelas que são produtos de vetores da base por números, os chamados *componentes* do vetor nessa base.

Operadores lineares são certas funções definidas no espaço de vetores que aplicadas a um vetor do espaço fornecem outro vetor do espaço. O é um operador *linear* se dado um vetor $\mathbf{u}$ tal que $\mathbf{u} = a\mathbf{v} + b\mathbf{w}$, onde a e b são *escalares* (ou seja, números, reais ou complexos) e $\mathbf{v}$ e $\mathbf{w}$ são vetores do mesmo espaço, então $O(\mathbf{u}) = aO(\mathbf{v}) + bO(\mathbf{w})$.

Os *autovetores* de um operador O são vetores sobre os quais O age de um modo particular, multiplicando-os simplesmente por um número, dito o *autovalor* desse operador associado a esse autovetor.

O QUE É E PARA QUE SERVE A MATEMÁTICA   343

Ou seja, se **u** é um autovetor de O com autovalor a, então, $O(\mathbf{u}) = a\mathbf{u}$.

Esse contexto matemático oferece os conceitos com os quais se pode expressar matematicamente os fatos observados em nosso exemplo. Podemos representar a energia do sistema não por um número, mas por um operador linear e os valores possíveis da energia por autovalores desse operador.

Os *estados* do sistema são, então, representados por *vetores* de um espaço vetorial conveniente (real ou complexo) e a sua *energia* por um *operador linear* O nesse espaço cujos *autovalores* são os valores possíveis de energia do sistema e cujos autovetores são os estados do sistema com energia definida, ditos os *autoestados* do sistema. A *mensuração* da energia do sistema no estado **v** *projeta* o sistema no estado referente ao autovetor associado ao valor obtido na mensuração (digamos, autovetor **u** associado ao autovalor a), mas *não* está *a priori* determinado sobre *qual* autoestado será a projeção. Uma vez o sistema projetado no *autoestado* **u**, e enquanto ele estiver nesse autoestado, a mensuração da energia fornecerá sempre o mesmo valor a, pois $O(\mathbf{u}) = a\mathbf{u}$.

Mesmo sem entrarmos nos detalhes desse processo de representação, uma coisa fica clara: há uma racionalidade, ainda que não uma lógica, que o comanda. O cientista encontrou em seu arsenal matemático um modo de expressar uma grandeza, a energia em nosso exemplo, que não pode ser entendida como intrinsecamente determinada em *todos* os estados do sistema. Pode haver, claro, outras formas matemáticas de representação dos mesmos fatos, equivalentes ou não a essa, traduzível a ela ou não, que seja tão, mais ou menos expressiva do que ela; que a Álgebra linear tenha se mostrado adequada para a expressão dos fenômenos ditos quânticos e a articulação da sua teoria é um fato contingente, não necessário.

Apesar de funcionar, a *racionalidade* do processo de quantização é muitas vezes questionada. Como a função hamiltoniana *clássica* H = $\mathbf{p}^2/2m + V(\mathbf{x})$, de uma partícula, por exemplo, envolve simultaneamente a posição **x** e o momento **p** dessa partícula, observáveis que em Mecânica Quântica estão sujeitas ao *princípio de indeterminação*

344 JAIRO JOSÉ DA SILVA

de Heisenberg, seus valores não podem ser simultaneamente precisamente determinados; que sentido há, argumentam os críticos, em escrever a hamiltoniana *clássica* de um sistema quântico para então substituir posição e momento pelos seus respectivos operadores para se obter o *operador* hamiltoniano **H** da Mecânica quântica que comparece nas equações de Schrödinger?

Em resposta, pode-se dizer que procedimentos heurísticos não obedecem a uma lógica, são tentativas que podem tanto dar certo como não e só a experiência pode separar as tentativas bem-sucedidas das fracassadas. Buscar regras subjacentes a procedimentos heurísticos bem-sucedidos é buscar uma inexistente lógica da descoberta.

O cientista faz o que pode.

Suponha que a equação de Schrödinger independente do tempo (em uma única variável para simplificar) foi de alguma maneira derivada num caso particular (por exemplo, uma partícula num campo potencial invariante no tempo): $-\hbar^2/2m\, d^2\psi/dx^2 + V(x)\psi = E\psi$ e que sabemos, ademais, que deve valer também a equação de autovalor $\mathbf{H}\psi = E\psi$, onde **H** é um operador desconhecido. A mera comparação dessas duas equações sugere que **H** deva ser o operador $-\hbar^2/2m\, d^2/dt^2 + V(x)$. Como os autovalores de **H** são os possíveis valores determinados de energia do sistema, a comparação com a hamiltoniana clássica, que dá a energia total de um sistema clássico, é quase inevitável e a regra de como passar das observáveis clássicas posição x e momento p para os correspondentes operadores quânticos, ou seja, o processo de quantização, se oferece naturalmente. A analogia formal parece ser a única via aberta ao cientista e ele não tem por que não a seguir e generalizar esse procedimento, deixando para a experiência a tarefa de corrigi-lo se ela o levar ao erro.

A busca por simetrias naturais e consequentes princípios de conservação são frequentemente um guia para a formulação de teorias físicas, ainda que algumas vezes trazê-las à luz requeira um pouco de imaginação. Esse é o caso da teoria de partículas elementares.

O traçado de um mapa do reino das partículas elementares depende essencialmente da observação de reações em que há partículas

O QUE É E PARA QUE SERVE A MATEMÁTICA **345**

reagentes e partículas produto, sejam elas reações naturais de decaimento como a emissão β, as produzidas por bombardeamento por radiação cósmica ou, ainda, aquelas observadas em aceleradores de partículas. Supõe-se em geral que nessas reações a energia, os momentos e as cargas elétricas sejam preservados. Mas isso não basta para que se possa predeterminar quais reações são possíveis, com quais probabilidades e quais não são. Isso levou, sempre com base em observações, à invenção de novos números quânticos associados às partículas, como número leptônico, estranheza, e que tais e princípios de conservação que lhe estão associados. Como esses números ocupam posição central no sistema de classificação de partículas e as simetrias associadas a eles o elemento fulcral do esquema teórico, é natural que a teoria de grupos, que é justamente a teoria matemática da noção de simetria, tenha adquirido a relevância de que goza na teoria de partículas elementares, inclusive oferecendo pistas formais com valor heurístico, como vimos.

Como sempre, mais do que simplesmente linguagens com as quais expressar aspectos quantitativos idealizados da realidade empírica, a Matemática fornece instrumentos para pensar, sistemas conceituais e cálculos com o quais raciocinar, deduzir e conjecturar.

EPÍLOGO

Talvez a maior deficiência das tradicionais filosofias da Matemática seja o descaso pela história da Matemática. Outra, tão prejudicial quanto essa, é uma certa tendência à parcialidade. Para os filósofos em geral, a Matemática é o que ela é hoje e toda a sua história pregressa um tatear filosoficamente desinteressante e irrelevante. Além disso, em benefício de suas teses filosóficas preferidas, eles estão frequentemente propensos a reduzir a Matemática a apenas um dos seus aspectos. Logicistas enfatizam o seu caráter lógico, desprezando a intuição matemática, isto é, a forma matemática da percepção, que, como a percepção sensorial, é uma *atividade* do sujeito. Atividade consciente, porém, contrariamente à percepção sensorial, que se dá majoritariamente no plano subconsciente. Formalistas privilegiam o aspecto simbólico-linguístico da Matemática, como se toda ela pudesse ser expressa em alguma linguagem simbólica em que o raciocínio está reduzido a cegas manipulações de símbolos segundo regras sintáticas indiferentes a significados. Construtivistas, por sua vez, tendem a enfatizar a ação humana de produção de Matemática antes que o produto dessa ação, o aspecto noético, subjetivo, antes que o noemático, objetivo da Matemática. E, por reduzirem o sujeito produtor de Matemática a um sujeito *real*, ainda que idealizado, os construtivistas acabam contaminando a Matemática com a temporalidade do mundo real.

O fato irrecusável, porém, é que a Matemática é uma atividade humana que, como toda empreitada humana, tem uma história, ao longo da qual a sua natureza mesma e a forma como ela se vê, a sua autoimagem, sofre transformações. Nesse sentido, a Matemática não é diferente de outros produtos culturais, como as artes plásticas.

Antes de se transformar, com os gregos, em teoria, a Matemática era apenas uma sabedoria prática, ligada a atividades práticas, fundada em inferências indutivas. Nas culturas em que a Matemática era uma arte voltada às necessidades da agrimensura, da Astronomia, da feitura de calendários indispensáveis à agricultura e às práticas religiosas, do comércio, do Estado e da Justiça, no cálculo de impostos e na repartição de heranças, não uma atividade teórica para o deleite do espírito e a serviço da Verdade entendida como um bem em si mesma, também a arte tinha função eminentemente prática, a reverência aos deuses e aos reis, a exaltação das suas glórias e conquistas, a exibição de sua magnificência, antes que a expressão de uma visão pessoal do mundo, a manifestação da sensibilidade do artista ou simplesmente a materialização do Belo para o deleite estético desinteressado. Uma cultura produz apenas a Matemática que pode produzir. Suponho que um egípcio dos tempos das primeiras dinastias não saberia o que fazer com a demonstração de Tales de que o diâmetro divide o círculo em duas partes iguais, que ele certamente veria como uma obviedade.

Não obstante o caráter teórico da Geometria grega e o fato de que *Os elementos* (2009) tenha se erigido em modelo mesmo de toda atividade teórica, ela é ainda uma Geometria essencialmente tátil e construtiva, mantendo muitas das características do seu passado prático. A Geometria de Euclides é basicamente a investigação do que se pode construir com régua e compasso e o que se pode demonstrar com tais construções, e, ainda que idealizadas e consideradas apenas teoricamente, construções são ações mediadas por instrumentos, idealizados ambos certamente, mas sempre a partir de ações e instrumentos reais.

O QUE É E PARA QUE SERVE A MATEMÁTICA   349

A arte grega desse período é ela também mais tátil que visual e a sua forma de expressão preferencial parece ter sido a Escultura e a Arquitetura, ambas artes táteis (pelo menos entre os gregos, uma vez que a Arquitetura grega é a repetição monótona de um módulo simples acessível, como as esculturas, ao toque). A Geometria e a arte gregas são avessas ao infinito, a não ser na sua forma construtiva de repetição indefinida de um procedimento ou padrão. E, ainda que Euclides tivesse escrito uma *Óptica*, os gregos nunca descobriram os princípios da projeção linear. Mais do que olhar, os gregos preferiam tocar, e nisso sua Matemática se parece com sua arte, ainda que ambas sejam veículos de expressão de Ideias e escapem do mero utilitarismo da Matemática e da arte de culturas que os antecederam.

A descoberta do infinito na Renascença e no começo da Idade Moderna irá revolucionar tanto a Matemática quanto a arte. Nesta aparece a perspectiva linear, a preocupação com o espaço real, não meramente simbólico, com a tridimensionalidade e a infinitude do mundo. A revolução que o infinito provocará na Matemática será ainda mais profunda. Surgirá uma Geometria, a Geometria projetiva, que não mais privilegia os aspectos métricos do espaço, mas relações inframétricas que melhor se revelam num espaço estendido que abriga elementos imaginários que na perspectiva métrica estariam localizados num infinito atualizado.

Mas não é apenas em forma geométrica que o imaginário entra na Matemática. Antes mesmo da invenção dos elementos no infinito da Geometria projetiva, os algebristas italianos do Cinquecento inventaram os números imaginários. Em ambos os casos entidades imaginárias se revelam úteis, quando não essenciais, para a compreensão de determinados aspectos da realidade à qual eles *não* pertencem, propriedades projetivas da Geometria euclidiana usual e propriedades algébricas dos números reais. Ficava claro para os matemáticos que se pode conhecer o que existe por meio do que não existe.

Isso levará a uma reavaliação da natureza mesma da Matemática, que de uma investigação de relações entre objetos que existem, formas espaciais ou números propriamente ditos, inteiros, racionais e reais *positivos*, passa a ser uma investigação de relações entre quaisquer coisas que se queira, existam ou não, não por elas mesmas, mas como suportes de sistemas de relações logicamente coerentes, estes sim o novo objeto de interesse. Das coisas primariamente, ainda que apenas em suas relações recíprocas, aos sistemas de relações eles mesmos enquanto capazes em princípio de instanciação.

Mas mais que a conscientização de que a Matemática não se preocupa com objetos, mas com estruturas abstratas independentemente do que as instancia, ficou claro que estruturas relacionais dialogam entre si, que verdades de umas permitem conhecer verdades de outras, desde que haja entre elas "pontes" que permitam o trânsito de verdades de um para o outro lado. Que se pode, por exemplo, melhor conhecer as relações projetivas do espaço real investigando as relações projetivas de um espaço imaginário que o estende ou relações operacionais entre números reais investigando relações operacionais entre números imaginários.

A invenção da Geometria analítica mostrou, ademais, que as *mesmas* estruturas operacionais podem se manifestar em domínios materialmente muito distintos, que se pode, por exemplo, realizar construções geométricas através de operações aritméticas se se encontra uma maneira de representar pontos por números de modo que operações com pontos sejam fielmente representadas por operações com números. Se isso é possível, construções geométricas podem ser substituídas por operações algébricas.

A constatação do caráter formal da Matemática, que a ela interessa apenas o *como* as coisas se relacionam, não *o que* elas são, e que, portanto, podemos inventar objetos matemáticos a nosso bel-prazer desde que a maneira como eles se relacionam seja em si mesma interessante ou possa servir ao estudo da maneira como se relacionam outras coisas que nos interessam mais foi uma verdadeira revolução, uma mudança de autoimagem não menos consequente para o futuro da Matemática que a sua transformação de uma tecnologia numa ciência.

Mas mesmo a invenção dos números imaginários, da Geometria projetiva e da Geometria analítica entre os séculos XV e XVII não mudou o fato de que a Matemática continuava sendo, como entre

O QUE É E PARA QUE SERVE A MATEMÁTICA   351

os gregos, uma ciência estática, de objetos indiferentes ao tempo. A matematização do *movimento* e das transformações em geral, o Cálculo infinitesimal, só aparecerá com o avançar do século XVII, não coincidentemente o século do *Barroco*, a arte por excelência do movimento, na esteira da descoberta do infinito, nesse caso, o infinitamente pequeno.

Um quadro de Rubens, uma escultura de Bernini ou uma igreja de Borromini são obras de intensa dramaticidade, expressa em termos de tensão e movimento, de formas que se desestruturam e se rearranjam constantemente negando a imobilidade plácida das formas clássicas. A Geometria grega não basta para descrevê-las, elas pedem uma Matemática capaz de expressar a transformação, a dinâmica.

O movimento dos corpos enquanto pura Cinemática ainda podia ser tratado pela Geometria clássica e assim o fora por milênios na Astronomia até a Mecânica de Galileu, mas a Mecânica de Newton exige outros instrumentos matemáticos. Eles aparecem no *Principia* como decomposição do contínuo em elementos infinitesimais e em Leibniz como preservação de relações de similaridade entre dois triângulos semelhantes, um deles finito, o outro infinitesimal.

Nem o universo de Newton nem o universo da arte barroca podem ser reduzidos à soma *finita* de suas partes *finitas*, mas apenas à soma *infinita* dos seus componentes *infinitesimais*, uma vez que o elemento articulador do todo é um movimento infinitamente variável. Nós podemos facilmente reduzir o Partenon a formas geométricas euclidianas elementares, coluna, pórtico, arquitrave, mas não poderíamos jamais fazer o mesmo com uma igreja barroca ou rococó. Elas exigem uma descrição dinâmica. O Cálculo infinitesimal é fruto do mesmo *éthos* que criou o Barroco, produto da mesma cultura, e, ainda que uma forma rudimentar de raciocínio-limite estivesse presente na dupla redução ao absurdo do método de exaustão de Arquimedes, ele ainda estava longe da radicalidade do procedimento de Newton e Leibniz.

A criação do Cálculo irá evidentemente determinar o caminho pelo qual seguirá a ciência matematizada da natureza inventada por Galileu, pois ele oferecia o instrumento matemático ideal para

352 JAIRO JOSÉ DA SILVA

expressar um dos seus objetivos, descrever a dinâmica do mundo para poder conhecer o seu passado e prever o seu futuro. O progresso da análise matemática, real e complexa, nos séculos XVIII e XIX, o aparecimento da noção de função, da teoria das funções e da teoria das equações diferenciais, vai *pari passu* com o aparecimento de ciências físicas que utilizam de modo essencial esse instrumental, das versões de Lagrange e Hamilton da Mecânica newtoniana à fluidodinâmica, da Termodinâmica ao Eletromagnetismo, numa simbiose em que muitas vezes foi a ciência física a influenciar a Matemática.

E, ainda que esta já tivesse se dado conta de que podia se descolar da ciência física e inventar os seus próprios objetos, criar as suas próprias estruturas, foi apenas a partir do século XIX que a Matemática adquiriu, por assim dizer, a coragem de assumir a sua liberdade e dar livre curso à *imaginação formal*. E não foram apenas os quatérnions de Hamilton que apareceram, mas uma pletora de novas estruturas que se ofereciam elas mesmas como objetos de estudo. Criava-se assim a Álgebra abstrata ou moderna, uma ontologia formal voltada ao estudo de estruturas abstratas livremente inventadas, *possíveis* formas de domínios quaisquer de objetos.

De uma ciência de estruturas instanciadas em objetos já existentes, objetos propriamente matemáticos ou objetos concretos do mundo real, a Matemática se transforma numa ciência de estruturas abstratas livremente criadas sujeitas apenas à precondição formal de existência, a consistência lógica. A Matemática se assume conscientemente como *ontologia formal*, isto é, como o estudo das formas com que as coisas podem em princípio existir.

Esse formalismo é também característico da arte moderna e contemporânea. Antes que a uma representação do mundo, a arte contemporânea se dedica à construção de estruturas formais cujos elementos são, às vezes, puras entidades geométricas, como no Abstracionismo geométrico, outras vezes, cores, como em Cézanne ou no Fauvismo, ou então a combinação de ambos, como em Matisse. Nem a arte nem a Matemática querem mais apenas descrever ou representar o mundo, elas querem agora inventar mundos nunca vistos ou imaginados, ainda que apenas formalmente.

O QUE É E PARA QUE SERVE A MATEMÁTICA   353

Esse paralelismo um pouco apressado e assumidamente super-ficial que tracei entre o desenvolvimento da arte e o da Matemática pretende sugerir que, assim como aquela, esta é fruto da História e do *Zeitgeist*, não uma realidade transmundana da qual nos aproxi-mamos progressivamente, estando a nossa Matemática mais pró-xima do que a que a precede na história de uma pretensa verdade matemática existindo *sub specie aeternitatis*.[1] A cada época a sua Ma-temática e a sua arte. Quis sugerir também que o desenvolvimento da ciência, mormente da ciência moderna, e da Matemática não são independentes mas, contrariamente, com frequência imbri-cados – *tout se tient* –, o que torna a aplicabilidade da Matemática em ciência raramente um caso de misteriosa coincidência. E que, mesmo quando assim parece, o fenômeno se explica pelo caráter formal da Matemática – mas também da ciência empírica matemati-zada – e pelo sempre profícuo diálogo entre estruturas matemáticas.

Isso quer dizer então que a Matemática é inventada, não des-coberta? Essa questão, que reaparece frequentemente e a que já respondemos, está ligada a outra, de caráter ontológico: afinal, os objetos e as verdades matemáticas existem *independentemente* da existência de matemáticos e da ciência da Matemática ou, contraria-mente, a existência daqueles depende da existência destes? Há uma realidade matemática existente em si e por si mesma ou ela é criada por matemáticos na atividade matemática?

A tese platonista, ou realista, garante que os domínios matemáti-cos têm uma existência e as verdades matemáticas uma objetividade em tudo análogas às da realidade física, só que fora do tempo e do espaço. As diferentes teses construtivistas, contrariamente, e há vá-rias delas, subordinam a Matemática a algum aspecto da atividade

---

1 Cf. em Imre Lakatos (1976) a história da migração do teorema de Euler – o número de vértices V, faces F e arestas A de um poliedro está relacionado pela fórmula $V - A + F = 2$ – da Geometria para a Topologia. Esse é um exemplo de como reformulações da Matemática de antes em termos da Matemática de agora passam frequentemente por avanços em direção a uma suposta expressão *final* e *fiel* da sempiterna verdade matemática.

matemática, ao pensamento, por exemplo, necessariamente constrito ao tempo, ou então à linguagem, limitada pelo seu poder expressivo.

A resposta óbvia, porém, como já dissemos, se refletirmos um pouco sobre a história da Matemática, é que ela é em parte descoberta e em parte inventada, com maior peso à invenção do que à descoberta, pois mesmo os objetos e as estruturas que a Matemática descobre só se tornam propriamente matemáticos por ação intencional do sujeito matemático (vale dizer, da comunidade matemática).

Vimos como isso funciona quanto tratamos de números e espaço e suas respectivas ciências matemáticas, a Aritmética e a Geometria. Recapitulemos.

Nossas discussões mostraram que o conceito mais fundamental de toda a Matemática e toda a ciência moderna é o conceito de quantidade. Para Kant, a quantidade é uma categoria *a priori* do entendimento, uma forma de compreender a diversidade dos fenômenos embutida em nossa inteligência. Tenha ele razão ou não, o fato é que aspectos relevantes e fundamentais do mundo, como tempo e espaço, para ficarmos nos mais elementares, se apresentam a nós invariavelmente em porções quantitativamente diferentes. Um evento dura mais, menos ou o mesmo tempo que outro, uma distância é maior, menor ou igual a outra. Nós invariavelmente quantificamos a nossa experiência, ainda que não sejamos sempre capazes de expressar essas quantidades em números. Nós amamos umas pessoas mais do que outras, estamos mais dispostos hoje que ontem, estamos menos otimistas com o nosso time de futebol hoje do que estávamos no começo do campeonato, e assim por diante.

A Matemática, a rigor, começa quando aprendemos a expressar relações quantitativas em termos de números, que medem o quão *precisamente* maior, menor ou igual é uma quantidade em termos de outra de mesma espécie. Na verdade, isso ainda não é Matemática, mas já é um primeiro passo na direção dela. A Matemática propriamente dita começa quando os números são desvestidos de substância e purificados, não mais três laranjas, mas simplesmente o número 3, e nossa atenção se volta para as operações que podemos

O QUE É E PARA QUE SERVE A MATEMÁTICA   **355**

efetuar com números e as relações que eles mantêm entre si. Aí, sim, entramos no domínio da Matemática propriamente dita.

Porém, a partir do momento em que nos damos conta de que números podem ser obtidos uns dos outros por certas operações; por exemplo, quando percebemos, ou *intuímos* simplesmente refletindo sobre números como tais, que um número pode ser obtido de outro, o seu antecessor, pela adição de uma unidade, nada nos impede de *idealizar* a repetição ininterrupta dessa operação de "passar ao próximo número" e conceber uma *infinidade* de números que jamais perceberemos em nossa experiência com números de quaisquer coisas, ou ainda de imaginá-los *todos* existindo num domínio só deles. Há duas *operações da consciência* em ação aqui, uma que traz *cada um* desses números à existência, a operação de "passar ao seguinte"; outra que traz *todos* eles *simultaneamente* à existência, a operação que "fecha" ou exaure esse procedimento infinito. A primeira consiste na atualização de uma possibilidade, a segunda na atualização de um limite – a esta última chamamos *idealização*. Ambas são operações de natureza intelectual postas em ação por nossa disposição *teórica* com relação aos números. Quando queremos *compreender* o que são os números, quais são as suas propriedades, que relações eles mantêm entre si, não basta investigar aqueles que nos são efetivamente dados à intuição pelas conhecidas operações de abstração e ideação, mas todos os que *poderiam em princípio* o ser. Isso nos leva necessariamente a atualizar possibilidades e limites, a *estender* o campo de existência numérica, não mais apenas o que pode *efetivamente* ser intuído, mas tudo o que pode ser *concebido*. Esse é o sentido da noção de existência em Matemática.

O matemático Georg Cantor, o criador da teoria dos números e conjuntos transfinitos, vai mais além. Se a coleção de todos os números inteiros positivos, possíveis respostas à pergunta "quantos?", existe, então existe um *número* que expressa a quantidade ou cardinalidade dessa coleção. Uma vez existindo todos os números *finitos*, faz sentido perguntar *quantos* eles são. Esse é o primeiro número *transfinito* (ou infinito) e sua entrada em existência põe novamente em ação o mecanismo de geração de novos números: passagem ao

356 JAIRO JOSÉ DA SILVA

número seguinte, o sucessor, e atualização de limites, iterados agora indefinidamente. Cantor se deu conta de que, se tomarmos o conjunto $P(\mathbf{N})$ de *todos* os *subconjuntos*, finitos e infinitos, do conjunto $\mathbf{N}$ de todos os números finitos 0, 1, 2, 3 etc., ele será necessariamente *maior* do que $\mathbf{N}$, pois não há nenhuma correspondência um a um entre $\mathbf{N}$ e $P(\mathbf{N})$. Essa observação contém a essência de toda a teoria dos números transfinitos.[2]

O importante para nós é notar que, ainda que a noção de quantidade nos seja *dada* junto com as relações de maior, menor e mesma quantidade, *criamos* os números por ação de operações de consciência. Precisamos *operar intencionalmente* (não, claro, realmente) sobre coleções equinuméricas de coisas quaisquer para extrair delas o seu número puro, a forma quantitativa idêntica de todas elas. Refletindo sobre números dados na intuição e nas relações entre eles, também elas intuídas, *descobrimos* o primeiro processo gerador de números, não mais intuídos, mas simplesmente concebidos, a passagem ao número seguinte. Por ação desse processo, constituímos a extensão completa das formas que podem em princípio expressar qualquer quantidade da experiência *perceptual*. Essas formas refinam nossa experiência quantitativa e a exaurem.

O passo seguinte, que leva aos "números" transfinitos, requer uma idealização, ou seja, a atualização de um limite, um ato de pura especulação teórica que não é mais, simplesmente, apenas a

---

2 Um subconjunto de $\mathbf{N}$ é uma coleção de elementos de $\mathbf{N}$ que pode ser pensada ela própria como um conjunto, isto é, como um objeto capaz de ser coletado em outros conjuntos (as coleções que não são conjuntos, as ditas *classes* próprias, não podem ocorrer como elementos de conjuntos; por exemplo, a classe de todos os conjuntos). Para que uma coleção possa ser pensada como um conjunto, *basta* que todos os seus elementos *coexistam* em *algum* conjunto, o que está garantido pela existência de $\mathbf{N}$, precisamente o conjunto onde todos os números coexistem. Portanto, como *cada* possível subconjunto de $\mathbf{N}$ existe, supomos que existe também o conjunto onde todos eles coexistem, $P(\mathbf{N})$. Esse princípio geral que garante a existência do conjunto de todos os subconjuntos de um conjunto qualquer é constitutivo de nossa concepção de conjunto. Os princípios da teoria dos conjuntos que dizem que conjuntos existem dados outros conjuntos estão orientados à *maximização* da extensão do conceito de conjunto para fins teóricos de investigação do *conceito*.

O QUE É E PARA QUE SERVE A MATEMÁTICA 357

potencialização da intuição. Os "números" assim produzidos não mais oferecem formas à percepção e são, portanto, nesse sentido, uma modificação intencional do conceito original de número. Quão longe estamos do simplesmente dado! Tudo requer uma disposição e a ação intencional do sujeito, desde a *intuição efetiva* de um número específico, passando pela *concepção* de uma coleção infinita de números *em princípio intuíveis,* até a concepção de números não acessíveis, nem em princípio, à percepção, os "números" transfinitos. Por isso podemos dizer com justiça que tanto os números quanto a ciência dos números são *invenções* humanas. O que *não* quer dizer, por óbvio, que nós inventamos as *verdades* aritméticas.

Imagine por um instante um mundo extraterrestre muito diferente do nosso, por exemplo, um mundo fluido de corpos fluidos onde não existe a noção de *unidade,* já que nada subsiste ali por muito tempo como algo *idêntico* a si mesmo *diferente* de todo o resto. Ainda que houvesse seres de algum modo "inteligentes" nesse mundo, que sentido haveria para eles quantificar, perguntar "quantos x's existem?", se nada corresponde à expressão *um x?* Esses seres provavelmente não teriam nem sentiriam falta de números, e muito menos de uma ciência dos números. Eles certamente ririam da nossa pretensão de que números e verdades numéricas existem *sub specie aeternitatis* independentemente de nós e que nossas formas de perceber se impõem sobre toda inteligência possível.

Mas, se inventamos os números, também inventamos as verdades numéricas? E as hipóteses aritméticas não demonstradas, são elas afirmações sem sentido? A resposta é um duplo não. Vejamos por quê.

Todos concordarão que o jogo de xadrez foi inventado por alguém, em algum lugar, em algum tempo, e posto à disposição de todos como uma herança cultural. Todos também concordarão que as regras do jogo são completamente arbitrárias, mas que o que faz o jogo interessante é o número imenso, astronômico, embora finito, de combinações ou jogos possíveis. Ora, é uma verdade *necessária* que o bispo das brancas nunca, em nenhum jogo possível, se encontra, a qualquer momento, numa casa negra. Isso segue *necessariamente* dos

358 JAIRO JOSÉ DA SILVA

fatos de que o bispo das brancas sempre começa o jogo numa casa branca, que ele só se move em diagonais e que todas as diagonais que contêm uma casa branca só contêm casas brancas. Ou seja, há *consequências necessárias de regras arbitrárias*. Há teoremas de xadrez que se impõem, queiramos ou não; as verdades do jogo de xadrez estão todas predeterminadas pelas regras e infringi-las significa abandonar o jogo.

Com a Aritmética se passa algo análogo. Ao definir as operações entre números, predeterminamos tudo o que depende logicamente delas, queiramos ou não. Se as operações têm as propriedades que têm *por definição*, então, *necessariamente*, terão todas aquelas cuja veracidade depende da veracidade das propriedades que as definem.

Mas há mais. O fato de que *todos* os números finitos podem ser gerados a partir do 0 por sucessão justifica a regra de que qualquer propriedade que vale para o primeiro número finito (0) e que é herdada pelo sucessor de qualquer número que a tenha vale *necessariamente* para *todos* os números finitos. Esse é o chamado princípio de indução finita e serve como um instrumento lógico de demonstração de propriedades numéricas genéricas, que valem para *todos* os números.

De posse de verdades estabelecidas por intuição e fixadas por definição e regras de inferência como o princípio de indução, podemos sair a campo na tentativa de revelar, ou seja, *descobrir*, tudo o que está implícito na intuição doadora original e nas definições.

Suponhamos que alguém nos apresenta uma configuração de xadrez, uma certa disposição das peças, e nos pergunta se é possível que as negras deem xeque-mate em menos de dez lances. Como saber? Podemos tentar realizar mentalmente alguns lances para ver se obtemos algum insight ou demonstrar racionalmente, considerando apenas as regras do jogo, que o xeque-mate ou é possível ou não é. Pode ocorrer, porém, que não logremos sucesso em nenhuma dessas tentativas.

Em todo caso, admitimos que a situação está, em si mesma, predeterminada: ou o xeque-mate é possível ou não é. Ninguém ousaria dizer, penso, que, até que uma resposta seja obtida, a situação está

O QUE É E PARA QUE SERVE A MATEMÁTICA **359**

indeterminada. Nesse caso, afinal, sempre se pode, ainda que leve muito tempo, analisar *todas* as possiblidades de lances e dar uma resposta definitiva. Mas e se houvesse infinitas possibilidades? Mesmo assim, penso, se se pudesse encontrar um método que permitisse testar todas as possibilidades, ainda que em tempo infinito, não hesitaríamos em dizer que a resposta está predeterminada.

Agora, e se não existisse tal método, e se nosso jogo de xadrez se desse num tabuleiro infinito com infinitas casas e peças e nós simplesmente perguntássemos se as negras ganham, independentemente do número de lances? Estaríamos tão seguros de que uma resposta está de antemão predeterminada? Talvez as regras do jogo não fossem suficientes para predeterminar o resultado.

Voltemos à Aritmética. Dadas as propriedades numéricas associadas à constituição mesma do domínio numérico – as propriedades que o caracterizam, como, por exemplo, há um primeiro, ou menor, número finito, todo número finito tem um único sucessor, que contém uma única unidade a mais do que ele, o primeiro número não é sucessor de ninguém, todos os números finitos são obtidos do primeiro número finito pela passagem sucessiva, uma quantidade finita de vezes, ao sucessor, além das propriedades ligadas às definições de operações e relações entre números, mais regras como os princípio de indução finita –, podemos tentar demonstrar que *qualquer* asserção dada sobre números que só envolva operações e relações definidas ou definíveis a partir destas é *necessariamente* decidível, ou verdadeira, ou falsa. Seria isso possível? E, se não, se houvesse alguma asserção indemonstrável, isso significaria que o fato descrito por ela está em si mesmo indeterminado?

Por exemplo, a asserção G: todo número par maior que 2 é soma de dois primos, conhecida como a conjectura de Goldbach. Até onde podemos testar, a asserção G é verdadeira: $4 = 2 + 2$, $6 = 3 + 3$, $8 = 3 + 5$, $10 = 5 + 5$, $12 = 5 + 7$, $14 = 7 + 7$, $16 = 5 + 11$, e assim sucessivamente, mas seria verdadeira para *todos* os infinitos números pares maiores do que 2? Até hoje não há uma demonstração pelo sim ou pelo não, nem que tal demonstração é impossível. O que dizer, então, da *veracidade* de G?

360 JAIRO JOSÉ DA SILVA

Ainda que se possa *demonstrar* que G *independe* de tudo o que sabemos sobre números, nós *supomos* que é sempre possível adquirir novas *intuições* sobre números que podem com o tempo decidir a questão. Ou seja, *pressupomos* que, *independentemente de uma demonstração*, a veracidade de G está em si mesma determinada. Ou G é verdadeira ou G é falsa, não há uma terceira possibilidade. Nenhuma situação descrita por uma asserção numericamente significativa como G – que está dizendo algo que faz sentido dado o significado das noções e operações envolvidas – está em si mesma indeterminada. Ainda que não saibamos, ou mesmo não *possamos efetivamente* saber se ela é verdadeira ou falsa, ela só pode ser uma dessas duas coisas.

Como sabemos disso? A verdade é que não sabemos, nós *postulamos* isso, e essa postulação não tem o valor de uma hipótese testável pois é constitutiva do *sentido* que atribuímos ao domínio numérico por nós constituído. Qualquer asserção com significado numérico que podemos enunciar tem um valor intrínseco de verdade, verdadeira ou falsa, independentemente de termos ou não meios teóricos para descobrir qual.[3]

Assim, nós não apenas inventamos os números e os juntamos num domínio dado à reflexão teórica, mas também atribuímos a esse domínio um significado que justifica nossa crença de que verdades numéricas estão determinadas *sub specie aeternitatis*. Nós exploramos esse domínio com os instrumentos da Lógica com a certeza de que tudo o que descobrirmos já terá sido verdadeiro *antes*

---

3 E, ainda que se possa demonstrar que o domínio numérico é *essencialmente* (ou *fortemente*) *indecidível*, ou seja, que, não importa o quanto enriqueçamos nosso conhecimento numérico, há sempre alguma asserção numérica significativa cuja veracidade não se pode decidir, sempre é possível, *dada* uma asserção numérica qualquer, estender nosso conhecimento do conceito de número de modo a se poder decidir sobre a veracidade *dessa* asserção. Nós podemos sempre fazer isso de modo trivial, simplesmente adicionando-a (ou a sua negação) ao nosso estoque de conhecimentos numéricos, mas em geral evita-se essa solução extrema. Quando a intuição insiste em permanecer silente, podemos apelar para outros critérios, como a intuitibilidade ou conveniência teórica das consequências de um ou outro candidato a verdade axiomática.

O QUE É E PARA QUE SERVE A MATEMÁTICA **361**

de o descobrirmos. Pois, se algo é ou bem verdadeiro ou bem falso e por fim se revela verdadeiro, então já o era *antes* de assim se revelar. Nisso, e só nisso, consiste a "intuição" que muitos matemáticos e filósofos acreditam irrecusável e que sustenta a crença platonista na existência independente de números e verdades numéricas, a saber, que em Matemática não se inventa, mas se *descobre*. Eles se esquecem, porém, de quanto de predeterminação está embutido na constituição dos domínios matemáticos que parecem simplesmente estar aí.

Mas é preciso nos acautelarmos contra certas interpretações errôneas de todo esse processo constitutivo. Ainda que os números naturais 0, 1, 2, 3 etc. tenham nascido de operações de consciência, eles não são por isso objetos mentais. A *abstração* que traz à consciência comunitária a forma numérica de coleções e a *ideação* que as transforma de aspectos em ideias não são experiências mentais subjetivas, mas intencionais, *coletivas* e *objetivantes*. Os números são constituídos como objetos para *todos* que são capazes, no plano intuitivo, de reproduzir os atos que os apresentam "em pessoa" à consciência e, no plano não intuitivo e simbólico, de manipulá-los como referentes de sistemas simbólicos intencionalmente "carregados". Números são, nesse sentido, objetos culturais tão reais e objetivos – e tão úteis – quanto martelos e obras de arte.

De certa forma, quase tudo o que o platonista acredita é, com o devido esclarecimento, verdadeiro. Números e verdades numéricas são objetivos e asserções numéricas, desde que significativas, têm um valor intrínseco de verdade, ainda que desconhecido, e mesmo que não saibamos ainda como vir a conhecê-lo. Mas nada disso implica na existência *independente* desses objetos e dessas verdades. Verdades aritméticas são verdades necessárias, reveladas quer na análise das propriedades *essenciais* do conceito de número, quer como consequências necessárias delas. Assim como as verdades do jogo de xadrez, ainda que esse jogo tenha sido inventado. Há também uma diferença essencial entre asserção numérica verdadeira e asserção numérica demonstrável, já que um valor de verdade está sempre intrinsecamente ligado a qualquer asserção significativa, independentemente de uma demonstração que revele qual é ele.

362 JAIRO JOSÉ DA SILVA

Como somos capazes de perceber qualquer coisa como uma *unidade*, ou seja, como *nós* podemos conceber *qualquer coisa* suficientemente estável apenas como *um* ou *algo*, e, como somos também capazes de pensar as coisas coletivamente como coleções de unidades às quais cabe uma forma quantitativa determinada, está aberto *para nós* o caminho da Matemática como prática e como atividade teórica, mas não sem antes levar a cabo certas operações constitutivas de caráter objetificante.

A partir daí, o processo cultural de enriquecimento do campo matemático é incessante. Dos números naturais como formas quantitativas ideais passamos aos racionais positivos como relações entre quantidades e aos reais positivos como relações entre grandezas contínuas de qualquer espécie abstratamente consideradas como meros *quanta* (que os gregos viam como relações entre segmentos de reta, representantes geométricos de *quanta* de grandezas contínuas quaisquer).

A invenção de números negativos e complexos ou imaginários exigiu um esforço extra, o desligamento do conceito de número da noção de quantidade. Não mais modos de se dizer "quantos" ou relações entre quantidades, mas meros objetos de operações. O número deixa de ser aquilo que mede quantidade para ser aquilo com que se opera; os domínios numéricos se reduzem a simples domínios operatórios. Esse não foi um salto fácil, mas revelou-se essencial no desenvolvimento da Aritmética e da Matemática em geral e na mudança da *natureza* dessa ciência.

Não mais simplesmente a ciência da quantidade, a Aritmética se torna a ciência da estrutura formal de domínios operatórios arbitrários e das relações entre eles. Essa foi uma verdadeira mudança paradigmática, uma *revolução*, se quisermos chamar assim, não no sentido de uma mudança radical do padrão de explicação de uma realidade dada, mas de modificação da própria realidade que se quer explicar. Mais que uma mudança nos modos de estudar números, trata-se de uma mudança do objeto de estudo, não mais apenas números, mais quaisquer coisas que se *comportem* como números, não importando o que sejam. Muda-se o foco, da matéria para a forma;

O QUE É E PARA QUE SERVE A MATEMÁTICA   363

a Matemática se torna explícita e conscientemente *formal*, e isso escancara o campo das suas aplicações. Se quaisquer coisas podem ser números, quaisquer coisas podem ser estudadas como se fossem números, e isso vale para qualquer estrutura abstrata-ideal que a Matemática invente. Segundo Edmund Husserl, a Matemática se torna uma ontologia formal, a ciência *a priori* das *formas* ideais com as quais o mundo, ou simplesmente um mundo, pode, em princípio, se apresentar a nós.

"Números" negativos, complexos, hipercomplexos, quatérnions; liberada a imaginação, a noção formal de número se dilata cada vez mais. E, com cada nova estrutura numérica, novas possibilidades de aplicação, práticas e teóricas, aparecem, na Matemática e fora dela, na vida prática e na ciência empírica.

Vimos como a extensão do domínio real para o domínio complexo, fechado este com respeito a todas as operações aritméticas elementares (soma, subtração, produto, divisão, potenciação e extração de raízes), fornece o contexto formal adequado para a teoria das equações algébricas. Se a resolução de uma equação por radicais se resume a sequências de operações numéricas, não importa se operamos com números (reais) ou entidades que apenas se comportam *operacionalmente* como números (números complexos). E, se são as operações somente que interessam, é melhor um domínio onde se pode operar livremente, o domínio dos "números" complexos, do que um onde não se pode, o dos reais.

Formalmente, o domínio real é um corpo, assim como o domínio complexo, mas este último tem propriedades formais mais adequadas para o tratamento de equações algébricas, já que é um corpo algebricamente fechado. Ademais, na medida em que o corpo dos complexos é uma extensão do corpo dos reais, isto é, como todo número real é também um número complexo na medida em que se opera como um (as operações com complexos estendem e preservam as operações com reais), pode-se resolver uma equação algébrica real fazendo uma viagem de ida e volta ao domínio complexo, como Cardano descobriu. Essas excursões formais se tornarão moeda corrente em Matemática na exata medida em que o interesse matemático se concentra na forma e não mais no conteúdo material dos domínios estudados. Entre eles, claro, domínios empíricos, desde que previamente matematizados.

A imaginação matemática é frequentemente orientada na direção de maior generalidade, que pode tomar diferentes formas. Se a extensão dos reais aos complexos responde a uma necessidade de espaço de manobra, por assim dizer, à necessidade de dar sentido operacional (quer dizer, formal) a operações permitidas pela *linguagem* do cálculo com os reais, mas destituídas no campo real de qualquer sentido, material ou formal, a extensão dos complexos aos quatérnions responde a outra compulsão, a de estender dimensionalmente o domínio dos complexos de modo a estender, de algum modo, o conceito de "número", isto é, de objeto com o qual se opera. Trata-se de uma extensão conceitual, ainda que puramente formal. A mesma compulsão preside a extensão do conceito de número cardinal finito ao de cardinal infinito. Em todos esses casos a imaginação formal está cumprindo o seu papel em Matemática: mapear o campo das possibilidades formais restrita apenas pelo requisito lógico de consistência interna, que é o que define a possibilidade formal, aquilo que pode em princípio se manifestar como forma de algum domínio de existência, ainda que a *utilidade* de tais fantasias não se restrinja à efetiva instanciação.

Os números propriamente ditos também podem, como vimos, ser usados em Geometria como meros contextos de representação, sem conotação quantitativa. Mas há exemplos ainda mais simples. Os números que assinalam os quilômetros à beira das estradas têm, como sabemos, a função clara de informar distâncias. Se estamos no quilômetro 75 e nosso destino fica no quilômetro 175, sabemos que estamos a exatos 100 quilômetros do destino. Para isso servem essas marcas. Mas também para simplesmente identificar locais ao longo da estrada. Se a polícia recebe um aviso de acidente no quilômetro 102, ela sabe para onde deve se dirigir. Porém, se fosse só essa a finalidade da numeração nas estradas, não haveria por que os números também informarem distâncias, bastaria assinar arbitrariamente números a pontos na estrada com a ressalva de que a pontos distintos

O QUE É E PARA QUE SERVE A MATEMÁTICA **365**

assinalam-se números distintos. O sistema seria pouco prático e não forneceria informações importantes a quem atende ao acidente, como a distância em que ele ocorreu, mas não é absurdo e cumpriria a função de assinalar localizações. Em Geometria riemanniana, além de nomear pontos, a numeração mantém a estrutura topológica do espaço; já na Geometria analítica usual, euclidiana, ela mantém, além disso, a estrutura métrica do espaço que representa. Se a numeração dos quilômetros preservasse relações topológicas, mas não métricas, o policial saberia em que *direção* ele deveria ir para atender o acidente, mas não a distância que deveria percorrer até lá.

Mas antes de falarmos de Geometria novamente, é importante apreciar a enorme diferença que existe entre números propriamente ditos, os naturais, racionais e reais positivos, e pseudonúmeros, como números negativos, números imaginários e quatérnions, que são números apenas em sentido formal e operatório.

Além de objeto de operação, o número 3, por exemplo, é *também* uma forma quantitativa, uma especificação do conceito de *quantidade*. Enquanto *forma* abstrata ideal, ele é um objeto *ontologicamente bem determinado*. A categoria dos objetos admite especificações; há objetos reais, que existem no tempo, como pedras e emoções, há objetos ideais, que não são temporais, como o número 3 precisamente, há objetos concretos, ontologicamente independentes, como a Lua, e há objetos abstratos, ontologicamente dependentes, ainda que muitas vezes reais, como a cor *desta* flor aqui, entendida como um aspecto dela, não um universal, e formas numéricas, entendidas estas também como aspectos (aspectos quantitativos, precisamente). Números propriamente ditos constituem uma subclasse própria da classe dos objetos.

Pseudonúmeros, por outro lado, não têm, digamos, uma personalidade própria, eles são apenas objetos de operação. O que os distingue de outros objetos de operação são as operações às quais eles se submetem e as propriedades que essas operações têm. Quatérnions, por exemplo, são objetos genéricos que só existem porque há expressões que os denotam num sistema simbólico: eles são *algo* da forma $a + bi + cj + dk$ (onde os números reais a, b, c e d *não* desempenham function quantitativa, apenas operatória) e porque eles se relacionam operacionalmente entre si. Eles só existem *conjuntamente* como um domínio operacional e esse domínio só serve como contexto representacional porque é capaz de instanciar diferentes *estruturas formais* em que apenas o como das relações importa, não o quê.

Em suma, enquanto números propriamente ditos têm um conteúdo *material* (sabe-se o *que* eles são) e um conteúdo *formal* (sabe-se também *como* eles são), pseudonúmeros só têm conteúdo formal, eles são *objetos* apenas *formais*.

A imaginação formal não se restringe, evidentemente, à Aritmética; a Geometria também faz bom uso dela.

A princípio uma prática e, em mãos gregas, uma teoria do espaço *físico*, ou melhor, ao menos em sua variante teórica, de uma versão *idealizada* do espaço físico, a Geometria evoluiu para uma teoria de espaços idealizados gerados progressivamente a partir do espaço físico idealizado por um processo de *generalização* formal. E aí está a imaginação formal novamente em ação.

Antes de migrar para a Grécia, lembremos, a Geometria era essencialmente uma ciência prática do espaço da percepção sensorial, o espaço físico da experiência pré-teórica. Os gregos a transformaram, inicialmente, numa ciência teórica de construções idealmente possíveis num espaço ideal, isolado e purificado do espaço físico por um movimento triplo de abstração, idealização e ideação. Abstração que separa formas espaciais do sistema de corpos no espaço dos quais elas são as formas; idealização, que as pensa como objetos ideais, pontos sem dimensão, linhas unidimensionais, superfícies bidimensionais e sólidos tridimensionais e ideação, que nos leva das particulares formas espaciais abstratas e idealizadas às ideias cujas instâncias elas são.

Os três primeiros axiomas da Geometria de Euclides, lembremos, nos dizem quais construções são idealmente possíveis nesse espaço ideal utilizando-se apenas retas e círculos: retas estão construídas quando dois dos seus pontos estão dados; círculos, quando seu centro e um dos seus pontos estão dados. Retas e círculos sendo dados, mais pontos podem ser construídos pela interseção deles.

O QUE É E PARA QUE SERVE A MATEMÁTICA   367

Essas construções ideais refletem no espaço *ideal* as construções reais que são em princípio possíveis no espaço *real*, utilizando-se réguas e compassos *reais*.

O quarto axioma diz que dois quaisquer ângulos retos, determinados ambos pela interseção de retas perpendiculares, podem ser transladados no espaço e superpostos ou, em outras palavras, que o espaço geométrico é perfeitamente uniforme, qualquer lugar e qualquer direção no espaço são equivalentes a qualquer outro lugar e qualquer outra direção.

O quinto, que numa de suas formulações diz que por um ponto dado passa uma única reta paralela a uma reta qualquer dada que não contém esse ponto, caracteriza a euclidianidade do espaço e tem várias consequências interessantes. Uma, que há figuras, ditas *semelhantes*, que têm a mesma *forma* geométrica, mas não as mesmas *dimensões*, ou seja, não são *congruentes*, não podem ser superpostas uma à outra. Outra, o teorema de Pitágoras, que diz que a soma do quadrado da hipotenusa de qualquer triângulo retângulo é igual à soma dos quadrados dos seus catetos.

Num certo momento, talvez por influência do idealismo platônico ou pelo desenvolvimento filosófico que levou até ele, a Geometria euclidiana experimentou uma radical mudança de autoimagem, devidamente criticada por Aristóteles: de uma ciência de *construções* ela passa a ser uma ciência de *situações*. O espaço geométrico deixa de ser um campo aberto de determinações para ser um domínio de uma vez por todas constituído, onde tudo já está determinado *sub specie aeternitatis*, apenas esperando ser descoberto. A construção geométrica deixa de ser *construção* para ser *desvelamento*, o ser toma o lugar do devir, do vir-a-ser.

Essa mudança radical de concepção do espaço físico contém em germe a revolução galileana. Os cientistas do século XVI que criam a ciência moderna e entronizam a Matemática como o seu método por excelência de investigação, constituem a *realidade física* a partir da *realidade percebida* da mesma forma que os geômetras gregos constituem o espaço geométrico a partir do espaço físico da percepção sensorial imediata. Primeiro abstraem a forma da realidade perceptual,

368 JAIRO JOSÉ DA SILVA

desmaterializando-a, depois idealizam essa forma, colocando-a ao alcance do entendimento mas fora da jurisdição da percepção sensorial e, finalmente, a transformam numa coisa-em-si por si mesma existindo e em si mesma completamente determinada.

A geometrização da Física por Galileu "corrige", por assim dizer, a imperfeição do mundo físico da ciência aristotélica com a perfeição da Matemática. Ela permite a desmaterialização e a idealização da realidade e entroniza a Matemática como a linguagem por excelência da ciência. Descartes e Newton virão em seguida, determinando definitivamente o que se entende por ciência física.

Ao se defrontarem com o problema da construção ou determinação de qualquer elemento geométrico, os antigos geômetras utilizavam um procedimento metodológico que envolvia, primeiro, uma *análise* ou determinação em retrospecto de que construções deveriam ser realizadas para se obter o que se queria e, depois, de uma *síntese* que efetuaria as construções exigidas a partir dos elementos dados. A análise revela uma sequência de construções que tem, numa ponta os elementos dados e na outra o elemento desejado, a incógnita do problema. A síntese consiste em percorrer efetivamente essa sequência.

Suponha agora que há uma forma *simbólica* de representar elementos geométricos em geral e um conjunto de *regras de manipulação simbólica* que substituem na representação as construções geométricas. Existindo tal representação, é possível realizar sínteses simbolicamente. Primeiramente, os dados do problema são traduzidos na linguagem simbólica; depois, realizam-se por mera manipulação simbólica as construções exigidas pela análise e, finalmente, obtida a representação simbólica do elemento desejado, encontra-se o elemento geométrico que ela representa.

Essa linguagem simbólica existe, é a própria Aritmética ou, em sua forma mais geral, a Álgebra. Que uma representação algébrica dos elementos e construções da Geometria era possível, ou seja, que uma Geometria *analítica* era possível, foi uma descoberta de Descartes. Nela, a análise geométrica se converte em montagem de equações e a síntese, na resolução dessas equações.

O QUE É E PARA QUE SERVE A MATEMÁTICA 369

Do ponto de vista filosófico, entretanto, a questão importante a ser respondida é em *que* consiste, precisamente, a relação de representação que permite que manipulações simbólicas algébricas (montagem e resolução de equações) *substituam* análises e sínteses geométricas.

Uma coisa *representa* outra se pode, *para certas finalidades*, ser usada em seu lugar, ou seja, se *da perspectiva dessas finalidades ambas as coisas são indistinguíveis*. Isso só é possível se essas coisas possuírem *algo* em comum e as finalidades em questão *só* levarem em consideração esse algo que ambas compartilham.

Trata-se, então, de identificar o *que* o domínio geométrico dos elementos e construções geométricas tem em comum com o domínio dos números e operações numéricas. Certamente, ambos os domínios são *materialmente* bastante diferentes; de um lado, objetos e operações geométricas, do outro, objetos e operações aritméticas.

Ambos os domínios, porém, têm em comum a *forma abstrata*. Isso quer dizer que existe uma correspondência um a um que a cada ponto P do domínio geométrico faz corresponder um *par* ordenado de números (p_1, p_2), se o domínio for o plano, ou uma terna ordenada (p_1, p_2, p_3) de números, se o domínio for o espaço, de modo que retas são representadas por equações lineares e circunferências por equações quadráticas. Construir pontos por interseção de retas ou retas e circunferências ou apenas circunferências, ou seja, o problema *geométrico* de construção, reduz-se então a encontrar soluções de sistemas de equações representando os elementos geométricos dados na construção, ou seja, a um problema *algébrico*.

Em outras palavras, da perspectiva das *relações entre os elementos*, geométricos de um lado e numéricos do outro, consideradas apenas formalmente, isto é, sem levar em conta a *natureza* material dos objetos relacionados, que são as únicas coisas que interessam nas construções geométricas e nos cálculos aritméticos, ambos os domínios são *idênticos*. Ou, posto de outro modo, ambos encarnam o *mesmo* domínio operatório ideal.

Em geral, se A e B são dois domínios de objetos quaisquer onde estão definidas relações quaisquer de tal modo que existe uma

370 JAIRO JOSÉ DA SILVA

correspondência um a um entre A e B, ou seja, a cada elemento a de A corresponde um *único* elemento b de B, e vice-versa (denotarei por $i(a)$ o elemento de B que corresponde a) e a cada relação R definida em A existe uma única relação S definida em B, e vice-versa, tal que se $a_1, ..., a_n$ estão na relação R, então $i(a_1), ..., i(a_n)$ estão na relação S, e vice-versa, dizemos que A e B são *isomorfos*, ou seja, que eles têm a *mesma* forma abstrata.

Qualquer afirmação *verdadeira* em A que seja expressa apenas em termos de elementos e relações de A é verdadeira também em B, desde que substituamos nela os objetos e relações de A pelos objetos e relações de B que lhes correspondem pela correspondência que estabelece o isomorfismo entre A e B, e vice-versa.

O domínio geométrico dos elementos e relações geométricas – por exemplo, a incidência do ponto P sobre a reta r ou a interseção das retas r e s em P – é *isomorfo* ao domínio aritmético de números e relações aritméticas – por exemplo, a terna de números (x, y, z) é solução do sistema de tais e tais equações. Como construções geométricas envolvem *apenas* propriedades formais do domínio geométrico, elas podem ser transferidas para o domínio aritmético e realizadas analiticamente, por operações aritméticas. Isso porque ambos os domínios são isomorfos, ou seja, formalmente idênticos.

Os conceitos de isomorfismo e isomorfia estão na base da eficácia da Matemática na própria Matemática, como o exemplo da Geometria analítica ilustra, e nas ciências empíricas. Assim como podemos transferir problemas matemáticos de um domínio a outro formalmente idêntico a ele, desde que esse problema envolva apenas as propriedades que eles compartilham, ou seja, as propriedades da estrutura formal comum a ambos, podemos também transferir problemas de ciência empírica para domínios matemáticos. Isso exige, porém, que os domínios empíricos onde os problemas científicos são postos sejam de algum modo reduzidos a domínios matemáticos. Nisso consiste a matematização da realidade empírica.

A Geometria analítica é apenas uma estratégia metodológica da Geometria euclidiana usual, não outra Geometria. Promovendo mudança de conteúdo material com preservação de conteúdo formal, a

O QUE É E PARA QUE SERVE A MATEMÁTICA 371

estratégia analítica não impõe qualquer mudança na Geometria propriamente dita, uma vez que relações e propriedades geométricas não levam em consideração a natureza material dos objetos, a sua especificidade ontológica. A ideia mesma de *outras* Geometrias, outras relações geométricas, era inconcebível até a invenção de Geometrias *alternativas* e *generalizações* da Geometria euclidiana, as Geometrias não euclidianas e a Geometria riemanniana, respectivamente. Aqui a imaginação formal alça voo.

As Geometrias não euclidianas nasceram das fracassadas tentativas de demonstração do quinto postulado de Euclides, o postulado das paralelas. Com o passar do tempo e o não aparecimento de nenhuma contradição manifesta da conjunção da negação do quinto postulado com os outros postulados, ficou claro que uma Geometria em que essa negação fosse postulada era um sistema consistente de Geometria, fato demonstrado por Hilbert pela exibição de um contexto material (mais precisamente, numérico) no qual relações podiam ser definidas satisfazendo os quatro primeiros postulados de Euclides e a *negação* do quinto, que ficou conhecida como *Geometria hiperbólica*. Na Geometria hiperbólica há *infinitas* retas paralelas à reta *r* passando por um ponto *P* fora dela.

O postulado das paralelas na versão de Playfair afirma, repitamos, que por um ponto dado *P* passa uma *única* reta paralela a uma reta dada *r* que não contém *P*. Há duas maneiras de negar esse postulado, afirmando que não há *nenhuma* reta paralela a *r* por *P* ou que há *mais do que uma*. A primeira versão, porém, é inconsistente com os outros postulados. No entanto, com alterações adequadas nas relações de ordem, ou seja, na *topologia* do espaço geométrico, pode-se também obter um sistema consistente de Geometria em que não há nenhuma reta paralela a *r* passando por *P*, a chamada *Geometria elíptica*.

Do ponto de vista estritamente *matemático*, a existência de três Geometrias consistentes em si, mas inconsistentes entre si, euclidiana, hiperbólica e elíptica, não causa nenhum problema. Esses são meros sistemas formais, interpretáveis cada um deles em algum contexto material, o que os faz consistentes em si, mas incapazes de descrever um *mesmo* contexto, o que os faz inconsistente entre si.

O interesse matemático das Geometrias não euclidianas, hiperbólica ou elíptica, não é menor e o desenvolvimento matemático delas não é menos problemático que a teoria dos quatérnions em Aritmética, ou mesmo da teoria dos números complexos. Assim como a Aritmética dos quatérnions não pressupõe que eles sejam números *stricto sensu*, apenas "números", objetos com os quais se opera, não se pressupõe que a Geometria hiperbólica seja a teoria do espaço físico real, apenas a teoria de um "espaço" abstrato que só recebe o nome de espaço porque é uma multiplicidade de pontos em relação.

Mas, uma vez que há três Geometrias que podem, *em princípio*, descrever o espaço *físico*, a pergunta se impõe: qual delas o descreve *efetivamente*? Que razões temos para afirmar que a Geometria do espaço físico é a Geometria euclidiana, como sempre se supôs?

Antes de mais nada, há que precisar o que se entende por *espaço físico*, o espaço da *percepção* espacial ou o espaço da *ciência empírica*? No primeiro caso, a decisão deve ultimamente caber ao testemunho dos sentidos, no segundo, *também* a considerações de conveniência científica. Para evitar confusões, é melhor reservar o termo "espaço físico" para o espaço da ciência física e chamar o espaço da percepção de espaço perceptual.

Nossas percepções nos dizem que o espaço perceptual *idealizado* é contínuo, tridimensional e, abstraindo-se a presença e a ação recíproca dos corpos, homogêneo e isotrópico, isto é, igual a si mesmo em todas as localizações e todas as direções. Mas a percepção desarmada não nos diz nada sobre a *métrica* do espaço, ou seja, sobre o sistema de relações de distância entre corpos, a menos que escolhamos um corpo *rígido* como unidade de referência, ou seja, um corpo capaz de se mover *livremente* pelo espaço sem sofrer alterações de forma ou tamanho. Afinal, queremos que a unidade de comprimento seja a *mesma* em todos os lugares.

Ainda que seja em princípio possível que um corpo *pareça* rígido sem o ser, se todas as dimensões, do corpo e de tudo o mais, se alterarem de modo uniforme à medida que nos movemos pelo espaço, essa não é uma situação perceptualmente detectável e, portanto é, do ponto de vista perceptual, inexistente.

O QUE É E PARA QUE SERVE A MATEMÁTICA **373**

Logo, da perspectiva estritamente perceptual, se um corpo *parece* rígido, ele *é* rígido. E, ainda que nenhum corpo seja realmente perfeitamente rígido, há corpos praticamente rígidos, cujas alterações circunstanciais de forma e tamanho são detectáveis e podem ser compensadas no processo de medição. Ao medirmos distâncias no espaço perceptual com metros rígidos nós nos convencemos da veracidade do quinto postulado de Euclides; poderíamos, então, concluir que o espaço perceptual é euclidiano? A resposta é não, não podemos; nossa experiência justifica, no máximo, a crença de que o espaço perceptual é euclidiano na vizinhança de todos os seus pontos, ou seja, que ele é *localmente* euclidiano. Ainda que nossas mensurações alcançassem distâncias astronômicas, nós só teríamos informações *locais* sobre a estrutura métrica do espaço perceptual.

A Matemática justifica tanta cautela. Ela nos diz que não apenas o espaço euclidiano, mas também os espaços hiperbólico e elíptico permitem a livre mobilidade de corpos rígidos e, portanto, o espaço perceptual objetivo poderia ser *globalmente* não euclidiano, hiperbólico ou elíptico, ainda que *localmente* fosse euclidiano. Em outras palavras, é possível que o espaço objetivo que subjaz à percepção *normal* (excluídas experiências lisérgicas alucinatórias), não cientificamente "contaminada", se afaste tão pouco da euclidianidade que nós o percebemos como euclidiano em todos os pontos, ainda que globalmente ele talvez não o seja.

Claro que experiências perceptuais podem em princípio mostrar que o espaço perceptual é não euclidiano se ele de fato o for. Por exemplo, poderíamos lançar um raio de luz numa direção e esse raio voltar até nós pelo lado oposto; isso provaria que o espaço é curvo e finito. Mas, se o espaço se afasta pouco da euclidianidade, essas experiências não estão disponíveis à percepção bruta, requerer-se-iam instrumentos sofisticados de observação no contexto de teorias físicas sofisticadas e aí já não estamos mais falando de espaço meramente perceptual. Enfim, até onde se pode perceber, no domínio da nossa experiência normal, o espaço perceptual é euclidiano.

A estrutura geométrica do *espaço físico*, por outro lado, depende de que estrutura é mais *conveniente* atribuir ao espaço da perspectiva do *sistema da ciência como um todo*. A percepção, no entanto, impõe condições-limite: seja qual for a estrutura que se queira impor ao espaço das ciências físicas, ele, o espaço físico, tem que ser consistente com a experiência perceptual, ou seja, ele tem que ser localmente euclidiano na escala da percepção humana.

A teoria geral da relatividade de Einstein é uma teoria geométrica da gravitação que substitui forças gravitacionais num espaço euclidiano por movimento inercial num espaço-tempo não euclidiano. Segundo essa teoria, a distribuição de matéria e energia no espaço físico em si metricamente informe determina a sua estrutura métrica. Esta, por sua vez, condiciona o movimento dos corpos, que nos aparecem *como se* estivessem reagindo a forças gravitacionais. Assim, para dar lugar a uma teoria da gravitação física mais adequada, não se impõe ao espaço (espaço-tempo) físico nenhuma estrutura métrica predeterminada, deixando-a a cargo do conteúdo substancial do espaço. Supõe-se apenas que, em si mesmo, o espaço físico tem uma estrutura *riemanniana*, estando a particular estrutura métrica a cargo da substância que preenche o espaço.

A Geometria riemanniana é uma generalização simultânea das Geometrias euclidiana, hiperbólica e elíptica, e descreve um espaço abstrato genérico que suporta estruturas métricas ainda mais gerais que essas três.

Voltemos um pouco na História, pois antes de Riemann houve Gauss.

Quando Descartes e Fermat criaram a Geometria analítica, colocando a Álgebra a serviço da teoria do espaço, ainda não se havia inventado o *Cálculo infinitesimal*, a teoria matemática do movimento em seu sentido mais amplo. Obra conjunta de Newton e Leibniz, sendo a versão deste último a que logrou maior divulgação em virtude, provavelmente, da sua melhor notação, o Cálculo permite, dada uma grandeza y dependente de uma grandeza x e variável com essa (por exemplo, o espaço percorrido por um corpo móvel em função do tempo gasto em percorrê-lo), que se calcule a "velocidade" de variação da grandeza y com relação à grandeza x, chamada a *derivada* de y com relação a x (por exemplo, a velocidade do corpo).

O QUE É E PARA QUE SERVE A MATEMÁTICA   **375**

E, inversamente, dada a derivada, calcular a *integral*, ou seja, conhecida a "velocidade" com que y varia com relação a x, calcular como y depende de x conhecendo-se o valor de y para *algum* x dado (por exemplo, sabendo-se que o corpo está na posição x_0 no tempo t_0 e que sua velocidade varia no tempo segundo a função $v(t)$, pode-se calcular como a posição x varia no tempo t, ou seja, a função $x(t)$). A derivação é a operação central do chamado *cálculo diferencial*; a integração, do *cálculo integral*. Derivação e integração são operações inversas uma da outra – esse é o *teorema fundamental* do Cálculo.

O matemático Carl Friedrich Gauss deu um gigantesco passo adiante no campo da Geometria ao colocar o Cálculo diferencial a seu serviço, inventando assim a chamada *Geometria diferencial*. Seu objeto inicial de estudo eram as curvas e superfícies do espaço tridimensional usual e um dos seus problemas, determinar a *curvatura* local de curvas e superfícies, ou seja, quão, em cada um dos seus pontos, curvas se afastam de retas e superfícies se afastam de planos. É fácil ver como o cálculo diferencial pode ser útil para esse fim. Afinal, a derivada de uma função $y(x)$ num ponto x_0 qualquer do seu domínio nos dá a *inclinação* da reta tangente ao gráfico dessa função no ponto x_0 – o *gráfico* de uma função que a cada x associa um y é o conjunto dos pontos (x, y) do plano cartesiano, onde pontos correspondem a pares de números. Ora, se calcularmos a derivada *segunda* de y com relação a x, ou seja, a derivada da derivada no ponto x_0 teremos a "velocidade" com que a reta tangente varia nesse ponto, o que dá uma medida de quanto o gráfico da função nesse ponto x_0 se afasta de uma reta, cuja tangente não varia, ou, dito de outro modo, da *curvatura* do gráfico da função em x_0. Obviamente, a curvatura pode variar de ponto a ponto. Claro que a teoria é mais bem articulada do que isso, mas a ideia central é essa. Pode-se generalizar a noção de curvatura para superfícies e para o próprio espaço. Riemann (2007) irá generalizá-la mais ainda, para espaços abstratos de dimensão maior do que três.

Como se vê, o estudo da Geometria de curvas e superfícies com a utilização do cálculo diferencial exige que objetos geométricos sejam representados analiticamente. Curvas contínuas, por exemplo, são representáveis como gráficos de funções contínuas. Tais representações exigem números reais, cuja sucessão contínua é capaz de expressar a continuidade geométrica.

Quando curvas e superfícies estão imersas no espaço euclidiano tridimensional usual, elas herdam a métrica desse espaço. Podemos, por exemplo, associar números a pontos de uma curva contínua qualquer tomando um dos seus pontos como *ponto inicial* (o marco zero) e associando a cada ponto ao longo da curva o número que corresponde à sua *distância* ao ponto inicial calculada *sobre a curva*, exatamente como se marcam os quilômetros ao longo de uma estrada. Dessa forma, pontos da curva são nomeados por números de tal forma que a nomeação fornece informação sobre distâncias *sobre* a curva.

Suponhamos agora uma situação geral em que nos é dada uma curva, mas que não sabemos em que tipo de espaço ela está imersa, ou mesmo se está, de fato, imersa em algum espaço, e nossa tarefa é coordenar seus pontos a números. Como a curva é *contínua*, podemos associar seus pontos a números *reais* arbitrariamente, mas de modo que pontos vizinhos sejam associados a números vizinhos, ou seja, preservando na estrutura topológica do domínio dos números que representam a curva a estrutura topológica da curva. Agora, há diferentes maneiras de definir comprimento ao longo dessa curva. O modo mais geral de fazer isso é definindo métricas locais, ou seja, determinando para cada ponto ao longo da curva como se medem distâncias na sua vizinhança. Dá-se uma função *contínua* $g(p)$, onde p é o número associado ao ponto P e $g(p)$ um número real *positivo* tal que a distância ds entre o ponto p e o seu vizinho $p + dr$ seja dada por $ds = g(p)dr$.

Riemann propôs uma generalização radical dessas ideias. Em vez de curvas e superfícies, isto é, espaços de dimensão, respectivamente 1 e 2, ele considerou espaços abstratos, ou *multiplicidades contínuas* de dimensão finita n arbitrária, onde n é um número inteiro positivo qualquer. O espaço euclidiano tridimensional usual e os espaços das Geometrias hiperbólica e elíptica são particularizações desse conceito.

O QUE É E PARA QUE SERVE A MATEMÁTICA   **377**

Pode-se coordenar os pontos de uma multiplicidade riemanniana de dimensão n por n-uplas ordenadas de números reais $(x_1,$
..., $x_n)$ com a ressalva de que pontos diferentes têm pelo menos
uma coordenada diferente e que pontos próximos têm coordenadas
próximas. As n-uplas $(x_1, ..., x_n)$ são simplesmente *nomes* de pontos
da multiplicidade n-dimensional que guardam informações sobre a
sua estrutura topológica, mas não sobre a sua métrica. Dados dois
nomes, sabemos se os pontos que eles nomeiam estão "próximos"
ou "afastados", mas não sabemos a distância entre eles. Novamente,
a coordenação leva em consideração apenas que se trata de multiplicidades contínuas e que pontos "próximos" devem receber nomes
próximos. A *estrutura métrica* de tal multiplicidade é dada por um
tensor $g_{\mu\nu}$ (um objeto matemático com n^2 componentes reais) definido ponto a ponto no espaço tal que, se P é o ponto $(x_1, ..., x_n)$ e P
+ dr é um seu vizinho de coordenadas $(x_1 + dx^1, ..., x_n + dx^n)$, sendo
dx^μ a contribuição da coordenada x_μ a dr, μ variando de 1 a n, então o
quadrado da distância ds de P a P + dr é dado por: $ds^2 = \sum g_{\mu\nu} dx^\mu dx^\nu$,
onde o símbolo $\sum$ denota uma soma sobre os índices μ e ν variando
cada um deles independentemente de 1 a n.

Num espaço euclidiano $g_{\mu\nu} = 1$ para todo par μ, ν com $\mu = \nu$ e 0
quando $\mu \neq \nu$ e, portanto, $ds^2 = dx_1^2 + ... dx_n^2$, que nada mais é do
que a expressão do teorema de Pitágoras para espaços euclidianos
n-dimensionais. A fórmula geral para ds é, portanto, a expressão
do teorema de Pitágoras generalizado para espaços *riemannianos*
n-dimensionais.

Toda a Geometria de uma multiplicidade riemanniana depende
do *tensor métrico* $g_{\mu\nu}$. Se nos restringirmos a espaços tridimensionais, $n = 3$ em que $g_{\mu\nu}$ tem nove componentes, mas nem todas são
independentes umas das outras (apenas seis são independentes), podemos definir $g_{\mu\nu}$ de modo a obter a Geometria euclidiana, as Geometrias não euclidianas ou mesmo Geometrias ainda mais gerais.

A noção de espaço riemanniano é a generalização mais ampla
da ideia de espaço geométrico abstraído e idealizado do espaço da
percepção sensorial que retém o caráter fundamental desse espaço,
uma multiplicidade contínua de pontos onde é possível medir distâncias

e *tamanhos*. Pode-se conceber "espaços" ainda mais gerais, discretos em vez de contínuas ou com noções mais gerais de distância. Assim, a imaginação formal matemática se desvencilha definitivamente da obrigação de se ater a idealizações extraídas da experiência perceptual, ficando livre para criar estruturas formais cuja única restrição é a consistência formal; elas podem ter quaisquer propriedades desde que essas propriedades não sejam contraditórias. Assim, como já disse, a Matemática torna-se uma ontologia formal, isto é, uma teoria de estruturas formais apenas em princípio passíveis, por serem consistentes, de receber algum conteúdo material definido.

Vemos, então, como a imaginação formal é capaz de gerar, tendo por base a idealização matemática de um aspecto abstrato da experiência perceptual, no caso o espaço da percepção, toda uma série de generalizações variando esse ou aquele aspecto específico do dado inicial; por exemplo, aumentando dimensões ou flexibilizando a métrica.

A Física newtoniana considerou adequado estender para todo o espaço físico a estrutura percebida do espaço da nossa experiência imediata com corpos rígidos; a estrutura métrica do espaço perceptual da experiência pré-científica foi desse modo, depois de devidamente idealizada matematicamente, entronizada como a estrutura métrica do espaço físico *em si*, o espaço absoluto da Mecânica newtoniana. Isso não é, como vimos, a rigor, justificado, visto que a percepção oferece acesso apenas à estrutura geométrica *local* do espaço objetivo da percepção.

Como não temos acesso *direto* ao espaço – somente através dos corpos no espaço nós podemos acessar a sua estrutura geométrica – e como, na melhor das hipóteses, nosso acesso é local, esse salto newtoniano extrapola os limites da experiência efetiva. O que tem a estrutura do espaço *para nós*, o espaço *relativo*, *imanente* e *local* da experiência perceptual, a ver com a estrutura *em si* do espaço físico *absoluto*, *transcendente* e *global*?

Em sua *Crítica da razão pura*, Kant (2015) resolveu esse problema com a teoria da idealidade transcendental do espaço. Ou seja, o espaço absoluto e sua estrutura seriam formas *a priori* da

O QUE É E PARA QUE SERVE A MATEMÁTICA   379

experiência perceptual; nós não as extraímos da experiência, nós as impomos à experiência. A estrutura que nossa experiência perceptual encontra no espaço, portanto, é necessariamente aquela que nós lhe impomos; a percepção não descobre a estrutura *contingente* do espaço – é assim, mas poderia ser diferente –, ela revela a estrutura *necessária* do espaço – é assim e só pode ser assim.

Essa primazia dada à percepção: o espaço que existe é o espaço que se percebe, se revelou inadequada no desenvolvimento histórico da ciência. A variância das leis do Eletromagnetismo, as leis de Maxwell, com relação à mudança de um referencial inercial para outro segundo as usuais transformações de Galileu, indicava a existência de um referencial privilegiado, supostamente o espaço absoluto newtoniano onde o suposto meio físico em que a radiação eletromagnética se propagava, o éter eletromagnético ou luminoso, estaria em repouso.

A falha na detecção de qualquer movimento relativo ao espaço absoluto e da presença do éter levaram à teoria especial da relatividade de Einstein, na qual se supõe que a luz no vácuo sempre tem a *mesma velocidade* em todos os referenciais inerciais (aqueles onde os corpos permanecem em repouso ou movimento uniforme em linha reta na ausência de forças) e se mostra que as transformações de coordenadas espaciais e temporais entre referenciais inerciais são diferentes das transformações de Galileu.

Isso teve como consequência o fim do éter e do espaço absoluto e a relativização de medições espaciais e temporais tomadas isoladamente: apenas a "distância" medida no espaço-tempo é invariante quando se muda de um referencial inercial para outro; apenas o espaço-tempo quadrimensional onde o tempo e o espaço estão intimamente correlacionados, não o espaço e o tempo cada um isoladamente, tem realidade objetiva. Mas na teoria especial da relatividade o espaço-tempo ainda tem uma estrutura geométrica euclidiana (ou quase euclidiana, se se leva em consideração o sinal negativo da componente temporal da "distância" ds no espaço-tempo: $ds^2 = dr^2 - c^2dt^2$, onde r é a posição espacial, t a componente temporal e c a velocidade da luz no vácuo. Se, porém, substituirmos t pela variável

$\tau = ict$, onde i é a unidade imaginária, então $d\tau^2 = -c^2 dt^2$ e o elemento de "comprimento" toma a forma euclidiana usual $ds^2 = dr^2 + d\tau^2$).

A teoria geral da relatividade, por sua vez, eliminará de vez o *pressuposto* de que o espaço físico é necessariamente euclidiano.

Newton havia observado, mas não explicado por que, a *massa gravitacional* dos corpos, responsável pelo fato de que corpos exercem forças gravitacionais sobre outros corpos, e a *massa inercial*, responsável pela resistência que os corpos oferecem à mudança do seu estado de movimento, são iguais. Uma consequência dessa igualdade é o fato observado por Galileu que todos os corpos caem sob a ação da gravidade com a mesma aceleração independentemente do seu peso.

A igualdade fatual entre massa gravitacional e massa inercial foi o ponto inicial da investigação que levou Einstein à sua opera magna, a teoria geral da relatividade, uma teoria geométrica da gravitação, como já dissemos. Mas, antes de falar dela, notemos um fato extremamente interessante. Riemann termina o ensaio em que introduz a ideia de Geometria riemanniana – na verdade, a sua tese de livre-docência, "On the Hypotheses That Lie at the Foundations of Geometry", de 1854 –, com a observação de que a métrica do espaço, o tensor $g_{\mu\nu}$, basicamente, "deve ser buscada fora dele, nas forças de coesão agindo sobre ele" (Riemann, 2007, p.33). Essa é uma premonição da teoria que Einstein irá criar sessenta anos depois.

Nessa teoria, o espaço-tempo é uma multiplicidade riemanniana e sua métrica é dada precisamente por algo exterior a ele, a distribuição de matéria e energia. As dez componentes independentes do tensor métrico $g_{\mu\nu}$ (que tem $4^2 = 16$ componentes, mas só dez independentes, porque $g_{\mu\nu} = g_{\nu\mu}$, para todos os μ, $\nu = 0$, 1, 2, 3) são exatamente as componentes do potencial gravitacional. Assim, forças gravitacionais "surgem" da estrutura métrica do espaço-tempo, induzida esta pela distribuição de matéria e energia no mundo.

A métrica do espaço-tempo $ds^2 = \sum g_{\mu\nu} dx^\mu dx^\nu$ se afasta da métrica euclidiana na presença de matéria e energia, mas pode-se *sempre* encontrar *localmente* um sistema de referência (na teoria geral da relatividade todos os sistemas de referência, inerciais ou não, são equivalentes para descrever a realidade) em que as componentes do

O QUE É E PARA QUE SERVE A MATEMÁTICA   381

tensor métrico $g_{\mu\nu}$ se reduzem a 1 ou -1 quando os índices são iguais e a 0 quando são diferentes e a teoria especial da relatividade, com a estrutura quase euclidiana do espaço-tempo, se aplica. Ou seja, localmente, o espaço-tempo é (quase) euclidiano e a relatividade especial se aplica.

A estrutura euclidiana do espaço da *percepção* é levada em consideração, mas não é imposta ao espaço *físico* como um todo, cuja estrutura métrica é deixada à determinação da ciência e à *melhor* teoria da realidade física. Em nível global, só a estrutura topológica do espaço perceptual é preservada: o espaço (resp., espaço-tempo) é uma multiplicidade contínua tridimensional (resp., tetradimensional) em si mesma uniforme (isotrópica e homogênea). Da estética transcendental de Kant, isto é, da teoria kantiana do espaço e do tempo como formas *a priori* da percepção sensível só a verdade se mantém que a experiência do mundo é *necessariamente* uma experiência no quadro do *espaço* e do *tempo*, respectivamente as formas da *coexistência* e da *sucessão*.

Se o espaço físico objetivo é contínuo, quantas dimensões ele tem e qual é a sua estrutura métrica só a experiência *efetiva* e a ciência podem conjuntamente determinar. É possível em princípio, acredito, que nossa *percepção* espacial fosse não euclidiana ou que a ciência pudesse eventualmente desenvolver teorias em que espaço e tempo fossem discretos ou que o espaço tivesse mais do que três dimensões, desde que na escala da percepção humana, levando em consideração as suas limitações *vis-à-vis* as idealizações da Matemática, eles tenham localmente a estrutura que nós efetivamente percebemos.

Que uma generalização da noção de espaço euclidiano desenvolvida sem nenhuma aplicação em vista tenha tido tal e tamanha utilidade para a teoria que coroa a Física clássica não revela nenhuma conexão mística entre Matemática e realidade ou uma harmonia preestabelecida entre elas, como querem alguns. *Apenas* por ser mais geral, por não predeterminar uma estrutura métrica, é que a Geometria riemanniana possibilita que Einstein condicione a métrica do espaço às coisas que estão no espaço, unindo Física e Geometria, força

382 JAIRO JOSÉ DA SILVA

gravitacional e estrutura métrica, e assim *explicando* a identidade verificada entre massa gravitacional e massa inercial.

Isso foi devidamente apreciado por Hermann Weyl, que em seu magistral *Space – Time – Matter* [Espaço – Tempo – Matéria], de 1918, tentou um *approach* geométrico ainda mais geral, que deixava em aberto não apenas a métrica, mas outras determinações geométricas do espaço-tempo que poderiam, ele esperava, estar ligadas a forças eletromagnéticas como a métrica estava ligada a forças gravitacionais. Seu *approach* não foi de todo bem-sucedido, mas abriu possibilidades que iriam se revelar importantes mais tarde em teoria quântica (as chamadas teorias de gauge).

Assim como a palavra justa que o poeta encontra, e que cabe perfeitamente no seu verso, já existia antes, não tendo sido criada a propósito por ele para seus fins expressivos, a Geometria riemanniana é apenas a Geometria justa para a teoria geral da relatividade. Assim como não há harmonia preestabelecida entre língua e poesia, não o há entre Matemática e ciência. Quando se lançou à tarefa de generalizar a teoria restrita da relatividade, Einstein sequer conhecia a Geometria riemanniana. Esta lhe foi indicada por colegas como o contexto matemático adequado para expressar suas ideias fundamentais, a completa equivalência de todos os sistemas de referência na descrição do mundo e a covariância ou invariância formal das leis da Física ao se mudar de um sistema de referência a outro. A Geometria riemanniana, ao lançar mão de coordenadas gerais arbitrárias e ter tido, assim, que se precaver da influência do particular sistema considerado nas leis geométricas já tinha desenvolvido métodos que serviam perfeitamente para as análogas finalidades de Einstein. Nada mais natural, portanto, que Einstein escolhesse essa Geometria para o desenvolvimento da teoria geral da relatividade. E nada menos misterioso, assim como usar um martelo para abrir um buraco na parede. Esse instrumento foi inventado para outro fim, introduzir pregos em superfícies duras, mas por aumentar a força e a rigidez do braço ele serve a ambas as finalidades.

A Geometria nasceu como uma tecnologia de necessidades da vida prática, transformando-se posteriormente em ciência pura,

O QUE É E PARA QUE SERVE A MATEMÁTICA   **383**

não mais às voltas com o espaço físico, mas com um espaço propriamente geométrico abstraído do espaço físico e idealizado. A Geometria euclidiana pôde fornecer instrumentos matemáticos para a ciência empírica criada por Galileu porque nessa ciência o espaço físico foi *substituído* por uma idealização matemática. Os matemáticos, por sua vez, a quem não cabe investigar a natureza, mas estruturas abstratas livremente inventadas, lograram produzir por variação imaginária a partir da Geometria euclidiana outras Geometrias, quer pela negação do quinto postulado de Euclides, quer por depuração estrutural, como a Geometria projetiva, que ignorando determinações métricas se concentra sobre relações de incidência e colinearidade, ou, ainda, por generalização, como as Geometrias riemannianas, multidimensionais e com métricas mais gerais. Mas, contrariamente ao que muitos acreditam, raramente os matemáticos criam teorias e estruturas por mero prazer estético. A aplicabilidade, tanto em Matemática quanto em ciência, está sempre no horizonte, pois *toda Matemática é teleologicamente orientada a aplicações*.

Por exemplo, as Geometrias não euclidianas, como vimos, podem ser empregadas em teoria das funções e a Geometria riemanniana, em Física. Que uma Geometria possa ter aplicações em teorias que nada têm de geométricas é um fenômeno perfeitamente compreensível, que não encobre nenhum mistério.

Os termos "ponto", "reta" e "plano" de uma teoria geométrica qualquer podem denotar aquilo que usualmente expressamos com esses nomes, mas também quaisquer outras coisas, desde que haja entre essas coisas relações que satisfazem os postulados da Geometria em questão. Como disse Hilbert, por "ponto", "reta" e "plano" podemos muito bem estar querendo dizer mesa, cadeira e garrafa de cerveja, e se em minha casa eu chamo cadeira de "ponto" e mesa de "reta" e cada mesa sempre tem pelo menos duas cadeiras junto dela, se eu chamo estar junto de "pertence", então na minha casa a cada reta pertencem pelo menos dois pontos. Como somos livres para interpretar os termos que denotam os objetos e as relações de uma Geometria por aquilo que desejarmos, então podemos aplicar essa Geometria a qualquer contexto que quisermos, desde que nossa interpretação obedeça ao disposto nos postulados da Geometria.

Em termos os mais gerais possíveis, uma teoria matemática trata de objetos em relação. Às vezes, esses objetos e relações estão materialmente determinados, nós sabemos o que eles são. Por exemplo, a Geometria física trata do espaço físico idealizado, "pontos" são regiões do espaço físico tão pequenas que podemos imaginá-las sem dimensão etc. Outras vezes, objetos e relações são entidades puramente formais, nós sabemos *apenas* que são objetos e relações e além das propriedades que a teoria diz que eles têm, nós *nada mais* sabemos sobre eles, não porque algo nos impede de saber mais, mas porque *não há* nada mais a ser sabido. Objetos e relações formais estão apenas *formalmente determinados* e a teoria que trata deles e os determina apenas formalmente se diz uma *teoria formal*.

Teorias formais admitem várias interpretações diferentes, sendo uma *interpretação* uma *particular* atribuição de conteúdo material aos objetos e relações a que a teoria se refere direta ou indiretamente, simplesmente por mencioná-los. Isso é apenas uma maneira de dizer que escolhemos particulares objetos e relações para serem os objetos e relações a que a teoria se refere, desde, claro, que esses objetos e relações obedeçam ao disposto nos postulados da teoria. Se, por exemplo, a teoria predispõe que há uma relação binária transitiva entre os objetos do domínio e eu decido que o domínio é o conjunto dos números naturais e a relação é a relação "menor do que", então a interpretação é válida porque, de fato, a relação "menor do que" é transitiva: se a é um número natural menor do que b e b um número natural menor do que c, então a é menor do que c. Por outro lado, se quero que o domínio seja o conjunto das pessoas e a relação, a relação "filho de", então a interpretação *não* é válida, pois "filho de" não é transitiva: se a é filho de b e b é filho de c, então a *não* é filho de c (a menos de perversas relações familiares).

Mesmo que as entidades de uma teoria sejam materialmente determinadas, em cujo caso a teoria se diz *interpretada*, é sempre possível lhes dar outras interpretações. Ou seja, é sempre possível

O QUE É E PARA QUE SERVE A MATEMÁTICA **385**

reinterpretar a teoria de um dado domínio de entidades como a teoria de outro domínio se os objetos e relações desse outro domínio *também* satisfazem as determinações que a teoria impõe, devidamente reinterpretadas para se referir a essas novas entidades.

Diferentes interpretações de uma mesma teoria podem ou não ser isomorfas. Quando dois domínios são isomorfos e um deles satisfaz uma teoria, então *certamente* o outro também a satisfaz. Ou seja, se um domínio é uma interpretação possível de uma teoria, então qualquer domínio isomorfo a ele também é uma interpretação possível dessa teoria, embora possa acontecer também que teorias tenham interpretações não isomorfas.

Suponhamos então que temos uma teoria formal como a Geometria hiperbólica já suficientemente bem desenvolvida, ou seja, que já derivamos, por meios exclusivamente lógicos, uma quantidade razoável de consequências lógicas e, portanto, necessárias, dos postulados formais da teoria. Foi o que fizeram Lobachevski e Bolyai, que, ao tentar demonstrar o quinto postulado de Euclides por absurdo, procurando derivar uma contradição da sua negação, se deram conta de que estavam, na verdade, derivando teoremas de uma nova Geometria, a Geometria hiperbólica.

Suponha agora que podemos encontrar um domínio de objetos em relação, por exemplo, funções de um certo tipo e relações entre elas, que fazem o papel de pontos e relações entre pontos da Geometria hiperbólica, ou seja, que esse domínio constitui uma interpretação válida da Geometria hiperbólica. Podemos, então, afirmar *com certeza* que *todas* as verdades que já tínhamos derivado nessa Geometria, além de todas as que *podem* ser derivadas, serão, com a devida interpretação, verdadeiras também no novo domínio, qualquer que ele seja. Nisso consiste uma *aplicação* da Geometria hiperbólica.

Note, entretanto, que nem sempre vale o caminho inverso. Tudo o que é demonstrado numa teoria vale em todas as suas interpretações, mas o que vale em uma interpretação, mas não é consequência da teoria, pode não valer em outra interpretação. Porém, independentemente de qualquer teoria, se dois domínio são isomorfos, tudo o que é verdadeiro em um e pode ser reinterpretado no outro pela relação que o isomorfismo estabelece entre ambos será também verdadeiro no outro.

Esses fatos estão na base de algumas estratégias de investigação matemática.

Por exemplo, suponha que num exercício de criatividade os matemáticos inventaram uma teoria matemática em si mesma logicamente consistente, mas sem nenhum domínio material predeterminado que ela pretende descrever, ou seja, uma criação puramente formal. Exemplos concretos de tais atos de criatividade são a invenção da Geometria riemanniana, a generalização da Geometria diferencial de Gauss, que já encontramos, e da Geometria hiperbólica, como dissemos, quase um acidente de percurso nas tentativas de se demonstrar por absurdo o quinto postulado de Euclides.

Imaginemos agora que algum particular domínio de objetos se apresenta, que é uma interpretação permitida dessa teoria formal, um domínio que a teoria descreve nos limites das suas possibilidades expressivas. Por exemplo, a estrutura do espaço-tempo físico segundo a teoria geral da relatividade como uma instanciação de uma particular Geometria riemanniana. Os teoremas da teoria formal transformam-se assim, imediatamente, em verdades desse domínio, tudo o que é demonstrável na teoria é ipso facto uma verdade do domínio. Portanto, ao examinar as consequências *lógicas* de *possibilidades* formais, o matemático predetermina o que deve *necessariamente* ser verdadeiro em *qualquer* domínio materialmente determinado que realize tais possibilidades.

Por tudo isso, quanto *mais liberdade* se dá ao matemático, melhor. Quanto mais ele exercita a sua criatividade na invenção de teorias formais sem nenhuma aplicação predeterminada, *mais provável* se torna a aplicabilidade das suas invenções. Claro, com mais teorias formais disponíveis, fica mais fácil encontrar alguma que sirva de teoria de um domínio qualquer preexistente que queiramos investigar.

Esse domínio pode ser tanto uma idealização matemática de algum aspecto da realidade empírica quanto um domínio matemático qualquer, e, ainda que uma teoria matemática não tenha aplicações na ciência empírica, ela as pode ter na própria Matemática. Como

O QUE É E PARA QUE SERVE A MATEMÁTICA 387

sabemos, antes que os números complexos se revelassem úteis ou mesmo indispensáveis na formulação matemática da Mecânica quântica, eles mostraram a sua utilidade na teoria das equações algébricas e em diversos outros campos da Matemática pura.

O fato de que muitas vezes a teoria matemática adequada para a expressão formal de aspectos abstratos matematicamente idealizados do mundo empírico já esteja disponível como teoria de algum domínio matemático que não tem nenhuma similaridade material com esse domínio de realidade *antes* que esses aspectos da realidade sejam investigados revela, antes que um mistério, o fato banal de que domínios matemáticos diferentes, incluindo idealizações matemáticas da realidade, têm entre si, em algum nível de descrição, suficiente similaridade formal e que os matemáticos puros já fizeram o seu trabalho, colocando à disposição da ciência e da Matemática um número razoável de teorias de estruturas matemáticas possíveis. Portanto, a eficiência de uma teoria matemática para a compreensão científica do mundo revela tão pouco de uma suposta correlação mística entre criatividade matemática e estrutura formal-matemática da realidade quanto a utilidade de um martelo para abrir buracos na parede revela uma inata disposição para inventar instrumentos que abrem buracos em quem inventou o martelo apenas para pregar pregos. Ademais, sempre há teorias matemáticas, frutos da mesma criatividade, que não têm nenhuma utilidade prática ou científica. Por exemplo, a teoria de números, que antes de vir a ter algum interesse para a teoria da computação era pouco mais do que um exercício de virtuosismo matemático, com praticamente nenhuma utilidade dentro ou fora da Matemática.

Ainda que todo teorema de uma teoria seja verdadeiro em todas as interpretações da teoria, nem sempre toda verdade de uma *particular* interpretação pode ser demonstrada na teoria, a menos que essa teoria seja completa nessa interpretação.[4] Por definição, uma teoria é *completa num domínio* quando é capaz de demonstrar apenas com

---

4 As verdades do domínio que não são exprimíveis na linguagem da teoria não são, evidentemente, decidíveis na teoria.

388 JAIRO JOSÉ DA SILVA

os seus recursos lógicos toda asserção verdadeira no domínio que faz sentido na teoria.[5]

A busca por teorias completas de domínios específicos responde ao interesse *lógico* de reduzir a noção de *verdade* em um domínio à noção de afirmação *demonstrável* na teoria do domínio. Às vezes isso é bem-sucedido, às vezes, não. Sabemos, por exemplo, que não há uma teoria completa do domínio dos números naturais com as usuais operações aritméticas. A obtenção de teorias completas, porém, não é um objetivo propriamente *matemático*; a investigação matemática de um domínio qualquer de interesse não busca necessariamente o confinamento teórico. Ela prefere a liberdade de poder introduzir novos pressupostos e mais fortes ferramentas de investigação quando a necessidade se apresenta. Se uma asserção qualquer referente ao domínio se mostra indecidível numa teoria desse domínio, pode-se sempre estender essa teoria para que uma decisão a respeito *dessa* asserção, pelo verdadeiro ou pelo falso, seja obtida. E há muitos modos de fazê-lo, por uma melhor compreensão intuitiva do domínio nos limites da linguagem original da teoria ou por uma extensão dessa linguagem, acompanhada de um enriquecimento estrutural do domínio (pode-se, por exemplo, resolver problemas aritméticos recalcitrantes enriquecendo o domínio numérico por estruturas susceptíveis de tratamento analítico ou algébrico).

Há outros meios ainda para se decidir pela veracidade ou pela falsidade de alguma asserção indecidível num dado domínio, abandonar esse domínio por outro, em alguma medida formalmente análogo e no limite idêntico a ele (caso esse da isomorfia). É possível que

---

5 Há uma noção de completude aparentemente mais geral, mas, na verdade, equivalente a essa. Uma teoria é *sintaticamente completa* quando é capaz de decidir qualquer asserção expressa na sua linguagem, ou seja, quando ela é capaz de demonstrar essa asserção ou a sua negação (mas, claro, não ambas, se a teoria for consistente). Uma teoria é sintaticamente completa quando, e apenas quando, for completa em alguma das suas interpretações. Em outras palavras, uma teoria é capaz de demonstrar todas as verdades de uma interpretação sua que podem ser expressas na sua linguagem se, e apenas se, ela for capaz de decidir pelos meios lógicos à sua disposição toda asserção expressa nessa linguagem.

O QUE É E PARA QUE SERVE A MATEMÁTICA 389

a teoria desse novo domínio seja mais eficiente ou que ele seja mais intuitivamente acessível.

Como se vê, os fatos que teorias matemáticas, inclusive aquelas cujos domínios são aspectos abstratos idealizados da realidade empírica, admitem interpretações materialmente distintas e que domínios materialmente diferentes podem ser formalmente análogos (em particular, os domínios isomorfos) desempenham importante função na estratégia investigativa da Matemática e da ciência matemática da natureza e *explicam* as vantagens teóricas da matematização em ciência.

Na base do amplo espetro de aplicações da Matemática está o fato de que ela é uma ciência essencialmente formal. Isso quer dizer que seus verdadeiros objetos de estudo não são os eventuais objetos materialmente determinados aos quais ela se refere diretamente, mesmo que eles existam, o que nem sempre é o caso se as teorias forem puramente formais, mas as formas abstratas que esses objetos instanciam. Seja materialmente determinada, seja puramente formal, sem interpretação privilegiada, uma teoria matemática é invariavelmente a teoria de uma *estrutura* abstrata materialmente vazia e ideal, identicamente a mesma, ainda que multiplamente encarnada. Frequentemente se apresentam certos domínios cujas estruturas parecem interessantes o suficiente para o escrutínio matemático, por exemplo, o domínio numérico. O que faz de uma estrutura – um sistema de relações – puramente formal ou instanciada em algum domínio determinado de objetos uma estrutura *matemática* é o interesse matemático que ela desperta, quer por si mesma, quer pelos objetos que a instanciam. Uma vez disponível uma caracterização adequada desse domínio, ou seja, uma vez identificadas e expressas em linguagem conveniente as suas propriedades ou características essenciais, uma teoria do domínio está dada. Essa teoria, na medida em que expressa apenas as propriedades que os objetos do domínio têm em suas relações recíprocas, é sempre uma descrição da *estrutura* do domínio, uma *descrição estrutural*. Por abstração (desinterpretação ou desmaterialização) dos termos dessa teoria, mantidas as propriedades formais das relações entre eles, obtém-se uma teoria formal que pode, em princípio, ser reinterpretada em outro contexto se se pode dar aos termos da teoria uma interpretação nesse contexto que satisfaz as estipulações formais que a abstração preserva. Em outras palavras, uma descrição estrutural de qualquer domínio estruturado particular é, concomitantemente, uma descrição estrutural de *todos* os domínios onde essa descrição, uma vez abstraída do seu conteúdo material, pode ser reinterpretada, ou seja, adquirir *outro* conteúdo material.

Isso vale para qualquer teoria linguisticamente expressa, não apenas teorias matemáticas. Se algumas teorias empíricas não se prestam a reinterpretações é porque ou são muito específicas de um particular contexto ou não estão desenvolvidas o suficiente para poderem se desligar do contexto original. Talvez nem todos os conceitos relevantes tenham sido identificados, talvez nem todas as verdades fundamentais tenham sido descobertas, talvez não se tenha ainda encontrado uma linguagem adequada para a expressão das verdades da teoria. A Matemática, porém, cujos conceitos são os mais fundamentais, e em certo sentido os mais simples – número, forma, conjunto, ordem, correspondência, permutação, simetria etc. –, não tem em geral dificuldade em detectar e expressar adequadamente as verdades fundamentais desses conceitos e prover, assim, teorias formais interpretáveis em quaisquer contextos em que esses conceitos ou conceitos formalmente análogos a eles sejam definíveis.

Suponhamos, portanto, um determinado domínio de interesse teórico dado para o qual desenvolvemos uma teoria que não é, porém, completa no domínio. Ou seja, existem asserções que fazem sentido nesse domínio, mas que não são decidíveis na teoria que temos. Isso quer dizer que essa teoria precisa ser estendida para por fim decidir pela veracidade ou pela falsidade da asserção indecidível na teoria original. Como fazê-lo? Já vimos que podemos tentar estender a teoria por intuição conceitual ou então procurar por domínios isomorfos ao domínio original onde o acesso intuitivo seja mais fácil. Uma estratégia heurística, mas não logicamente garantida, é ver como a asserção indecidível se comporta em *outras* interpretações da teoria. Se for verdadeira (resp., falsa) nessas outras interpretações, podemos

O QUE É E PARA QUE SERVE A MATEMÁTICA 391

conjecturar que ela é verdadeira (resp., falsa) também no domínio original e juntá-la (resp., a sua negação) à teoria. Mas, ainda que não sejamos tão ousados, o exame de outras interpretações da teoria de um domínio dado pode ser um instrumento heurístico importante. Nós o vimos funcionando quando Maxwell buscava compreender o fenômeno de armazenamento de energia em dielétricos investigando modelos mecânicos da teoria eletromagnética. Isso não seria possível se teorias matemáticas e científicas não tivessem caráter essencialmente formal e não fossem, portanto, capazes de reinterpretações.

O caso em que há domínios isomorfos ao domínio de interesse é o mais interessante, ainda que mais raro. Suponhamos então que há um domínio isomorfo a um domínio qualquer de interesse teórico. Nesse caso, como já vimos, pode-se transferir o estudo do domínio original para esse outro domínio. Essa transferência, no entanto, só tem interesse quando o domínio substituto oferece melhor acesso intuitivo ou admite melhores instrumentos de investigação. Já vimos exemplos do uso de cópias numéricas isomorfas ao domínio geométrico para a resolução de problemas geométricos.

Nem sempre a transferência do problema se dá diretamente para um domínio isomorfo ao domínio de partida; às vezes muda-se para um contexto mais geral que contém, porém, um subdomínio isomorfo ao original. O problema é generalizado e sua solução se dá no contexto mais amplo, mas dessa solução se infere a solução do problema particular, restrito ao subdomínio isomorfo àquele de partida e, portanto, também a solução do problema no contexto original.

O exemplo mais comum dessa estratégia é a abordagem a problemas referentes a números reais com o uso de números complexos, cujo domínio, porém, admite um subdomínio isomorfo aos reais. Os algebristas italianos do século XVI que descobriram o método e o usaram extensivamente na resolução de equações algébricas não sabiam *por que* ele funcionava, só sabiam *que* funcionava.

Não há, porém, nenhum mistério aqui, a resolução de equações por radicais não envolve em nenhum momento a natureza dos números, apenas as suas propriedades *operatórias*. Como o domínio mais amplo dos números complexos tem um subdomínio isomorfo

392 JAIRO JOSÉ DA SILVA

ao domínio de partida, os reais, o problema original pode ser traduzido num problema gêmeo nesse subdomínio que, por sua vez, pode ser abordado como um problema do domínio mais amplo por métodos inacessíveis no domínio original. O domínio complexo ampliado possibilita a realização de operações (em particular a radiciação) que podem não ter significado no domínio original. Se a solução do problema gêmeo no contexto mais amplo pertence ao subdomínio isomorfo ao domínio dos reais, a sua tradução para o domínio de partida é a solução do problema original.

O uso da fórmula de Euler $e^{i\theta} = \cos\theta + i\mathrm{sen}\theta$ para a demonstração de identidades trigonométricas entre números reais é outro exemplo bastante conhecido em que os complexos entram como instrumentos auxiliares. A "passagem pelo imaginário" tem por objetivo utilizar propriedades formais desse domínio e as relações entre ele e o domínio dos reais. A intromissão dos imaginários não apresenta nenhum risco, uma vez que as propriedades operatórias dos números imaginários respeitam as propriedades operatórias dos números reais.

Por exemplo, da identidade de Euler deriva-se facilmente a identidade de Moivre: $(\cos \theta/n + i\mathrm{sen}\theta/n)^n = (e^{i\theta/n})^n = e^{i\theta}$. Logo, $(\cos\theta/3 + i\mathrm{sen}\theta/3)^3 = \cos\theta + i\mathrm{sen}\theta$. Desenvolvendo o primeiro termo da identidade e igualando a parte real de ambos os termos se tem que: $\cos^3\theta = 3/4\cos\theta + 1/4\cos3\theta$, uma identidade trigonométrica bastante útil entre números reais derivada de uma identidade entre números complexos, obtida esta de uma propriedade de funções complexas, no caso, a função exponencial.[6]

O uso da Análise Complexa em teoria dos números é outro exemplo da imensa utilidade dos números complexos e, em geral, da estratégia de se traduzir um problema em outro, expresso num contexto mais amplo, com mais recursos teóricos, cuja solução leva à solução do problema original. Isso é possível porque para a Matemática apenas a estrutura formal dos seus domínios importa e uma *mesma* estrutura formal pode ser indiferentemente instanciada em

---

6 Ver Nahin, 1998.

O QUE É E PARA QUE SERVE A MATEMÁTICA **393**

diferentes contextos. Ou, em outras palavras, porque *a matemática é uma ciência formal*.

A natureza formal da Matemática dá ao matemático um direito que nenhum cientista natural tem, o de inventar os seus próprios domínios. O físico tem por objeto de estudo a natureza que lhe é dada na percepção e, ainda que possa selecionar os aspectos dessa natureza que está disposto a estudar e idealizá-los para fins metodológicos, ele não pode inventar uma natureza. Ou, para ser mais exato, pode, mas para isso precisa da Matemática e deve até prova em contrário restringir suas invenções teóricas à dimensão metodológica, não ontológica, da sua investigação.

Como ontologia formal a Matemática tem por finalidade *inventar* estruturas formais consistentes que *podem em princípio* se manifestar em *algum* domínio materialmente determinado, quer dizer, de objetos de um tipo ontológico específico. E há essencialmente apenas um modo de se inventar estruturas formais, inventando uma teoria que as descreva. Assim, o ato criador matemático por excelência tem a forma geral de um *fiat*: seja um domínio de objetos quaisquer, não importa quais, onde as seguintes propriedades são verdadeiras..., seguindo-se um elenco de propriedades apenas formalmente determinadas expressas numa linguagem qualquer que o matemático criador julga apropriada. São essas propriedades que constituem a base, os axiomas da teoria desses objetos concebidos apenas formalmente. Compete a essa teoria derivar em contexto puramente lógico as consequências das propriedades fundamentais enunciadas no ato criador. Nesse *fiat* a natureza material dos objetos lançados à existência é deixada completamente em aberto, não interessa o *que* eles são, podem ser quaisquer coisas. Só as propriedades que essas coisas têm interessam, propriedades que também têm natureza puramente formal, uma vez que não é dito que coisas as instanciam.

Por exemplo, a definição da noção de grupo nos diz que um grupo é um conjunto de objetos – não se diz de que tipo – em que uma operação está definida – não se diz qual ou como – que tem as propriedades associativa, existência de elemento inverso e existência de elemento neutro. Mais não é dito.

O que exatamente, no caso dos grupos, está sendo assim definido? Não uma estrutura matemática em sentido estrito, pois como entendo essa noção, *uma estrutura matemática é aquilo que domínios matemáticos isomorfos têm em comum*, e nem todos os grupos são isomorfos. Um grupo particular é apenas um conjunto particular com uma particular operação nele definida com as propriedades requeridas. Por exemplo, o grupo P_5 das permutações de cinco objetos com a operação de composição de permutações. Esse grupo tem 5! = 120 elementos e sua estrutura formal se instancia indiferentemente em qualquer outro grupo isomorfo a ele, com possivelmente outros elementos e outra operação. O que a teoria de grupos define, então, é uma *família de estruturas*, que como toda família tem membros às vezes bastante diferentes uns dos outros, mas que mantém uns com os outros, se não sempre todos com todos, traços de semelhança. Nos grupos, assim como nas famílias, um traço porém é comum: são todos grupos, assim como todos os membros de uma família são membros de *uma mesma* família. Apenas quando uma teoria é *categórica*, ou seja, quando todas as suas realizações concretas são isomorfas, ela define uma estrutura bem determinada.

Uma estrutura matemática, então, é dada quer por uma teoria categórica, quer por abstração e ideação da estrutura concretamente instalada num domínio particular: *esta* estrutura aqui *deste* domínio idealmente considerada. Em geral, por *fiat* só se definem famílias de estruturas.

A invenção de estruturas bem determinadas ou de famílias de estruturas tem diferentes *motivações*. Às vezes, apenas um *exercício de criatividade*, sem nenhum outro objetivo; às vezes, em virtude da *elegância* e da *beleza* da estrutura inventada e sua teoria; às vezes porque a estrutura de alguma forma se *insinua* em algum contexto determinado de investigação, como os números complexos ou a teoria de grupos na teoria das equações algébricas; às vezes por *generalização* de estruturas conhecidas, como a estrutura dos quatérnions a partir da estrutura dos números complexos.

Invenções matemáticas são pré-ocupações, motivadas pelo desejo de investigar a realidade, alguma realidade, não necessariamente

O QUE É E PARA QUE SERVE A MATEMÁTICA   395

a realidade empírica, ainda que apenas formalmente, *antes* que ela se nos apresente. A *efetiva realização* da estrutura num domínio *efetivamente existente* de objetos é *irrelevante*, quer como *justificativa* para a sua criação, quer como precondição para a sua utilização. Uma estrutura pode ser útil em Matemática ou em ciência, mesmo que *nada* exista na realidade que a instancie, apenas porque, por manter com estruturas efetivamente encarnadas relações formais que permitem o trânsito entre uma e outra, ela oferece um contexto adequado de investigação formal.

Uma estrutura matemática não precisa de uma instanciação materialmente determinada para existir, sua coerência formal basta, ou para ser aplicada, as suas propriedades formais bastam. Também em Matemática as fantasias têm utilidade prática.

Quando, por exemplo, os números complexos foram inventados, dúvidas certamente persistiam quando à sua consistência lógica. A possibilidade existia que eles fossem autocontraditórios, que tivessem propriedades que se cancelassem umas às outras. Quando se mostrou que a estrutura dos números complexos era instanciada no domínio de movimentos (translações e rotações) do plano com as operações de soma e produto de movimentos ficou demonstrado que a determinação teórica da estrutura dos complexos era *consistente* (na verdade, consistente relativamente à Geometria), *não* que números complexos eram, *de fato*, movimentos no plano. A consistência de uma teoria formal garante a possibilidade da sua aplicação, ainda que nada exista no mundo que instancie a estrutura que ela caracteriza e descreve. *Em Matemática e nas aplicações da Matemática uma fantasia coerente é tão boa quanto a realidade realmente existente*; na verdade, ela *é* uma realidade realmente existente na medida em que é uma *forma possível da realidade*.

A aplicabilidade da Matemática à própria Matemática nunca causou estranheza e ninguém nunca viu um mistério nisso; afinal, se não a si própria, a que mais a Matemática poderia ser aplicada? A aplicabilidade da Matemática, entretanto, não serve como critério ontológico de existência independente de entidades matemáticas. Não é porque uma teoria é *útil* que ela é *verdadeira*, no sentido de descrever uma realidade *independente* dela. A utilidade de uma teoria matemática para a investigação de um qualquer domínio matemático reside nas *relações lógico-formais* que a *estrutura* abstrata que ela descreve (e, subsidiariamente, a sua teoria) mantém com a *estrutura* (resp., a teoria) desse domínio. E para isso não é necessário que a estrutura descrita pela teoria que se está aplicando seja efetivamente a estrutura de um domínio materialmente determinado realmente existente.

Porém, é a aplicabilidade da Matemática à ciência empírica que desperta um maravilhamento que tange a incredulidade. Como é possível que a Matemática, inventada sem necessariamente prestar atenção à realidade empírica, tenha se mostrado tão adequada à investigação científica a ponto de ter-se tornado indispensável a ela (embora tenha sido o envolvimento com essa realidade que tenha muitas vezes induzido a criatividade matemática que a serve)? Revisitemos a questão.

Para que se possa avaliar corretamente o papel da Matemática em ciência, sua eficácia metodológica e suas múltiplas aplicações, e principalmente evitar os erros frequentemente cometidos em outras avaliações, em especial variantes particularmente nefastas de misticismo anticientífico, é necessário antes de tudo compreender em que consiste a ciência empírica, seu objeto de estudo e suas estratégias metodológicas.

A ciência empírica, em especial a Física e as ciências a ela subordinadas, tem por objeto de estudo a natureza empírica. Determinar o que é a realidade empírica e como ela nos é dada deve ser, portanto, nossa primeira tarefa.

Num primeiro momento, pode-se entender por realidade empírica ou, simplesmente, natureza, tudo o que existe no mundo que não é produto da cultura. Ela não inclui, portanto, obras de arte, legislações, religiões, costumes ou civilizações. O homem mesmo só é parte da natureza enquanto corpo, não "espírito", seja qual for o sentido que se dê a esse termo.

Não há, supõe-se, vontade ou intenções nos processos naturais, apenas fenômenos. Não há uma alma do mundo nem um demiurgo

O QUE É E PARA QUE SERVE A MATEMÁTICA **397**

que age no mundo, e aqui já entramos no campo das *pressuposições constitutivas* da concepção *científica* de natureza. Essas pressuposições têm por finalidade, em geral, tornar *possível* uma ciência da natureza. A primeira delas é que a realidade empírica é *regrada*: há *leis* que regem os fenômenos do mundo. Se a natureza não fosse regida por leis, a ciência seria um projeto vão. As ocorrências naturais, pressupõe-se, não são todas interindependentes, elas se ligam em *séries causais* ou *correlações* segundo leis. A função da ciência é descobrir e revelar essas leis.

Se admitíssemos a existência de vontades ou demiurgos agindo no mundo, as ideias de causalidade e lei estariam comprometidas. Vontades, por suposição, são livres e demiurgos agem como querem. Por solapar o princípio de *causalidade segundo leis*, a ideia de milagre é *essencialmente* anticientífica, isto é, anticientífica *por definição*.

Supõe-se também que as leis que regem os fenômenos nos são acessíveis e compreensíveis. Supor o contrário seria bloquear a empreitada científica antes mesmo que ela começasse. A acessibilidade e a cognoscibilidade do mundo empírico são então *precondições de possibilidade* da ciência empírica.

Precondições dessa natureza não são simplesmente *hipóteses*, uma vez que não são testáveis; a testabilidade de hipóteses científicas já as pressupõe. Essas pressuposições são, antes, momentos da *constituição transcendental do mundo da ciência*, isto é, do *sentido* do mundo enquanto objeto de ciência. Ou, em outros termos, elas expressam o que se deve *pressupor* para que seja possível uma ciência empírica, uma ciência do mundo empírico, o mundo da experiência perceptual possível. A constituição transcendental do mundo empírico, o mundo dado à investigação científica, *antecede* a atividade científica que tem por objetivo desvendá-lo.

Esse é um mundo que se pressupõe existente em si e por si mesmo, objetiva ou ontologicamente completo, isto é, um mundo onde toda situação possível imaginável está em si mesma determinada quanto à sua fatualidade: ou a situação possível em princípio é um fato da realidade ou não o é, sem ambiguidade. O mundo é também, ou assim se *pressupõe*, objetivamente o mesmo para todos e só é *real* o que pode em princípio se apresentar como identicamente o mesmo para qualquer ser humano normalmente constituído. Tudo o que acontece no mundo, todos os fenômenos naturais, tem uma razão de ser, um motivo, uma causa que se relaciona aos efeitos que produz por uma lei objetivamente válida que é em princípio, se não sempre de fato, acessível a nossa percepção e à nossa inteligência.

Mas, ainda que a constituição do mundo da ciência seja uma ação intencional do sujeito científico, essencialmente a comunidade científica, esse sujeito evolui no tempo e é capaz de reavaliar as pressuposições constitutivas do mundo diante de novas experiências e evidências. Ainda que não extraído *in toto* da experiência, o mundo empírico deve ser coerente com a experiência; a constituição transcendental não é um ato de pura vontade pois cabe à experiência fornecer-lhe as condições de contorno. O desenvolvimento científico frequentemente exige modificações na concepção de mundo prevalente. O progresso científico não é sempre o progresso no conhecimento de um mundo, mas, às vezes, também a substituição de um mundo por outro, ou melhor, de uma por outra concepção de mundo.

A Mecânica quântica, em particular, colocará pressão sobre as concepções tradicionais de causalidade e determinismo. Sabemos, por exemplo, que metade dos átomos de uma mostra de material radioativo irá decair num certo tempo, a meia-vida da substância em questão, mas não sabemos *quais* átomos decairão. O decaimento de um átomo em particular não é a rigor um fenômeno com causa bem determinada. Apesar de sabermos, em outro exemplo, quais são os valores de energia possíveis de um sistema quântico e as suas respectivas probabilidade de ocorrência, o valor efetivamente obtido numa particular mensuração não é a rigor causado por nada, não existe uma razão suficiente em princípio cognoscível que o determine univocamente. O determinismo, porém, permanece no plano da *descrição de estado*; a função de onda futura de um sistema quântico é completamente determinada pela função de onda no presente e a equação de Schrödinger dependente do tempo.

A pressuposição de que a realidade empírica é *em si mesma completamente determinada* e *consistente* implica que *qualquer* asserção

O QUE É E PARA QUE SERVE A MATEMÁTICA   399

sobre o mundo *provida de sentido* tem *um e apenas um* valor de
verdade determinado, o verdadeiro ou o falso, que lhe pertence
de direito, ainda que esse valor seja desconhecido e que não tenhamos a menor ideia de como fazer para determiná-lo. Essa pressuposição tem um importante papel na dinâmica da atividade científica.
Ela funciona, por assim dizer, como a cenoura adiante do burro,
justificando nosso otimismo epistemológico: se se pode perguntar,
pode-se responder; toda pergunta sensata tem uma resposta *em si
mesma* determinada.

Essa pressuposição justifica também o uso de uma *particular* lógica como a Lógica da ciência, aquela justamente em que vale o *princípio do terceiro excluído*. Esse princípio assegura, precisamente, que
toda asserção com significado tem um e apenas um valor de verdade
dentre os dois possíveis, o verdadeiro ou o falso, quer o conheçamos,
quer não. Assim, toda hipótese científica exprimível num contexto
linguístico-conceitual estabelecido é ou verdadeira ou falsa, a menos
que o contexto não admita a sua formulação, ou seja, que ele não
lhe atribua um significado. Por exemplo, no contexto da Mecânica
clássica newtoniana faz sentido dizer que uma determinada partícula
está na posição tal com velocidade tal; já no contexto da Mecânica
quântica, tendo em vista o princípio de incerteza de Heisenberg, essa
asserção é desprovida de significado e não tem, portanto, um valor
de verdade determinado. Assim como não tem significado dizer que
o spin de um elétron está *em si mesmo* univocamente determinado
quando o elétron se encontra num estado de superposição de spin.
As indeterminações da Mecânica quântica são objetivas, ontológicas, não subjetivas, epistemológicas. Por isso, há quem propugne
o uso de uma Lógica não clássica, a Lógica quântica, na Mecânica
quântica.[7]

A realidade *empírica*, por ser justamente a realidade em princípio
acessível à percepção, está sempre à disposição dos sentidos. Ainda
que a razão, a compreensão e até a imaginação possam cooperar na

---

7 Na Lógica quântica não vale, por exemplo, a lei de distributividade p e (q ou r)
= (p e q) ou (p e r).

investigação da natureza, a percepção sensorial funciona ao mesmo tempo como condição inicial e condição de contorno de toda especulação científica. O conhecimento empírico começa e termina na percepção. E, ainda que nem tudo na realidade empírica seja *efetivamente percebido*, tudo *pode* ser *em princípio* percebido. Ou seja, a natureza é, primariamente, *aquilo que podemos em princípio, direta ou indiretamente, perceber*. O que não pode, *em princípio*, ser percebido, diretamente ou através dos seus efeitos, não existe. E essa é também uma predeterminação transcendental da natureza; não faria sentido pressupor que algo no mundo não possa, em hipótese alguma, ser percebido. O que está *necessariamente* fora de alcance da percepção está fora do mundo da ciência.

Duas importantes observações se impõem, porém. Uma, que a percepção é mais do que a sensação. Perceber é impor algum *sentido* aos dados sensoriais, uma *organização* à massa de *impressões* que os sentidos disponibilizam.[8] Outra, de alguma forma ligada à anterior, que talvez a percepção não seja a apreensão da realidade *em si*, ainda que a suposição da existência de uma *realidade noumênica*, em si, ao lado de uma *realidade fenomênica*, para nós, não tenha validade científica, apenas metafísica.

O papel *ativo* da percepção se manifesta de modo particularmente claro na constituição da representação do espaço. Cada um dos nossos sentidos é capaz de fornecer uma multiplicidade de impressões coexistentes, a visão, obviamente, mas também a audição; por exemplo, na experiência de ouvir uma sinfonia, com sons de diferentes alturas, timbres, intensidades e durações dispostos num "espaço" sonoro estruturado em termos dessas qualidades, e analogamente com os outros sentidos. Cada sentido tem o seu espaço, que não é, porém, estritamente dado pelos sentidos. O ouvido, como mero *receptor*, provê impressões sonoras, mas não as relações

---

8 "A verdade mais profunda é que a percepção nunca é uma janela aberta para a realidade objetiva. Todas as nossas percepções são construções ativas, os melhores palpites possíveis que o cérebro é capaz de gerar sobre a natureza do mundo que está para sempre escondido atrás de um véu sensorial" (Seth, 2019, tradução minha).

O QUE É E PARA QUE SERVE A MATEMÁTICA **401**

espaciais entre elas. A *organização* do espaço sonoro é uma contribuição de sistemas psicofísicos inatos, selecionados nos milhões de anos da nossa história evolutiva, cuja função é transformar a massa sonora num todo coerente de sons coexistentes correlacionados capaz de fornecer informações úteis sobre o mundo. Nós ouvimos com o cérebro mais do que com os ouvidos. Esses sistemas transformam impressões sonoras em percepções sonoras, dando-lhes um sentido e uma função.

Evidentemente, a percepção de uma massa sonora que se transforma no tempo segundo uma dinâmica própria, como uma *sinfonia* – música, não apenas sons –, exige que a consciência lhe atribua ulteriores camadas de significado que, porém, extrapolam a dimensão puramente física da experiência sonora.

Na medida em que sons são produzidos por corpos, a percepção tem também a função de harmonizar o espaço sonoro com o espaço físico, o espaço dos corpos, que inclui o nosso corpo e os corpos dos outros. Assim, uma variação de intensidade sonora pode ser interpretada como movimento no espaço físico do corpo que produz esse som com relação ao meu corpo, e assim por diante.

O sistema perceptual organiza as sensações para nos dar uma representação coerente do mundo físico. Nós chamamos essa representação de mundo *perceptual* ou *fenomênico*. Evidentemente, além do mundo perceptual, há um mundo que é o que é independentemente de nós, o mundo *noumênico*, para usar uma terminologia kantiana. Que ambos esses mundos sejam o mesmo mundo é uma pressuposição metafísica sem nenhuma possibilidade de verificação. Não há acesso não perceptual ao mundo noumênico para que se possa compará-lo ao mundo fenomênico, e mesmo o mundo intencionalmente constituído pela ciência fundado na percepção é apenas a imagem científica do mundo fenomênico.

Pode-se argumentar que as sensações são *causadas* pelo mundo noumênico e, portanto, nos dão acesso a ele. No entanto, primeiro, esse acesso é limitado pelo escopo e eficiência dos sentidos; na melhor das hipóteses, os sentidos produzem uma *projeção* do mundo noumênico que pode, como toda projeção, não ser perfeitamente fiel, como as projeções da superfície terrestre num plano – algo se conserva, mas algo também se perde. Em segundo lugar, como vimos, as sensações adquirem sentido físico apenas por ação dos sistemas perceptuais cuja finalidade precípua *não* é a apresentação do mundo, mas de uma imagem do mundo suficientemente boa para que possamos sobreviver o tempo suficiente para procriar. A percepção é um instrumento de sobrevivência, não de acesso ao mundo noumênico.

O mundo fenomênico fundado na sensação/percepção, porém, ainda que não seja talvez uma cópia fiel do mundo que existe em si mesmo fora de nós, é o mundo *para nós*, o único mundo que temos. A ciência, portanto, o assume como o único que há, deixando para a metafísica as especulações sobre o mundo noumênico além dele.

O mundo fenomênico é o mundo onde vivemos nossas vidas como corpos. Mas nós somos mais do que corpos e, portanto, somos capazes de enriquecer o mundo com várias camadas extras de significado. Em particular, somos seres que além de habitar o mundo querem conhecê-lo, explorá-lo, não apenas com os instrumentos da percepção, mas também os do entendimento e da razão. E para tanto submetemos o mundo *efetivamente percebido* a um processo de elaboração intencional cujo produto é um mundo *em princípio capaz de ser percebido* que satisfaz todas as pressuposições necessárias para que uma ciência dele seja possível. Assim, o mundo físico é *intencionalmente* constituído como um domínio em si completamente determinado e coerente de fenômenos capazes de se manifestar direta ou indiretamente na percepção e entre si correlacionados segundo leis em princípio cognoscíveis.

Esse mundo está sempre objetiva e identicamente disponível para qualquer um na percepção. Não há um mundo meu e um mundo seu, nós temos o *mesmo* mundo objetivo, acessível tanto à minha quanto à sua percepção. Há, porém, tantas percepções diferentes possíveis do mundo quanto sujeitos diferentes. Em que sentido, então, pode um mundo *objetivo* estar dado se não como um mundo transcendente possivelmente além e acima da percepção possível? Como pode um mundo objetivo ser constituído na

O QUE É E PARA QUE SERVE A MATEMÁTICA **403**

percepção subjetiva? O mundo físico, como já disse, é o mundo para nós, o mundo da perspectiva do sujeito. Esse sujeito, porém, não é um sujeito particular, mas um sujeito genericamente considerado, não este ou aquele sujeito, mas *qualquer* sujeito perceptualmente normalmente constituído. Portanto, *objetividade* aqui não remete ao transcendente existente independentemente do sujeito, mas à *intersubjetividade*, ao que é *o mesmo para em princípio qualquer sujeito*. Só é objetivo o que é *invariante* na percepção subjetiva.

Uma consequência disso é que apenas o *formal* do mundo é objetivo (há aqui uma nítida clivagem entre *objetivo e formal*, por um lado, e *subjetivo e material*, por outro). O mundo empírico objetivo constitui-se, como disse, a partir da experiência perceptual compartilhada, mas a única forma de compartilhar experiências é pela *comunicação*, cujo instrumento privilegiado é a *linguagem*. Cada um de nós percebe o mundo à sua maneira e pode dizer aos outros o que percebe. Apenas na concordância explícita ou implícita dos outros ao relato, a experiência individual ganha relevância objetiva. Ou, dito de outro modo, apenas o que a linguagem é capaz de representar tem validade objetiva.

Mas, se um sujeito A afirma S e um sujeito B concorda com S, com que precisamente ambos concordam? A resposta mais imediata é que ambos concordam com a *veracidade* de S e, portanto, com a *situação no mundo* descrita por S. Imaginemos que S é a afirmação "Maçãs são vermelhas", que A e B concordam quanto à interpretação do termo "maçãs", que sempre se pode determinar de modo não linguístico, por gestos, por exemplo, mas que, enquanto A tem uma percepção "normal" de cores, B é daltônico não diagnosticado e vê o vermelho de A como o que A chamaria de cinza-esverdeado. Como B associa o termo "vermelho" *sempre* à cor que A chamaria cinza-esverdeado, ambos concordam que maçãs são vermelhas, ainda que cada um associe diferentes conteúdos a essa afirmação.

A situação, em geral, é a seguinte. Se dois sujeitos usam a mesma linguagem, mas associam a ela, sem o saber, de modo sistemático, duas interpretações materialmente diferentes, mas formalmente idênticas, isto é, isomorfas, eles *sempre* concordarão quanto à veracidade e à falsidade das asserções expressas nessa linguagem, embora se refiram, sem o saber, a mundos materialmente distintos. Ou seja, a concordância se dá quanto à *forma comum* desses mundos. Em suma, *se a objetividade se constitui na intersubjetividade através da comunicação, apenas a forma do mundo é objetiva.*

Ainda que essa possibilidade de referência materialmente discordante ao mundo físico seja bastante remota, se não francamente fantasiosa, permanece o fato, porém, de que apenas as verdades referentes à estrutura *formal* do mundo comum a que nos referimos no discurso científico e ao qual nossos sistemas sensório-perceptuais nos dão acesso encontram guarida nas teorias científicas.

Isso vale para toda teoria científica e é suficiente para validar o uso científico de modelos como instrumentos metodológicos. Um *modelo* é apenas um contexto formalmente análogo – no limite idêntico –, mas materialmente distinto, do domínio de uma teoria, o contexto ao qual a teoria preferencialmente se refere, mas que pelas razões antes aludidas ela é incapaz de singularizar. A identidade formal entre o domínio da teoria e um seu modelo, qualquer que seja este, é suficiente para que possamos estender a teoria do domínio investigando o modelo. Vimos antes um exemplo disso, o papel relevante que modelos mecânicos tiveram na história do Eletromagnetismo.

As chamadas ciências exatas, em particular a Física, se caracterizam pelo uso de um tipo particular de modelos, os modelos matemáticos, donde o epíteto de "exatas". Mas, para que um domínio tenha uma cópia matemática, é preciso que ele próprio seja um domínio matemático. Essa foi a grande intuição de Galileu e a razão de ser da sua grande invenção, a matematização da realidade empírica. *Para que a realidade empírica possa ser matematicamente descrita e matematicamente modelada, é preciso que ela seja, ela própria, uma multiplicidade matemática.*

Isso exige ulteriores atos de constituição, atos que eliminem do domínio da ciência matematizada da natureza não apenas qualquer coisa que remeta irremediavelmente ao sujeito e às sensações, as chamadas *qualidades secundárias* como cor, sabor etc., mas, principalmente, qualquer coisa que não possa ser matematizada.

O QUE É E PARA QUE SERVE A MATEMÁTICA 405

Galileu insistiu na distinção entre qualidades primárias e qualidades secundárias; aquelas, por definição, as qualidades que são atribuíveis aos corpos, mas que são na verdade apenas reações que o corpo produz no sujeito que o percebe, sua cor ou textura, por exemplo. Qualidades primárias são aquelas que pertencem efetivamente ao corpo independentemente do ato de percepção, como a sua extensão ou a sua massa. Bem observada, porém, a distinção se faz exatamente ao longo da linha que separa o que se pode e o que não se pode medir. No fundo, com essa distinção, Galileu está apenas *definindo objetividade em termos de mensurabilidade*: apenas o que é mensurável é objetivamente real. Qualidades secundárias podem ser reintroduzidas na natureza objetiva apenas quando substituíveis por qualidades mensuráveis; por exemplo, a cor de um objeto pela frequência da luz que ele reflete, uma propriedade quantificável.

A *prioridade* de que goza a quantificação no processo de matematização da realidade empírica não significa, porém, exclusividade; a Matemática não entra na ciência natural apenas como teoria da quantidade, mas também, e talvez principalmente, como ciência da forma, em que por *forma matemática* se entende, recapitulemos, uma particular estrutura matemática ideal abstraída de um particular domínio estruturado de coisas, mas indiferentemente instanciada em qualquer domínio isomorfo a ele, ou, mais geralmente, uma classe dessas estruturas postulada e descrita por uma teoria matemática consistente.

Porém, como a realidade empírica só ascende à ciência matemática pela *mensuração*, a matematização da realidade empírica começa e termina em números, pois são números o que medimos em nossos experimentos, ainda que números possam também codificar informações não primariamente quantitativas.

A noção de número complexo, por exemplo, tão presente em ciência, não é uma noção quantitativa e números complexos só são números porque se deixam operar como tais. No entanto, as operações com números complexos são definidas em termos de operações com números reais que, estas, remetem à noção de quantidade. A noção de função numérica não é ela própria uma noção quantitativa,

406 JAIRO JOSÉ DA SILVA

mas suas propriedades, como, por exemplo, continuidade, também remetem de algum modo a quantidades. De fato, a noção de continuidade se caracteriza matematicamente pela noção de limite, que em geral envolve a noção de distância.

A noção de espaço matemático, por sua vez, idealizado do espaço da percepção sensorial, na medida em que é metrizado, tem como noção básica a noção de distância e todas as outras que se definem em termos dela, e ainda que seus objetos – pontos, retas, curvas, planos e sólidos – não sejam números, a estrutura desse espaço pode ser identicamente instanciada num domínio numérico onde esses elementos são representados por ternas e conjuntos de ternas de números caracterizados por específicas condições algébricas. Mesmo a noção generalizada de espaço riemanniano envolve desde a sua concepção a ideia de uma grandeza quantitativamente variável a cujos valores se pode, ao menos em princípio, atribuir números. É a variabilidade da grandeza que constitui o espaço, cujos pontos são precisamente os valores que a grandeza assume. Pode-se associar números a esses valores, tantos quantos são necessários para especificá-lo, e é isso que determina a dimensão do espaço. E, ainda que os números que coordenam o espaço não sejam medidas de grandeza, apenas rótulos, pode-se em termos deles quantificar propriedades do espaço, como, notadamente, a sua curvatura em cada ponto.

Mesmo noções mais obviamente estruturais, como a de grupo, corpo ou espaço vetorial, envolvem determinações quantitativas; nós falamos da cardinalidade de grupos, ordem de subgrupos, dimensão de espaços vetoriais, graus de extensões de corpos e que tais. Determinações quantitativas são ubíquas em Matemática.

Em suma, a mobilização da Matemática para a investigação científica de um domínio empírico requer como pré-requisito a sua idealização matemática, que no seu nível mais elementar envolve essencialmente a quantificação, isto é, números como formas quantitativas, ainda que a elaboração teórico-matemática desse domínio possa colocar em ação outras entidades matemáticas que de um ponto de vista estritamente formal se afigurem úteis. Porém, no

O QUE É E PARA QUE SERVE A MATEMÁTICA 407

nível mais fundamental, uma teoria científica se expressa em termos de números e quantidades, que são o que o cientista experimental mede, e pode vir abaixo se os números previstos não concordam com os números "observados" (que são sempre, lembre-se, idealizações do que efetivamente se observa – o cientista experimental coopera com o teórico na constituição do mundo da ciência).

A quantificação, portanto, é o primeiro passo em direção à matematização da realidade empírica, que exige, como tantas vezes repetido, um grau razoável de idealização. Isso tem por efeito colocar a natureza física, *por constituição*, podemos dizer, ao abrigo da possibilidade de percepção *adequada*. A partir da revolução galileana, a realidade empírica se torna um domínio matematicamente idealizado que só se dá à percepção aproximadamente. A realidade *ela mesma* não é mais a realidade em princípio percebível, mas a realidade matematizável apenas imperfeitamente percebível. Essa nova imagem da realidade física, como toda imagem, é uma representação, uma *construção teórica* intencionalmente elaborada *expressamente* para que uma certa ciência da realidade seja possível; a realidade empírica é matematizada, quer dizer, *tornada* Matemática, para que possa ser matematicamente investigada. A vantagem metodológica que isso traz é imensa e constitui a fortuna da ciência física moderna (isto é, pós-galileana).

A primeira ferramenta matemática posta à disposição da nova ciência galileana foi a Geometria euclidiana, em que a quantidade se expressa em termos de comprimentos de segmentos e razões entre eles. Newton irá se utilizar de métodos infinitesimais e cada nova ciência física daí em diante se valerá mais e mais da Matemática, não apenas como linguagem, mas também como cálculo, campo de elaboração conceitual e instrumento auxiliar de descoberta.

Mas, mesmo que a realidade física tenha se tornado um domínio matemático, nunca na verdade se perdeu de vista que essa é só uma estratégia metodológica, a realidade é ainda aquilo em si mesmo consistente e completamente determinado que se percebe ou se pode perceber em comunhão e concordância com outros indivíduos perceptualmente competentes.

408 JAIRO JOSÉ DA SILVA

O requisito de objetividade e impessoalidade impõe certas restrições às descrições matemáticas da realidade empírica, a saber, elas devem ser independentes do particular ponto de vista adotado. Sempre que a ciência não se ateve a esse princípio, ela se viu enredada em absolutos inacessíveis à percepção, traindo assim a sua própria concepção de realidade como um domínio de existência em princípio acessível à experiência perceptual comunitária.

Newton, por exemplo, cometeu esse erro ao postular a existência de um espaço absoluto que, porém, por causa do princípio de relatividade de Galileu, era *em princípio* indetectável (pelo menos por meios mecânicos). Apesar da tentativa de Kant de reduzir o espaço absoluto newtoniano a uma determinação formal *a priori* da percepção sensorial acessível à percepção pura, ele sempre foi uma noção esdrúxula no contexto da teoria newtoniana. As coisas só pioraram com o advento do Eletromagnetismo de Maxwell, em que o espaço absoluto foi preenchido com uma matéria sutil imóvel, o éter eletromagnético, ele também indetectável apesar de todos os esforços. Apenas com a imposição irrestrita nas teorias da relatividade de Einstein do princípio epistemológico da indiferença do ponto de vista na descrição do mundo, exigido pelo fato de que o mundo é aquilo que *todos* podem em princípio perceber, a ciência se libertou de absolutos inobserváveis epistemologicamente inaceitáveis.

Ao reduzir o mundo físico a grandezas quantificáveis e formas matemáticas, como, exemplarmente, o espaço-tempo, reduzido por abstração (desmaterialização) e idealização (exatificação) a uma multiplicidade riemanniana contínua, uniforme e isotrópica com diferentes métricas possíveis, cada uma delas expressa por uma função numérica de posição, um tensor (o tensor métrico $g_{\mu\nu}$), a ciência moderna *substituiu* a realidade perceptual por multiplicidades matemáticas acessíveis *apenas* à Matemática e a seus instrumentos de investigação.

Em si mesma, porém, a realidade física *não* é Matemática; ela é apenas a totalidade da percepção possível causalmente articulada segundo leis. Porém, sem uma ulterior elaboração intencional em que a realidade empírica se transmuta em domínio matemático, ou

O QUE É E PARA QUE SERVE A MATEMÁTICA **409**

melhor, em diferentes domínios segundo a fatia da realidade considerada, ela não admite senão, na melhor das hipóteses, descrições fenomenológicas do tipo que encontramos na Biologia, por exemplo. Ao reduzir para fins metodológicos a natureza empírica ao quantificável e ao matematizável, Galileu e a sua descendência científica lograram acesso a um poderoso instrumento de expressão, cálculo, articulação conceitual e exploração heurística.

A eficiência *metodológica* da Matemática na ciência empírica, porém, não é a *demonstração* que estruturas propriamente matemáticas subjazam à realidade empírica (ou seja, a realidade constituída como objeto da ciência a partir da percepção) *sub specie aeternitates*, cabendo à ciência apenas revelá-las a partir de indícios apenas imperfeitamente acessíveis à percepção. Se a realidade empírica fosse *em si mesma* matematicamente estruturada, independentemente de ações intencionais do sujeito científico, a adequação científica de instrumentos matemáticos de investigação se afiguraria um mistério se esses instrumentos não fossem eles próprios revelados na investigação científica. O mistério só seria "resolvido" supondo-se uma *harmonia preestabelecida* entre a Matemática intrínseca à natureza e aquela "irrazoavelmente efetiva" que usamos para investigá-la, inventada sem sequer olhar para a natureza.

Tornou-se conhecida a frase de Galileu segundo a qual o livro do mundo está escrito em caracteres matemáticos e as verdades do mundo só se expressam em linguagem matemática. Ainda que isso seja verdade, só o é porque descrever o mundo empírico matematicamente foi uma escolha que exigiu a *prévia* matematização do mundo dado na sensação/percepção. A expressão matemática da verdade do mundo revela tanto a sua matematicidade intrínseca quanto a adequação da poesia para a descrição dos sentimentos, a poeticidade imanente de nossa vida sentimental.

A natureza só se expressa matematicamente porque nós a obrigamos a isso.

A adequação da linguagem matemática ao mundo empírico matematizado depende fundamentalmente da escolha do *tipo* de descrição que julgamos adequada. Quando Galileu se concentrou na *Cinemática* do movimento de corpos na superfície da Terra numa vizinhança bastante limitada do observador, por exemplo, a sua primeira providência foi reduzir o domínio de interesse a pontos matemáticos movendo-se no espaço matemático com velocidade constante (distâncias iguais em tempos iguais) ou variável (distâncias diferentes em tempos iguais). As *questões* que ele levantou foram *apenas* aquelas que faziam sentido nesse contexto e que podiam ser respondidas examinando-o, questões que *necessariamente* teriam expressão matemática. Por exemplo, como o espaço percorrido por um corpo em queda livre (uma grandeza mensurável e numericamente exprimível) depende do tempo que ele leva a percorrê-lo (outra grandeza mensurável e numericamente exprimível)? A resposta só poderia ser uma dependência entre números que, se fosse universalmente válida, exprimiria uma *lei* da natureza. Ou, então, que *curva* descreve um corpo lançado ao longo da linha horizontal com uma determinada velocidade? A pergunta *exigia* uma resposta matemática, no caso, um segmento de parábola. A pergunta *dinâmica* "Por que os corpos caem?", por exemplo, não se põe nesse contexto e ele não a colocou.

Ao reduzir o mundo perceptual a uma estrutura matemática que representa idealmente a estrutura da realidade perceptível, mantendo o conteúdo material abstraído do mundo como a semântica preferencial, o cientista implicitamente se *compromete* a só levantar questões de natureza matemática sobre o mundo, as únicas que fazem sentido na idealização matemática a que ele reduziu o mundo, questões que evidentemente só admitem respostas matemáticas. Foi *precisamente* para se obter respostas matemáticas a questões matemáticas que se promoveu a matematização do mundo. Nenhuma surpresa, portanto, na adequabilidade da Matemática como meio de *expressão* e *investigação* da realidade empírica.

Nada impede, porém, em princípio, que haja outras representações igualmente adequadas da realidade, da qual não temos nenhuma ideia, ainda que essa que temos seja a melhor que *nós* encontramos. Nada impede, inclusive, que *outros* desenvolvimentos matemáticos que nossa inteligência não foi capaz de produzir

O QUE É E PARA QUE SERVE A MATEMÁTICA   411

pudessem ter sido melhores meios de expressão da verdade empírica que esses que inventamos.

É importante notar com respeito a isso que não há uma *única* expressão matemática possível da verdade do mundo. Prova disso são as múltiplas formulações matemáticas equivalentes da mesma lei ou teoria. A Mecânica clássica, por exemplo, tem com Newton uma formulação em termos de forças, ações a distância e derivadas totais, com Hamilton, uma em termos de energia e derivadas parciais e, com Lagrange, outra em termos de princípios variacionais. A Mecânica quântica, por seu lado, admite uma formulação matricial, uma formulação ondulatória e uma formulação por integrais de caminho. As mesmas leis e a mesma teoria expressas em diferentes linguagens e diferentes contextos conceituais matemáticos, o que mostra a possibilidade de diferentes formas de se *representar formalmente* os mesmos dados da percepção. Isso sugere que as *particulares* formas matemáticas de expressão do mundo não são, necessariamente, intrínsecas a ele.

A forma matemática com a qual o mundo aparece em nossas teorias depende evidentemente das formas matemáticas que nós oferecemos ao mundo como possibilidade de expressão. Por isso, muitas vezes, fenômenos diferentes têm a *mesma* expressão matemática. Por exemplo, essencialmente a mesma fórmula expressa a força gravitacional entre massas (lei de atração universal de Newton) e a força elétrica entre cargas elétricas (lei de Coulomb). É a "montagem" matemática do contexto que predetermina o modo como os fenômenos se expressam e é precisamente a semelhança formal de contextos materialmente diferentes que justifica a *analogia formal* como estratégia heurística. Faraday só pôde pensar em linhas de campo magnético como linhas de fluxo de um fluido incomprimível porque formalmente, isto é, matematicamente, elas são a mesma coisa e obedecem a leis matematicamente análogas.

Corrigindo Galileu, portanto, não é o livro do mundo que está escrito em caracteres matemáticos – se por mundo se entende o mundo fenomênico da percepção possível –, mas o livro do mundo *matematizado*, o que reduz um mistério a uma tautologia. Se privilegiamos a

412 JAIRO JOSÉ DA SILVA

quantidade e toda a Matemática que cabe em cima dela como instrumento de investigação, se precondicionamos nossas questões sobre o mundo matematizado a questões matemáticas e a expressão de suas leis a leis matemáticas, não resta alternativa ao mundo que se expressar matematicamente. Ao reduzir o mundo à nossa experiência do mundo e essa experiência ao que se pode expressar em forma matemática, nós reduzimos o mundo a uma multiplicidade matemática.

A primeira matematização da percepção, essa que simplesmente matematiza os aspectos protomatemáticos da percepção, ainda que primordial, está longe de ser o fim do processo de matematização. Como qualquer domínio matemático, ela admite extensões e enriquecimentos *que não têm necessariamente função representacional no mundo*, quer pela introdução de novos objetos (termos teóricos), quer pela imposição de novas relações e novas estruturações, ou, mais comumente, por ambos os meios. Para fins de investigação formal da estrutura abstrata do mundo, admitem-se extensões puramente formais do mundo que, às vezes, permitem que camadas antes escondidas do mundo se revelem, ainda que apenas em seus aspectos formais. Nisso consiste a força e imensa vantagem metodológica da matematização.

A metodologia de investigação matemática permite introduzir no tratamento científico do mundo empírico entidades puramente teóricas, que só se podem definir matematicamente, que podem representar algo no mundo real, direta ou indiretamente, mas não necessariamente, desde que sirvam ao propósito de articulação interna da teoria. A função de onda ψ da Mecânica quântica, por exemplo, como também já notamos, não representa nada no mundo, apenas o quadrado do seu módulo $|\psi|^2$ representa algo real, ainda que marginalmente, uma densidade de probabilidade. A função de ψ é codificar na forma de uma função complexa informações sobre o sistema de modo que se possa prever sua evolução e os valores de suas grandezas, ainda que apenas probabilisticamente. Há uma "receita" para se construir a função ψ a partir de uma descrição idealizada do sistema num certo momento, a que temos acesso por mensurações apropriadas, e da qual podemos extrair previsões passíveis

O QUE É E PARA QUE SERVE A MATEMÁTICA   **413**

de observação. No confronto com a realidade, é *todo o sistema teórico* que é testado, sendo aprovado se as previsões são confirmadas na observação e reprovado se não são.

Vemos aqui sobrepostos vários papéis da Matemática em ciência. Como uma *linguagem em que se descreve*, como um *contexto teórico-conceitual em que se pensa, se inventa e se conjectura* e como um *cálculo em que se computa e se infere*. Na Mecânica quântica, os dados da percepção, devidamente idealizados, são absorvidos num contexto matemático que permite a definição de uma função que não tem correspondente na percepção, mas da qual se pode derivar, no contexto em questão, previsões a serem submetidas à percepção, ainda que essa comparação não se dê no nível da percepção bruta, mas da percepção idealizada.

A citação a seguir exprime o que disse antes de modo particularmente claro:

> Nós acataremos o ponto de vista de que o mundo físico é uma criação abstrata da mente humana, modelando para ele o padrão de suas percepções sensoriais e assim assistindo-o a entender e prever o curso do fluxo dos eventos. Ele é, assim, livre para introduzir no modelo quaisquer aspectos que o tornem mais efetivo para esse propósito, requerendo-se apenas que a estrutura resultante seja internamente consistente e que aqueles elementos que possuam uma interpretação em termos de percepção sensorial estejam de acordo com a experiência. Não é certamente necessário que todo elemento possua um correlato no fluxo das percepções sensoriais. Alguns elementos serão introduzidos com a única intenção de simplificar a estrutura lógica do modelo e não precisam ser diretamente observáveis [...]. (Lawden, 1995, p.27, tradução minha)

Eu apenas ajuntaria que essa "criação abstrata da mente humana" é uma criação matemática sugerida pela experiência, mas não limitada por ela, que só nos ajuda a entender e prever o fluxo da experiência na medida em que restringimos esse fluxo àquilo que ela pode ajudar a compreender e prever. O aparato conceitual busca apreender o real da experiência, mas desde que este também procure se adequar a ele, tornar-se transparente a ele. A ideia de que na ciência o sujeito se apresenta *passivamente* ao mundo e que este se deixa apreender completamente pelos instrumentos cognitivos do sujeito é *rigorosamente falsa*, e é dessa falsidade que nasce o *mistério* da efetividade da Matemática nas ciências empíricas. O mundo da ciência é *preparado* para ser cientificamente investigado com os instrumentos que a ciência tem, a Matemática em particular.

A *liberdade* de que a Matemática goza para introduzir na teoria matemática, o "modelo" na expressão do autor recém-citado, quaisquer elementos que o cientista quiser para simplificar a estrutura lógica – ou teórica – do todo abre caminho, como já vimos, para que a Matemática desempenhe um papel *heurístico*, funcionando como um *contexto em que se descobre*.

Que elementos puramente teóricos não *precisem* ter uma função representacional não significa que eles não o têm efetivamente. Talvez tenham, ainda que não tivessem sido introduzidos na teoria com a finalidade de representar o que quer que seja no mundo real. Mas não se pode eliminar a possibilidade que o papel articulador que eles têm no interior da teoria seja consequência do fato de que eles representam efetivamente algo no mundo, e que sua *efetividade formal* no contexto da teoria seja um reflexo de *algo* na realidade cujas propriedades formais se articulam convenientemente com as propriedades formais dos elementos representacionais da teoria.

Em conclusão, afinal, o que é e para que serve a Matemática?

Nos seus primórdios, como vimos, a Matemática foi um esforço de compreensão de certos aspectos formais da experiência perceptual do mundo, mais precisamente, das formas quantitativas e espaciais da experiência, formas ideais esvaziadas de conteúdo material e purificadas das "imprecisões" inerentes à percepção. A Matemática é, portanto, desde o começo, *formal*. Formas matemáticas, porém, não são simplesmente dadas, elas são constituídas por nós, humanos, por uma sequência de atos intencionais, que são movimentos de reposicionamento do foco intencional. Se num primeiro momento o que se apresenta à consciência na experiência perceptual é uma coleção de

O QUE É E PARA QUE SERVE A MATEMÁTICA   415

objetos, num segundo momento, por um ajuste do foco intencional que chamamos de abstração, o que se "vê" é apenas a quantidade de objetos da coleção, o objeto de consciência passa a ser o aspecto quantitativo *dessa* coleção. Nada muda no mundo, apenas o foco de consciência muda, da coleção para um aspecto abstrato seu, como se, ao olhar para uma flor, víssemos, ou melhor, nos interessássemos apenas pela sua cor. Por uma ulterior ação intencional que chamamos ideação, o objeto de consciência não é mais a forma quantitativa *dessa* coleção, mas uma forma *ideal* da qual a forma encarnada *nessa* coleção é apenas uma instanciação. Ascendemos assim à pura idealidade, ao número cardinal de que trata a Matemática e que não está na natureza, mas num domínio próprio constituído para fins de investigação matemática como um pleno domínio de existência análogo ao mundo da experiência perceptual, só que ideal, não real.

O mesmo processo leva da percepção do corpo espacial à *intuição* da sua forma por abstração, desta à sua forma idealizada, exatificada, por idealização e daí por ideação à forma abstrata ideal, a forma geométrica por excelência, habitante esta também de um domínio próprio de existência com a qual a ciência da Geometria se ocupa. Tanto a Aritmética quanto a Geometria são, portanto, ciências formais, ambas se ocupam de formas ideais, cujas propriedades essenciais lhes compete revelar. Essas formas, porém, são instanciáveis no mundo da experiência de modo determinado e não arbitrário, formas quantitativas só se podem apresentar na percepção, quando o fazem efetivamente, embora sempre o possam em princípio fazer, como aspectos quantitativos de coleções de objetos, formas espaciais apenas como formas de corpos no espaço. Entretanto, como a constituição da forma espacial ideal envolve idealização, a sua apresentação como forma corpórea nunca é perfeita. A *realização* de uma forma geométrica na experiência perceptual é num certo sentido a operação inversa da idealização.

Das formas ideais de *objetos* em princípio perceptíveis, as formas numérica e espacial, a Matemática passou a considerar, por ação da *imaginação*, esta também uma operação intencional, formas *estruturais* de *coleções* de objetos possíveis, objetos apenas imagináveis,

416 JAIRO JOSÉ DA SILVA

puramente formais, desvestidos de qualquer materialidade, que gozam apenas da precondição formal de existência, a consistência. Ou, dito de outro modo, *mundos possíveis considerados apenas quanto à forma*. De uma ciência de formas em um certo sentido "reais" de objetos (corpos físicos e coleções de unidades estáveis e distinguíveis) a Matemática se reinventou como ciência das formas possíveis de um mundo, ou seja, como ontologia formal, a ciência *a priori* das possíveis formas com as quais um "mundo" pode estruturar-se em função das relações que os objetos desse mundo mantêm entre si.

Para a Matemática, um mundo possível é só isso, um domínio de objetos que se relacionam. Tanto esses objetos quanto essas relações são materialmente indeterminados, mas formalmente determinados, isto é, não se sabe o que eles são, mas sabe-se que propriedades formais eles têm (propriedades que não dependem do que eles são, só das relações que eles mantêm entre si, que por sua vez não dependem da natureza dos objetos relacionados). Um mundo é possível porque as estipulações formais que o caracterizam, em larga medida arbitrárias, são logicamente consistentes. Os números complexos, os quatérnions ou os espaços riemannianos com métricas arbitrárias (ainda que formalmente restritas por esta ou aquela condição, como a forma quadrática), por exemplo.

Qualquer interpretação válida de uma teoria matemática cuja função é investigar um desses mundos possíveis, ou seja, de uma teoria matemática puramente formal, é uma realização da possibilidade imanente à teoria. Todas as interpretações válidas realizam a mesma forma ideal postulada teoricamente e, portanto, todas satisfazem as propriedades formais que a teoria matemática prescreve. Ao investigar *a priori* propriedades formais possíveis a Matemática conhece *a priori* as propriedades formais de domínios efetivamente existentes onde as suas teorias sejam interpretáveis. A Matemática é, assim, na sua acepção mais ampla, uma forma de *pré-ocupação*.

Isso abre para ela um imenso horizonte de aplicabilidade. Como os objetos matemáticos, aquilo de que efetivamente as teorias matemáticas tratam, são formas ideais, teorias matemáticas se transmutam imediatamente de *teorias a priori de formas* em *teorias*

O QUE É E PARA QUE SERVE A MATEMÁTICA **417**

formais a priori de quaisquer domínios que instanciem essas formas. Mas isso não é tudo. Na medida em que se pode investigar formas ideais indiretamente investigando-se *outras* formas que mantenham com elas relevantes relações lógico-matemáticas, pode-se investigar formalmente um domínio qualquer investigando-se *outro*, cuja estrutura formal, porém, mantenha com aquela do domínio de interesse relevantes relações formais. O exemplo mais dramático é a investigação (formal) de um domínio pela investigação (formal) de outro isomorfo a ele; nesse caso as estruturas de ambos os domínios estão em relação de *identidade*.

Entende-se, portanto, a estratégia metodológica que consiste no enriquecimento matemático de um domínio matemático qualquer que se quer investigar. Na medida em que novas estruturas matemáticas são impostas a qualquer domínio de interesse matemático pela definição de novas relações entre os seus elementos ou pela adjunção de elementos puramente formais ao domínio, novas relações lógico-matemáticas entre as novas estruturas e a estrutura original se estabelecem que podem ser úteis no desvelamento de propriedades formais da estrutura original. Essa é uma estratégia de investigação matemática tão disseminada que esquecemos que ela merece explicação e justificação. Desse modo, a Matemática serve como instrumento metodológico de investigação matemática, um instrumento de investigação de si própria. Mas também da natureza empírica, desde que esta comporte uma estruturação matemática. Dar-lhe uma foi a grande invenção da Física moderna.

Uma persistente ilusão entre físicos e filósofos empiristas é que a ciência empírica apenas revela o que já estava desde sempre determinado e que, se uma linguagem ou aparato conceitual mostra-se eficiente como instrumento de expressão e articulação teórica de um extrato da realidade, então aos termos dessa linguagem e desse aparato deve corresponder algo objetivamente real. Em particular, se a melhor teoria matemática disponível para a investigação de um domínio de realidade envolve determinados conceitos matemáticos, então esses conceitos devem necessariamente estar instanciados nesse domínio. O fato de que as teorias de gauge da teoria quântica

418 JAIRO JOSÉ DA SILVA

de campo se utilizam de modo bastante eficiente das propriedades de determinados grupos ($U(1)$, $SU(2)$ e $SU(3)$), por exemplo, mostra, acredita-se, que a *realidade mesma*, independentemente de qualquer intervenção nossa, se estrutura segundo essas propriedades. Como se entre realidade conhecida e sujeito que conhece houvesse ao mesmo tempo completa cisão e perfeita correspondência. Como se nossas teorias matemáticas, inventadas sem nenhuma contribuição da realidade empírica, e aquelas segundo as quais a realidade mesma se articula fossem, por milagre ou harmonia preestabelecida, as mesmas.

Claro que a eficiência da Matemática na ciência não pode ser vista nesses termos.

Antes de mais nada, há que fazer distinções; a realidade que se dá como objeto da ciência empírica matematizada não é, na verdade, dada, mas constituída expressamente para que possa ser investigada por meios matemáticos. Isso significa que alguma estrutura matemática lhe é imposta de saída, caso contrário não se poderia submetê-la ao escrutínio matemático. Em todo o caso, a eficiência de instrumentos matemáticos na investigação de domínios matemáticos, entre eles a realidade matematizada, não depende, como vimos, da verdade desses instrumentos, ou seja, da *existência efetiva* das formas que eles descrevam, de domínios realmente existentes que as instanciem, mas das relações lógico-matemáticas entre a forma do domínio de interesse e as formas que o instrumental metodológico coloca em diálogo com ela.

O material *primordial* com o qual se constitui intencionalmente uma realidade matematizada é a realidade que se dá na *percepção*. Entre uma e outra, porém, como vimos, há um processo em vários estágios. A forma espacial bruta, a quantidade, a ordenação, a continuidade, entre outras formas pré-matemáticas estão já na percepção, e uma protogeometria, uma protoaritmética, uma prototopologia, que para ascenderem à dignidade matemática propriamente dita, porém, requerem uma série de atos intencionais constitutivos. Antes que extrair um domínio matemático da experiência perceptual, a ação intencional o produz a partir da protomatematização bruta que

O QUE É E PARA QUE SERVE A MATEMÁTICA **419**

se oferece na experiência. A partir desse ato constitutivo primordial, a substrução de uma estrutura matemática ao mundo perceptual, o cientista está livre para lhe acavalar mais e mais estruturas matemáticas, assim como faz na Matemática o matemático puro, com finalidades puramente metodológicas, sem o pressuposto, entretanto, de que aquilo que se junta deve, pela sua eficácia metodológica, ter estado desde sempre ali.

Mas nem a realidade que se dá na percepção é realmente um dado, signo de algo "lá fora" que se impõe sem distorções ao aparato perceptual. Ainda que haja uma realidade independente, em si mesma existente, que é o que é haja ou não quem queira conhecê-la, ela só se dá *a nós* em flashes sensoriais, por assim dizer, eles próprios fortemente determinados pela estrutura e capacidade dos sistemas sensoriais, os quais nos compete ordenar e aos quais nos cabe atribuir um significado. Assim, por ação de sistemas perceptivos inatos, instrumentos de sobrevivência com os quais a evolução nos dotou, objetos nos aparecem no espaço e no tempo, portadores de propriedades, relacionados uns aos outros de múltiplas formas, capazes de se articular em objetos mais complexos, estruturas, coleções e que tais, iguais ou diferentes, maiores ou menores uns que os outros, em suma, a imensa complexidade da realidade percebida que, uma vez tornada objeto de disposição teórica do sujeito, se recobre de ulteriores significados que a preparam para que uma ciência dela seja possível.

A origem da Matemática como ciência vai *pari passu* com a idealização da realidade empírica para fins de investigação científica. A Matemática propriamente dita surge pela primeira vez na Grécia Clássica como ciência matemática do espaço *físico* idealizado, como uma ciência *empírica*, portanto, ainda que *a priori* e puramente formal. Com o tempo, a Matemática se libertará dessa responsabilidade científica e se redefinirá como ciência *a priori* de formas simplesmente *possíveis*, não necessariamente formas *atuais* idealmente instanciadas na realidade. Formas possíveis, porém, são potentes instrumentos de investigação formal de formas atuais, o que transforma a Matemática de ciência formal ela própria em *instrumento*

420   JAIRO JOSÉ DA SILVA

metodológico de ciências formais, em especial a ciência matemática da realidade empírica idealizada.

É um erro identificar essa realidade à realidade perceptual e esta à realidade transcendente. A realidade perceptual é uma *interface* entre uma suposta realidade transcendente e nosso aparato perceptivo. Entre o que é e o que é percebido interpõem-se o sistema sensorial e o sistema perceptivo, que impõem, respectivamente, as condições iniciais e as condições de contorno da nossa representação do mundo. A realidade perceptual, portanto, contém já algo de nós, ela é a realidade "lá fora" como nós a podemos perceber, e não se pode descartar que os aspectos protomatemáticos que exibe sejam já uma contribuição nossa.

A realidade empírica, objeto da ciência empírica matematizada, é uma posterior elaboração intencional da realidade perceptual; esta, porém, na medida em que é objeto de consideração *teórica* e não apenas a realidade do dia a dia, já contém elementos de predeterminação intencional. A constituição da realidade empírica como objeto matemático responde a uma estratégia científica, o uso da Matemática como instrumento de expressão, articulação conceitual, cálculo e especulação heurística. Transferir a estrutura da realidade empírica para a realidade transcendente a que, supostamente, a percepção tem acesso apenas limitado e imperfeito é provocar um curto-circuito entre o que é *em si mesmo*, o mundo transcendente, e o que é apenas uma elaboração intencional do que já é uma elaboração intencional da humana organização do material que a humana sensibilidade é capaz de extrair do mundo transcendente "lá fora".

Pior ainda é a transferência para a realidade transcendente das estruturas que impomos à realidade empírica como artifício metodológico de investigação formal, confundindo utilidade e verdade. O fato de que *algumas vezes* isso é possível não significa que seja *sempre* possível.

Enfim, há mais filosofia entre o mundo e a ciência do mundo do que sonha o ingênuo empirismo.

REFERÊNCIAS

ALBERTI, L. B. *On Painting*. London: Penguin, 2004.

BAGGOTT, J. *The Quantum Story*. New York: Oxford University Press, 2014.

BARROW, J. D. *Pi in the Sky: Counting, Thinking and Being*. London: Penguin, 1993.

BLOCH, F. Heisenberg and the Early Days of Quantum Mechanics. *Physics Today*, College Park, MD, v.29, n.12, p.23-27, 1976.

DERRIDA, J. Introduction. In: HUSSERL, E. *L'Origine de la Géométrie*. Paris: PUF, 1962. p.3-172.

DESCARTES, R. Geometria. In: *Obras escolhidas*. Org. de J. Guinsburg, R. Romano e N. Cunha. São Paulo: Perspectiva, 2010.

EDGERTON JR., S. Y. *The Renaissance Rediscovery of Linear Perspective*. New York: Basic Books, 1975.

EINSTEIN, A. Zur Elektrodynamik bewegter Körper. *Annalen der Physik*, Leipzig, v.17, p.891-921, 1905.

_____. Über den Einfluss der Schwerkraft auf die Ausbreitung des Lichtes. *Jahrbuch der Radioaktivität und Elektronik*, Leipzig, v. 4, 1907.

_____. Foreword. In: JAMMER, M. *Concepts of Space:* The History of Space in Physics. New York: Dover, 1993.

EINSTEIN, A.; PODOLSKY, B.; ROSEN, N. Can Quantum-Mechanical Description of Physical Reality Be Considered Complete? *The Physical Review*, College Park, MD, v.47, n.777, 1935. p.777-780.

EUCLIDES. *Os elementos*. São Paulo: Editora Unesp, 2009.

FEYNMAN, R. *The Character of Physical Law*. London: Penguin, 1992.

422 JAIRO JOSÉ DA SILVA

GALILEI, G. *Diálogo sobre os dois máximos sistemas do mundo ptolomaico e copernicano*. São Paulo: Editora 34, 2011.

HARMAN, P. M. (Ed.). *The Scientific Letters and Papers of James Clerk Maxwell*. Cambridge: Cambridge University Press, 1990.

HARRIMAN, D. *The Logical Leap:* Induction in Physics. New York: New American Library, 2010.

HEISENBERG, W. *Physics and Philosophy:* The Revolution of Modern Science. New York: Harper Perennial, 2007.

HELMHOLTZ, H. von. On the factual foundations of Geometry (1866). In: PESIC, P. *Beyond Geometry:* Classic papers from Riemann to Einstein. New York: Dover, 2007.

HILL, C. O. Frege's Attack on Husserl and Cantor. In: HILL, C. O.; RO-SADO HADDOCK, G. E. *Husserl or Frege?* Meaning, Objectivity and Mathematics. Chicago: Open Court, 2000.

HLADIK, J. *Pour comprendre simplement les origines et l'évolution de la physique quantique*. Paris: Éditions Ellipses, 2008.

HORNUNG, H. G. *Dimensional Analysis:* Examples of the Use of Symmetry. New York: Dover, 2006.

HUSSERL, E. *Der Ursprung der Geometrie*. Den Haag: Martinus Nijhoff, 1954. Coleção Husserliana VI.

_____. *Philosophie der Arithmetik*: Mit ergänzenden Texten (1890-1901). Den Haag: Martinus Nijhoff, 1970. Coleção Husserliana XII.

_____. *A crise das ciências europeias e a fenomenologia transcendental*. São Paulo: Forense Universitária, 2012.

IFRAH, G. *The Universal History of Numbers:* From Prehistory to the Invention of the Computer. Hoboken: John Wiley & Sons, 2000.

IVINS JR., W. M. *Art & Geometry:* A Study in Space Intuitions. New York: Dover, 1964.

JAMMER, M. *Concepts of Space:* The History of Space in Physics. New York: Dover, 1993.

KANT, I. Philosophical Correspondence. Edited and translated by Arnulf Zweig. Chicago: Chicago University Press, 1986.

KANT, I. *Crítica da razão pura*. 4.ed. Petrópolis: Vozes, 2015.

KEMP, M. *The Science of Art:* Optical Themes in Western Art form Brunelleschi to Seurat. New Haven: Yale University Press, 1990.

LAKATOS, I. *Proofs and Refutations*. Cambridge: Cambridge University Press, 1976.

_____. *A lógica do descobrimento matemático*: provas e refutações. Rio de Janeiro: Zahar, 1978.

O QUE É E PARA QUE SERVE A MATEMÁTICA **423**

LAKOFF, G.; NÚÑEZ, R. E. *Where Mathematics Comes From:* How the Embodied Mind Brings Mathematics into Being. New York: Basic Books, 2000.

LAWDEN, D. F. *The Mathematical Principles of Quantum Mechanics.* New York: Dover, 1995.

LONGAIR, M. *Theoretical Concepts in Physics:* An Alternative View of Theoretical Reasoning in Physics. 2.ed. Cambridge: Cambridge University Press, 2003.

MAXWELL, J. C. *On Faraday's Lines of Force.* In: MAXWELL, J. C. Transactions of the Cambridge Philosophical Society, v.X, part I. Cambridge: Cambridge University Press, 1856. p.155-229.

_____. *A Treatise on Electricity and Magnetism.* Mineola: Dover, 1954.

MINKOWSKI, H. Espaço e tempo. In: LOREZ, H. A.; EINSTEIN A.; MINKOWSKY, H. *O princípio de relatividade.* Lisboa: Fundação Calouste Gulbenkian, 1972. p.93-114.

NAHIN, P. J. *An Imaginary Tale:* The Story of $\sqrt{-1}$. Princeton: Princeton University Press, 1998.

NIETZSCHE, F. *Beyond Good and Evil.* [online]: Planet EBook, 1886.

NIN, A. Seduction of the Minotaur. Athens (Ohio): Swallow Press, 1961.

PATTY, M. *La matière dérobée.* Paris: Éditions des Archives Contemporaines, 1988.

RIEMANN, B. On the Hypotheses That Lie at the Foundations of Geometry. In: PESIC, P. (Ed.). *Beyond Geometry:* Classic Papers from Riemann to Einstein. Mineola: Dover, 2007.

RUSSELL, B. *An Essay on the Foundations of Geometry.* Cambridge: Cambridge University Press, 1897.

SCHRÖDINGER, E. An Undulatory Theory of the Mechanics of Atoms and Molecules. *The Physical Review*, College Park, MD, v.28, n.6, p.1049-1070, 1926a.

_____. Quantisierung als Eigenwertproblem. *Annalen der Physik*, Leipzig, v.79, n.6, 1926b.

SETH, A. K. *Our Inner Universes – Scientific American*, New York, v.321, n.3, set. 2019.

SILVA, J. J. da. *Filosofias da Matemática.* São Paulo: Editora Unesp, 2007.

VITRÚVIO. *Tratado de Arquitetura.* 2.ed. Org. de M. J. Maciel. São Paulo: Martins Fontes, 2019.

WEYL, H. *Space – Time – Matter.* New York: Dover, 1952.

_____. *Philosophy of Mathematics and Natural Science.* Princeton: Princeton University Press, 2009.

WIGNER, E. The Unreasonable Effectiveness of Mathematics in the Natural Sciences. *Communications in Pure and Applied Mathematics*, New York, v.13, n.1, p.1-14, 1960.

SOBRE O LIVRO

Formato: 13,7 x 21 cm
Mancha: 23,7 x 40,3 paicas
Tipologia: Horley Old Style 10,5/14
Papel: Off-white 80 g/m² (miolo)
Cartão Supremo 250 g/m² (capa)

1ª edição Editora Unesp: 2022
1ª reimpressão Editora Unesp: 2024

EQUIPE DE REALIZAÇÃO

Coordenação Editorial
Marcos Keith Takahashi (Quadratim)

Edição de texto
Maurício Katayama
Cacilda Guerra

Capa
Quadratim, a partir do afresco
La Consegna delle chiavi (1481-1482), de Pietro Perugino,
na Capela Sistina (Vaticano)

Editoração eletrônica
Arte Final

Rua Xavier Curado, 388 • Ipiranga - SP • 04210 100
Tel.: (11) 2063 7000
rettec@rettec.com.br • www.rettec.com.br